MINGUO JIANZHU GONGCHENG QIKAN HUIBIAN

民國建築工程期刊匯編

《民國建築工程期刊匯編》 編寫組 編

(31)

GUANGXI NORMAL UNIVERSITY PRESS

广西师范大学出版社

·桂林·

第三十一册目録

工程旬刊

刊旬程工
題刊

THE CHINESE ENGINEERING NEWS

第 一 卷　　　　第 十 九 期

民國十五年十二月一號

Vol 1 NO.19　　　　December 1st. 1926

本 期 要 目

工 程 旬 刊 社 發 行

上海北河南路東唐家弄餘順里四十八號

15279

工程旬刊社組織大綱

定名 本刊以十日出一期,故名工程旬刊.

宗旨 記載國內工程消息,研究工程應用學識,以透明普及為宗旨.

內容 內容編輯範圍如下,

　　　　(一)編輯者言,(二)工程論說,(三)工程著述,(四)工程新聞,

　　　　(五)工程常識,(六)工程經濟,(七)雜　　知,(八)通　　訊,

職員 本社職員,分下面兩股.

　　　　(甲)編輯股, 總編輯一人, 譯著一人, 編輯若干人,

　　　　(乙)事務股, 會計一人　發行一人, 廣告一人,

工程旬刊投稿簡章

(一) 本刊除聘請特約撰述員,擔任文稿外,工程界人士,如有投稿,凡切本社宗旨者,無論撰譯,均甚歡迎,文體不分文言語體,

(二) 本刊分工程論說,工程著述,工程新聞,工程常識,工程經濟,雜組通訊等門,

(三) 投寄之稿,望繕寫清楚,簡末註明姓名,暨詳細地址,句讀點明,(能依本刊規定之行格者尤佳)寄至本刊編輯部收

(四) 投寄之稿,揭載與否,恕不預覆,如不揭載,得因預先聲明,寄還原稿,

(五) 投寄之稿,一經登錄,即寄贈本刊一期,或數期

(六) 投寄之稿,如已先在他處發佈者,請預先聲明,惟揭載與否,由本刊編輯者斟酌,

(七) 投稿登載時,編輯者得酌量增刪之,但投稿人不願他人增刪者可在投稿時,預先聲明,

(八) 稿件請寄上海北河南路東唐家弄餘順里四十八號,工程旬刊社編輯部,

　　　　　　　　　　　　　　　　　　　　工程旬刊社編輯部啟

編輯者言

工程學校之訓練人才,其目的在供給社會之需要,故主持教務者,一方應使學生得深奧之理論,一方應使學生經詳明之實驗,由理論而引導實驗,由實驗以證明理論,故理論與實驗,二者不可偏重,學校訓練人才,既為社會,則國內之實業家資本家亦有提倡與扶助之責任,必須儘先任用,俾其造詣益深,以謀人羣之幸福,學能致用,野無棄材,物質文明,進步無量,本期所載「混凝土與工程學校」,其立論範圍雖有限制,而意義可推及其他矣,

混凝土與工程學校
彭禹謨

混凝土者,乃一種工程建築材料也,混凝土何以與工程學校並論,因其與今日之工程教育,有密切而重要之關係在也,今日之工程學生,（指土木建築等而言）當其畢業以後,出而服務工程,處處恆與混凝土建築物相遇,時時恆與混凝土設計工作相接觸,於是知社會間混凝土建築物之風行,問憶在校學之中,對於混凝土一課之重要矣,

世界愈文明,建築事業愈新奇,然主要之建築材料,不外木鐵石與混凝土而已,（混凝土亦有包括於圬工學中者）我華木材,雖易求,惟亦易被蟲傷腐化,故其壽命頗短,況今日之建築物,載重增加,注重防火,是項材料,不得不漸歸淘汰,鐵材雖能任重致久,然計算複雜,工價亦昂,不能普及,石材富於壓應力,而缺少拉應力,體積需用太多,死重因是增加,而基地壓力,亦隨之以大有欠經濟,此種材料,除用以房屋等外壁裝飾外,重要之部已不宜矣,

今日之建築物,如單獨受壓力者,純粹混凝土,可以任之,如壓力與拉力並重者,可以加以鋼料,而成鋼筋混凝土,此混合之建築材料,可任木鐵石之所能,並可補木鐵石之所不足,於是混凝土得鋼筋之混合,其用益大,其名益彰,

關於混凝土建築工程研究問題,吾人可得兩種之見地:

(甲)未受敎育,僅由實地工作之輩,大都必蔑工程學校出身之人,富於理論,難合實用,

(乙)工程專校畢業之工師,則指由營造處產生之工程家,缺少科學理論,與工程常識,危險堪虞,

綜上兩說各是其是,而互責其非,於是工程界缺團結之可能,與互助之精神,於人生進化,社會文明上,有大阻力也,

工程學校,對於敎授法,實習課,非有澈底改組,決不能使學生有十分完善之實地經驗,然欲達到此種實地經驗之目的,學校中之設備,似覺困難,惟工程專校中,可依各種理論問題,循序作各種必要上實地之試驗,以證明此理論之是否,同時吾人又覺理論之處理太覺偏於數學,不足以適合近代各種情形,而敎授之,蓋實地工程師所用鋼筋混凝土理論,吾人深信在學校中之學生,罕有得之者,於是由學校出身之工程師,恆有昧於實情,而從事設計,此中大有討論之價值也,

倘有許多之學生,一面從事實習,一面研究理論,惟其通病,則爲次序不定,有理論尚未朋曉,而貿然從事試驗,此其與未能行走之嬰孩而亟欲學奔跑者有何異也,青年工程師,如欲得完善之混凝土工作,須先研究建築力學之理論,然後循序進行實驗,誠屬至繁至難之事,然建築有關人生,則費種種之時間與腦力,亦爲不虛,而工程學校中之敎授,亦宜以正確之理論,循循解釋,有關之試驗,深深指導,其功效豈僅限於混凝土建築工程而已哉,

鋼骨三和土橋面板設計上之一問題
集中荷重之有效分佈寬度
（續本卷十八期）
俞 子 明

$$e = D + t + \frac{L}{3} \quad \cdots\cdots\cdots\cdots\cdots\cdots (2)$$

此式中均佈面積為 $(D+t) \times (D+t+\frac{L}{3})$ 而與實在接觸面無關故應用當視接觸面之大小形狀而加以限制，

（3）Ketcheun 氏公式

為美國橋梁設計標準所採用分二式如（圖四）輪與縱向橋桁之跨度方向垂直時

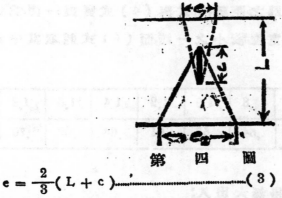

第 四 圖

$$e = \frac{2}{3}(L + c) \quad \cdots\cdots\cdots\cdots\cdots (3)$$

式中 c 為接觸線之寬即輪胎之寬如（圖五）輪與橫向橋桁之跨度方向平行時

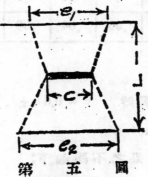

第 五 圖

$$e = \frac{2}{3} L + e \cdots\cdots\cdots (4)$$

以上（3）（4）兩式之結果,均以 6 呎為限,

（4）Illinois 試驗

係 Slater 氏試驗之結果,如橋面板之寬度b,大於跨度L之兩倍時,如（圖六）

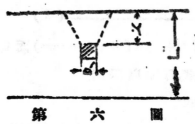

第　六　圖

$$e = \frac{4}{3} \times + d \cdots\cdots\cdots (5)$$

式中×為輪與靠近一端之距離,此式與（4）式實出一源,為試驗所得之結果惟（5）式值取有效寬度較小之一端,而（4）式則取其平均值而已,者b<2L,則如下表,

b/L	.2	.4	.6	.8	1.0	1.2	1.4	1.6	1.8	2.0
e/L	.2	.36	.48	.54	.58	.61	.64	.67	.70	.72

（5）Goldbeck 試驗

如下表與 Slater 氏所得無大出入：

b L	.2	.4	.6	.8	1.0	1.2	1.4	1.6	1.8	2.0
e/L	.2	.37	.50	.60	.64	.68	.71	.72	.72	.72

（6）Ohio 試驗

設 $b > (\frac{4}{3} L + 4)$ 呎時　　$e = 0.6L + 1.7$ 呎 $\cdots\cdots\cdots (6)$

此式之應用亦有制限.

今試舉例以示各式結果之不同,如下：

（例一）設有一板桁橋,長50呎,桁距5呎,鐵路機前輪寬1'－4",接觸面闊4",當輪與縱桁垂直時其有效寬度爲若干呎,（路面厚4"填土6"橋面板厚8"）

則 b＝50', L＝5', D＝10", t＝8",

由（1）式 d＝4"

$$e＝4"＋20"＝2'－0"$$

由（2）式 $$e＝\frac{5}{8}'＋1'－6"＝3'－2"$$

由（3）式 c＝1'－4"

$$e＝\frac{2}{3}(5'＋1'－4")＝4'－2"$$

由（5）式 e 當視 x 而變易,x 愈小,則 e 亦愈小,而每呎寬之荷重愈大,但 x 愈小,則同樣荷重之彎榘愈小,故當先求彎榘最大値時之 x 値,

今 $$e＝\frac{4}{3}x＋d＝\frac{1}{3}(4x＋3d)$$

設總輪爲 P 則每呎寬荷重爲 $\dfrac{3P}{4x＋3d}$ 而揪近荷重一端之支重爲

$$\frac{3P}{4x＋3d}\times\frac{L－x}{L} 故$$

彎榘 $$M＝\frac{3P}{4x＋3d}\times\frac{L－x}{L}\times x＝\frac{3P}{L}\times\frac{(L－x)x}{4x＋3d}$$

彎榘最大時 $\dfrac{dM}{dx}$ 應等於 0

$$\therefore \frac{dM}{dx}＝\frac{3P}{L}\times\frac{(4x＋3d)(L－2x)－(Lx－x^2)\times4}{(4x＋3d)^2}\times\frac{1}{dx}$$

$$＝\frac{－3P}{L}\times\frac{4x^2＋6dx－3dL}{(4x＋3d)^2}\times\frac{1}{dx}＝0$$

即 $4x^2＋6dx－3dL＝0$ 或 $x＝0.9$ 呎

$$\therefore e＝\frac{4}{3}\times.9＋\frac{1}{3}＝1'－6\frac{1"}{2}$$

由（6）式則得

$$e＝0.6\times5＋1.7＝4.7'$$

例2.設板橋跨度16呎,寬20呎,橋面板厚1'－6"荷重路面等,均如例一,

求其有效寬度,

則 $b=20'$, $L=16'$, $D=10''$ $t=1'-6''$

由（1）式 $d=4''$ $\qquad e=4''+20''=2'-0''$

由（2）式 $\qquad e=\dfrac{16'}{3}+2'-4''=7'-8''$

由（3）式 $c=1'-4''$ $\quad e=\dfrac{2}{3}(16'+1'-4'')=11'-6''$

由 Illinois 試驗 b $\quad L=1.25$

$\qquad e=.62\times16=10'-0''$

由 Goldbeck 氏試驗

$\qquad e=.69\times16=10'-6''$

　　由上二例,可見各式結果,相差之巨,若設計時,可以無條件的泛用之,則壓路機等巨大集中荷重所生之彎榘,往往占過總彎榘之火半者,結果所使總彎榘之量相差倍蓰,而設計上數學的計算,乃竟無立足之地矣,

　　故愚意應用之際,當擇善而從,加以限例方為程妥,以余所見,則以Slater氏之試驗為最佳,而倫敦工部局章程,最為安全,容有過分之弊,若 Ketcheun 氏之式,則雖亦由 Slater 氏試驗遞化而得,取兩端有效寬度之平均數,然在跨度甚小時,結果似有時過巨也,顧者讅多學博,倘肯賜以討論,尤所歡迎也,

　　　　　　　　　　　　　一九二六,一〇,三一,上海,

本 刊 歡 迎 投 稿

河南開封將辦自來水工程

開封水味苦鹹,有碍衛生,久為留心市政者所注意,民國十二年曾由各資本家如魏子青杜秀升尚緯人王開芳等發起,組織一豫源自來水公司,集資籌設自來水廠,改良飲料,當時發起人中之在政界者,多主張發行債券,呈請軍民兩署立案,嗣奉指令,飭開封道尹查核具復,道尹孟廣漾以發行債券,諸多不宜,宜另籌鉅款,或照公司條例招股辦理,正籌商進行之際,江浙戰起,榆關軍興,南北交通同時阻隔,因以停頓者亙四年之久,最近原發起人王開芳君,(係浙江人)以正式招股開辦,既屬不易,擬以個人之力,籌集資金,先行辦一小規模之自來水廠,仍定名為開封豫源自來水廠,已在馬道街信昌五金號內設一籌備處,其計畫暫不取用黃河水源而在城內掘取甘泉,王君已決定在開封東北隅鐵塔等附近掘井六眼,鐵塔寺泉最為有名,汴京遺蹟志鐵塔一座有海眼井,世稱七絕,癸辛雜識,載塔前有井,以銅波斯蓋之,泉味甘,謂通海潮,可見該地泉脈之佳,可擬購置基地,敷設水管,建築工廠及水塔基礎,並開池鑿井等,需工料約銀元十萬一千六百餘元,已由王君籌足,貯水池用水泥築成,容量為一千五百噸,井深四十五英尺,水塔一座,塔頂置水櫃,並計量表各一件,水櫃容量為三百五十噸,櫃底距地面約高八十二英尺,通體以鋼鐵構成,所用新式引擎一架,有七十五匹馬力每小時能引水四萬四千加侖,開封人口以十萬人計之,可供半數人之用,準於年內開辦,作為試辦,一俟出水佳良,再行遵照公司條例,邀同地方紳耆共同發起,招募股份,所有建築水廠工程一切材料,業與上海華商專辦自來水工程之協成公司訂約承辦,並與總商會商洽,轉呈督省兩署備案,一俟批准,即行定期開工,預計明年春間,一部當能出水,王君於日前發出公函多件,報告獨力開辦情形,並擬於日內柬請商會中人,及各紳耆開一會議,報告所擬計畫,請求各界贊助,以利進行,豫人苦飲料之不佳,無法改良,而一班水車夫,又迭次漲價,有加無已,

恆以苦水混售，而督省兩署則每日派水車赴城北柳園口汲運黃河水，以供飲料，極爲困難，當此軍事吃緊之際，忽爾有此舉動，不可謂非市政改進之一好音也，王君並擬有極詳細之設置水廠預算書，營業槪算書等，俟得各界同意，卽行公布云，

山東趕築全省汽車路

濟南通訊，山東修築全省汽車路之計劃，早已有人建議，謂平安時可以便利交通，俾益商民，故路局前曾派員赴各縣測量，計劃工程，擬先修台濰（台兒莊至濰縣，）日濟（日照至濟寧）滄濰，（滄州至濰縣，）邱濟（邱縣至濟寧，）利荷，（利津至荷澤）台濟（台兒莊至濟寧）各綫，現利荷路雖已工竣，通車售票，而其餘各路以省款奇絀，槪未興工，嗣張宗昌林憲祖計議全省汽車路修成，于軍事運輸上有莫大關係乃飭路政局正副局長會同督署軍務課長，悉心計議，始規定先將台濰路修齊，蓋此路經歷安邱，諸城莒縣，臨沂，嶧縣等處，均屬物產豐富之區，將來此路工程告竣，不特可以輸出大宗物產，且于剿匪上尤爲便利，日前路政局將此項計畫分呈督省兩署，當經張宗昌林憲祖核准施行，大約日內卽可興工，惟此線雖多半沿襲路政局以前測量濰縣路線之舊道，而工料費可較前略減，聞其計畫，（一）路線，不沿官道，另測近便路線，（二）工程，不用石灰墊，路軌專用土培修，如經過某縣，卽由某縣出夫修築，（三）橋樑，不用灰石，專用木料，搭成浮橋，河流寬大之處，並預備船隻擺渡，（四）地價，將來路線所佔地畝若干，公平估價，所有價款，責成經過縣分人民公同負擔，交給地主承領，（五）保護，一俟路工完竣，另訂保護辦法，及養路計畫，張宗昌以如此辦法，可以不費省款，於臨行前復囑其餘各路，亦仿此從速興工云，

上海縣清丈局測丈實施規則
（續本卷十八期）

一　　圖根點

二　　經緯道線點及其徑路

三　　重要之道路河川橋梁村莊房屋及各種重要建築物等

四　　各種境界之概形

第四十一條　經緯道線測量由圖根點及已知道線點出發連結各圖根點
　　　　　　或閉塞於他圖根點或已知之道線點但屬以補測需要是等非
　　　　　　閉塞於出發點

　　　　　　原方位邊方位角依圖根測量或道線測量就其二端已知點
　　　　　　之縱橫線差而算定之

第四十二條　方位角之閉塞差若在 $2\sqrt{N}$ 以下時可將此數配布於各邊
　　　　　　但式中之 N 為邊數縱橫線之閉塞差若在 $0.2\sqrt{N}$ 以下時
　　　　　　得分配於各點但式中之 N 為點數

第四十三條　經緯道線測量之距離用二次測量之中數以決定之
　　　　　　前項二次測量之差數不得超過次式 $0.009\sqrt{K}$ 但式中之 K
　　　　　　為以十公尺為單位之邊長

第四十四條　經緯道線測量之縱橫線算定後即將各數轉列於道線點明
　　　　　　細表

第四十五條　經緯道線測量簿另詳之

第四章　戶地測量

第四十六條　戶地測量準據圖根點道線點依圖解法而測定各戶地之形
　　　　　　狀面積及關係之位置

第四十七條　戶地測量其所用之器械種類如左

　　　　　　平板儀　布捲尺　標桿　測針　製圖器械　其餘各種附

屬物品

第四十八條　戶地測丈用五百分一之縮尺而施行之

第四十九條　戶地測量所用圖紙其內廓爲五公寸之正方形外廓爲五十二公分之正方形

第五十條　戶地測量之距離應量至公分位但在特別區域如市鎮地價昂貴之處須量至半公分

第五十一條　前條鉅離之交差若在 $0.02\sqrt{K}$ 以下時可用其中數以決定之但式中之 K 爲以十公尺爲單位之長度

第五十二條　施行戶地測量時先須巡視其地勢以定作業之次序並調查圖根點道線點所設之覘標木樁應否重行修理或另設標旗

第五十三條　前條作業既竣須再調查圖界圻界及戶地界並令地主將所屬之戶地境界鎚入小木樁以資標示

第五十四條　圖根點及道線稀疏處得配置若干之補助點依圖解法而測定之

第五十五條　圖解法分爲交會法及道線法二種

第五十六條　交會法者依覘視線之交會以決定該點之位置並依其線長而測定其距離是也　　　　　　　　　（待續）

上海水泥瓦筒市價之調查

（續本卷十八期）

顧壽菱

21	1'-6''×1¹-0'' 明溝	1.10
22	12'' 明溝	1.20
23	3'-0''×2¹-0'' 瓦筒	4.50
24	2'3''×1¹6'' 瓦筒	3.20
25	1'6''×1¹0'' ,, ,,3¹0''長	1.65
25A	1'6''×1¹0'' ,, ,,2¹6'',,	1.55
26	3'0''圓瓦筒	8.00
27	4'6'' ,, ,,	18.00
28	3'0'' 明溝	5.00
29	2'0''×2¹0''陰井圈（大）	3.20
30	2'0''×2¹0'' ,, ,,（小）	2.00
31	1'5''×1'5'' 陰井蓋架	2.60
32	陰井蓋槭（小）	1.80
33	,, ,, ,,（大）	3.20
34	陰井磚	0.08
35	陰井蓋（小）	0.70
36	,, ,, （大）	2.20
37	大溝頭（底部）	2.55
38	,, ,,（上部）	3.75
39	側石	1.20
40	溝底	1.20

41　　　　　3'3''舖街管 ⋯⋯⋯⋯⋯⋯⋯⋯⋯⋯⋯⋯⋯⋯ 0.50

42　　　　　2'3'' ,, ,, ,, ⋯⋯⋯⋯⋯⋯⋯⋯⋯⋯⋯⋯⋯ 0.46

43　　　　　2'0'' ,, ,, ,, ⋯⋯⋯⋯⋯⋯⋯⋯⋯⋯⋯⋯⋯ 0.44

44　　　　　 4'' 徑接管 ⋯⋯⋯⋯⋯⋯⋯⋯⋯⋯⋯⋯⋯⋯ 0.25

45　　　　　 3'' ,, ,, ,, ⋯⋯⋯⋯⋯⋯⋯⋯⋯⋯⋯⋯⋯ 0.27

46　　　　　界石 ⋯⋯⋯⋯⋯⋯⋯⋯⋯⋯⋯⋯⋯⋯⋯⋯⋯ 2.00

49　　　　　糞板（大）每付 ⋯⋯⋯⋯⋯⋯⋯⋯⋯⋯⋯⋯⋯ 9.00

50　　　　　,, ,,（小）,, ,, ⋯⋯⋯⋯⋯⋯⋯⋯⋯⋯⋯⋯ 2.10

51　　　　　18'0'' 基礎椿 ⋯⋯⋯⋯⋯⋯⋯⋯⋯⋯⋯⋯⋯ 28.00

52　　　　　14'0'' ,, ,, ,, ⋯⋯⋯⋯⋯⋯⋯⋯⋯⋯⋯⋯ 21.00

53　　　　　10'0'' 板椿 ⋯⋯⋯⋯⋯⋯⋯⋯⋯⋯⋯⋯⋯⋯ 9.25

54　　　　　 7'6'' ,, ,, ⋯⋯⋯⋯⋯⋯⋯⋯⋯⋯⋯⋯⋯ 6.90

55　　　　　離笆柱 ⋯⋯⋯⋯⋯⋯⋯⋯⋯⋯⋯⋯⋯⋯⋯⋯ 4.90

56　　　　　廚房用水漕（大）⋯⋯⋯⋯⋯⋯⋯⋯⋯⋯⋯⋯ 6.30

57　　　　　,, ,, ,,（小）⋯⋯⋯⋯⋯⋯⋯⋯⋯⋯⋯⋯ 4.00

58　　　　　脊瓦 ⋯⋯⋯⋯⋯⋯⋯⋯⋯⋯⋯⋯⋯⋯⋯⋯⋯ 0.45

59　　　　　方瓦 ⋯⋯⋯⋯⋯⋯⋯⋯⋯⋯⋯⋯⋯⋯⋯⋯⋯ 0.07

60　　　　　人行道方磚 2'5¾'' ⋯⋯⋯⋯⋯⋯⋯⋯⋯⋯⋯ 1.00

61　　　　　,, ,, ,, ,, 1'11¾'' ⋯⋯⋯⋯⋯⋯⋯⋯⋯⋯ 0.85

62　　　　　,, ,, ,, ,, 0'11¾'' ⋯⋯⋯⋯⋯⋯⋯⋯⋯⋯ 0.85

（ 以上價目送力並不在內 ）

量　法

（續本卷十八期）

彭禹謨編

多面體體積 $V = \frac{1}{6} l(A+a+4m)$ ……………………「61」

〔註〕　面積 m 並非普通所指兩端面積之平均值惟其各邊係兩端間關係長度之平均值

多面體之體積約值 $V = \frac{A+a}{2} \times l$ ……………………「62」

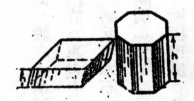   

第二十一圖　　第二十二圖　　第二十三圖　　第二十四圖

（二十一）稜柱體或平行面體（參看第二十一圖）

側面積 $C = Ph$ ……………………「63」

總共外面積 $S = Ph + 2A$ ……………………「64」

稜柱體體積 $V = Ah$ ……………………「65」

〔註〕　如稜柱體之底係正多邊形者則 P ＝該多邊形一邊之長乘邊數欲得多邊形之面積可先將該多邊形劃分爲若干三角形計算然後將所得各值總計之　　　　　（待續）

編輯主任： 彭禹謨， 會計主任 顧同慶， 廣告主任 陸 超

代 印 者： 上海城內方浜路貽慶弄二號協和印書局

發 行 處： 上海北河南路東唐家弄餘順里四十八號工程旬刊社

寄售處： 上海商務印書館發行所，上海中華書局發行所，上海棋盤街民智書局
上海四馬路泰東圖書局，上海南京路有美堂，暨各大書店售報處

分售處： 上海城內縣基路永澤里二弄十二號顧壽茲君，上海公共租界工部局工
務處曹文奎君，上海徐家匯南洋大學趙祖康君，蘇州三元坊工業專門
學校薛潤川程鳴琴君，福建漳州漳龍公路處謝雪樵君，福建汀州長汀
縣公路處羅履廷君，天津順直水利委員會曾俊千君，杭州新市塲平海
路新一號西湖工程設計事務所沈襲良君鎮江關監督公署許英希君

定 價 每期大洋五分全年三十六期外埠連郵大洋兩元（日本在內惟香港澳門
以及其他郵匯各國一律大洋二元五角）本埠全年連郵大洋一元九角郵
票九五計算

15295

創 新 建 築 廠

CHANG SING & CO.,

GENERAL CONTRACTORS,

HEAD OFFICE'- NO. 54 TSUNG MING RD, SHANGHAI,

TEL. N. 3224

本廠寫字間設在上海

崇明路五十四號專造

各種鋼骨水泥或鋼鐵

等建築物例如工廠堆

棧河工海港碼頭堤壩

鐵道或大道橋樑自來

水塔涵洞以及中西房

屋等工程倘蒙賜顧無

不竭誠辦理

創新謹啓

電話北三三二四

新 仁 記 營 造 廠

SIN JIN KEE & CO.,

BUILDING CONTRACTORS

HEAD OFFICE;-NO450 WEIHAIWEI ROAD, SHANGHAI

TEL. W 531.

本營造廠○在上海威海衞路

四百五十號○設立已五十餘

年○經驗宏富○所包大小工

程○不勝枚舉○無論鋼骨水

泥或磚木○鋼鉄建築○學校

校舍○公司房屋○工廠堆棧

○碼頭橋樑○街市房屋○以

及住宅洋房等○各種工程○

莫不精工克已○各界惠顧○

竭誠歡迎○

新仁記謹啓

電話 西五三一

15296

工程旬刊

胡寅題

THE CHINESE ENGINEERING NEWS

第一卷　　　第二十期

民國十五年十二月十一號

Vol 1 NO.20　　　December 11th. 1926

本期要目

工程旬刊社發行

上海北河南路東唐家弄餘順里四十八號

15297

工程旬刊社組織大綱

定名 本刊以十日出一期,故名工程旬刊.

宗旨 記載國內工程消息,研究工程應用學識,以淺明普及為宗旨.

內容 內容編輯範圍如下,

　　(一)編輯者言,(二)工程論說,(三)工程著述,(四)工程新聞,

　　(五)工程常識,(六)工程經濟,(七)雜　　組,(八)通　　訊,

職員 本社職員,分下面兩股.

　　(甲)編輯股,　總編輯一人,　譯著一人,　編輯若干人,

　　(乙)事務股,　會計一人　發行一人,　廣告一人,

工程旬刊投稿簡章

（一）本刊除聘請特約撰述員,担任文稿外,工程界人士,如有投稿,凡切本社宗旨者,無論撰譯,均甚歡迎,文體不分文言語體,

（二）本刊分工程論說,工程著述,工程新聞,工程常識,工程經濟,雜組通訊等門,

（三）投寄之稿,望繕寫清楚,篇末註明姓名,曁詳細地址,句讀點明,（能依本刊規定之行格者尤佳）寄至本刊編輯部收

（四）投寄之稿,揭載與否,恕不預覆,如不揭載,得因預先聲明,寄還原稿,

（五）投寄之稿,一經登錄,卽寄贈本刊一期,或數期,

（六）投寄之稿,如已先在他處發佈者,請預先聲明,惟揭載與否,由本刊編輯者斟酌,

（七）投稿登載時,編輯者得酌量增刪之,但投稿人不願他人增刪者可在投稿時,預先聲明,

（八）稿件請寄上海北河南路東唐家弄餘順里四十八號,工程旬刊社編輯部,

工程旬刊社編輯部啓

編輯者言

水利測量,為施行水利工程初步之手續,我華水利事務,歷史極早,雖多經驗之談,然執守成法者,亦大有人在也,夫江海湖河,大都成自天然,惟因時代之不同,其形狀亦逐漸有變動,如以昔日之水利工作,施於目前,雖同為一地,同屬一河,其利害恐無一定,自科學昌明,水利工程,愈趨進步,而水利測量,尤為要務,舉凡水流之速率,水位之升降,河床之形勢,排量之多寡,均由測量而益詳,設計者乃有所根據,於是功效可期,人華之幸福愈多矣,

混凝土混合論

彭禹謨

混凝土為近今之重要建築材料,普通恆以水泥砂粒石子三者配合而成,配合得當,則其強度增加,並能却水,配合愈當,結果愈佳,反之欲得一已知之強度,及密度,則可減少水泥之量,於是料價亦可省矣,

如過重要之建築工程,對於混合材料之品質,配合之比例,須先深加研求,方切經濟之旨,昔日之混凝土工程,大都忽於混合物質之選擇,昧於混合比例之理論,致一單個之工程,耗費工料價於此者,輒以數千金計,良可惜也,

混凝土中之混合物,以水泥之價為最貴,欲使混凝土之單位價值低廉,勢必使混凝土中所用之水泥量減少,水泥之量減少,則其他之混合料,當然增加,水泥量少之混凝土,如欲得用水泥量多之混凝土同一強度同一密度,則在混合物配合手續中,研究之,是即混凝土工程上重要之問題也,

關於節省問題,試舉一例以明其理:

尋常能却水之混凝土,其混合比例大約為 1:2:4,每一百立方呎(俗稱一方)須用水泥 5.92 桶,如經過機械分析法,精細分類配合後,即用混合比例 1:3:7,亦可得能却水之混凝土,每方所用之水泥,約為 2.05 桶,其量當比 1:2:4,之混凝土,每方省 2.07 桶,設水泥市價每桶為三兩二錢,則每方可省 (2.07×3.2)九兩五錢,惟 1:3:7,之混凝土須經過分類配合之特別手續,每方人工,約需另加$0.30,則每方可淨省九兩二錢,如有一處工程,需用50方混凝土,則可節省四千六百兩矣,

由是觀之,混凝土之混合料,如能先在品類上加以精密之考究,當可節省工料於無窮也,

適當之配合,於鋼筋混凝土亦關重要,蓋混合土配合適當,則其質地純正,其混合均勻,可得一種有力之材料也,

我國工程幼稚,凡學工程者,大概精於理論計算之法,其於工地工作,有忽視而不一顧者,於是依理論上觀察,雖能許為精確,惟在實地,或有未能適合設計是設計,工作是工作,二者既不相謀而行,如能安全,必少經濟,即能經濟,定多危險,故任工程師者除富於學理而外,尚須注意工地之考察也,

作者每逤國內諳營匿家矣,若輩恆恃經驗宏富,對於沉悶之工程學理,不屑一談,且有深恐他人之探得其術者,此實工程進化上之阻礙也,有嘗臨混凝土工程工作之地,見其混合之際,任小工之搬運,時間既不一定,水量又多亂用,其於經濟安全,恐均有討論之價值,混凝土混合之法,當另篇贅論,以供同志之研究也,

水 利 測 量

(HYDROGRAPHIC SURVEYING)

陸　超

水利事業之關係於國計民生,交通運輸,農田灌溉,至爲重要,故近年國人之眼水利者,接踵繼起,羣相研究,祗以國家內爭不已,經費無着,因之徒託空言者有之,時作時輟者有之,今日之尚能保持而不墜者,則有揚子江水道討論委員會之揚子江技術委員會,天津順直水利委員會,及太湖水利工程局等,但均因限於經費,致不能充分發展良可惜也,

水利測量,爲舉辦水利事業之先導,其工程至爲榦要,茲分別論之,遺誤之處,在所不免,祈海內明達,有以敎之,

(一)流量測量(HYDROMETRIC SURVEY)

流量測量,所以計排水之量,及河床之冲刷與填塞,其進行步驟,可概分爲.(A) 水尺站;(B) 流速測量,(C) 計算與圖表.

A. 水尺站

水尺站之設立,用以計水位逐日漲落之數,于以知按日之高度,及最高最低之水位,了然無遺,其水尺零點之標準高度,則用水準測量以定之,(當在水準測量中論之),每一水尺站,須命報告員一人看守之,按日記讀水位切於水尺上之數,而後于一星期後,即行報告水準測量員,俾便抄錄于記錄簿內,

水尺地位　設置水尺之位置,應加注意,畢凡濱江臨河之通商巨埠,均須置以水尺,及遇有水位情形變更處,(如巨流橫注,一揚子江之遇洞庭湖,鄱陽湖,漢水運河等是,一或洲渚中梗,或曲折過大,)均應察其情形,于相當位置,設立水尺站,但應避免急流或漩渦之衝撞,俾不致顯有破壞折損傾斜

之際，

水尺佈置　水尺之佈置雖屬易事，但須注意下列各項：

(甲)　水尺零點，應約與低水位平，欲適合此地位，須約計設尺日之水位，與最低水位相差之數，而切合水位以此數於水尺上，

(乙)　定水尺時，先將杉木樁探入土中，而後將水尺緊縛，或半釘于木樁之傍，或將水尺用架撐住，其高低依水準測量員之指導，而定之，

(丙)　水尺須垂直不可偏倚傾斜，

(丁)　倘水尺頂點或底點將盡時，（即水位漲至水尺頂點或降至底點時，）則另一水尺，應即設立較高或較低處，但尺之數目，須相銜接而切合點應用水準儀測之，

水尺單位　水尺可用松板為之，（截面約 1"×4"）其單位通常用英尺計之，每尺均以十等分（間有用 12 吋為 1 呎者，）每尺飾以紅白相間之油漆，每等分標以黑色橫線，而後記尺之數字於紅白相間處，

水位記錄，可依下列表式：

(甲) 明信片星期表式（參觀下頁）

(乙) 記錄形式（參觀下頁）

水位報告員須注意下列各項

(一) 水尺之保護　報告員負完全保護水尺之責任，須常使水尺固定直立，不能稍有移動或傾斜等情，水尺若沾汙泥，或被砂礫急溜衝動，致失其原狀時，該員當即設法恢復原狀，如不能辦理時，應立即報告水準測量員，勿得耽誤，有時因水尺附近施工，或改建，或浚深等情，致水尺感受動搖者，水準測量員當立即注意報告員無論在某種狀態，不能任意更換水尺及移動其固定地位，

　　　　　　　　　　　　　　　　　　　　　　　（待續）

上海縣清丈局測丈實施規則

（續本卷十九期）

第五十七條　依交會法而決定補助點之位置須用三個以上之覘綫其交
　　　　　　角在三十度以上一百五十度以下爲限

第五十八條　施行交會法時若三個覘綫不交會於一點而成三角形若該
　　　　　　三角形內切圓之直徑在二公厘（圖上距離）以下時卽取
　　　　　　其中心以決定其位置

第五十九條　道線法須實測隣近各點之距離並以多角綫以決定該點之
　　　　　　位置

第六十條　　補助點之位置悉鎚入木樁以表示之
　　　　　　測板上之補助點卽於其位置用針刺一小孔並沿共周圍畫
　　　　　　一小圈以標示之

第六十一條　測量區域之接合部須選定共通之點並於其樁頭染以紅土
　　　　　　或石灰俾便識別

第六十二條　戶地原圖應載之事項如下
　　　　　一　圖根點道綫點
　　　　　二　戶地界
　　　　　三　各種境界線
　　　　　四　道路堤塘溝渠河川橋樑碼頭等
　　　　　五　各項註記

第六十三條　戶地凡在原圖邊外五公尺以內須照前條之規定而詳細繪
　　　　　　入之

第六十四條　戶地原圖上須照預定之次序編定各起點之假定號數

第六十五條　戶地測量記載簿須抄錄原圖上各起地之假定號數地主姓

一　縣界用紅色一號線之點綫其實部一公分虛部爲一公

分半於其虛部插入三個直徑五公毫之圓點

二　市鄉界用紅色一號線之點綫其實部與虛部均爲一公

分於其虛部插入二個直徑五公毫之圓點

三　圖界用紅色二號線之點綫其實部爲一公分虛部爲八

公毫於其虛部插入一個直徑二公毫半之圓點（待續）

溝通歐非兩大陸之海底鐵路

倫敦電訊，西班牙政府現擬溝通地中海，建築海底鐵路，通過直布羅陀海峽由歐洲直抵非洲登埠，此路線長不過十六英里，如成功之日，則英國往其殖民地汲登，可以不用轉車，而過此海峽，勢極便利矣，

俄國擬建築橫斷中國大鐵道

據莫斯科消息，俄國交涉委員會，最近決定擬建築橫斷中國大鐵道，業原案作成，聞其內容，該鐵道將在莫斯科起點，東至歐亞兩洲交界之處，而南折就順其泊米爾高原之故有鐵道路線，再延長至與我國境接近之地域，復行橫斷泊米爾高原，直越我國境而至新疆與海關鐵道連接，橫斷中國之腹部，而與上海對岸之海門，俄國現已派遣調查隊着手調查地勢，並擬以三千盧布爲敷設該鐵道之費用，據聞俄國所以不惜投出鉅金，急於築此橫斷中國大鐵道者，不外下列諸原因，（一）侵略我北滿洲政策，旣經大敗，不能不另開生面，向我國西部發展，（二）我國與俄國新疆伊犂間之國境問題，尚未解決，彼擬豫爲布置勢力，圖謀先佔，自由埋置界碑，（三）我國西部深有偏僻，列強勢力並未侵入，俄國若此發展與他國無利害衝突，可以自由侵略，（四）新疆甘肅青海各地之物產原料，較之北滿一帶，極爲豐富，（五）俄國如將橫斷中國之鐵道築成，就軍事上及經濟上，均可制中國之死命，（六）甘肅新疆各地現在馮玉祥所統率國民軍勢力之下，正爲俄國在此發展之好機會，

哈爾濱訊，蘇俄國內已成鐵路，長僅三千六百八十俄里，殊不敷應用，現

擬在西伯利亞幹線上,分設東西兩支線,爲實行太平洋政策之初步,並計畫延長那佛塞比利斯基迤米裝納丁司基線,至外蒙,實行其侵略中國境地,據俄政府預算,由一九二六年起,七年內,可以完成七千七百五十俄里路線云,

東鐵規定防火辦法

哈爾濱通訊云,東省鐵路支幹線各林場及木料廠,因無防火辦法,不時發生火險,最近石頭河子站林場被火,日以繼夜,損失楄鉅,司其事者,實難辭咎,現東鐵路局已規定預防辦法十五條,飭各路負責遵行,茲探錄其辦法如下,

　　(一)凡支線各處之機車,爲蘇城穩稔以及撫順等煤斤,足資供給者,均得燃燒煤斤,(二)各支線打掃機車火爐,應在指定之不出火險地點,並須有人常川監視,不得在堆存木料附近處所,此項打掃車爐地點,應由機務段及林場管理員選擇,並在該地點標椿所釘之木板上,書明打掃車爐處字樣,(三)私人林場駛用之機車,非盡屬租賃鐵路,有爲場主自置者,均應受機務處人員檢查,(四)所有堆存木料地點,須先澈清塵芥木屑樹皮等類,一屆冬令,堆木場之空隙處所,並堆木全境之積雪,一律打掃潔淨,務在顯露平地,此等防火手續,在吉格羅維郎老虎林林場,尤宜切實首先整頓,以便入手砍伐,(五)所有堆存木料處所,遇有低窪鬆陷地勢,應卽設法避免,(六)堆放木植,須有一定之距離,務使便利防火手續,(七)堆積之木料,遇有坍塌,不卽裝車,應卽從新堆積,如可裝車,先就坍塌者裝運,(八)最次之軟質木料,風乾月晒,最易引火,支線各料廠應儘先運出,(九)凡三四等木料,應另行堆積,勿與頭二等之木料混堆一處,(十)堆存木料地點,應將蔓草照例割除,並雇用相當人數,妥爲辦理,(十一)本路在石頭河子站備有消防車一列,附掛油罐式車三輛,敞車一輛,暖車一輛,以便遇有火警立卽施救,(十二)各林場應頂備,足敷應用之盛水木桶,及水刷,分置各木廠不得仍照本年以裝水之木桶擅裝松脂精及松脂油等類,(十三)遇有火警時,立卽拍電,或以電話傳達失火消

息,尊常通電暫行停止,(十四)凡本路路線附近,所有私人林場,支路應一律遵守本路幹支各線防火章程辦理,(十五)每屆春初荒火蔓延之際,應由機務材料軍務地畝及稽核等處,各派代表組織委員會察核防火成例,並各項計畫,分別應與應革,會同載列紀錄或責成某處擔承辦理,詳為簽註由該管各處迅速妥議辦理,

膠濟路之整頓計劃

膠濟鐵路收囘已歷五載,雖迭受軍事影響,而其營業仍覺年有進步,以視德日經管時代,尤遠過之,惟自接收以來,對於鐵路基本問題,如軋道,橋樑,機車,車輛等等,曾因路欵支絀,無力整頓,以致剝蝕特甚,時至今日,已有不能再延之勢,茲將該路車機工三處前後情形,及其實行整頓方法,詳述於下,以告國人,

（一）工務　（甲）橋樑,膠路創自德人,原為軍用輕便鐵道,故其一切建築,均以輕簡二字為主,惟橋樑一項,尤見薄弱,客車往來其上,固可無恙,若滿載貨車,則殊有不穩之象,日管時代,卽擬改造,乃以歐戰告終,巴黎及華府會議先後召集,國人力爭收囘青島,故日人持觀望態度,更換橋樑之議,遂未見實行,迨我國接收之後倉卒未及防患,乃有十二年二月雲河橋斷折之事變,自此以後,該路當局知更換橋樑為不可緩之圖,顧限於財力,不能治本,僅能治標,遂規定凡往來列車行近大橋時,必須徐徐渡過,以防危險,此種辦法,固可比較安全,然行車速度,則大受限制,去年曾經該路呈准交通部,允予分期更換橋樑,其大沽河,大沽河上流,及蜜水川河,三處橋樑,已於去年春間先後更換,由（桁樑式）改為（裸鈑式）,又李村河,城陽河,海泊河,及南泉東西河等處橋樑,現正着手更換,預計半年內可以竣工,又有三十公尺小鐵橋數座,改築鐵筋洋灰,旋橋亦經興工,總計上項工程用費約需百萬元,已經華商德記公司及日商平岡組等分別承包,(乙)鋼軌按我國國有各路,其鋼軌多用八十五磅（每公尺重量）者,惟膠濟線因其創造之始,乃屬輕便鐵道,故

所採用鋼軌,乃爲六十磅,貨車行駛其上,殊覺欠穩,現亦擬逐漸更換,已就滄口至城陽間一段,(計長十二公里)着手更換,日內卽可完工,需費約十七萬餘元若以全線長三百九十四公里推算,用費須五百餘萬元之鉅,全路更換之日,恐須在十年外也,

(二)機務　膠路接收之初,計有大小機車一百零九輛,客車一百四十五輛,貨車一千六百三十七輛,其機車數目固甚可觀,然攷其實際,除年代過久不堪使用及小機車僅供調車之用外,可適用於長途列車者,不過十之二三耳,以膠路營業之發達,如許之機車及車輛,實有供不應求之憾,故添購機車及車輛亦屬膠路急務之一,聞闞鄉長該局時,曾以添購機車十部,貨車二百輛,呈請交部批准,交部以需欵過鉅,批從緩辦,未幾闞氏去職,此議遂卽無聞,近因魯省軍事迭興,該路原有之機車及車輛損失甚鉅,現在商貨積壓,仍難暢運,蓋車輛旣形缺乏,無術以疎之也,閒該路博山淄川炭礦等站,每日商家請求車輛之數,竟達七八千輛之多,雖其中不無虛報情事,然已足覘膠路貨運發達之一斑矣,沿線日商,因感膠路車輛缺乏,輸運爲難之痛苦,遂聯合提議,抵資膠路,以爲增購車輛及機車之需,俾資救濟,復德遜駐濟日本總領事藤田氏從中向省方及本國政府斡旋,一面則由路局呈請省當局批准,幾經接洽借欵遂告成立,總額爲三百五十萬元,由山東礦業會社紡績聯合會及古尾車輛會社三家分担,全供添購車輛之用,計機車十輛(八十萬元)棚車二百輛(一百四十萬元)煤車五十輛(三十五萬元)餘者爲材料修理等費,利息一分,十年交還其惟一附帶條件,爲此項車輛不得撥充軍用,及日商有優先派車權是也,數日前藤田氏來靑,聞卽爲向此間日本居留商民報告膠路車輛借款成立之經過也,

(三)車務　工機整頓,爲實質的,車務整頓,則屬精神的,膠路在德管時代,車務設備及編制,至爲備隔,行車僅憑電報通知,不用路簽(卽行車憑證)緣時因車次甚少,且均在日間,故能因陋就簡,近日管時代,注意貨運,車次較

繁盡夜不息,車務設備及編製逾大加改良,於全路各站裝設電氣路牌,需費甚鉅,行車至便,中國接收以後,所有運輸規章,營業制度等,皆暫時緣用日管成法,年來已逐漸更改,以求合於國有各路,從前膠路客車無論長途區間皆每站停靠,名稱雖有快車尋常車之別,實則相同,去年六月,依照接收膠路中日合約所規定,應添設華車務副處長一職,交部委錢宗淵充任,錢氏涖職後,對於車務積極整頓,其第一着乃將該路原有之一二次夜客車改為特別快車,較小之站,皆不停靠,本擬去年十月二十起實行,乃時值軍運佺您遂延至本年七月二十始得實現,特快車行駛以來,成績顏佳,長途旅客,異常稱便,其特快費分四段計算,以高密坊子張莊為分界點,凡在第一段各站,無論遠近,須另加特快費,三等二角五分,頭二等同為五角,在第二段各站者倍之,三段四段則按費推算,此項收入,數顏不資,又於列車次數及時刻,亦大加改革,按現時該路長途客車下行者,(由青至濟)每日三次,上午七時,十時,及晚間九時二十五分,上行者(由濟至青)同,每日上午五時半,十時半,及晚間十一時十分,其首二次上行車時刻均嫌太早,故於旅客客車之外,有青島至高密及濟南至坊子往返區間車各一列,惟高密至坊子其中尚隔七站,致兩段區間車不能銜接,旅客顏感不便以上兩點均有改良之必要,於是由車務處發起屢次召集車機工三處聯席會議,以期根本改組列車次數及時刻,現經決定更改如下,(一)下行車每日三次,為上午七時十分,十時四十五分,及晚間九時半,上行車為上午八時半,十二時,及晚間十一時,(二)青高區間車延長為青濰,(按濰縣煙濰汽車路旅客較多)而濟坊區間車,則仍舊不變,如此可以利用區間衙接而成長途,此項新規畫,已決自十二月一日起實行,

橫沙保圩工程進行紀略

川沙縣屬橫沙島係孤懸長江外口之一沙島面積約五十方里居民達一萬餘為長江外口各沙島之最大者該島係南菁學校之私產近十年來該島南部受潮浪衝擊圩岸塌圮日甚三年以內為尤甚圮去田畝已將近萬故

該校於今春組一保坍委員會請南通保坍會工程師宋君希尚計畫工程秋間起採辦石塊塘柴等需用材料今已存積不少故宋工程師刻已赴該島準備開工其工程計畫大約仿南通石隄之式所耗約需十五六萬元均由當地地主佃戶分担以中國人民想法之幼稚而肯集此亘金舉一局部亘大工程足見當事者見及遠大已非昔日之目光如豆者可比惟興工似已稍遲本年中坍去面積已達五千畝而此項石隄能否有效則當觀宋工程師之把握如何爲斷矣

（明）

曹家渡建橋將見實行

滬西曹家渡兩岸工廠林立工人往返均藉渡舟時生危險而貨物轉類駁運尤感不便該地各商家刻已請准淞滬商埠局公務處等備興建大約河寬一百四十呎橋孔一百呎橋寬三十呎將建一與舢板廠橋相仝之木橋而需款約在三四萬元公署並無的款擬發行一種小公債卽由該地各商家分認惟聞各商家似嫌木橋非久遠之計而公債担保品亦待討論故尚在討論促進中也

量　法

（續本卷十九期）

彭禹謨編

（二十二）正稜錐體（參看第二十二圖）

設 P ＝底面圓周

　　A ＝底面面積

則正稜錐體側面積 $C = \frac{1}{2}Pl$ ————————————————「66」

總共外面積　　$S = \frac{1}{2}Pl + A$ ————————————————「67」

體積　　　　$V = \frac{Ah}{3}$ ————————————————「68」

〔註〕求底面面積可先將底平面分成若干三角形然後將各三角形計

得之面積總共加之即是

「68」式中之底面 A 高度 h 可應用於任何稜錐體

（二十三）螺狀線之長度（參看第二十二圖）

設 n ＝盤繞次數

　　l ＝螺狀線之長度

　　t ＝間距

則　$l = \pi n \left(\frac{D+d}{2} \right)$ ————————————————「69」

或　$l = \frac{\pi}{t} (R^2 - r^2)$ ————————————————「70」

（待續）

上海南洋大學出版股出售書報目錄

（1）南洋大學卅周紀念徵文集　凡四百面二十五萬言道林紙精印價洋一元郵費本埠四分外埠七分半　（2）南洋季刊　已出創刊號電機工程號經濟號機械工程號卽將出版每冊大洋二角郵費本埠一分外埠二分半　（3）嚴復譯斯密亞丹原富每部八本價洋八角郵費本埠四分外埠七分半　（4）南洋旬刊　已出至第三卷第　期每期洋一分訂閱每半年連郵一角六分　（5）收囘路電樞議　每本函購連郵一角六分　（6）南洋大學中文規章　每本函購連郵一角　（7）南洋大學西文章程　每本函購連郵三角五分　（8）南洋大學概況　每本函購連郵二角三分　（9）南洋大學校景冊　每本函購連郵二角三分　（10）唐編南洋大學專科及中學國文讀本　全部十二冊原價二元六角廉售一元　郵費本埠七分半外埠一角五分

15312

編輯主任： 彭禹謨， 會計主任 顧同慶， 廣告主任 陸 超

代印者：、 上海城內方浜路貽慶弄二號協和印書局

發行處： 上海北河南路東唐家弄餘順里四十八號工程旬刊社

寄售處： 上海商務印書館發行所，上海中華書局發行所，上海棋盤街民智書局
上海四馬路泰東圖書局，上海南京路有美堂，暨各大書店售報處

分售處： 上海城內縣基路永澤里二弄十二號顧壽慈君，上海公共租界工部局工
務處曹文奎君，上海徐家匯南洋大學趙祖康君，蘇州三元坊工業專門
學校薛澗川程鳴崟君，福建漳州漳龍公路處謝聲機君，福建汀州長汀
縣公路處羅歷廷君，天津順直水利委員會曾俊千君，杭州新市場平海
路新一號西湖工程設計事務所沈慶良君鎮江關監督公署許英希君

定 價 每期大洋五分全年三十六期外埠連郵大洋兩元（日本在內惟香港澳門
以及其他郵匯各國一律大洋二元五角）本埠全年連郵大洋一元九角郵
票九五計算

廣 告 價 目 表

地 位	全 面	半 面	四分之一面	三期以上九五折
底 頁 外 面	十 元	六 元	四 元	十期以上九折
封面裏面及底頁裏面	八 元	五 元	三 元	半年八折
尋 地 常 位	五 元	三 元	二 元	全年七折

RATES OF ADVERTISMENTS

POSITION	FULL PAGE	HALF PAGE	¼ PAGE
Outside of back Cover	$ 10.00	$ 6.00	$ 4.00
Inside of front or back Cover	8.00	5.00	3.00
Ordinary page	5·00	3.00	2.00

15313

15314

題 胡壼

刊旬程工

THE CHINESE ENGINEERING NEWS

第 一 卷　　　第 二十一 期

民 國 十 五 年 十 二 月 二 十 一 號

Vol 1 NO.21　　　December 21st. 1926

本 期 要 目

工 程 旬 刊 社 發 行

上 海 北 河 南 路 東 唐 家 弄 餘 順 里 四 十 八 號

15315

工程旬刊社組織大綱

定名　本刊以十日出一期,故名工程旬刊.

宗旨　記載國內工程消息,研究工程應用學識,以發明普及爲宗旨.

內容　內容編輯範圍如下;

　　　（一）編輯者言,（二）工程論說,（三）工程著述,（四）工程新聞,

　　　（五）工程常識,（六）工程經濟,（七）雜　　組,（八）通　　訊,

職員　本社職員,分下面兩股.

　　　（甲）編輯股,　總編輯一人,　譯著一人,　編輯若干人,

　　　（乙）事務股,　會計一人,　發行一人,　廣告一人,

工程旬刊投稿簡章

（一）　本刊除聘請特約撰述員,担任文稿外,工程界人士,如有投稿,凡
　　　切本社宗旨者,無論撰譯,均甚歡迎,文體不分文言語體,

（二）　本刊分工程論說,工程著述,工程新聞,工程常識,工程經濟,雜組
　　　通訊等門,

（三）　投寄之稿,望繕寫清楚,篇末註明姓名,暨詳細地址,句讀點明,（
　　　能依本刊規定之行格者尤佳）寄至本刊編輯部收

（四）　投寄之稿,揭載與否,恕不預覆,如不揭載,得因預先聲明,寄還原
　　　稿,

（五）　投寄之稿,一經登錄,即寄贈本刊一期,或數期,

（六）　投寄之稿,如已先在他處發佈者,請預先聲明,惟揭載與否,由本
　　　刊編輯者斟酌,

（七）　投稿登載時,編輯者得酌量增刪之,但投稿人不願他人增刪者
　　　可在投稿時,預先聲明,

（八）　稿件請寄上海北河南路東唐家弄餘順里四十八號,工程旬刊
　　　社編輯部,

　　　　　　　　　　　　　　　　　　　工程旬刊社編輯部啓

編 輯 者 言

　　大江爲我國之巨川,乃世界所著聞,其所經諸省,均多膏腴之區,因是農產豐富,工商振興,人口衆多,文化進步,惟以連年內戰,水利不治,政府旣無眼及此,人民患逃亡之苦,卽能從事工作,亦僅似補苴罅漏,彌縫蟻穴,其效極微,一且漂搖驟至,根本破壞,同歸死亡,夫大患之來似由天降,而人事不修,與自戕賊何異,試覩美之密瑟斯必河,連年水患,可稱猛烈彼邦政府,不惜巨幣,從事防堵工程,與洪流相爭抗,使其就範,以保民命,以與農田何其勇也,願我國人,對於水利,積極圖之.

大江隄防譚(二)
陸　超

　　愚作大江隄防譚,曾登本刊一卷十三期,覺猶有未盡言者,故續論之以後,查大江兩岸,平曠之區,隨處皆有,大都帶山環抱,濱江依水,蔚成大垸(計自數十萬至數百萬畝不等)因時代沿革關係,復區分大垸爲數小垸,築隄相隔,以避水患,惟所築之堤,有官私之別,私隄由堆土而成,形式無定,質亦不堅,不足以禦水患,其效用僅藉以區分私家之地產範圍而已,若夫官隄,則與江流相平行,其工程尙屬堅實,隄頂寬約丈餘至二丈餘,斜坡約自一比一至二比一,(卽橫二尺起高一尺)但因年久失修或因土質關係,如遇江水升漲,隄破口決,時有所聞,致昔之膏腴區域,一變而成蘆葦荒草之鄕,此蓋由於人事不修,建設不講,輕而棄之之故也.

　　吾人溯江而上,隨處可見受災狀況近者揚子江技術委員會,組織防災測量隊,專從事於調查各區受災之實情,成災之原因,測量災區之地勢,水深

之遲速,水量之多寡,將擇急要之區,先行計劃而建設之,果能先其所急,施以相當工程,忘羊補牢,尚未爲晚,深願沿江人民,羣起督促而加以贊助之也,

　私堤之築,無作大用,已如上述,則目下長江所賴以保護農田地産者,當爲官堤,而官堤之缺點,實應注意及之,考官堤之缺點,大槪斜坡率大小,水之壓力與深度成正比,水位愈高,提身底脚,所受之壓力愈大,因堤之斜坡率太小,故堤底寬度不廣,照力學之推想,水之總壓力與提身之總重量所併之合力,其方向恐易穿出底部中央三分一部(Middle Third)其結果使提身有覆轉之虞,倘堤之料質不佳,缺少黏合之力,則堤身或有弇壞之弊矣,

　官堤缺點,在於底部寬度不足,補救之法,惟有增加斜坡率,面水之坡,可用二五比一,或三比一,堤背之坡,可用四比一,或至六比一,堤頂高度,須在最高水位之上三尺,修理之時,填高之土,務宜壓實,使其堅結,苟遇水流湍急之處,面水之坡須加築四五寸厚之石塊,鋪於堤面,則冲刷之患,可以避免矣,

　苟遇地平係沙質,則築堤于上,殊多危險,蓋沙質多孔,水易滲漏,又少粘力,益易活動,上面之堤,不遭傾覆者亦幾希耳,補救之法,惟有先用二三寸厚,十尺左右長之洋松板樁,打入地面之下二三尺處,使其相互密接,成爲板圍,則水流之衝盪,可免直接影響,而滲透之度亦可減小,如是基礎可堅,次於地面下挖成底溝,深約十尺,寬約二尺,填以良土,逐層壓結,直至一定高度,而提頂以成,兩旁坡面,可依上述之斜坡比率築之,

　築堤工程,約如上述,而築閘問題,亦屬重要,蓋隄防固爲重要,而宣洩亦不可忽,僅有隄防而無宣洩,一旦瞥至,莫之能禦,其成患更不堪設想,是故工程家之治水者猶醫之治病然也,土地猶人身也,河流猶血脈也,人身血脈不和,而身病,地上河流不暢而旁潰,欲使就範,必須詳悉其源委,考察其地位,應隄防者,隄防之,應宣洩者宣洩之,盡得水之利,而無水之害,則水利工程,不可不講,惜乎我國連年內爭,國帑空虛,巨大水患,亦不能顧,大好桑田,因成滄海,哀鴻遍野,啾啾待哺,願我國人,其注意焉,　　　　　　　　　（完）

彎曲力率與直接外力

彭禹謨編譯

是篇係里氏 Charles E. Reynolds 原著,對於鋼筋混凝土長方截形肢承受彎曲力率 Bending moment 與直接拉力 Pull 或壓力 Thrust 時,可以得一手續比較簡省而切實用之設計,及分析之法,惟其應用,僅限於彎曲力率與直接外力之關係數量,必須均與該截面上之拉應力與壓應力受有影響,

設 N = 直接外力（拉力或壓力）

B = 彎曲力率

e = 彎曲力率之臂長 (arm)

普通常以下式表之即

$$e = \frac{B}{N}$$

對於臂長（或稱離心距 Eccentricity）之量決,以嚴格方面之手續,必須從穿過該截面受應力面積中心之軸起算,惟尋常大都均從混凝土截面中心起量,從真確方法與尋常方法所得之算式,不過均能採用曲線或圖表以化解,本篇所論者,與前兩種不同,蓋離心距由一與該截面上因受影響所發生之拉合力及壓合力 Resultant Tension and Compression 相等距離之軸起量是也,如 e 值大者,用此法比較更能詳確,且易解決,

彎曲與拉力

如 N 為拉力施於第一圖所示之截面者,

a = T 與 C 兩力間之總距離（或槓臂,）

T = 拉合力,

C = 壓合力,

向 T 之施力線旋轉所生之力率;——

15319

$$Ca = N\left(e - \frac{a}{2}\right)$$

$$C = \frac{Ne}{a} - \frac{N}{2}$$

故　　$C = \frac{B}{a} - \frac{N}{2}$ ⋯⋯⋯⋯⋯⋯⋯⋯⋯⋯⋯⋯⋯(a)

向 C 之施力線旋轉所生之力率：——

$$Ta = N\left(e + \frac{a}{2}\right)$$

$$T = \frac{Ne}{a} + \frac{N}{2}$$

故　　$T = \frac{B}{a} + \frac{N}{2}$ ⋯⋯⋯⋯⋯⋯⋯⋯⋯⋯⋯⋯⋯(b)

如欲證明離心距之新量法爲善者，可先探用上面 T 與 C 兩式是否適合於下面諸原理：

（Ⅰ）截面上諸外力之和，須等於零，

　　參看第一圖，以代數加法，將 C, T, N 三值加之得：

$$\left(\frac{B}{a} - \frac{N}{2}\right) - \left(\frac{B}{a} + \frac{N}{2}\right) + N = 0$$

（Ⅱ）如無直接外力，則 T 須等於 C，

　　即 $N = 0$，$C = \frac{B}{a}$ 及 $T = \frac{B}{a}$

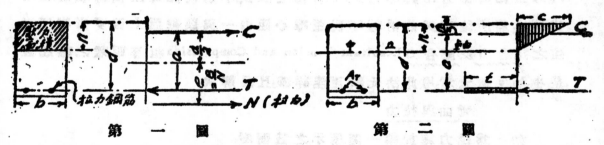

第　一　圖　　　　　　　　　　第　二　圖

假定 N 與 B 兩值爲已知，則上面（a）與（b）兩式，對於鋼筋混凝土長方截形設計及分析，顯多用處，

第一類　設計一截面，鋼筋僅用於一面者，混凝土之單位應力，不得超過 C 值，鋼筋單位應力，不得超過 t 值，

計算之先,必須假定該截面之有效深度為 d,

已知 c 與 t 兩單位應力之值,則由下式求得從受壓力邊至中立軸 Neutral axis 之距離,即:

$$n = \frac{d}{1 + \frac{t}{mc}} \quad\text{………………………………（1）}$$

式中 m 為彈性比率 $= \frac{E_s}{E_c}$,假定 $= 15$,

C 與 T 二偶力之臂長,由下式得之,即:

$$a = d - \frac{n}{3} \quad\text{…………………………………（2）}$$

將 B, N, a 三值代入（a）式,即得總壓力 C,是值又等於 $\frac{bnc}{2}$,

於是　　　$$b = \frac{2C}{cn} \quad\text{………………………………（3）}$$

上式所得之值,係根據法許 c 值所得之截面極小闊度,如該闊度與假定深度,比例適當,則該截面,可以採用,不然,重行假定 d 值,照前予擬而計算之,

已得適當之 d 值,可用下式以求鋼筋之駐,即:

$$AT = \frac{T}{t}$$

即　　　$$AT = \frac{C + N}{t} \quad\text{…………………………（4）}$$

例題一　　今有一長方截形之鋼筋混凝土樑,已知彎曲力率 B $=$ 120,000 吋磅,直接拉力 N $= 5,000$ 磅,該項材料之單位應力,混凝土不得超600 磅,鋼筋不得超過16,000磅,試設計之,

假定有效深度d$= 14.5$吋,

從（1）式得　　$n = 0.36 \times 14.5 = 5.21$吋.

（2）式得　　$a = 14.5 - 1.74 = 12.76$吋.

（a）式得　　$C = \dfrac{120,000}{12.76} - \dfrac{5,000}{2} = 6,000$磅,

（3）式得　　　$b = \dfrac{2 \times 6,900}{600 \times 5.21} = 4.42$时,

上面求得之闊度太小,故再假定$d = 12.5$而重行計算之,

於是　　　　　　$a = 11$时,

　　　　　　　　$n = 4.5$时,

從（a）式得　　$C = 8,400$磅,

（3）式得　　　$b = 6.22$时,

定 $b = 7$ 时,則與總深度 $12.5 + 1.5 = 14$ 时相比,頗屬合宜矣,

從（4）式得　　$AT = (8,400 + 5,000) \dfrac{1}{16,000} = 0.837$方时,

例題二　　今有一條一呎闊之樓板,承受撓曲力率 $B = 48,000$ 时磅,直接拉力 $N = 2,000$ 磅,材料極大單位應力 c 不得超過600磅;t 不得超過16000磅,試設計一適宜之截面,

從觀察上定有效深度6.5时,似足承受單獨之撓曲力率,惟 N 亦與應力有關,故先假定係 7 时厚之板,即 $d = 6.25$ 时,

於是　　　　　　$n = \dfrac{6.25}{1 + \dfrac{16000}{15 \times 600}} = 2.25$时,

　　　　　　　　$a = 6.25 - \dfrac{2.25}{3} = 5.5$时,

　　　　　　　　$C = \dfrac{48000}{5.5} - \dfrac{2000}{2} = 7,720$磅,

再用（3）式以求板之闊度,須約等於12时,如此12时爲大者,須重行設計之,

　　　　　　　　$b = \dfrac{2 \times 7720}{600 \times 2.25} = 11.4$时,

該值與12时相近,故頗經濟,

再用（4）式以求鋼筋面積,

　　　　　　　　$AT = \dfrac{7720 + 2000}{16000} = 0.606$每呎闊中方时數, 　　　（待續）

上海縣清丈局測丈實施規則

（續本卷二十期）

四　圩界用紅色二號線之點綫其實部爲一公分虛部爲五公厘

五　戶地界用三號實線虛其角隅用直徑二公毫半之點表示之戶地之界綫不宜與隅角點互相密接應留微些之空白俾易明瞭

第七十九條　戶地原圖之圖廓綫須用紅色三號實綫描繪之

第八十條　圖根主點爲一紅色複圈其外圈直徑約爲一公分並於圈之中央描繪一黑點補點則繪一紅色單圈中央亦描繪一黑點

第八十一條　道綫點爲一黑色單圈其直徑約爲四公厘或作一正三角形中央描繪一二號點

第八十二條　道路及河川依其眞寬以三號實綫描繪其二邊以表示之

第八十三條　橋樑依其眞寬用三號實綫描繪其兩邊并將其兩端向外披開以表示之

第八十四條　註記文字分爲正楷宋體及亞拉伯字三種

第八十五條　正楷宋體字之大小依所示物體之大小而用二公厘至十二公厘爲適宜字隔依所示物體之形狀而用字大二分之一至字大之五倍爲適宜

第八十六條　與圖註記字用宋體其他用正楷

第八十七條　圖面之註記須垂直列之但有時亦可列爲水平或傾斜之方向但文字須自右至左依次排列且與圖面之下邊（圖廓）成直立形

第八十八條　綫狀物體之註記須依其形狀列之但宜與該物體成直立形或與之平行

第八十九條　亞拉伯數字之字高用三公厘至一公分爲適宜字隔爲字高

15323

二分之一而書於該記號之上方

第九十條　魚鱗圖及魚鱗冊戶地原圖依本局清丈規程第八章之規定而繪製之

第九十一條　各種選點圖繪竣後應於圖之上方中央向水平方向書曰某號圖根選點圖某字某號道線選點圖某號某字第幾號原圖

某號圖根選點圖

中華民國　年　月　日

組長某（印）
組員某（印）

比例二萬分之一

某號某字道線選點圖

中華民國　年　月　日

組長某（印）
組員某（印）

比例二千五百分之一

某號某字第　號原圖

中華民國　年　月　日

組長某（印）
組員某（印）

比例五百分之一

運河工局查勘魯省運河之報告

山東境內之運河，多已淤墊，以致夏間運泗決口，爲害民間，林憲祖昨飭運河工程局先期查勘，以便修治，該局查勘近已竣事，具呈報告省署，林氏飭其速擬修治辦法，茲覓得其報告呈文如下，

爲查勘南運河流狀況，曁運泗決口已堵未堵各情形，據實陳明事，竊查運河失治，周已有年，河旣淤塞不堪，堤亦圯殘殆盡，工程就廢，補救殊難，復經本屆夏間，雨量逾常，山洪暴發，泗先橫流於泗曲，汶繼旁溢於汶南，濟境地處下游，仰承無限驚濤，浩瀚奔騰，建瓴而下，遂與益田積潦，混成一片汪洋，奈以運泗諸河積淤久佃，容量不宏，潰決堤塍比比皆是，狂流四溢，以推波助瀾之勢，水患愈見惢睢，似此奇災，實爲從來所未有，在運河報漲伊始，當卽遴派工員，分途勘察，業將水勢情形，呈報鈞署在案，現屆節逾霜清，水落歸槽，河流不無變化，或易相機策應，冀可轉危爲安，復委職局工程科長汪壽隆，率同熟習運河職員馳往履勘，普治固不易言，果於運道農田確有利害關係，治之則得，不治則失者，急宜擇要施治，藉收尺寸之功，救濟目前，俾維現狀，茲據飭悉該員等，勘明南運河最近淅域狀況暨參以末議，敬爲我省長詳陳之，查現時兗濟道區，因關於地勢高下，西北積水盡注東南，故濟甯以北勦堤，新潰各口在汶嘉境內者，已由該處民乘水勢見落之時，各自爲謀，及時堵塞惟濟甯城南運河東西兩岸各有決口一處，均寬十五丈有奇，東岸意在求道引消積澇，西岸意在求塞抵禦漫流，業經濟甯縣依據鄉民之請求，已將西岸十里營決口會勘估築，事同官民議定，料由官助，土以民抬，協力搶修，可望涸復千頃良田，便民耕種，計需購料價銀五千元之譜，維時因無的款，先由商會墊借，再行設措歸償，經過辦理情形，諒已巡呈鈞署，無待贅言矣，其東岸五里營決口，原係民間爲便利疏消積水起見，自由私抉，仍應由該處居民擔任，如式築還，至濟甯以南兩岸運堤，自趙村迄於魯橋，早被風浪搜刷堤土漂流，極目滔滔，湖河悉爲吞併，縱橫七八十方里無一完村，貫土難求，徒有望洋之歎，驟言施治，自

屬異常困難若竟聽其展泄,而兩岸無提,水將何以就範,勢必因其就下之性,泛濫於濟魚滕沛各邑,數萬頃膏腴糧地,匯爲巨浸,相繼清乾隆二十四及二十六兩年造成第三次告沈結果,按諸上而挹府,下而神者,討論治運與蓄素持主見當不謂然,自應靜待時機徐謀籌治,以重根本要圖,此外應辦工程,則以洫河爲不可緩,本年泗水暴漲,汹湧非常,經過兖州金口壩,卽將洫河橋冲毀四空,而大榆樹東提亦相繼冲開,溜勢雖分餘力猶猛,水至境,又將姚安莊齊家營邢莊寺橧家鎮賬家橋等地方總河,及東西兩岸,決口至十六處之多,除計工長一千四百八十丈,築此堵口工程,估土七萬方,以每方價銀四角計之,共需銀二萬八千元,若盡責諸與歇餘生,民力恐多未逮,自非有充分之補助,成效難期,職局職務攸關,利害所系,曷敢不盡而後入,亦未忍知而不言第念工鉅費繁,必視經濟之盈絀,以定工程之進退,空談治理,奚裨時艱,今果爲民籌安計惟就地籌款分年施工,假湖河統治之樞,擴漁鹽乘管之利,見功較速,收效亦宏,舍此不圖,其影響於國賦民產之前途,殆有不可思議者也,除將運河全工通盤計費,業擬相當辦法另文呈請核辦外,所有勘收南運河流狀況及運泗兩岸決口,已堵各情形,呈報鑒核,以備查考,

15326

上海建築材料市價之調查

顧同慶

三分至一时圓鋼條	每噸銀	67 兩
″　″　方″″	″″″″	68 兩
美白鐵32號	每担″	14.25 兩
″ 28號	″″″	13.50 ″
″ 26號	″″″	13.00 ″
″ 24號	″″″	12.50 ″
英白鐵32號	″″″	13.25 ″
″ 28 號	″″″	12.25 ″
″ 26 號	″″″	11.75 ″
″ 24 號	″″″	11.25 ″
瓦楞鐵28 號	″″″	12.00 ″
″ 26 號	″″″	11.50 ″
″ 24 號	″″″	11.00 ″
″ 22 號	″″″	10.75 ″
新鐵照16號至20號	每担	9.50 兩
″ 21號至25號	″″	11.25 ″
法西釘 1 时至 6 时	每桶	5.00 ″
花旗釘 2 时至 3 时	″″	6.75 ″
洋元頭	″″	3.80 ″
工字鐵	每担銀	4.75 ″
扇牌水泥（日本）	每桶銀	2.90 兩
紅龍″″″（法國）	″″″″	3.20 ″
黑龍″″″（日本）	″″″″	3.00 ″
馬牌″″″（唐山）	″″″″	3.30 ″
象牌″″″″（上海）	″″″″	3.30 ″
塔牌″″″（湖北）	″″″″	3.10 ″
泰山″″″（龍潭）	″″″″	3.20 ″
船牌″″″（日本）	″″″″	2.90 ″

代銷工程旬刊簡章

（一）凡願代銷本刊者,可開明通信處,向本社發行部接洽,

（二）代銷者得照定價折扣,銷貳十份以上者,一律八折,每兩月結算一
次（陽歷）,

（三）本埠各機關擔任代銷者,每期出版後,由本社派人專送,外埠郵寄,

（四）經理代銷者,應隨時通知本社,每期銷出數目,

（五）本刊每期售大洋五分,每月三期全年三十六期,外埠連郵大洋貳
元,本埠連郵大洋一元九角,郵票九五代洋,以半分及一分者爲限,

（六）代銷經理人,將款寄交本社時,所有匯費,槪歸本社擔任,

　　　　　　　　　　　　　　　　　　工程旬刊社發行部啓

編輯主任： 彭禹謨， 會計主任 顧同慶， 廣告主任 陸 超

代印者： 上海城內方浜路貽慶弄二號協和印書局

發行處： 上海北河南路東唐家弄餘順里四十八號工程旬刊社

寄售處： 上海商務印書館發行所，上海中華書局發行所，上海棋盤街民智書局
上海四馬路泰東圖書局，上海南京路有美堂，暨各大書店售報處

分售處： 上海城內縣基路永澤里二弄十二號顧壽慈君，上海公共租界工部局工
務處曹文奎君，上海徐家匯南洋大學趙祖康君，蘇州三元坊工業專門
學校薛渭川程鳴琴君，福建漳州漳龍公路處謝雪樵君，福建汀州長汀
縣公路處羅履廷君，天津順直水利委員會曾俊千君，杭州新市場平海
路新一號西湖工程設計事務所沈襲良君鎮江關監督公署許英希君

定價： 每期大洋五分全年三十六期外埠連郵大洋兩元（日本在內惟香港澳門
以及其他郵匯各國一律大洋二元五角）本埠全年連郵大洋一元九角郵
票九五計算

廣 告 價 目 表

地 位	全 面	半 面	四分之一面	三期以上九五折
底 頁 外 面	十 元	六 元	四 元	十期以上九折
封面裏面及底頁裏面	八 元	五 元	三 元	半年八折
尋 地 常 位	五 元	三 元	二 元	全年七折

RATES OF ADVERTISMENTS

POSITION	FULL PAGE	HALF PAGE	¼ PAGE
Outside of back Cover	$ 10.00	$ 6.00	$ 4.00
Inside of front or back Cover	8.00	5.00	3.00
Ordinary page	5·00	3.00	2.00

15329

南洋季刊第一卷第四期機械工程號要目預告

15330

刊旬程工

凌鴻勛

THE CHINESE ENGINEERING NEWS

第二卷　　第一期

（新年特刊）

民國十六年一月一號

Vol 2 NO1　　　　January 1st. 1927

工程旬刊社發行

上海北河南路東唐家弄餘順里四十八號

★本期零售大洋八分★

◄中華郵政特准掛號認爲新聞紙類►

(Registered at the Chinese Post office as a newspaper.)

15331

15332

本社職員

編輯彭馮謨

會計顧同慶

廣告陸卓民

鋼筋混凝土板橋隄岸設計圖樣

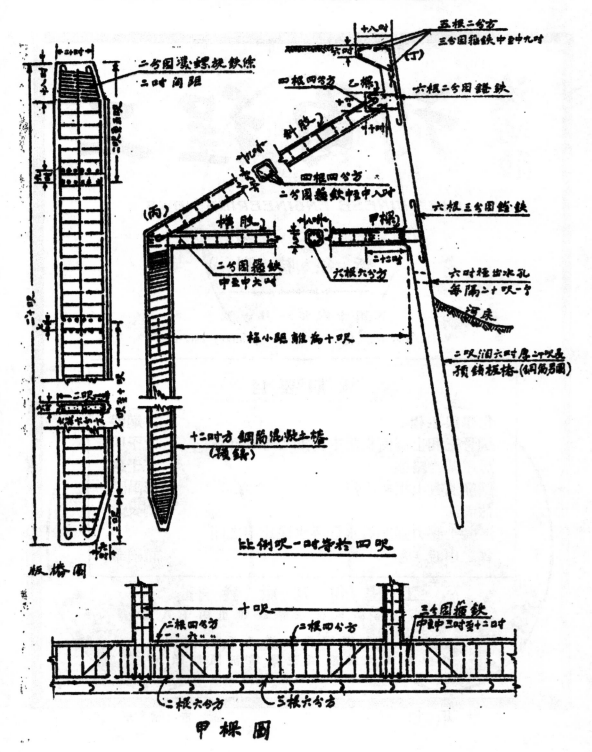

版橋圖

甲樑圖

比例呎一時等於十四呎

15334

編輯者言

駒光如駛，瞬已民國十六年元旦，編輯同人，謀所以誌慶祝，記已往，振現在，勵將來者，爰有新年特刊之舉，幸蒙我工程界同志，踴躍惠稿，得增篇幅，惟因時間關係，匆促編成，付梓過遲，校勘不週，或以排印未及，留登來期，凡諸失當，尚乞惠稿諸君，本刊讀者加以原諒者也，

本刊事業之至小者也，其責任止在於文字，其宗旨儘注於工程，加以年齡，幼稚，組織既不完備，體例亦少精詳，對於社會，實無大補，惟天下一事之成，每不易易，極歷許多曲折，而後得之，行遠自邇，登高自卑，此編輯同人對於本刊之希望，而所以自勉者也，

恭賀　　新禧並祝

工程界進步

本社同人鞠躬

本社同人極少，且均服務於工程，故乏充足之時間，專辦社務，稿件不多，篇幅有限，惟冀海內同志，不吝珠玉，時錫宏著，不特本刊有光，亦可使我國工程界中，得長期久遠，多一研究言論之域也，

我國巨大工程，自古已有，惜少專著，學者無從攷究，有或視為秘奧，不願傳人，及乎西學東漸，國內人士方知八股之害，亟謀科學之利，工程教育，始有動機，時至今日，凡有建設，大為改觀，惟工程著述，比之他種，猶屬稀少，及觀歐美各國，工程書籍，何止千百，工程雜誌，各類均有，大都內容豐富材料新鮮，此皆彼邦工程人士，能本其日常之研求，歷時之經驗，發為巨著，以供公衆之閱覽，以謀建設之進步故也，

工程與化學
Engineering and Chemistry
許炳熙

　　二十世紀，科學倡明，偉大之工程，如建築土木工程，機械工程，電氣工程，化學工程等，進步神速，促進近世之文明，其成功之廣大，因非吾人所能料及者也，然則建築上之混凝土，道路工程上之煤焦油及瀝青，機械上之鋼鐵，電氣事業之絕緣體，無一不隨化學而日異月新也，設建築無混凝土，鋪路無煤焦油瀝青，機械無鋼鐵，傳電無良好之金屬，隔電無高抗力之絕緣體，烏得有今日發達哉，是以歐美各國，莫不注意於此，以謀工程上之進展者，況普通工程上用水問題，尤應選擇，蒸汽機關發生之原動力，藉燃料及水而成功，夫水之檢定，燃料之選擇，亦多仰賴化學，又市政工程上，都會空氣之清潔方法，及建築房屋換氣之設置，當以化學上見解爲標準，凡此種種，不勝枚舉，要多不能越化學之範圍也，

　　苟是化學知識，對於無論何種工程，佔有重要之地位，決無異議也，吾國地大物博，能合用工程之材料，不爲少數，材料之判別與研究，尤賴具基本之化學知識，吾國學工程者，往往不能兼顧化學，然而工程上多種問題，其著者如燃料與燃燒，粘土與人造石，應隨時變化而運用化學原理，以分其優劣，蓋精益求精，巧拙由斯判也，本篇所論，僅取其犖犖大者，篇幅有限，固難詳言，讀者或因此而深進參考專門書籍，則作者幸之，若以此爲一知半解之譏，在所不計也，

　　用水問題——天然間無絕對，純粹之水，往往就其用途而判別之，水有飲用與工業用之不同，工業用水，亦有輭硬之分別，硬水用於蒸汽鍋，久之有成鑵垢之患，甚有腐蝕汽鍋之鐵，揭淨之法隨所含物質及情形不同而各異也，茲姑舉其大綱數則，列表於次：——

	緣由	提淨方法
鍋垢之生成	（1）爲泥,粘土,礦物	濾過法
	（2）重炭酸鈣,鐵及鎂（即通常所謂硬水含有物）	先加熱然後以石灰或純鹼(即炭酸鈉)處理之
	（3）有機物體	用明礬使之沈澱,然後經濾過法使之澄清,
	（4）硫酸石灰	加純鹼使之澱降,
腐蝕之水	（1）有機物體	加明礬或以純鹼中和之
	（2）油垢	用純鹼,再經濾過
	（3）氯化或硫酸鎂等,	用純鹼法
	（4）酸類	加鹼使之中和
	（5）溶解之 CO_2 及 O_2	加熱,或用純鹼
	（6）起有電解作用	投入鋅板法

凡能起鍋垢之水,往往有腐蝕性,故此二類性質,槪有牝連之關係實可同視爲一種條件也,

　　硬水中,又分暫時硬水及永久硬水,暫時硬水者,凡經加熱立成沈澱近據 Gebhardt 氏[1]之實驗,謂每咖侖水中含率在15英釐以下者爲上等,過20英

　　（1）　Cochrane: Engineering Leaflex, no. 12, P.6

蓋者,概不適用於汽鍋,若永久硬水,僅以前量四分之一爲限,

　　燃料與燃燒——　燃料用以加熱,固爲工程上必不可少之物質,欲使燃料發熱,必先起燃燒,但化學上燃燒之意義,實爲一種急速之化學作用,且有溫度變化及能發生光輝（平常所稱無光之火焰,亦非絕對不發生光輝,不過所生之光不強耳）.天然間能供給吾人之燃料,種類極多,惟此處所述者,僅以最廣用之煤一種.

　　煤之成分以所產地質而不同,如泥炭,烟煤,白煤,焦炭等,然其燃燒之效力,概以碳素之含量爲判別,碳素燃燒時所起之反應,不外乎下列各式:

$$C+O \longrightarrow CO$$

$$C+2O \longrightarrow CO_2$$

$$CO_2+C \longrightarrow 2CO$$

燃料發熱之物理單位爲Calorie及B.t.u.二種,碳素經完全燃燒而成氧化碳,每克即能發生8080Calorie或每磅14,544B.t.u.之熱量汽爐中煤之燃燒完全與否,固爲工程上重大問題,然燃燒時發生之熱量,傳達於水,其間亦應有一定範圍之折損,

　　燃料有效率之,測定換言之燃料發生之熱量,能傳達於鍋水之效率,普通以烟道中氣體之熱度相乘燃燒物之重量再乘一常數(0.24)[2]是故總熱量 $=Wc \times .24(T-t)$, 其中 $T-t$ 爲烟道氣體之熱度與戶外溫度之相差數, Wc爲燃燒後之生產物量,爐中若有餘量之空氣供給應爲,

$$Wc = 3.032 \left(\frac{N}{CO_2+CO} \right) \times C + (1-a)$$

式中 N, CO_2, CO 及 C, 均由化學分析烟道而知之, a 即煤經燃燒後餘留之灰分重量,

　　普通鍋爐用煤,以烟煤爲主,化學分析術上,檢定煤之高下,每以煤中所含水分,揮發物,固定碳素,灰分之高下爲標準,[3]碳素高灰分少煤之發熱量

（2）　Fisher: Handbuch der Technologie, P.75

亦好,反是水分增,揮發物高,決非為汽爐中所應用之煤也,

　煤發熱量之測定,當有一定之測定器,然亦能以化學分析,所得乾燥煤中氫,碳,氮,氧及硫各元素之含量而推定之,惟其結果則略高於實測之量茲舉通用之改算式如次此中以後式較為可靠,[4]

Dulong 氏式: x (Calories) $= 8080C + 34,500(H - \frac{1}{8}O) + 2250S$

Walker 氏式: x (,,) $= 8080(C - \frac{1}{8}O) + 34,500H + 2250S$

石油及機用油 —— 石油發見於十八世紀,最盛之產地為俄國之Baku及美國之Peunsylvania 與 California 二省,礦產石油,色黑不能應用,必先經蒸溜,其蒸溜所得各物而於工程上有用者,順次為輕汽油(Gasoline),燈用油,機用油,石蠟及鋪路瀝青等,輕汽油多用於汽車及內燃機關,燈用油則用於內燃機關及路政上,機用油及石蠟,在工程上,每作機械減摩之用,瀝青則專供市政工程上鋪路之用,

　近世機械上所用減摩物體,不外乎水,油,脂及固體物數種,[5]其分析方法可參孜中水最不常見用,蓋因其効力不著,然有時汽缸上及多種金屬平面,亦有用之,油類中多數用於機械油,如輕軸油(Light Spindle oil),重機油(Heavy Engine Oil)及汽缸油(Cylinder oil)或為石油生產之重油,或重與脂肪油,如豕油,牛脚油,鯨蠟,棉子油等之混合物,從有時或僅單用動植物油而不混礦油作為機用油者,但殊不多見,

　凡受重力及低速率之軸枕或在大齒輪上,每用固體物而代機油之用,此種固體物,常為油或脂肪與鹼類製成皂,再混用植物油或礦物油而成富有黏性之固體機油,譬如將下列各成分,互相混合,亦為一種良好之固體機油也,　　　　　　　　　　　　　　　　　　　　　　(待續)

（3）分析方法可參孜 Stillman: Engineeriny Chemistry

（4）Sherman: methods of Organic analysis, Revised Edition, Chap X

（5）mabery: J. Ind. Eng. Chem., 2, 115.

鋼骨三和土橋面板集中荷重之彎權計算

俞子明

（1）尋常鋼骨三和土板桁橋橋面板均係連續性質凡大道橋梁之無車軌者橋面板所受集中荷重之彎權（即壓路機或汽車之輪重所生之彎權）每占總彎權之大部份若用較精密之計算得較精密之結果似於設計經濟學上頗有關係也

（2）本篇所論以壓路機之一對後輪為標準實際上其影響亦最大

設 P_7 = 輪重對于橋面板每呎寬之重量

L = 相等之桁距

D = 輪距

彎權之值依兩輪之位置而異若兩輪為對稱時可分三類

1. 如圖 1 輪在一支點之兩邊距離相等 $D \gneqq 1$.

2. 如圖 2 兩輪在兩支點之兩邊 $D > L$

3. 如圖 3 兩輪在兩支點之間 $D < L$

（3）第一類位置如圖一

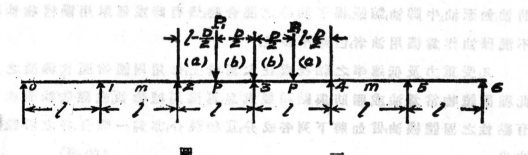

圖 一

（ 各式符號及解釋參觀 Hool 氏 Concrete Engineer's Hand Book ）

兩端若假定為半固定狀況即假定連續之徑間為無限數則計算太繁今為簡便假定不直接支載荷重各點可以自由轉動則(1)點即可自由旋轉

$$M_{1-2} = 0$$

$$M_{2-1} = 3EK\theta_2$$

$$M_{2-3} = 2EK(2\theta_2 + \theta_3) - \frac{P_1 ab^2}{L^2}$$

$$M_{3-2} = 2EK(2\theta_3 + \theta_2) + \frac{Pa^2 b}{L^2}$$

$$M_{3-4} = 2EK(2\theta_3 + \theta_4) - \frac{Pa^2 b}{L^2}$$

得　　$\theta_1 = 0$, $\theta_2 = +\dfrac{P_1 ab^2}{7L^2 EK} = -\theta_4$, $\theta_3 = 0$

∴　$M_1 = 0$

$$M_2 = -\frac{3P_1 ab^2}{7L^2}$$

$$M_3 = -\frac{5P_1 ab}{7L^2}(7a + 2b)$$

以 L 及 D 代入則得

$$M_2 = -\frac{3P_1\left(\dfrac{D}{2}\right)^2\left(L - \dfrac{D}{2}\right)}{7L^2} = -\frac{3P_1 D^2(2L - D)}{56L^2} \qquad \text{「1」}$$

$$M_3 = -\frac{5P_1\left(\dfrac{D}{2}\right)\left(L - \dfrac{D}{2}\right)\left(\dfrac{14L - 5D}{2}\right)}{7L^2} = -\frac{5P_1 D(2L - D)(14L - 5D)}{56L^2}$$

$$\text{「2」}$$

$$M_m = \frac{M_2}{2} = -\frac{3P_1 D^2(2L - D)}{112L^2} \qquad \text{「3」}$$

今 $M_2 : M_3 = 3D : 5(14L - 5D)$

$$\frac{M_2}{M_3} = \frac{3D + 25D}{70L - 25D + 25D} = \frac{2D}{5L}$$

今 $D < \dfrac{5}{2}L$ 故「1」<「2」　　　　　　　　　　　　（待續）

本刊發行以來,銷途日益推廣,一卷各期,大都早已售罄,因紛紛來函補購者極衆,特再重印數百份,以應讀者,一卷共出二十一期,如承金補,連郵大洋一元,書印無多,欲補請速,　　　　　　工程旬刊社營業部啓

房屋基礎略述

王士滌

基礎為建築物中最要之部份，基礎不堅，則雖有良好之建築，亦屬無用，此誰人皆知者也，考基礎之作用在乎承受上部之重量而適宜分配于地面，使其著力之部，有相當之面積，以抵禦此上部之重量者也，不僅如此，且欲使此全部之建築，無不平均之下沈，因不平均之下沈，實足以使上部之建築發生裂穩，而頻于危險也，然則何以不不使其下沈，曰事實所難能，經濟所不許也，基礎之作用，既如此，故欲設計此基礎，不得不先知二事，一曰承受之重量，一曰泥土之安全禦力，(Safe Bearing Power of the Earlh)今特分別略述一二于下，

（A）　承受之重量，　基礎上承受之重量，有二種，一曰死重(Dead Ioad)，一曰活重(Live Ioad)，活重者何，即重量之常常移動而變更者，死重者何，重量之不能移動及變更者，如建築物自身之重量是也，今略述一二如下，

（1）死重　凡一建築物，基礎上所受上部之壓力，常不相同，故于設計基礎之時，各部份之強弱，亦當不同，方可免于不平均下沈之患，至于建築物之重量，各視其性質而異，其重量之計算，可以每立方呎建築物之重為標準，而計算之，今將各種建築物，每立方尺之重量，列表如下，以便讀者參攷之用，

材料名稱	每立方尺之重量
花崗石	165
甯波砂石	155
青（或紅）磚	112
三和土	140
鐵筋三和土	150

（2）活重　建築物之活重，亦視其性質而異，普通之住宅等，則所受之

重量甚少,大概以每方尺70磅計算,已綽有餘,旅館等則較此略大,學校公署
之類,則以110磅左右為率,公廠等之建築,則有多至三四百磅者,然據各方面
從經驗而得的結果,對于此基礎方面活重一項,似可不必計入,美國支各哥
城各建築物,自八層至十層者,于設計時,未將活重計入者,常得平均之下沈
云。

（Ｂ）　上面已略述承重之大小,今當述泥土所能勝任之壓力矣,各種
泥土所能受之壓力,各不相同,視其性質而異,今為便利計,列表明之如下,

泥土	每方尺所能 受之噸數
花崗石（堅結者）	100—200
砂石	18—30
石灰石	25—30
乾結之粘土質（且厚層者）	4—6
潮溼 ,, ,, ,, ,, ,,（且薄層者）	2—4
砂（結實而有良好之膠接者）	4—6
潮溼之砂土	5.0—1

既明以上之理,則基礎所需之面積,自易求出,表之如下式,

$$基礎之面積 = \frac{上部建築物之重量 ★}{泥土之安全撐力}$$

基礎之面積,自常較其上部之牆等為大,故上部之壓力,傳至基礎時,其
上面最好採用階級式或斜坡式基肩 Stepped and Sloping Footings 方可使基
礎上之各部,所受之壓力,容易平均,是不可不注意者也,

基礎之面積,既得,即當求其深度,深度之求法,可視此基礎為一伸臂梁
(Cantiliver) 而計算之,但普通常由設計者自己之經驗而定之,茲將述一圖
解法如次:

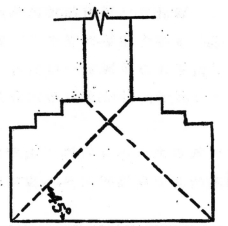

基礎

　　求法係先將作二直線,代表牆厚,再作二直線,代表基礎之闊;(此值由上式求得基礎之面積後定之然後從牆脚之二邊,作二直線,與水平成45°角,則此二直線與基礎之線所得之交點,而連結之即為基礎之底,上圖中基肩之深淺,視基礎之闊度而定,務使基礎受均勻壓力可也,

　　上述基礎之理,雜而不精,語而不詳,欲知其詳,參閱是項專書可也,本刊前幾期亦屢登載之,故不贅,　　　　　　　　1926,12,15,彭城。

★包括基礎自身之重

15344

鋼筋混凝土板樁隄岸

彭禹謨

隄岸者,乃禦水之建築物也,其作用與擁壁同,故其力學分解,亦相似,所用之材料,有土石木混凝土之別,其種類不外板樁式與重心式兩種,重心式之隄岸,料費而工巨,惟能任重,致久,板樁式之隄岸,料價可減,惟不及重心式之堅固,本篇所述,乃一種鋼筋混凝土板樁隄岸,其結構頗特別,(參看設計圖樣)而式樣亦新顈,用二十呎長之板樁,所築成之隄岸,其工料價,每丈約為三百兩,如與鋼筋混凝土重新式隄岸相比較,可省倍餘,其功效亦幾能與重心式隄岸相等,凡遇市政管轄下之河道,如欲建築隄岸,當以此式相宜,故特舉而出之,以供建築工程家之參考焉:

建築部分　　該項隄岸,由下列各部結構而成:

(甲)板樁　係先在工場內頂鑄後運至工地打入者,寬二呎,厚六吋,長二十呎,(參看板樁圖)其邊製有雌雄筍其下端稍尖斜,以利入土,上端略狹,打至一定深度,後將該樁頭(丁)水泥稍稍敲去,使鋼筋略略露出,重行用板模製就樁頭,而隄頂以成,

(乙)乙樑　乙樑用四根四分方鋼筋,與板樁上頂備之二分圓鉤形鐵相鉤住,次用模板在工地下混凝土而成之,其大小可參看圖樣,

(丙)甲樑　甲樑較乙樑為大(參看甲樑圖)主要鋼筋,用二根四分方,三根六分方,剪力鋼條,亦由板樁中頂備伸出者,該樑亦在工地上用板模澆成,

(丁)斜肢　此肢用四根四分方鋼筋,二分圓擔鐵,中至中八吋,一端與乙樑相鉤住,他端與橫樑及十二呎方樁相聯絡,其個

斜角度與水平線所成者,在四十度左右,肢之中心距離為十呎,

(戊)橫肢　橫肢即水平肢也,其中心距離與斜肢同,用六根六分方,主要鋼筋,一端與甲樑相鉤接,他端與斜肢及十二吋方樁相聯絡,箍鐵係二分圓,中心距為六吋,

(巳)方樁　是樁係十二吋方,由工場預鑄運至工地者,其長度觀地質情形而定,下表所例者,其長度為十八呎與十四呎兩種,其餘別種長度之各項計算,不難推算,樁以機鎚打至一定深度,然後將樁頭敲碎一部(即丙處),使主要鋼筋略略露出,與斜肢及橫肢相連接,樁之中心距離,與橫肢及斜肢同,

估計表　下列兩表,係為計算預鑄板樁與方樁用者,惟僅舉其主要部分耳,

(表　一)

塊數	名稱	大小	混凝土(以立方呎計)			鋼鐵(以磅計)		
			混合比例	水泥	砂粒	石子	箍　鐵	鋼　筋	鐵　　絲
	自擇隄岸板樁	二呎闊六吋厚二十呎長	1:2¾:3½	4.2	10.64	15.6	(二分圓) 42	(六分方) 230	(二十二號) 1

(表　二)

名稱	大小	混凝土(以立方呎計)			鋼鐵(以磅計)		
		混合比例	水泥	砂粒	石子	箍　鐵	鋼　筋	鐵　　絲
座樁	十二吋方十四呎長	1:2½:3½	3.0	7.5	10.5	(二分半圓) 41	(五五半方) 88½	(二十二號) 1
仝	十二吋方十八呎長	仝	3.8	9.5	13.4	(二分半圓) 56	(六分方) 13.8	(二十二號) 1½

(完)

上海縣清丈局丈務細則

第一章　編制

第一條　依本局章程第三章第五條合併第三第四兩項改設丈務主任一
　　人副主任一人其第六第七兩項改分內外二部編制

第二條　內部分稽核製圖單冊三項設組長一人組員若干人

第三條　內部組長受丈務正副主任之命（下簡稱主任）指配各組員稽核
　　各區成績繪製各種圖表及編製單冊等事遇必要時得呈請主任分赴各
　　區覆測覆丈

第四條　內部組長遇事務紛繁時得呈請主任分組辦事

第五條　內部各項辦事規約由組長擬定呈請主任核准施行

第六條　外部依規定分全縣為三區除城廂租界由主任親轄外每區設丈
　　務領袖一人（下簡稱領袖）受主任之命督率本區全部員生進行丈務
　　區內開辦三角時領袖兼任三角班長其班員主任指定之

第七條　區內進行導線戶地得設二組或三組每組設組長一人由主任任
　　命之受領袖之指揮負一組內完全責任
　　每區第一組組長得由領袖兼任之

第八條　每組設戶地六班至八班導線一班稽核一班但稽核班得二組以
　　上合設之

第九條　戶地導線稽核各班各設班長一人由領袖呈請主任任命之受組
　　長之指配負一班內完全責任但導線班長由組長兼任之

第十條　戶地班各設班員一人由領袖呈請主任任命之輔助班長丈量戶
　　地計算面積填造表冊

第十一條　導線班各設班員三人由領袖呈請主任任命之其二人輔助班
　　長測量導線計算經緯距及填造表冊其一人專測繪地形

15347

　　遇導線有餘戶地不足時導線班長班員即改任戶地

第十二條　稽核班各設班員若干人由領袖呈請主任任命之輔助班長查

　　核導線戶地之圖表計算而整理之如發見疑點得覆施測丈

第十三條　領袖得依事理之必要酌訂各項規約以補章程之簡缺呈報主

　　任核准施行

第十四條　二組以上之區得設事務員一人掌文書收發保管等事

第十五條　內外部任職者除領袖組長外其資格分丈繪員練習生二等

第十六條　丈繪員依其學識程度經驗之高下能力之强弱分為一等丈繪

　　員二等丈繪員三等丈繪員三級

第十七條　練習生由本局授以測丈必需之學識技能派往內外各部練習

　　依其能力之高下分一等練習生二等練習生三等練習生三級

第十八條　丈繪員來局試任三月後主任認為適用者依等發給聘書練習

　　生畢業後繼續任職者得省去試用期間

第十九條　領袖組長之薪給由主任酌定之其他員生之薪給規定如下

　　一等丈繪員　　二十七元至三十元

　　二等丈繪員　　二十三元至二十六元

　　三等丈繪員　　十九元至二十二元

　　一等練習生　　十五元至十八元

　　二等練習生　　十一元至十四元

　　三等練習生　　七元至十元

第二十條　員生升級每人每年不得過一次加薪不得過二次

第二十一條　員生升級內部由組長外部由領袖呈請主任核准施行

第二十二條　每年三月為升級期九月為加薪期其員生之應加應升者主

　　任呈報董事部分等榜示并給憑證

第二十三條　分區領袖駐在地得設辦事處一所其規則另訂之　（待續）

15348

估　價　法

劉　衷　煒

　　估價者,在一建築物開始勷工之先,預算其營造費也,可分爲兩時期,一在未打圖樣之先,約略預算,一在旣打圖樣之後,精密估價,蠻如欲規劃一工廠建築一住宅,設立一公司,在未着手籌備之先,均須得一約略之建築費數,則盡力進行,庶有把握,不致中途因款絀而停頓,此種估價,雖不過約略計算,但亦須與實際相近,可用下法以求之,

　　凡性質,式樣材料工價相同之二建築物,其大小高低儘可不同,平均每單位立方體積之建築費,大致相等,故欲建築一工程,可在相鄰處,已設立之工廠公司住宅等,擇其性質,式樣,材料,工價等,與所欲建築者大致相同者,求該建築物之每一立方呎體積,或一立方米實體積之建築費,再將所欲建築之屋宇,約略合成爲此同樣單位之立方體積,以此單位體積之建築費乘之,卽得所擬建築物之建築費,如備有一定之資本,欲造某種房屋,不知能占地若干面積,或若干幢者,以如上法求得之單位體積之建築費,除所備之資本,得建築物之體積,再以高度除之,卽得可占之土地面積或幢數,其中如學校官署等,其建築物之高度,大致相同者,祇須求已設立之建築物,每占地一平方呎或一平方米突之建築費,卽足以估計所擬建築物之建築費矣,此種計算屋宇之體積,其量法,四周須量牆之外廓,上下須自最低處至平屋頂面,或人字屋頂,

　　此法在未得有詳細圖樣之先,估計約價甚爲相近營造家大多用之,在旣有圖樣後之估價,包工者有時亦用此法,經驗豐富之工程師及包工者,對于何種建築物,其單位體積之建築費若干,知之有素,不必費上述之手續,尋覓相同之建築物,而求其單位體積之建築費也,

　　在詳細圖樣及說明書旣完備之後,可爲精密之估價,其法有二,一計各

材料之量,一計各工程之單位,前者可名為計量法(Quantity Method)後者可名為單位法(Unit Cost Method)

計量法者,從圖樣上及說明書中,算出各種材料需用之量,一一分項而列,各種材料,須算合市上材料所售之單位,如水泥算成若干桶或袋,黃沙石子算成若干方磚瓦若干萬木材若干Bi M.呎鋼鐵若干噸等,再詳細調查各材料之市價,一一乘而加之,即可得所用材料之總價,然後再加入百分之幾,作為工價搭腳手費,包工者之利益,及種種另費,此種加入之多寡,視建築物之性質而異,下述之數雖不敢云十分準確,但習用已久,相差亦不甚大,

住宅公司房屋等　　　　自30至35％

貨棧工廠等　　　　　　自20至30％

但如在河濱或河中工作,或在地下工作,須挖泥,填土,或造水壩等者,其工價搭腳手費等,還超上述之成數,須另視情形而定,又如在水泥工作時除加上述之成數外,須另加板模之費,以平方呎或平方米突計,即水泥面與板模相接觸之面積,共合若干平方呎,或平方米,每方呎或每方米,須另加費若干也,惟有時有一種建築,所需材料之尺寸大小,適合市上所售者如木材鋼鐵等,其所需之工作,不過將材料集合安放而已,則所加之成數可較上述之數減低,大約為材料總價之百分之十五至百分之二十五,

單位價法者,先由圖樣上或說明書中,區別為水泥工作,磚牆石工,地板,屋架,屋面,門,窗等,再計算各項之量,合營造界通用之單位,如磚牆屋面地板算成方,（平方＝100平方尺）填土挖泥,水泥工作等亦算成方,（立方＝100立方尺）屋架若干架,門窗若干道,然後求各通用單位之價,此種單位價,包括材料,工價搭腳手費,包工者之利益及勞種另費,一切在內,其求法甚易,舉二例于下以明之,

例1. 1:3:6之水泥工作每方須用

★水泥 3.93 桶每桶市價 $ 6.00　　　　計 $21.58

★黄沙　.47 方 " 方 " " " $13.00　　　　　 $ 6.11

★石子　.94 方 " " " " " " $14.00　　　　 $13.16

＋板模　　　　　　　　　　　　　　　　　 $ 5.00

　　人工與搭脚手費　　　　　　　　　　　 $ 3.00
　　　　　　　　　　　　　　　　　　　　 $48.85

　　另加 10 % 作利益及另費　　　　　　　 $ 4.89
　　　　　　　　　　　　共計 $53.74 作每方價洋五十四元

（★此種每方所用材料之比例另有表可查）

（＋板模一項須視工作之性質而定如用作地下基礎可不加如
　　作勒脚或機械基礎等可酌加四五元者精緻之工作須另定）

例2. 10" 磚牆用 1:3 灰沙 9½"×4½"×2" 青磚每方

青磚 1300 塊每萬市價 $90.00　　　　計 $11.70

石灰　　 3 擔 " 擔 " " " $ 1.00　　　　 $ 3.00

黄沙　　 2 方 " 方 " " " $13.00　　　　 $ 2.60

工價　 泥水工 4 工 $ .65　　　　　　　 $ 2.60

　　　 小工 3 工 $ .40　　　　　　　　 $ 1.20

一面水泥灰縫計一方　　　　　　　　　　 $ 2.00

一面灰沙粉刷計一方　　　　　　　　　　 $15.00
　　　　　　　　　　　　　　　　　　　 $24.10

　　另加 10 % 為利益及另費　　　　　　　 $ 2.41
　　　　　　　　　　共計 $26.51 作每方洋念六元五角

　　依上例,各項工作之單位價均可照市價求得,再乘以各項工作之量即可算得該建築物之營造費矣,此法簡而捷雖不如計量法之精密然為現今工程界及營造界所通用而以須在短時間內估出建築費者尤為便利,有時用計量法估出價後,再用此法以核對之,有經驗之工程師與包工者,熟諳市價,各項工作之單位建築費,一核即得,不必用上法以求,故覺簡捷,且如門窗等項,若依計量法,一一算出所需木料若干 B.M. 呎,將不勝其煩屑,今用此法,祇須配下幾呎高幾尺闊門若干道,幾尺闊幾尺高窗若干道,註明何種材料,凡習用之材料如洋松留安等及習用之尺寸者每道需工料價若干,工程師與包工者之胸中,早有成數,無用計算也,

混凝土壓力強度與水量與水泥比率之關係之申說

趙國華

讀工程旬刊第一卷九期曹君所作之『混凝土壓力強度與水量與水泥比率之關係』一篇,頗有意見發表,考此種關係,實為混凝土學中之新發見,今曹君先有簡短之介紹,惜無相當之申說,深引為憾,華不學乏術,對于此道,素少研究,顧亦好之,今不揣剪陋請申而言之。

水泥遇水而成漿,與石子沙粒互凝而成塊,是名之曰混凝土,然混凝土有優劣之分焉,猶人之同具五官四肢,一則稱為聖賢豪傑,一則流為盜賊乞丐,考混凝土以水泥石子與沙粒三者混合而成,以水為之媒,猶人之受教育也,故水也者殆混凝土中之重要成分也,無水不能成混凝土,猶無教育不能成完人也。

水泥貴于沙粒,沙粒貴于石子,故同一立方之混凝土,因其配合之比例不同,而貴賤相殊也,竊夫工程何學,惟以廉值更其貴者,以強易其弱而功效相埒,是工程學所深討者也,混凝土之值貴者,其力強,賤必弱,此必然之結果也,惟工程家費盡心力,欲得一值賤而力強之混凝土,其時間之經過想亦不短矣,蓋石子沙粒用之多,則所成之混凝土之力弱,水泥多,則價又貴,舍從事于用水量多寡之關係着手而研究之,其無他法。

支加哥之路會司學院敎授 Duff. A. Abroms, 氏于該院之工程材料試驗室內,由其五萬次之試驗,經四年之久長,遂得世界工程家日夜所希冀之廉價混凝土成功也。

敎授以自純粹之水泥製成圓壔體,至一分水泥與十五分石子沙粒之種種配合,製成同樣之圓壔體而石子與沙粒又復自十四麥去 (Marsh)（卽在 046 平方吋之孔中所能經過者）之沙粒,至一又二分之一吋之石子為其混和物,用種種之水量而試驗之,惟水量之多寡以與所用之水泥之容積

比例其比率稱之曰水比（Water ratio）爲便利計以水泥容量之十倍與用水量爲比率,例如一斗水泥與一升之水稱其比爲 1,一斗之水泥與二升之水稱之曰 2.依此類推,經種種之試驗,將所得之結果,用座標法表明之,命橫距爲水與水泥之比率,縱距爲所得之相當壓力強度,而混和物之比（與水泥之比）則亦分別表明之,一如圖中所示,將其中最可靠之值相連續之而得一曲線焉,更于圖中可得其重要之結果曰.

混凝土壓力強度之弱不由于混和物之多寡而由于水比之發距

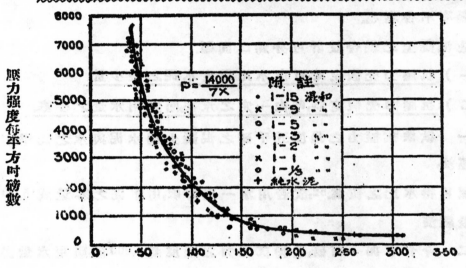

水比（即水與水泥之比率）之值

水泥容量須加十倍計算

凡粗知解析幾何學者,即可明此曲線係一正雙曲線也,故寫其水比與壓力強度之關係式爲

$$P = \frac{a}{bx}$$

或

$$bPx = a$$

上式中之 P 爲壓力強度, x 爲水比值, a 與 b 值爲待定常數,視其所用之水泥之優劣,混凝土製後之久暫,與環境之狀況若何而定,據敎授五萬次之試驗,綜其結果,得一數值式爲

$$P = \frac{14,000}{7x}$$

　　上式中凡混凝土不十分乾燥（卽用水過少，）與石子過粗或石子過多而水泥過少外，均可合式，惟于用石子沙粒之多寡，試驗時對于石子沙粒所吸收之水分，亦須計算入內，此不可不注意也。

　　混凝土之強弱，旣依水分與水泥之比率相關，故凡一與九之比之混和物，與一與二之混和物所成之混凝土，其抗壓之力可相等，惟在用水之多寡耳，惟不能無限止的增加，其混和物，但得適當之水分與安全之混和物相結合爲止可也，總之以極乾燥之水泥，攪勻淨之石子與沙粒，依一定之水比而製成者，無有不合者也。

　　由是混凝土之混合設計可分爲二問題，

　　（一）抗壓力先假定時，可由水比以定水泥之最少量，

　　（二）抗壓力先假定時，可由一定之水泥，而定用水量之多寡，

　　例一　　欲求抗壓力之強度五千磅之混凝土，問水泥與水之比率應爲何爲最經濟，

　　由圖可得水比之値爲.52，故若用水一立方呎，用水泥之容量爲 5.20 立方呎爲最經濟

　　例二　　今有水泥一百磅，欲得抗壓力之強度爲4,000磅，應用水量多少

　　因水泥之比重爲94磅每立方呎其容量爲1.065立方呎

　　由圖可檢得水比之値爲.65但由算式得.50今設用.60

　　故水之多寡量爲

$$1.065 \times .60 \times \frac{1}{10} = .064 \text{ 立方呎}$$

　　本篇旣竣，我人不得不佩服外人之勇于研究也，夫一與二之比與一與九之比其價値之相差遠甚，而功效則同，因此混凝土之建築費日益減省，亦工程界所樂聞者也。

　　　　　　　　　　　　草自奚家塘

　　　　　　　十二·二·一九二六·

代銷工程旬刊簡章

　　(一)凡願代銷本刊者,可開明通信處,向本社發行部接洽,

　　(二)代銷者得照定價折扣,銷貳十份以上者,一律八折,每兩月結算一次(陽歷),

　　(三)本埠各機關擔任代銷者,每期出版後,由本社派人專送,外埠郵寄,

　　(四)經理代銷者,應隨時通知本社,每期銷出數目,

　　(五)本刊每期售大洋五分,每月三期,全年三十六期,外埠連郵大洋貳元,本埠連郵大洋一元九角,郵票九五代洋,以半分及一分者為限,

　　(六)代銷經理人,將款寄交本社時,所有匯費,槪歸本社擔任,

工程旬刊社發行部啓

登廣告於工程旬刊有下列各項利益:

　　(一)本刊是十日出版,數目多,範圍廣,所以廣告的效力亦大,

　　(二)定價比較其他報紙或雜誌低廉,

　　(三)凡各工廠,暨洋行欲推銷各種工程器械,工程材料於各處,如登廣告於本刊,必能使工程家特別注意,

　　(四)凡各埠工程處,營造處,欲發達其營業者,登廣告於本刊,更生極大之利益,

15355

工程旬刊社組織大綱

定名　本刊以十日出一期,故名工程旬刊.

宗旨　記載國內工程消息,研究工程應用學識,以淺明普及為宗旨.

內容　內容編輯範圍如下,

　　　(一)編輯者言,(二)工程論說,(三)工程著述,(四)工程新聞,

　　　(五)工程常識,(六)工程經濟,(七)雜　　組,(八)通　　訊,

職員　本社職員,分下面兩股.

　　　(甲)編輯股, 總編輯一人, 譯著一人, 編輯若干人,

　　　(乙)事務股, 會計一人　發行一人, 廣告一人,

工程旬刊投稿簡章

（一）本刊除聘請特約撰述員,擔任文稿外,工程界人士,如有投稿,凡
　　　切本社宗旨者,無論撰譯,均甚歡迎,文體不分文言語體,

（二）本刊分工程論說,工程著述,工程新聞,工程常識,工程經濟,雜組
　　　通訊等門,

（三）投寄之稿,望繕寫清楚,篇末註明姓名,暨詳細地址,句讀點明,（
　　　能依本刊規定之行格者尤佳）寄至本刊編輯部收

（四）投寄之稿,揭載與否,恕不預覆,如不揭載,得因預先聲明,寄還原
　　　稿,

（五）投寄之稿,一經登錄,即寄贈本刊一期或數期,

（六）投寄之稿,如已先在他處發佈者,請預先聲明,惟揭載與否,由本
　　　刊編輯者斟酌,

（七）投稿登載時,編輯者得酌量增刪之,但投稿人不願他人增刪者
　　　可在投稿時,預先聲明,

（八）稿件請寄上海北河南路東唐家弄餘順里四十八號,工程旬刊
　　　社編輯部,

工程旬刊社編輯部啟

編輯主任 : 彭禹謨，　會計主任 顧同慶，　廣告主任 陸 超

代印者 : 上海城內方浜路貽慶弄二號協和印書局

發行處 : 上海北河南路東唐家弄餘順里四十八號工程旬刊社

寄售處 : 上海商務印書館發行所，上海中華書局發行所，上海棋盤街民智書局
上海四馬路泰東圖書局，上海南京路有美堂，暨各大書店售報處

分售處 : 上海城內縣基路永澤里二弄十二號顧壽茲君，上海公共租界工部局工
務處曹文奎君，上海徐家匯南洋大學趙祖康君，蘇州三元坊工業專門
學校薛渭川程鳴琴君，福建漳州潭龍公路處謝雪樵君，福建汀州長汀
縣公路處羅履廷君，天津順直水利委員會曾俊千君，杭州新市場平海
路新一號西湖工程設計事務所沈寶良君鎮江關監督公署許英希君

定價 每期大洋五分全年三十六期外埠連郵大洋兩元（日本在內惟香港澳門
以及其他郵匯各國一律大洋二元五角）本埠全年連郵大洋一元九角郵
票九五計算

15357

15358

淩鴻勛

工 程 旬 刊

THE CHINESE ENGINEERING NEWS

第 二 卷　　　第 二 期

民國十六年一月十一號

Vol 2 NO.　　　　　January 11th. 1927

本 期 要 目

工 程 旬 刊 社 發 行

上海北河南路東唐家弄餘順里四十八號

◀中華郵政特准掛號認為新聞紙類▶

(Registered at the Chinese Post office as a newspaper.)

15359

代銷工程旬刊簡章

（一）凡願代銷本刊者，可開明通信處，向本社發行部接洽，

（二）代銷者得照定價折扣，銷貳十份以上者，一律八折，每兩月結算一次（陽曆），

（三）本埠各機關擔任代銷者，每期出版後，由本社派人專送，外埠郵寄，

（四）經理代銷者，應隨時通知本社，每期銷出數目，

（五）本刊每期售大洋五分，每月三期，全年三十六期，外埠連郵大洋貳元，本埠連郵大洋一元九角，郵票九五代洋，以半分及一分者為限，

（六）代銷經理人，將款寄交本社時，所有匯費，概歸本社擔任，

工程旬刊社發行部啓

工程旬刊投稿簡章

（一）本刊除聘請特約撰述員，擔任文稿外，工程界人士，如有投稿，凡切本社宗旨者，無論撰譯，均甚歡迎，文體不分文言語體，

（二）本刊分工程論說，工程著述，工程新聞，工程常識，工程經濟，雜組通訊等門，

（三）投寄之稿，望繕寫清楚，篇末註明姓名，暨詳細地址，句讀點明，（能依本刊規定之行格者尤佳）寄至本刊編輯部收，

（四）投寄之稿，揭載與否，恕不預覆，如不揭載，得因預先聲明，寄還原稿，

（五）投寄之稿，一經登錄，即寄贈本刊一期，或數期，

（六）投寄之稿，如已先在他處發佈者，請預先聲明，惟揭載與否，由本刊編輯者斟酌，

（七）投稿登載時，編輯者得酌量增刪之，但投稿人不願他人增刪者，可在投稿時，預先聲明，

（八）稿件請寄上海北河南路東唐家弄餘順里四十八號，工程旬刊社編輯部，

工程旬刊社編輯部啓

編輯者言

　　化學與工程,處處有直接或間接之關係,故近世工程學校,有設立化學工程專科以研究之者,許君所論各節,其範圍極廣,凡屬土木,建築,衞生,市政,水利,機械,電器,以及路礦,冶金諸工程師,技師,均須具有一部分之化學知識與經驗,庶可解決各項問題,故本刊極歡迎此類著述,以供各工程家之參攷也。

　　本社同人,鑒於國內工程事業之不振,希望普及讀者起見,對於高深之研究,是應登載,而淺近之學說,尤所採用,「量法」一篇,大都取自數學,工程之士,晉所深曉,惟因其切於實用者,逐漸編出,諒不以東抄西襲見譏也,

工程與化學
Engineering and Chemistry
（續本卷第一期）
許炳熙

牛脂	23.3%
重油	7.8,,
乾燥皂	16.3,,
水	52.6,,

　　機用油之檢定,亦多賴化學分析術,普通以油液滑膩,甲往及應當於黏稠者爲上品,然其比重,引火點與燃燒點凝固及黏度等,亦應有相當之測定,其標準以引火點宜高而凝固不易,此中尤以其黏度最爲重要,但須以習用之機油作比較試驗,則更易判別也,

　　鋼鐵及合金—— 鐵有三種,普通以礦石,最初冶成之鐵名爲鑄鐵(Cast

iron)，含碳素約在 2—5.75％，性脆質堅，故用爲翻砂工程，鑄鐵燃去一部之碳素則成鍛鐵(Wrought iron)，性柔軟富彈性及展延性適用於製造各種鐵器鋼 (Steel) 亦爲鐵之一種，含碳素介乎鑄鐵及鍛鐵之間，今以化學分析，所得三者之平均成分如次，

	鑄鐵	鋼鐵	鍛鐵
鐵	92.80％	98.83％	99.58％
硅	1.08	0.99	0.05
硫	0.60	0.02	0.05
碳	3.81	0.65	0.10
磷	0.71	0.03	0.15
錳	0.40	0.40	0.07

　　鋼易銹而厭光亮者其銹尤速，用者厭之，預防之法，莫如外塗油類，不使接觸空氣，除銹方法，可浸鋼器於煤油，越時取出，用金鋼砂和油或碳化硅和油而摩擦之，但不宜塗煤油後，久露空氣中，蓋因煤油中不飽和之碳化氫，大都能吸牧空中之氧，適使促成生銹。

　　合金爲二種或數種金屬，隨用途之不同，混合而成性質各異之物品，工業用合金，除前述各種鋼鐵外，其最普通者有靑銅 (Bronze)，黃銅(Brass)，軸枕金(Bearing metal)及雜類合金等，茲將各種重要合金，列成一表如下，

　　靑銅　如銅錫之合金，鎗啵銅有含12％之錫，鐘銅爲含約25％之錫，普通機件上所用之靑銅，含錫約在10-18％之間，

　　黃銅　爲銅鋅之合金，普通機械工程上，能翻鑄之黃銅含鋅約在30-33％，但建築用之muntz氏銅，則含鋅較高，約在36-46％之間，性顯堅强而缺展延力，

　　軸枕金　其成分並不一律，隨用途而異，惟通軸枕上之 Babbit 氏金，爲含有 45.5％錫，50％鉛及 3％銻之合金，　　　　　　　　（待續）

鋼骨三和土橋面板集中荷重之彎權計算

（續本卷第一期）

俞 子 明

（4）第二類位置如圖二

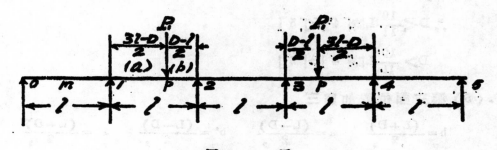

圖 　　二

$M_{0-1}=0$

$M_{1-0}=3EK\theta_1$

$M_{1-2}=2EK(2\theta_1+\theta_2)-\dfrac{P_1ab^2}{L^2}$

$M_{2-1}=2EK(2\theta_2+\theta_1)+\dfrac{P_2a^2b}{L^2}$

$M_{2-3}=2EK\theta_2$

得　$\theta_0=0,$　$\theta_1=+\dfrac{P_1ab(a+3b)}{19L^3EK},$　$\theta_2=-\dfrac{P_1ab(7a+2b)}{38L^3EK}$

$M_0=0$

$M_1=-\dfrac{3P_1ab(a+3b)}{19L^2}$

$M_2=-\dfrac{P_1ab(7a+2b)}{19L^2}$

以 D 及 L 代入則得

$$M_1=-\dfrac{6P_1(3L-D)(D-L)D}{19L^2}\qquad\qquad\text{〔4〕}$$

$$M_2 = \frac{P_1(3L-D)(D-L)(19L-5D)}{19L^2} \quad \lceil 5 \rfloor$$

$$M_m = -\frac{M}{2} = -\frac{3P_1(3L-D)(D-L)D}{19L^2} \quad \lceil 6 \rfloor$$

今 $M_1 : M_2 = 6D : (19L-5D)$

$$\frac{M_1}{M_2} = \frac{6D+5D}{19L-5D+5D} = \frac{11D}{19L}$$

$\therefore D < \dfrac{19}{11}L$ 時 $\lceil 4 \rfloor < \lceil 5 \rfloor$

$D > \dfrac{19}{11}L$ 時 $\lceil 4 \rfloor > \lceil 5 \rfloor$

(5) 第三類位置如圖三

$$b = \frac{(L+D)}{2}, \quad a = \frac{(L-D)}{2}, \quad b' = \frac{(L-D)}{2}, \quad a' = \frac{(L+D)}{2},$$

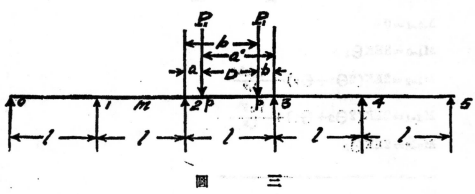

圖 三

$$M_{1-2} = 0$$

$$M_{2-1} = 3EK\theta_2$$

$$M_{2-3} = 2EK\theta_2 - \frac{P_1(ab^2 + a'b'^2)}{L^2}$$

$$M_{3-2} = 2EK\theta_3 + \frac{P_1(a^2b + a'^2b')}{L^2}$$

$$\lceil 因 \rfloor \quad \theta_1 = 0, \quad \theta_2 = \frac{P_1(ab^2 + a'b'^2)}{5L^2EK}, \quad \theta_3 = \frac{-P_1(a^2b + a'^2b')}{5L^2EK}$$

$$\therefore \quad M_1 = 0$$

$$M_2 = -\frac{3}{5} \cdot \frac{P_1(ab^2 + a'b'^2)}{L^2} = -\frac{3}{5} \cdot \frac{P_1(ab^2 + a^2b)}{L^2}$$

$$M_3 = \frac{3}{5} \cdot \frac{P_1(a^2b + a'^2b')}{L^2} = -\frac{3}{5} \cdot \frac{P_1(a^2b + ab^2)}{L^2}$$

以 D 及 L 代入則為

$$M_2 = -\frac{3P_1(L^2 - D^2)}{20L} \quad \text{————————「7」}$$

$$M_m = \frac{M_2}{2} = -\frac{3}{40} \cdot \frac{P_1(L^2 - D^2)}{L} \quad \text{————「8」}$$

（6）最大負彎櫃 (Mmax-n) 由上各節得結果如下：

D 與 L 之關係	P, 之位置	公式
$D < 1.5L$	第一類 兩 P_1 在一支點 之兩邊	$-\dfrac{5}{56} \cdot \dfrac{P_1 D(2L-D)(14L-5D)}{L^2}$ ····「2」
$D > 1.5L$ $< \dfrac{19}{11}L$	第二類 兩 P_1 在兩支點 之兩邊	$-\dfrac{1}{19} \cdot \dfrac{P_1(3L-D)(D-L)(19L-5D)}{L^2}$ 「5」
$D \geq \dfrac{19}{11}L$ $< 2L$	第二類 兩 P_1 在兩支點 之兩邊	$\dfrac{6}{19} \cdot \dfrac{P_1(3L-D)(D-L)D}{L^2}$ ····「4」

注意　$D > 2L$ 時尚有 P_1 在三支點兩邊一種位置其式應與「4」比較因與實用無關係茲從略

上海縣清丈局丈務細則

（續本卷第一期）

第二章　成績

第二十四條　三角班成績由主任另定之

第二十五條　導線班成績每月以八十點為及格地形成績每月測地形圖（比例二千五百分之一）兩幅為及格

第二十六條　導線測角計算及地形繪圖填造表冊等項應備手續皆須完備隨時報告主任

第二十七條　戶地班成績係包括計算繪圖填造表冊及一切應備手續在內

第二十八條　戶地班成績依員生之資格能力規定及格點數如下

一等丈繪員　每人每月二百點

二等丈繪員　每人每月一百七十點

三等丈繪員　每人每月一百四十點

一等練習生　每人每月一百二十點

二等練習生　每人每月一百點

三等練習生　每人每月八十點

第二十九條　戶地丈量如遇村宅基地須隨時配注於計算表附注項下其成績之計算每號在半點以內者一點作三點在半點以上一點以下者一點作二點

第三十條　丈量市鎮成績之計算一點作三點如遇大鎮情形複雜者隨時由領袖酌定呈報主任核准

第三十一條　宅基市鎮附近田點不與房屋同觀者不得援房屋之例計算成績

第三十二條　城廂戶地成績之計算由主任另定之

第三十三條　公用之河渠道路面積依則田計算成績於每圖幅記載欄內詳細逐項列出

第三十四條　戶地各班於一圖完竣後將各項田畝號數戶數及其他應行報告情形詳細列表報告本區領袖由領袖審核後轉報主任其製表時間抵作十日成績

第三十五條　稽核班成績另定之

第三十六條　製圖及編造單冊之成績另定之

第三十七條　練習生隨班練習未滿三月者不計其成績

第三十八條　每月五日各班班長應將上月之成績清繕領袖或組長領袖組長彙查各班成績造具表冊於每月終了後每三個月終了後每六個月終了後每一年終了後各分別報告主任

第三十九條　各區遇有特別情形於成績發生關繫者隨時由領袖或班長呈報主任酌商辦法

第三章　獎懲

第四十條　內外部員生在任職期內勤勉無過成績優美者依下列方法獎勵之

（甲）升級

（乙）加薪

（丙）獎金

第四十一條　有下列優點之一者得升級

（一）總計全年成績超過規定數百分之二十以上手績完美辦事勤勉行為端匡及薪額已達其本級限度者

（二）具有才能卓異學識高深有特殊之成績者

第四十二條　有下列優點之一者得加薪

（一）總計六個月成績超過定額百分之二十以上其薪額未達其本級限度者

（二）總計六個月成績及格辦事勤勉品性和謹其薪額未達其本級限度者

（三）具有升級資格但已無級可升者

第四十三條　備有下列優點之一者得給以獎金

（一）戶地成績三個月總計超過定額每一畝給獎金一角以百分之二十為限

（二）導線成績三個月總計超過定額每一點給銀三角

第四十四條　內外部員生於任職期內有成績錯誤能力薄弱品性乖戾者依下列方法懲誡之

（甲）罰金

（乙）扣薪

（丙）降級

（丁）解職

第四十五條　有下列各項之一者處以罰金

（一）三個月成績總計不及規定限度在百分之二十以上者

（二）圖表手續不完全及草率敷衍者

（三）成績逾限不繳者

第四十六條　有下列各項之一者處以扣薪

（一）已繳成績不準確者

（二）告假日期逾越規定程度在三日以上者

（三）六個月總計成績不及格者

第四十七條　有下列各項之一者處以降級

（一）全年總計成績不及格在百分之二十以內者降一級二十以上者降

二級

（二）辦事疏忽能力薄弱累及攻務者

第四十八條　有下列各項之一者處以解職

（一）營私舞弊查有確據者

（二）品性乖戾學識粗陋有妨攻務者

（三）過事稽延或敷衍曠職不作業者

（四）已受降級處分而難望遷改者

（五）練習生之無可造就者

第四章　附則

第四十九條　本細則得由攻員十人以上聯署或領袖組長之請求或主任
認為應行修改者得由主任召集各領袖各組長公議修改

第五十條　本細則由主任商請董事部以本局名義公布施行之

15369

黔省長通令學校築路

貴州省長公署通令省城公私立各學校云查本省僻處西南運輸不便,百業停滯,商旅裹足,本省長審察現在情形,非築馬路,實無以利交通而蘇民困,業經設立路政局,招集災工,分段修築並實行兵工政策,調遣部隊一律參加積極進行,惟此種事業,規模宏遠,關係重大,社會好逸惡勞輕工重士之劣習不除,仍不得早觀厥成,而收衆擎易舉之效,茲由署釘定學生修築環城馬路辦法,以資提倡,養成自勞習尚,增進築路知識,學業旣無妨碍,身體因之健全,而社會好逸惡勞輕工重士之劣習,亦無形消弭,一舉而數善備,除分令外,合將訂定辦法,分發遵照辦理,切實進行,仍將遵辦情形呈報查考,『省城公私立學校學生修築馬路辦法』(一)省署為謀學生身體健全養成自勞習尚,特定學生築路辦法,以資倡導,(二)築路學生,限於年滿十五歲以上者,由各校教職員督率指導教職員,亦應同時加入工作,(三)各校應將築路學生姓名年級暨教職員姓名,先期彙報本署備查,(四)學生築路,每星期一次,定星期六實行,時間自上午九時起,午後四時止,倘有特別情事,亦可由各校自定,(五)築路器械,由路政局購備,領取手續,由路局訂定,(六)馬路路線,由路局會同省教育會劃定,每校各築一段,(七)各校築路長短,以學生之多寡定之,(八)學生築路須由路政局指派工程師指導及石工土木工協助,(九)學生馬路築成後,由路政局呈請省長命名,並由省署考核各校學生築路成績,給予名譽獎勵,以資紀念,至獎勵辦法另定之,(十)本辦法自核准日實行,

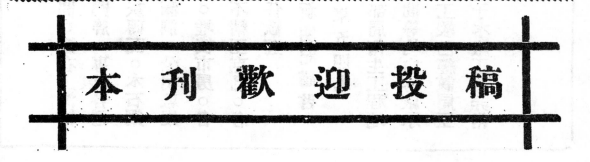

本 刊 歡 迎 投 稿

量　法

（積一卷二十期）

彭禹謨編

（二十四）裁柱體（參看第二十四圖）

設有一截面與各邊相垂直成為一三角形或正方形或平行四邊形或正多邊形者其體積為

$$V = \frac{各邊長度之和}{邊數} \times 正截面面積 \quad\text{「71」}$$

關於圓截面各種之面積尚有數法可求集列於後：

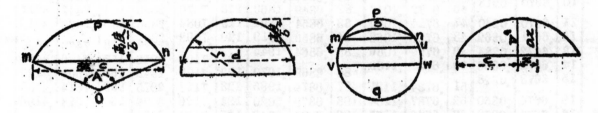

第二十五圖　　　第二十六圖　　　第二十七圖　　　第二十八圖

（二十五）照弓形面積用表計算法（參看第二十五圖及甲表）

已知升度 b, 弦 c

則弓形面積 $A = c \times b \times$「係數」 $\quad\text{「72」}$

式中係數之值可由甲表中 $\frac{b}{c}$ 項對項中查得之中間係數之值即表內所未載者可用比例法求得之

例一　已知升度 = 1.49吋　弦 = 3.52吋

則　$\frac{b}{c} = \frac{1.49}{3.52} = 0.4233$　由甲表得係數 = 0.7542

故　弓形面積 = b × c × 係數 = 1.49 × 3.52 × 0.7542 = 3.9556方吋

弓 形 面 積

(甲)表　用升度與弦之比率者

$$A = c \times b \times 係數$$

A°	係數	b/c	A°	係數	b/c	A°	係數	b/c	A°	係數	b/c	A°	係數	b/c
1	.6667	.0022	37	.6702	.0814	73	.6809	.1649	109	.7008	.2575	145	.7336	.3666
2	.6667	.0044	38	.6704	.0837	74	.6814	.1673	110	.7015	.2603	146	.7348	.3700
3	.6667	.0066	39	.6706	.0859	75	.6818	.1697	111	.7022	.2631	147	.7360	.3734
4	.6667	.0087	40	.6708	.0882	76	.6822	.1722	112	.7030	.2659	148	.7372	.3768
5	.6667	.0109	41	.6710	.0904	77	.6826	.1746	113	.7037	.2687	149	.7384	.3802
6	.6667	.0131	42	.6712	.0927	78	.6831	.1771	114	.7045	.2715	150	.7396	.3837
7	.6668	.0153	43	.6714	.0949	79	.6835	.1795	115	.7052	.2743	151	.7408	.3871
8	.6668	.0175	44	.6717	.0972	80	.6840	.1820	116	.7060	.2772	152	.7421	.3906
9	.6669	.0197	45	.6719	.0995	81	.6844	.1845	117	.7068	.2800	153	.7434	.3942
10	.6670	.0218	46	.6722	.1017	82	.6849	.1869	118	.7076	.2829	154	.7447	.3977
11	.6670	.0240	47	.6724	.1040	83	.6854	.1894	119	.7084	.2858	155	.7460	.4013
12	.6671	.0262	48	.6727	.1063	84	.6859	.1919	120	.7092	.2887	156	.7473	.4049
13	.6672	.0284	49	.6729	.1086	85	.6864	.1944	121	.7100	.2916	157	.7486	.4085
14	.6672	.0306	50	.6732	.1109	86	.6869	.1970	122	.7109	.2945	158	.7500	.4122
15	.6673	.0328	51	.6734	.1131	87	.6874	.1995	123	.7117	.2975	159	.7514	.4159
16	.6674	.0350	52	.6737	.1154	88	.6879	.2020	124	.7126	.3004	160	.7528	.4196
17	.6674	.0372	53	.6740	.1177	89	.6884	.2046	125	.7134	.3034	161	.7542	.4233
18	.6675	.0394	54	.6743	.1200	90	.6890	.2071	126	.7143	.3064	162	.7557	.4270
19	.6676	.0416	55	.6746	.1224	91	.6895	.2097	127	.7152	.3094	163	.7571	.4308
20	.6677	.0437	56	.6749	.1247	92	.6901	.2122	128	.7161	.3124	164	.7586	.4346
21	.6678	.0459	57	.6752	.1270	93	.6906	.2148	129	.7170	.3155	165	.7601	.4385
22	.6679	.0481	58	.6755	.1293	94	.6912	.2174	130	.7180	.3185	166	.7616	.4424
23	.6680	.0504	59	.6758	.1316	95	.6918	.2200	131	.7189	.3216	167	.7632	.4463
24	.6681	.0526	60	.6761	.1340	96	.6924	.2226	132	.7199	.3247	168	.7648	.4502
25	.6682	.0548	61	.6764	.1363	97	.6930	.2252	133	.7209	.3278	169	.7664	.4542
26	.6684	.0570	62	.6768	.1387	98	.6936	.2279	134	.7219	.3309	170	.7680	.4582
27	.6685	.0592	63	.6771	.1410	99	.6942	.2305	135	.7229	.3341	171	.7696	.4622
28	.6687	.0614	64	.6775	.1434	100	.6948	.2332	136	.7239	.3373	172	.7712	.4663
29	.6688	.0636	65	.6779	.1457	101	.6954	.2358	137	.7249	.3404	173	.7729	.4704
30	.6690	.0658	66	.6782	.1481	102	.6961	.2385	138	.7260	.3436	174	.7746	.4745
31	.6691	.0681	67	.6786	.1505	103	.6967	.2412	139	.7270	.3469	175	.7763	.4787
32	.6693	.0703	68	.6790	.1529	104	.6974	.2439	140	.7281	.3501	176	.7781	.4828
33	.6694	.0725	69	.6794	.1553	105	.6980	.2466	141	.7292	.3534	177	.7799	.4871
34	.6696	.0747	70	.6797	.1577	106	.6987	.2493	142	.7303	.3567	178	.7817	.4914
35	.6698	.0770	71	.6801	.1601	107	.6994	.2520	143	.7314	.3600	179	.7835	.4957
36	.6700	.0792	72	.6805	.1625	108	.7001	.2548	144	.7325	.3633	180	.7854	.5000

編輯主任： 彭禹謨， 會計主任 顧同慶， 廣告主任 陸 超

代 印 者： 上海城內方浜路貽慶弄二號協和印書局

發 行 處： 上海北河南路東唐家弄餘順里四十八號工程旬刊社

寄 售 處： 上海商務印書館發行所，上海中華書局發行所，上海棋盤街民智書局
上海四馬路泰東圖書局，上海南京路有美堂，暨各大書店售報處

分 售 處： 上海城內縣基路永澤里二弄十二號顧謞莊君，上海公共租界工部局工
務處曹文奎君，上海徐家匯南洋大學趙祖康君，蘇州三元坊工業專門
學校薛渭川程鳴琴君，福建汀州長汀縣公路處羅歷廷君，天津順直水
利委員會曾俊千君，杭州新市場平海路新一號西湖工程設計事務所沈
褧良君鎮江關監督公署許英希君

定 價： 每期大洋五分全年三十六期外埠連郵大洋兩元（日本在內惟香港澳門
以及其他郵匯各國一律大洋二元五角）本埠全年連郵大洋一元九角郵
票九五計算

15373

15374

凌鴻勛

工程旬刊

THE CHINESE ENGINEERING NEWS

第二卷　　　第三期

民國十六年一月二十一號

Vol 2 NO 3　　　　January 21st. 1927

本期要目

工程旬刊社發行

上海北河南路東唐家弄餘順里四十八號

◁中華郵政特准掛號認爲新聞紙類▷

(Registered at the Chinese Post office as a newspaper.)

代銷工程旬刊簡章

（一） 凡願代銷本刊者,可開明通信處,向本社發行部接洽,

（二） 代銷者得照定價折扣,銷貳十份以上者,一律八折,每兩月結算一次（陽歷）,

（三） 本埠各機關擔任代銷者,每期出版後,由本社派人專送,外埠郵寄,

（四） 經理代銷者,應隨時通知本社,每期銷出數目,

（五） 本刊每期售大洋五分,每月三期,全年三十六期,外埠連郵大洋貳元,本埠連郵大洋一元九角,郵票九五代洋,以半分及一分者為限,

（六） 代銷經理人,將款寄交本社時,所有匯費,概歸本社擔任,

工程旬刊社發行部啓

工程旬刊投稿簡章

（一） 本刊除聘請特約撰述員,擔任文稿外,工程界人士,如有投稿,凡切本社宗旨者,無論撰譯,均甚歡迎,文體不分文言語體,

（二） 本刊分工程論說,工程著述,工程新聞,工程常識,工程經濟,雜俎通訊等門,

（三） 投寄之稿,望繕寫清楚,篇末註明姓名,暨詳細地址,句讀點明,（能依本刊規定之行格者尤佳）寄至本刊編輯部收

（四） 投寄之稿,揭載與否,恕不預覆,如不揭載,得因預先聲明,寄還原稿,

（五） 投寄之稿,一經登錄,即寄贈本刊一期,或數期,

（六） 投寄之稿,如已先在他處發佈者,請預先聲明,惟揭載與否,由本刊編輯者斟酌,

（七） 投稿登載時,編輯者得酌量增刪之,但投稿人不願他人增刪者,可在投稿時,預先聲明,

（八） 稿件請寄上海北河南路東唐家弄餘順里四十八號,工程旬刊社編輯部,

工程旬刊社編輯部啓

編 輯 者 言

　　真跡電傳乃近世科學界中最新之記錄,裴氏曾言此後由甲地發生之事實,狀況,乙地同時可用電傳之法如影片之映於白布上然而見之,此種成功,為期當屬不遠,果是則吾人之見聞既廣,事實又新,豈不快哉,

　　本期之汕頭市房屋建築章程,數年前早已頒佈,因其尚屬詳明,故登出之,想亦服務市政者所願讀也,

工 程 與 化 學
Engineering and Chemistry
（續本卷第二期）
許 炳 熙

　　雜類合金　普通銲錫,為含67%鉛及33%錫之合金,活用鉛字,則由鉛銻及鋅三者混成之合金,洋銀（Plaximoid）為良好之抗電金屬,其成分約為50—60%之銅,15—20%之鎳,20—30%之鋅及微量之錫,此外由銅錳及微量鎳鐵所成之合金,亦為一種抗電金屬.

　　粘土及水泥　粘土隨地皆產,為用極大,在工程上有,製磚,坊牆,混凝土,溝渠,電線溝,鋪路等用途,近世自水泥發明以後,以前習用之石灰泥,以為建築材料,經雨水之判削,鮮克經久,亦日見淘汰,水泥於1756年,英國重建燈塔,覓得一種含泥砂石灰,其禦水能力,遠勝於純石灰,現今又將天產水泥,易以人工製造矣.

水泥之特性遇水反能堅硬而耐久,故於工程上已爲至要之材料,水泥之製造,方法極多,隨各地情況而異,茲以篇幅有限不能洋述,致于水泥之化學成分,亦各有主張至今猶未解決者也.Le Chatelior 氏首先主張,其中 CaO 及 Mgo 之量與 Sio₂ 及 al₂o₃ 量之比不得超過於 3.立成爲式則如

$$\frac{Cao + Mgo}{Sio_2 + al_2o_3} \leqq 3 \text{ 或如 } \frac{Cao + Mgo}{Sio_2 + al_2o_3 + Fe_2o_3} \geqq 3$$

水泥不含鐵質者,爲純白色,市上絕少,普通由經驗上,所得上品水泥,大概能按下列之比例式

$$\frac{\% Cao}{\% Sio_2 + \% Fe_2o_3 + \% al_2o_3} = 1.9 \text{ 至 } 2.1$$

$$\text{及} \quad \frac{\% Sio_2}{\% al_2o_3} = 2.5 \text{ 至 } 4.$$

土瀝青及煤瀝青　平道大路,欲使其平穩而耐久,非擇用適當之材料不可,試觀吾國各地,除少數之通商口岸外,類皆路隄不平,亦市政工程應改良之急務也,舖路材料,晚近各國多以土瀝青(asphalt)爲主,閒用煤黑油煉成之瀝青(Tarpitch),水泥築路,雖耐久而堅,但受溫度變更,往往容易碎裂,此其缺點耳

瀝青之化學成分雖爲碳氫化合物,但其組織極爲複雜,工業用瀝青之標準,以其能溶解於二硫化碳(CS₂)量之多少爲判斷,溶解之物質名曰瀝青質(Bitumen),凡瀝青之比重約在 0.995 及 1.07 之間,過低過高,均非所宜,礦物存於瀝青每能增高其比重,若在以 0.995 以下者,爲含多量揮發物之證,故不能通用道路工程也,其他舖路重要之性質,爲堅度,靱度,埝點揮發性等

煤瀝青爲煤膠乾溜所得之煤黑油,再蒸溜所餘溜之殘滓也,凡煤氣廠中煤黑油往往爲其副產物,煤黑油更經蒸溜又能得種種重要物質,近世染料及多種藥物,槪製於此,惟此在本題之外,故不能詳爲解說,惟煤瀝青又得

(6)Trans. am Institute mining Express 22 (1898) 15

不能蒸溜之物質,各國亦有用於築路,惟必具下列數行之規定,

　　（1）加熱至270°C,不應有揮發物者

　　（2）有機物質,含量至少不得在30%以內

　　（3）不能溶解於輕石油（比重0.70）之量,不得超過80%

　　（4）不應混有砂質

　　（5）投乾熱水中在600°F時,雖稍能韌化,但在550°F以下,應無變動

　　絕電物體　　同為不能傳導電之物質,有高溫及低溫之分別,天然間生產之絕電體,如滑石,泥土,玻璃橡皮等,人造絕電體,則如纖維,橡皮沙線,絕電油漆,布匹等高溫度之絕電體以磁器及玻璃,用途最大,低溫之絕電體以橡皮為最著.

　　橡皮為一種植物軀幹中流出之乳狀汁,經過熱而分離去其水分,是得粗製橡皮（India Rubber）,更經水洗,在眞空中乾燥,是謂商品橡皮（Raw Rubber）,然此種猶未足為完成之橡皮,蓋因缺乏彈性而質鬆,細孔極多,若經加硫工程所得之硫化橡皮（Vulcanized Rubber）,雖遇寒冷,亦不若粗橡皮之為脆損,卽溫至1200°F,又不變化,無雨水侵蝕,能耐酸碱,對于化學品大多不起作用,絕電力又強,此其所以用電氣工程,有蒸蒸日上之勢矣.

　　本篇至此,已略有結束,然工程上應用之材料,關於化學者,範圍固廣,除前述數行以外,他如礦產,木材,油漆,植物纖維,炸藥等,要無不屬於化學,為幅有限,造進無窮,然則工程與化學之關係亦蓋可想見矣.

　　　　　　　　　　　　　十五年,十二月,十五日,作于滬.

（7）Dr. L. W. Page: Cemment age 37(1910),Eng. Record, 724(1909).

鋼骨三和土橋面板集中荷重之彎權計算

（續本卷第二期）

俞子明

（7）P_1值之研究　設輪重為 P,其有效分佈寬度為 e 則　　$P_1 = \dfrac{p}{e}$

而 e 之值各國建築規例頗有不同要以 Slater 氏試驗之結果最為可恃,

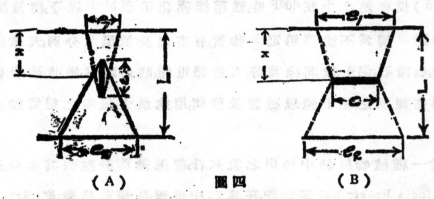

（A）　　　　圖四　　　　（B）

若板之寬度大於徑間之二倍卽 2L 時其式如下

設 c ＝接觸面之長度（尋常壓路機後輪約寬 $1\frac{1}{4}$" 其接觸部之橫端僅 3" 比 d 為甚小故可視為一綫 ）則

（a）如圖四（A）之位置時　$e_1 = \dfrac{2}{3}(2x + c)$ ⸺⸺「a」

（b）如圖四（B）之位置時　$e_1 = \dfrac{4}{3} (x + c)$ ⸺⸺「b」

（b）式＞（a）式故（A）之位置可得 P_1 之最大值當 $x < \dfrac{L}{2}$ 時 $e_2 > e_1$

美國設計者大都取 $e_2 + e_1$ 之平均數（卽令 $x = \dfrac{L}{2}$）而得下式

$$e = \dfrac{2}{3} (L + c)$$ ⸺⸺「a¹」

但此種假定未稱允當,在所用鋼骨為三角鋼（ Wire Mesh ）或鋼板網 (Expanded Metal) 時於徑間之垂直方向內亦有堅固之連結此種假定當然

適用,但在用尋常鋼條時,則主要鋼骨,均屬平行垂直方向內之抗溫鋼骨,數微而連結不固,且實際上 P_1 最大時,e_1 較 e_2 為甚小,故在 e_1 範圍外之鋼骨,決不能助靠近牆邊之一邊不使破壞,如圖五所示,極為明顯,

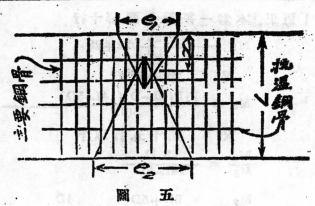

圖　五

故用尋常鋼條時應用下式

$$e = \frac{4x+2d}{3} \quad\text{————}\quad \lceil A \rfloor$$

以求 P_1 之最大值以為求最大彎櫃之依據即

$$P_1 = \frac{3P}{2(2x+d)} \quad\text{————}\quad \lceil B \rfloor$$

(8)由上節所述之理凡鋼骨僅用尋常鋼條者「1」,「2」……「13」各式中之 P_1 均須以 $\dfrac{3p}{2(2x+d)}$ 代之而 x 應為 a 或 b 之較小者,但既將 p_1 之值代入之後,在不同位置各式之比較,若以文字表顯,極為複雜,而不易決定,故計算時直接以數比較,反較便利,茲列舉各式如下,

D與L之關係	求最大負彎櫃之式(取結果之大者)
$D < L$ $\left(> \frac{1}{2}L\right)$	$-\dfrac{15}{56}\dfrac{p_1}{L^2}\dfrac{D(2L-D)(14L-5D)}{2(D+d)}$ 「2」 $>$ $-\dfrac{9}{20}\dfrac{P_1}{L^2}\dfrac{L(L+D)(L-D)}{2(L-D+d)}$ 「11」
$D > L < 1.5L$ $> 1.5L < \frac{19}{11}L$	$-\dfrac{15}{51}\dfrac{P_1}{L^2}\dfrac{D(2L-D)(14L-5D)}{2(2L-D+d)}$ 「2」 $\gtrless$ $-\dfrac{3}{19}\dfrac{P_1}{L^2}\dfrac{(3L-D)(D-L)(19L-5D)}{2(D-L+d)}$ 「7」
$D > \frac{19}{11}L$ $< 2L$	$-\dfrac{15}{56}\dfrac{P_1}{L^2}\dfrac{D(2L-D)(14L-5D)}{2(2L-D+d)}$ 「2」 $<$ $-\dfrac{18}{19}\dfrac{p_1}{L^2}\dfrac{D(3L-D)(D-L)}{2(D-L+d)}$ 「6」

「注意」表內右項 $>$ 及 $<$ 為通常大于及小于之符號惟 D, L, d 三者之關係不定時或有改變者也

「更正」本卷一期第七面第十行

$$M_3 = -\frac{P_1 ab}{7L^2}\,7a + 2b$$

又　　第十三行

$$M_3 = \frac{P_1 D(2L-D)(14L-5D)}{56L^2} \quad\text{「2」}$$

又　　第十五行以下

$$\frac{M_2}{M_3} = \frac{3D}{14L-5D}$$

$$\frac{M_2}{M_3} = \frac{3D+5D}{14L-5D+5D} = \frac{4D}{7L}$$

若 $D < 1.75L$ 則「1」<「2」

若 $D > 1.75L$ 則「1」>「2」

本卷二期三面末行

$$M_1 = -\frac{3P_1(3L-D)(D-L)D}{76L^2} \quad\text{「4」}$$

又　4　面一行

$$M_2 = -\frac{P_1(3L-D)(D-L)(19L-5D)}{152L^2} \quad\text{「5」}$$

$$M_m = \frac{M_1}{z} = -\frac{3P_1(3L-D)(D-L)D}{152L^2} \quad\text{「6」}$$

本卷二期第五面（6）節之表當爲

D与L之關係	P₁之位置	公　式
$D < \frac{19}{11}L$	第一類 兩P₁在一支點 之兩邊	$-\frac{1}{56}\,\frac{P_1 D(2L-D)(14L-5D)}{L^2}$ ……「2」
$D > \frac{19}{11}L$ $< 1.75L$	第一類或 第二類	「z」或「4」比較得之實際上相差無幾
$D > 175L$ $< 2\,L$	第二類 兩P₁在兩支點 之兩邊	$-\frac{3}{76}\cdot\frac{P_1(3L-D)(D-L)D}{L^2}$ ……「4」

注意　從略 $D < 4L$ 以下時「7」式>「2」式

彎曲力率與直接外力

（續一卷二十一期）

彭禹謨編譯

第二類　已知僅用一面鋼筋之截面,試求其單位應力

A_T,bd 爲已知從觀察上假定 n 之值,照第一類從(2)式得 a 值,從(3)式得 C 值,

於是混凝土極大單位應力 $c = \dfrac{2C}{bn}$ ……………………………(5)

鋼筋極大單位應力 $t = \dfrac{C+N}{A_T}$ ……………………………(6)

c, t 既得,代入(1)式,再求 n 與假定之數,是否近似,如相去太遠,另行假定 n 之值,照前重算,以求適當之結果,

例題三　已知一截面 b = 12 吋, d = 18.5 吋,鋼筋量 A_T = 1.80 方吋,如承受一彎曲力率 B 爲 128,000 吋磅,直接拉力 N 爲 4,000 磅,試求該項材料之極大單位應力,

假定 n = 6 吋,

則 $a = 18.5 - \dfrac{6}{3} = 16.5$ 吋

$C = \dfrac{128000}{16.5} - \dfrac{4000}{2} = 5750$ 磅

故 $c = \dfrac{2 \times 5750}{12 \times 6} = 160$ 磅

$t = \dfrac{575 + 4000}{1.8} = 5400$ 磅

以 c,t 兩值代入(1)式得

$n = \dfrac{18.5}{1 + \dfrac{5400}{15 \times 160}} = 5.7$ 吋

上值比較假定之數,相差似嫌不確,吾人可再假定 n = 5.80 然後再求得 a = 16.57 吋, c = 165磅（每方吋）, t = 5430磅（每方吋）然第二次求得之

結果,對於單位應力,數目上未見若何增減,故第一次之假定,仍為適用也,

　　第三題　　試設計一用兩面鋼筋之截面,材料單位應力,不得超過已知值 c 及 t,

　　從觀察上先假定 d 與 b 兩值,

　　用(1)式求得 n

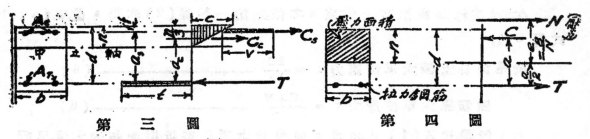

第　三　圖　　　　　　　　　　第　四　圖

　　從第三圖,知總壓力等於壓力鋼筋,與混凝土所生之壓力之和,即 $C = C_s + C_c$

　　如 v = 壓力鋼筋內之應力「註」則 $v = \dfrac{c(m-1)(n-f)}{n}$ ……(7)

　　而 $C_s = A_c v$ 該力之位置,距離拉力鋼筋中心為 a_s,

　　即　　　　$a_s = d-f$ ……………………………「2a」

　　壓力歸於混凝土者,　　$C_c = \dfrac{bnc}{2}$ ………………「8」

　　該力之位置距離拉力鋼筋中心為

　　　　　$a_c = d - \dfrac{n}{3}$ ………………………「2」

　　壓合力之臂長為

　　　　　$a = \dfrac{a_c C_c + a_s(C-C_c)}{C}$

　　該臂長由(a)式亦可得之,即

　　　　　$a = \dfrac{B}{\dfrac{N}{2} + C}$

　　將兩式相等而簡化之如下:

　　　　　　　　　　　　　　　　　　　　（待續）

裴林氏眞跡電傳術

記　者

法人裴林氏,係電學專家,經一十四載之研究,得首先發明其電傳照相術,及電傳照像機,去歲曾在萬國電政會議時,氏乃出其機器,公佈於衆,試驗之後,極得各國之讚美,氏蒞華之初,曾在北京大學試驗,北京與奉天間之書信電傳,成績極好,昨在本埠由中國攝影學會之敬請,在四川路青年會講演,茲將其電傳眞跡之述略述於次:

裴林氏電傳照相之照片,須有凹凸之形,故須先將眞跡用特種墨水,書於尋常洋紙上,以松香粉鋪酒,烘乾後,松香粉凝結,則紙上眞跡高出平面畫許,次將該紙捲於一銅滾上,旁有一針,近貼銅滾,旋轉之際,凸出之部,與針接觸,該針與電流有關,眞跡未經與針接觸時,電流不生傳導作用,若針觸凸出之處,則電流走入電線,以實行其傳達工作,即刻送至遠方,收報處,先入一顯電器,器中有折光鏡,能係電磁相推相吸之理,轉動自如,旁設强力之電炬,使一線光明,照入折光鏡,再射出至一聚光鏡,惟中間隔一小門,因受電之多寡,光綫之强弱,小門之空虛,有大小,而收報處之銅滾上,附有感光紙,其所留之影,即爲眞跡所傳來者,

茲更將傳電機之特色,及優點摘述如下:

(一)用電傳機發送華文電報,不必逐字譯成電碼,可將華文直接印發,

(二)用電傳機發送華文,電報,不必逐碼拍發,即整張電文,立刻可以印發,

(三)用電傳機收受華文電報,所收之字,不爲電碼,而直接即爲華字,

(四)用電傳機收受華文電報,並非一碼一字收受,而爲整張之電文,

(五)不論有綫電或無線電,均可應用該機整張發送,並能整張收受,

（六）不論照像繪畫,地圖,均可用該機同樣印發及收受,

（七）該機設有特別樞鈕,無論電報地圖,均可密收密發,可無走漏之虞,

（八）用該機收發電報,不必爾譯,電碼,不必逐字拍數,可節省時間,增加工作,

（九）用該機收發電報,可免誤譯電碼,誤拍點畫等弊,

（十）用該機收發電報,可省去紙條,油墨鉛紙像皮等費,

（十一）用該機收發電報,可減省人工,

（十二）該機有益於軍事,立時可以傳遞職地情形,暨軍長命令,

（十三）該機有益於司法警界,可以傳遞人犯照片,以及指紋等,

（十四）該機有益於銀行界,可以親筆匯兌,電報本人取欵等,

（十五）用該機收發,有兼攬郵電之功效,

（十六）用該機收發電報,可以增進人民對於電報之信用及發揚文化,

汕頭市工務局取締建築暫行章程

第一條　本章程以維持市區美觀增進市民福利及預防危險利便交通爲宗旨

第二條　凡在汕頭市內無論建築民居商店學校局所寺觀牌坊橋樑碼頭溝渠畜舍工厰貨棧以及各項房屋等均照本章程辦理

第三條　凡市民之建築物無論新建或改造增築均須先到本局價購報勘圖說依章繪成圖樣填註尺寸及說明於興工前七日赴局報告以便派員查勘核准後橃役給照興工者經歷不報違章私行建築或自由改造者一經查覺除飭令停工報勘外並照章取罰惟舊屋改造如因牆壁危險得先行拆卸仍一面照章報勘

第四條　凡市內建築住宅商店等其面積在二十方丈以上者須設立殺有廁所一間以上

第五條　凡建築物應留面積十分之二以上作爲庭園天井或通巷等以流通空氣接受日光但面積在十方丈以內者得變通辦理

第六條　凡空地建築及舊屋改造或地震倒塌火後復建者如查有界址不明或其他牽轕事項得關契驗明分別辦理

第七條　（一）凡建築物由本局調查認爲確有危險時得指令拆去改建之（二）凡建築物經火災及地震或風雨倒潰其基址參差不齊者如因整齊叀一起見其應退縮尺寸即照街道繪寬規則辦理（三）凡建築物經委員履勘查出舊址有佔遇公地者即實令割出歸還公家處分

第八條　凡建築物經受災倒潰倘係兩面臨街除正面按照上條二項辦理外其旁面或後面所臨街道過窄時仍得指令退縮但旁側一面之屋如有多間同時改建須計間數分勻退縮不得實令一家退讓以

昭平允

第九條　凡建築物臨街一面不准建過街樓飄樓搭蓬平台及按設招牌木柱賓欄石級鐵柵等物伸出街外阻碍交通其舊日建設或釘假牆格安招牌者仍於修改時一律拆去

第十條　凡建築物接臨公河公溪不得侵佔填築或樹搭蓋屋及建樓跨出其有舊日搭佔者如遇頹壞祗許拆毀不得藉口舊有再行重修

第十一條　凡建築物所起地脚須用堅石或煉灰（卽士敏土）混合士砌結之其地脚之闊度至少須超過該下墻闊度兩倍其深度亦不得少於該地脚闊度之半並逐漸退繪使與該牆相平如用貝灰混合土造者其地脚闊度須有牆厚之三倍深度不得小過該牆厚之兩倍

第十二條　凡建築物之基礎每平方尺超過一噸者除打椿外挖深椿頭五寸用煉灰沙礫石一三六調勻鋪椿頭上厚約二尺以爲基礎其打椿杉木或松木之長短大小視柱壁重量如何以爲標準但所用木椿須在出水線以下

第十三條　凡建築物之簷高不得超過該街道闊之一倍半

第十四條　凡建築物內部架設地樓須設通風窗　　　　（待續）

量 法

（續本卷二期）

彭禹謨編

（二十六）弓形面積用表計算法＝（參看二十六圖及乙表）

已知升度 b 　　直徑 d ＝ 2r

則弓形面積 A ＝ d² ×「係數」⋯⋯⋯⋯⋯⋯⋯⋯⋯⋯⋯⋯⋯⋯⌊73⌋

式中係數之值可由乙表中 $\frac{b}{d}$ 項對項中查得之中間係數之值即表內

所未載者可用比例法求得之，

例一已知升度 ＝ $2\frac{7}{16}$ 时　　直徑 ＝ $5\frac{3}{32}$ 时

則　　$\dfrac{b}{d} = \dfrac{2\frac{7}{16}}{5\frac{3}{32}} = 0.478528$

用比例求得係數 ＝ 0.371233

故面積 ＝ d² × 係數 ＝ 25.94629 × 0.371233 ＝ 9.6321 方时

（二十七）圓帶 tuwv（參看第二十七圖）

圓帶面積 ＝ 圓之面積 －「弓形 tpu 面積 ＋ 弓形 vqw 面積」⋯⋯⋯⌊74⌋

（二十八）半月形 mpns（參看二十七圖）

半月形面積 ＝ 弓形 M pn － 弓形 msn ⋯⋯⋯⋯⋯⋯⋯⋯⋯⋯⋯⌊75⌋

（二十九）正多邊形

正多邊形面積 ＝ ½（各邊之和 × 內切圓半經）⋯⋯⋯⋯⋯⋯⋯⋯⌊76⌋

（三十）與正方形等面積之圓

直徑 D ＝ 正方形一邊 a × 112838 ⋯⋯⋯⋯⋯⋯⋯⋯⋯⋯⋯⋯⌊77⌋

（三十一）與圓等面積之正方形

正方形之邊 a ＝ 直經 × 0.88623 ⋯⋯⋯⋯⋯⋯⋯⋯⋯⋯⋯⋯⋯⌊78⌋

（待續）

15389

弓 形 面 積

（乙表） 升高與直徑之比率者

面積 ＝ d²×係數

b/d	係數	b/d	係數	b/d	係數	b/d	係數	b/d	係數
.001	.000042	.036	.009008	.071	.024680	.106	.044523	.141	.067528
.002	.000119	.037	.009383	.072	.025196	.107	.045140	.142	.068225
.003	.000219	.038	.009764	.073	.025714	.108	.045759	.143	.068924
.004	.000337	.039	.010148	.074	.026236	.109	.046381	.144	.069626
.005	.000471	.040	.010538	.075	.026761	.110	.047006	.145	.070329
.006	.000619	.041	.010932	.076	.027290	.111	.047633	.146	.071034
.007	.000779	.042	.011331	.077	.027821	.112	.048262	.147	.071741
.008	.000952	.043	.011734	.078	.028356	.113	.048894	.148	.072450
.009	.001135	.044	.012142	.079	.028894	.114	.049529	.149	.073162
.010	.001329	.045	.012555	.080	.029435	.115	.050165	.150	.073875
.011	.001533	.046	.012971	.081	.029979	.116	.050805	.151	.074590
.012	.001746	.047	.013393	.082	.030526	.117	.051446	.152	.075307
.013	.001969	.048	.013818	.083	.031077	.118	.052090	.153	.076026
.014	.002199	.049	.014248	.084	.031630	.119	.052737	.154	.076747
.015	.002248	.050	.014681	.085	.032186	.120	.053385	.155	.077470
.016	.002685	.051	.015119	.086	.032746	.121	.054037	.156	.078194
.017	.002940	.052	.015561	.087	.033308	.122	.054690	.157	.078921
.018	.003202	.053	.016008	.988	.033873	.123	.055346	.158	.079650
.019	.003472	.054	.016458	.089	.034441	.124	.056004	.159	.080380
.020	.003749	.055	.016912	.090	.035012	.125	.056664	.160	.081112
.021	.004032	.056	.017369	.091	.035586	.126	.057327	.161	.081847
.022	.004322	.057	.017831	.092	.036162	.127	.057991	.162	.082582
.023	.004619	.058	.018297	.093	.036742	.128	.058658	.163	.083320
.024	.004922	.059	.018766	.094	.037324	.129	.059328	.164	.084060
.025	.005231	.060	.019239	.095	.037909	.130	.059999	.165	.084801
.026	.005546	.061	.019716	.096	.038497	.131	.060673	.166	.085545
.027	.005867	.062	.020197	.097	.039087	.132	.061349	.167	.086290
.028	.006194	.063	.020681	.098	.039681	.133	.062027	.168	.087037
.029	.006527	.064	.021168	.099	.040277	.134	.062707	.169	.087785
.030	.006866	.065	.021660	.100	.040875	.135	.063389	.160	.088536
.031	.007209	.066	.022155	.101	.041477	.136	.064074	.171	.089288
.032	.007559	.067	.022653	.102	.042081	.137	.064761	.172	.090042
.033	.007913	.068	.023155	.103	.042687	.138	.065449	.173	.090797
.034	.008273	.069	.023660	.104	.043296	.139	.066140	.174	.091555
.035	.008638	.070	.024168	.105	.043908	.140	.066833	.175	.092314

編輯主任： 彭禹謨， 會計主任 顧同慶， 廣告主任 陸 超

代印者： 上海城內方浜路貽慶弄二號協和印書局

發行處： 上海北河南路東唐家弄餘順里四十八號工程旬刊社

寄售處： 上海商務印書館發行所，上海中華書局發行所，上海棋盤街民智書局
上海四馬路泰東圖書局，上海南京路有美堂，暨各大書店售報處

分售處： 上海城內縣基路永澤里二弄十二號顧壽登君，上海公共租界工部局工
務處曹文奎君，上海徐家匯南洋大學趙祖康君，蘇州三元坊工業專門
學校薛泗川程鳴琴君，福建汀州長汀縣公路處雖服廷君，天津順直水
利委員會曾俊千君，杭州新市場平海路新一號西湖工程設計事務所沈
慶良君鎮江關監督公署許英希君

定價： 每期大洋五分全年三十六期外埠連郵大洋兩元（日本在內惟香港澳門
以及其他郵匯各國一律大洋二元五角）本埠全年連郵大洋一元九角郵
票九五計算

廣 告 價 目 表

地　　　　位	全　面	半　面	四分之一面	三期以上九五折
底　頁　外　面	十　元	六　元	四　　　元	十期以上九折
封面裏面及底頁裏面	八　元	五　元	三　　　元	半年八折
尋　地　常　位	五　元	三　元	二　　　元	全年七折

RATES OF ADVERTISMENTS

POSITION	FULL PAGE	HALF PAGE	¼ PAGE
Outside of back Cover	$ 10,00	$ 6,00	$ 4.00
Inside of front or back Cover	8.00	5.00	3.00
Ordinary page	5·00	3.00	2.00

15391

15392

工 程 旬 刊

THE CHINESE ENGINEERING NEWS

第二卷　　　第四期

民國十六年二月一號

Vol 2 NO 4　　　　February 1st. 1927

工 程 旬 刊 社 發 行

上海北河南路東唐家界餘順里四十八號

15393

代銷工程旬刊簡章

（一）　凡願代銷本刊者，可開明通信處，向本社發行部接洽，

（二）　代銷者得照定價折扣，銷貳十份以上者，一律八折，每兩月結算一次（陽歷），

（三）　本埠各機關擔任代銷者，每期出版後，由本社派人專送外埠郵寄，

（四）　經理代銷者，應隨時通知本社，每期銷出數目，

（五）　本刊每期售大洋五分，每月三期，全年三十六期，外埠連郵大洋貳元，本埠連郵大洋一元九角，郵票九五代洋，以半分及一分者為限，

（六）　代銷經理人，將欵寄交本社時，所有匯費，概歸本社擔任，

工程旬刊社發行部啓

工程旬刊投稿簡章

（一）　本刊除聘請特約撰述員擔任文稿外，工程界人士，如有投稿，凡切本社宗旨者，無論撰譯，均甚歡迎，文體不分文言語體，

（二）　本刊分工程論說，工程著述，工程新聞，工程常識，工程經濟，雜俎通訊等門，

（三）　投寄之稿，望繕寫清楚，篇末註明姓名，暨詳細地址，句讀點明，（能依本刊規定之行格者尤佳）寄至本刊編輯部收，

（四）　投寄之稿，揭載與否，恕不預覆，如不揭載，得因預先聲明，寄還原稿，

（五）　投寄之稿，一經登錄，即寄贈本刊一期，或數期，

（六）　投寄之稿，如已先在他處發佈者，請預先聲明，惟揭載與否，由本刊編輯者斟酌，

（七）　投稿登載時，編輯者得酌量增刪之，但投稿人不願他人增刪者，可在投稿時，預先聲明，

（八）　稿件請寄上海北河南路東唐家弄餘順里四十八號，工程旬刊社編輯部，

工程旬刊社編輯部啓

編輯者言

鋼筋混凝土已成爲近世之重要建築材料,我國工程界對於是項材料之各種試驗,雖有若干之記錄,均屬零碎不全,關於被火後之各種應力影響之試驗報告則猶闕然未之見也,趙君將各國之試驗結果摘要,投登本刊介紹於讀者,頗有研究之價值也,

揚子江形勢談

顧楷臣

立國於世界,時無論古今,地不問中外其文化之進步與否,農工商業之或盛或衰,每視水利之多寡以爲衡,我國固五千年古國也其文化之程度若何,農工商業之成績若何,昭然若揭,無待贅言其所以出類拔萃者,吾視三大川之流灌其間以發展其國勢也,三大川者黃河揚子江粵江是也,尤以揚子江爲首屈一指,揚子江流域與他流域分界,即南北二嶺也,故南北二嶺間之各省區,皆屬揚子江流域,揚子江之源委甚長,環顧全國,誠不愧爲國內第一大川,其源出自青海巴顏喀喇山之陽,巴薩通拉木山之東麓,即古之麗水,番名穆魯烏蘇河,屈曲東南流入川邊境,南經寗靜山脈之東,沙魯里山脈之西,下流至雲南境,名曰金沙江,以江水雜金沙得名,東流入四川境,左會打冲河,環建昌道南部是爲川滇分界,曲折東北流至宜賓(敍州),左會橫江,右會岷江,始稱大江,又名長江,蓋古時多以岷江爲揚子江本流,後以水量不及金沙

江,故以金沙江爲本流也,自宜賓東北流至巴縣(重慶),北有沱江嘉陵江渠江涪江來會,南有赤水河及烏江合流,宜賓上游,江流狹窄,出於崇山峽谷,崖瀑飛流,故乏舟楫之利,上游鑛產之富,森林之饒,甲於全國,其運輸則藉竹筏水排隨波逐流,神速無比,惟僅能下逐而無可上溯也,下游水量雖增,惟流於峒谷,急水迴復大石橫江,望之如門,江中礁灘數十,故運輸未暢,民船上行,俱頼縴夫挽攬,然當夏秋漲水時,有淺水汽船,自巴縣溯江上達宜賓,爲汽船航行終點也,(但自宜賓改映岷江,可經嘉定至彭山,離成都祇百里耳,)宜賓據岷江金沙江會口之西,水陸四達,控扼通衢,西迫番夷,南鄰滇省,爲川南重鎮,巴縣據嘉陵江口,高踞山巓,自江岸仰視,雄蝶參差,如在天際,川東大都會也,自巴縣東北折而東流至萬縣奉節縣(夔州),南經瞿塘峽,又東至巫山南麓,出巫峽入湖北荊宜道,橫貫中央,東南流經西陵峽而宜昌,有淺水輪溯江上映,達萬縣而巴縣,但江水湍急,數里一灘,兩岸石山壁立,煙霧縈繞,水勢沸湧,破石堆聚,與風水相激,航行偶一不慎則撞石粉碎,誠奇險也,宜昌城濱大江左岸,東控重湖之衝,西當三峽之險,凡蜀客貨之轉運,必于宜昌萃集,爲通商巨埠也,自宜昌而下,大江形勢迥然不同,兩岸無崇山峻嶺,峭壁幽谷,江面漸闊江流徐緩,航行乃出險就夷,惜兩岸地勢,除邱陵起伏外類皆低窪之地,故必藉隄工以禦洪水,否則泛濫成災,將使膏腴中屢,盡成澤國,願治水者,三注意焉,水南流至湖北湖南交界間,洞庭湖挾湘資沅澧等水來會,洞庭湖者,我國第一載澤,衆水匯歸,爲長江之調節器,當夏秋時,長江上游冰解雪融,洪流下瀉,江水暴漲,匯注洞庭,瀰漫浩瀚,宛若大海,而冬春江水減量,則湖本倒漾入口,湖旁乾涸,有如州汊溝港,長江無泛濫淞涸之患者,實頼此湖之調劑力也,折而東北入漢口漢水遂自陝西來會,漢口爲長江航行中心,舳艫橫江,幾無罅隙,東航及于皖徽,西航及于川滇,西北由漢水及于秦隴,南由洞庭及于湘黔,北由鐵路通于豫晉,將來粵漢全部告成,又可直達番禺香港,爲全國商業之冠自漢口東北而東南,會澔水皎亭巴水蘄河,而至江西省,東流經九

江爲贛省巨埠,城南山嶽蟠屈,而昂然特出者,爲廬山,煙雲幻變,難見眞面,九江下流至湖口,江水衝擊,聲如洪鐘者石鐘山也,下有鄱陽湖挾贛水來會,鄱陽爲五湖之一,中爲細腰,形似葫蘆,亦調節江水之大澤也,自此東北流入安徽省,經安慶至蕪湖,皆爲長江航運中樞,支流北有皖水合滻水長河入江,又有葉子湖納沙河之水由樅陽河入江,更由巢湖挾濡須水來會,南有靑弋江挾水陽江來會,益東北流入江蘇省,在江寧縣境,納秦淮河,折而東流北會自安徽東南流之滁水又,東流北會江北運河,南會江南運河,是爲江都丹徒縣境,自此向東,北有三江營,南有圌山關,均爲要隘,東南流至狼福二山,間江西遼闊,形勢扼要,下流至滬海道,爲崇明島所隔,分南北二口,而入黃海東海,縱觀揚子江源委,不禁喜懼交集矣,以其流域以內,地最腴,民最多,城市最繁,航路最長,誠全國精華之所萃也,此所以一則以喜也,惟其優點甚多,將不免爲列強所垂涎,而攫取之也,冶容足以誨淫,慢藏足以誨盜,古訓昭著,能無寒心,此所以一則以懼也,深願我國民注重水利,從事建設,毋使外人越俎代謀,傷我航權,佔我膄地也,

鋼筋混凝土建築物遭火災後之影響
趙　國　華

于未述鋼筋混凝土遭火災後影響之先對于火災損害之程度，當略爲說述一二，以資比較，據精確之調查與統計，德國每人須受九角八分之火災損失，法國及瑞士則六角，奧國爲五角八分，丹麥則五角二分，意大利只二角四分，英美日本諸國，則未見有精確之報告，而中國亦無此種之統計，但依中國之情形而言其受損之值必較各國爲巨也無疑，故耐火建築物之與中國，極關重要，且爲必不可少者矣。

考鋼筋混凝土之爲物，無燃燒物混于其內，更無助燃燒物以助燃燒，且其傳熱度亦極微，據實驗所得，凡表面受千二百度華氏之高熱，其內部距表面二吋之處，只有五六百度，若所插入之鐵桿露出于混凝土之外面者，則外面受千七百度之高熱二吋以內僅至千度五吋以內有四百度八吋以內僅能沸水，然實際設計時，鋼桿決不使之流露于外，蓋易受外界溫度之變化，致鐵桿之一部膨脹而影響于混凝土之粘著力也，如是而觀，混凝土建築物之能勝任耐火之責也已無疑義，然究能達如何程度，而建築物尚能巍然獨存者，亦工程界中所樂聞者也。

凡一建築物之構成，大概不外乎柱與梁而已，而對于火災之影響，則柱又關重要，蓋發火點必在柱之四旁火焰上騰以至于梁，故梁之受損必較輕于柱，故以下所述，關于梁之研究則約之柱則詳之，職是故也。

梁受火災之影響　　據美國防火協會 (National Fire Protecion Associati on) 于一九〇五年造成種種之鋼筋混凝土梁，投諸烈火之中，而實驗其強度之變遷及受損之程度，其結果歷一時之久溫度高至華氏二千度，凡梁之鋼筋距表面一吋其強度減少2.5%，其距表面二吋者歷二時二十分之久方減去2.5%，且梁之強度，受火災之影響，亦不過距表面四吋之部，其在四吋以

外者,則無若何之影響也,于普通所起之火災,使梁受二千度之高熱,歷二小時以上,殆極少數,故鋼筋混凝土所製之梁,對火之影響可保無虞.

柱受火災之影響　　凡一建築物,其與火災情形之關係最密切者,其非支柱乎,是以支柱之各種問題,非予以最完備之實驗與最精密之記錄不可,據美國政府之標準局及火災研究所,與各火災保險公司協力組織成一大規模之試驗于一九一六年用柱百〇六根,而施以實驗,(見 Fire Tests Of Building Columns, By Associated Factory Mutual Fire Insurence Companies, The National Broad Of Fire Under-Writers, and The Bureau Of Standards, U.S.A.1921發行)該試驗燃燒之時間為八小時以上,溫度高至二三〇〇度華氏,而試驗所用之試材,係分三種,一為十六吋之四方柱(A)一為十七吋直經之圓形柱以其配筋之不同又分為(B)(B')二種其有效深度(Effective Depth)為十二呎八吋,而混凝土之調合為一,二,四之比例而石子又分為石灰石及Traprock二種綜合其結果而定種種之關係焉,今將其實驗之結果揭之如次:

柱之斷面及其配筋形式	所用石子之種類	材齡	火中試驗時所負之總荷重	單位荷重(每平方吋磅數)	柱在火中試驗之破壞時間
A（16"×16"方柱, 1¼φ12"c-c, 2¾, 1'0）	石灰石	433日	101,000磅 ★294,000磅	×720磅 ×2100磅	8-40½時
	Traprock	450日	101,000磅	×720磅	7-22¾,,
B（17"圓柱, 3", 1'0, 1¼φ12"c-c）	石灰石	520日	107,500磅 ★250,000磅	×846磅 ×1968磅	8-04½,,
	Traprock	442日	107,500磅	×846磅	7-57½,,

B		石灰石	5?2日	★ 129,000磅 243,000磅	× 1,000磅 1,882磅	8-06⁺,,
		Traprock	460日	★ 1?9,000磅 163,000磅	× 1,000磅 1,262磅	8-01⁺,,

★　于火中經八小時之久倘未破壞之支柱其後增加荷重而使之破壞之總荷重

×　以柱之外表二时除去外之混凝土云有效斷面積除之而得者

十　材齡者卽指鋼筋混凝土製成後至試驗時之日數也

今將種種之研究與結果括而言之,共分四顆述之如次:

（一）使用石子種頭之影響,　由上列之表中可知,用石灰石爲其混凝物者,其耐火之力可達八小時以上,而Traprock則不至八時或至八小時間卽行破壞,而前者之破壞期,可于八小時之後,而所受荷重可達比Traprock所製者破壞荷重之二倍以上,而Traprock卽使八小時不破壞,其後所可增加之荷重不過2.5%而已,故防火用之混凝土,石灰石爲適宜之混合物也,雖然于實際之情形,八時間繼續不斷之火災事實上發現極少,故二者可視他種情形而斟酌用之,

（二）支柱之形狀及配筋式樣之影響,　柱之圓形與四方形及其配筋式樣之不同大致無甚懸殊,惟用石灰石所成之支柱,若其配筋爲螺形者,則其外周恆逐段發生龜裂,若用Traprock則當于破壞時期時,其表皮之混凝土有若干之剝落;

（三）受火災後混凝土強度恢復之程度　當混凝土受高熱度之影響,而失其一部分之強度（抗莊）然冷却後固能恢復其原有之能力與否此實爲一有興味而屬於實際之問題也,將已經火災之螺狀鐵筋混凝土（B種式樣）柱之破壞部分,切取一長三尺之短柱,俟其冷却後而試驗之,將其抗莊

强度之成绩列表如下：

石子之種類	火中最大之破壞荷重	冷却後恢復之最大荷重	恢復最大單位荷重	火中與冷却後其强度之比
石　灰　石	243,000磅	517,000磅	4008磅	2.12
Traprock	163,000磅	342,000磅	2650磅	2.10

以上之成績,乃係短柱,而長柱之强度當然稍有差誤,大致長柱之强度遜于短柱,而混凝土受火災之後其强度仍能恢復至于火災中破壞荷重之二倍以上云,

（四）注水之影響,于火災熱度劇高之際而注之以水,所以熄其焰也,其能影響于建築物與否是亦一極大問題,據試驗所得,四方形之支柱,對于加水之後,其四隅在鐵筋外部之混凝土剝落焉,但其深不過一分至八分鮮有達一時者（用石灰石者）,而用Traprock者,則其剝落至一時六分,至于圓柱之情形,用石灰石者,剝落至八分用Traprock者則凡達軸鐵筋者,剝落殆盡,大致螺狀筋之混凝土柱,于高熱時加之以水,螺旋筋外面之混凝土因急速之膨脹使外皮剝落也,但對于柱之自身抗莊强度,則無甚損失注水試驗後以此試材更試以荷重試驗其結果,能達容許强度之四倍以上（即安全本為4）故凡受火災後之建築物從事修理,仍能應用如恆,此種實例甚多,故可無疑義也,

夫二千三百度以上之高熱凡金屬如鋼鐵,銅錫均鎔焉燒焉,而此物仍能巍然獨存,噫此可寶矣,鋼筋混凝土之能勝任如此重任無怪其二十世紀以來用以為建築之材料如水銀瀉地無孔不入者矣；

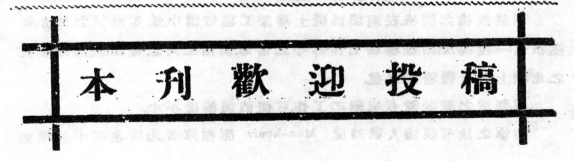

本刊歡迎投稿

鋼筋混凝土建築工程用板模之設計

（續一卷十六期）

彭禹謨

工程處從事設計之人員.當有實地建立板模之智識.否則彼此有杆格之虞.工作與圖樣有不能履行之弊矣.

第八節　架工

除主匯之設計.根據計算與學理外.尚有一部分之工作須由實地之經驗.得有許多之起架工作成爲一種標準樣式當後驗之.

聰慧之工人.能隨時發明其較佳之建立方法.於雇主方面得許多之利益是皆由於經驗而來也.

第九節　定材

關於材料之定購最好於工程處行之.不宜在工地中從事隨便之定材.必致耗費.蓋工匠之習慣.恆喜選用新材.以棄其舊.咸應留意於經濟一方.終不免有多用之弊.

從經驗或詳圖之中.可以立一材料定單.法許之耗費.當然包括於內.監工者當隨時報告.祇用若干之材料於實地.卽可練習經濟之吸矣.所用材料.不宜立卽完全送至工地以免過耗之虞.

第十節　估價

關於板模之價格.在鋼筋混凝土建築工程估價中.最爲困難之部分.如能根據一種制度.然後審察工作部分之情形.僱用工人之種類.而加以推定之.比較上可以得精確之值.

有制度之設計暨有規劃之工作.可使估價減低不少.

估價之法有根據人數時間　Man-hours　而推算者.此法並不十分準確

不過作爲估價一種嚮導而已.

根據舊日之記錄以計算工價頗不適用.惟承辦人最好根據一種之單位而推算之方切實用.

混凝土工程估計手續須先分類進行或以方呎計或以線呎計板模估計手續.或以每碼之混凝土計或以面積若干方呎計.所得之結果.雖能較對由詳細計算所得者.然終有若干之損失存在其中也.

第十一節　概要

強度爲首要之素.板模必須能任混凝土之死重與夫工作時工人常經過之活重.

耐用與堅硬爲次要之素.板模須適於重用.邊際配合須準確.不得有歪程或中宕之弊.

廉價與承辦人有關係.惟須顧及強度.換言之所用材料.固宜經濟.而建築手續亦須正當合理是也.

處理混凝土皮面之經濟問題.視板模構造密緻與否而定.板模如有空隙.則混凝土下入之際容易漏出.待板模拆卸以後建築物表面.恐有隆突之點於是須多一種手續使其鑿去矣.

第十二節　工程師之設計

建築物工程上之設計.雖與板模建築者無所關係.然於眞正經濟上著想.最好一同討論.如承造者與設計同屬一處者當無困難問題發生矣.

一尋常之工程師或打樣師.當其設計一建築物時.因不知板模建造者爲何許人.不能預先商議者.亦可先行設計比較最爲簡單之板模.

設計中如有細微之變更.其結果恆能使板模之估價.有許多之節省.

增加微量之混凝土.其價値恆能比較因節省混凝土而改更板模爲廉.

一層至一層間樑柱等之大小變更愈少.則節省人工愈大.

一座建築物之中若其上層模板.承受之生重.比較下層爲小者.則該層

所築之樑.其厚度距離樓板面之尺寸.最好同承受較大生重之層之樑一樣.

　設計建築物.欲能顧及板模所用之板適於市面所定尺寸者.頗少尋常大概定樑之寬度.爲偶值時數.(即時數成雙)而配光板材之寬度.爲奇值時數.(即時數成單)或附有分數者.(即幾分之幾吋)

　若工程師有時對於樑之寬度.可以比較規定小一吋者.則可減少許多問題.惟須審察確實無害於實際者.可行之.如規定樑之寬度係12吋.則須用2吋厚12吋寬之板.惟配光後不過11¾吋.須加¼吋之木條.如採用2條6吋寬之板配光後不過得總寬度11吋亦須另加1吋寬之木條照此種情形.如工程師能准許樑之寬度.比較規定者減狹一吋.則無需另行配劈狹條矣.

　同樣樑之規定寬度.係8吋.如准許建築7¾吋者.可採用2吋厚8吋寬之板矣.

設計者每少注意於板模經濟問題.故當配合板模時.有若干之人工耗費於此.蓋設計者僅顧工程之完善.不顧板模建築之困難所致也.

（第一章完）

「改正」一卷十五期本篇「第一節概要」應改爲「要畧」

汕頭市工務局取締建築暫行章程

（續本卷第三期）

第十五條　凡新建有樓建築物之內部由地面至樓桁底首層低不得少過十尺餘層最低不得少過九尺惟最頂之層可減少至八尺半

第十六條　凡新建或改建各建築物如無防鼠通氣等設備所有樓底並瓦面之下均不准設天花板

第十七條　（一）凡建築物建設樓梯除避難梯等外踏腳板寬不得少於九寸（一）梯級高不得過於八寸（二）樓梯之闊須在二尺半以上（三）樓梯高過十五尺者須另設立轉灣處

第十八條　凡建築物每層樓及各房間至少須開窗一面其窗口面積不得少於該房間面積十分之一如開天窗則須另設通氣孔但所開窗面向公園及寬闊道路者其窗口面積得酌量縮小

第十九條　凡建築物如無通氣設備所開各窗扇至少須一半能開閉自由

第二十條　凡建築物須開設下水溝渠用相當斜度由路底直洩於街外總渠

第廿一條　凡建築物內部地盤最少須高過外面地盤五寸但有特別情形至內部地盤比外面低下者須有防濕設備

第廿二條　凡建築地面如屬濕潤或出水者其屋內地盤或地樓之高須由本局核定之

第廿三條　飲用水井與糞坑須距離十尺以上

第廿四條　飲用水井與污物渠距離不及五尺者其渠底須用煉灰築造

第廿五條　屋蓋以不燃（註一）材料覆蓋之但小亭及陽遮等之輕微屋蓋依地方狀況確無防碍者不在此限

（註一）　不燃材料即磚石人造石煉灰混合土石綿金屬陶磁屬膠泥等是

量　　法

（續本卷三期）

彭禹謨編

（三十二）弧距 Ordinate 求法（參看第二十八圖）

設 R＝圓之半徑

C＝弦　　　c＝½C＝半弦

V＝中弧距

X＝從中弧距起弦上任何距離

O_x＝距離 X 處弧距

則 $C = z\sqrt{R^2-(R-V)^2}$ ————————————————（79）

$V = R - \sqrt{R^2 - C^2}$ ————————————————（80）

$= \dfrac{C^2}{8R}$ （近似值） ————————————————（81）

$O_x = \sqrt{R^2 - X^2} - (R - V)$ ————————————（82）

例題　已知 R＝120'

C＝100'　（c＝50'）

試求若干弧距

$V = R - \sqrt{R^2 - c^2} = 11$

用「82」式得下表之結果可依比例呎繪得之

X	X^2	$R^2 - X^2$	$\sqrt{R^2 - X^2}$	O_x
10	100	14300	119.6	10.6
20	400	14000	117.9	8.9
30	900	13500	116.1	7.1
40	1600	12800	113.1	4.1
50	2500	11900	109.0	0

「更正」　本卷三期「77」式 112838 係 1.12838 之誤

弓形面積

（乙表續）升高與直徑之比率

面積 $= d^2 \times$ (係數)

$\frac{b}{d}$	係數	$\frac{b}{d}$	係數	$\frac{b}{d}$	係數	$\frac{b}{d}$	係數	$\frac{b}{d}$	係數
.176	.093074	.211	.120713	.246	.150091	.281	.180918	.316	.212941
.177	.093837	.212	.121530	.247	.150958	.282	.181818	.317	.213871
.178	.094601	.213	.122348	.248	.151816	.283	.182718	.318	.214802
.179	.095367	.214	.123167	.249	.152681	.284	.183619	.319	.215734
.180	.096135	.215	.123988	.250	.153546	.285	.184522	.320	.216666
.181	.096904	.216	.124811	.251	.154413	.286	.185425	.321	.217600
.182	.097675	.217	.125634	.252	.155281	.287	.186329	.322	.218534
.183	.098447	.218	.126459	.253	.156149	.288	.187239	.323	.219469
.184	.099221	.219	.127286	.254	.157019	.289	.188141	.324	.220404
.185	.099997	.220	.128114	.255	.157891	.290	.189048	.325	.221341
.186	.100774	.221	.128943	.256	.158768	.291	.189956	.326	.222278
.187	.101553	.222	.129773	.257	.159636	.292	.190865	.327	.223216
.188	.102334	.223	.130605	.258	.160511	.293	.191774	.328	.224154
.189	.103116	.224	.131438	.259	.161386	.294	.192685	.329	.225094
.190	.103900	.225	.132273	.260	.162263	.295	.193597	.330	.226034
.191	.104686	.226	.133109	.261	.163141	.296	.194509	.331	.226974
.192	.105472	.227	.133946	.262	.164020	.297	.195423	.332	.227916
.193	.106261	.228	.134784	.263	.164900	.298	.196337	.333	.228858
.194	.107051	.229	.135624	.264	.165781	.299	.197252	.334	.229801
.195	.107843	.230	.136465	.265	.166663	.300	.198168	.335	.230745
.196	.108636	.231	.137307	.266	.167546	.301	.199085	.336	.231689
.197	.109431	.232	.138151	.267	.168431	.302	.200003	.337	.232634
.198	.110227	.233	.138996	.268	.169316	.303	.200922	.338	.233580
.199	.111025	.234	.139842	.269	.170202	.304	.201841	.339	.234526
.200	.111824	.235	.140889	.270	.171090	.305	.202762	.340	.235473
.201	.112625	.236	.141538	.271	.171978	.306	.203683	.341	.236421
.202	.113427	.237	.142388	.272	.172868	.307	.204605	.342	.237369
.203	.114231	.238	.143239	.273	.173758	.308	.205528	.343	.238319
.204	.115036	.239	.144091	.274	.174650	.309	.206452	.344	.239268
.205	.115842	.240	.144945	.275	.175542	.310	.207376	.345	.240219
.206	.116651	.241	.145800	.276	.176436	.311	.208302	.346	.241170
.207	.117460	.242	.146656	.277	.177330	.312	.209228	.347	.242122
.208	.118271	.243	.147513	.278	.178226	.313	.210155	.348	.243074
.209	.119084	.244	.148371	.279	.179122	.314	.211083	.349	.244027
.210	.119898	.245	.149231	.280	.180020	.315	.212011	.350	.244986

弓形面積

（乙表續）升顯與直徑之比率者

面積 ＝ d² × 係數

b/d	係數	b/d	係數	b/d	係數	b/d	係數	b/d	係數
.351	245035	.381	274832	.411	304171	.441	333826	.471	363715
.352	246890	.382	275804	.412	305156	.442	334829	.472	364714
.353	247845	.383	276776	.413	306140	.443	335823	.473	365712
.354	248801	.384	277748	.414	307125	.444	336816	.474	366711
.355	249758	.385	278721	.415	308110	.445	337810	.475	367710
.356	250715	.386	279695	.416	309096	.446	338804	.476	368708
.357	251673	.387	280669	.417	310082	.447	339799	.477	369707
.358	252632	.388	281643	.418	311068	.448	340793	.478	370706
.359	253591	.389	282618	.419	312055	.449	341788	.479	371705
.360	254551	.390	283593	.420	313042	.450	342783	.480	372704
.361	255511	.391	284569	.421	314029	.451	343778	.481	373704
.362	256472	.392	285545	.422	315017	.452	344773	.482	374703
.363	257433	.393	286521	.423	316005	.453	345768	.483	375702
.364	258395	.394	287499	.424	316993	.454	346764	.484	376702
.365	259358	.395	288476	.425	317981	.455	347760	.485	377701
.366	260321	.396	289454	.426	318970	.456	348756	.486	378701
.367	261285	.397	290432	.427	319959	.457	349752	.487	379701
.368	262249	.398	291411	.428	320949	.458	350749	.488	380700
.369	263214	.399	292390	.429	321938	.459	351745	.489	381700
.370	264179	.400	293370	.430	322928	.460	352742	.490	382700
.371	265145	.401	294350	.431	323919	.461	353739	.491	383700
.372	266111	.402	295330	.432	324909	.462	354736	.492	384699
.373	267078	.403	296311	.433	325900	.463	355733	.493	385699
.374	268046	.404	297292	.434	326891	.464	356730	.494	386699
.375	269014	.405	298274	.435	327883	.465	357728	.495	387699
.376	269982	.406	299256	.436	328874	.466	358725	.496	388699
.377	270951	.407	300238	.437	329866	.467	359723	.497	389699
.378	271921	.408	301221	.438	330858	.468	360721	.498	390699
.379	272891	.409	302204	.439	331851	.469	361719	.499	391699
.380	273861	.410	303187	.440	332843	.470	362717	.500	392699

編輯主任 ： 彭禹鎮， 會計主任 顧同慶， 廣告主任 陸 超

代 印 者 ： 上海城內方浜路貽慶弄二號協和印書局

發 行 處 ： 上海北河南路東唐家弄餘順里四十八號工程旬刊社

寄 售 處 ： 上海商務印書館發行所，上海中華書局發行所，上海棋盤街民智書局
上海四馬路泰東圖書局，上海南京路有美堂，暨各大書店售報處

分 售 處 ： 上海城內縣基路永澤里二弄十二號顧蕊莊君，上海公共租界工部局工
務處曹文奎君，上海徐家匯南洋大學趙祖康君，蘇州三元坊工業專門
學校薛潤川程鳴翠君，福建汀州長汀縣公路處羅歷廷君，天津順直水
利委員會曾俊千君，杭州新市場平海路新一號西湖工程設計事務所沈
麟良君鎮江關監督公署許英希君

定 價 每期大洋五分全年三十六期外埠連郵大洋兩元（日本在內惟香港澳門
以及其他郵匯各國一律大洋二元五角）本埠全年連郵大洋一元九角郵
票九五計算

廣 告 價 目 表

地　　　　位	全 面	半 面	四分之一面	三期以上九五折
底 頁 外 面	十元	六元	四元	十期以上九折
封面裏面及底頁裏面	八元	五元	三元	半年八折
尋 地 常 位	五元	三元	二元	全年七折

RATES OF ADVERTISMENTS

POSITION	FULL PAGE	HALF PAGE	¼ PAGE
Outside of back Cover	$ 10.00	$ 6.00	$ 4.00
Inside of front or back Cover	8.00	5.00	3.00
Ordinary page	5.00	3.00	2.00

15409

上海南洋大學出版股出售書報目錄

（1）南洋大學卅周紀念徵文集　凡四百面二十五萬言道林紙精印價洋一元郵費本埠四分外埠七分半　（2）南洋季刊　已出創刊號電機工程號經濟號機械工程號即將出版每冊大洋二角郵費本埠一分外埠二分半　（3）富原丹亞密斯譯復嚴　每部八本價洋八角郵費本埠四分外埠七分半　（4）南洋旬刊　已出至第三卷第　期每期洋一分訂閱每半年連郵一角六分　（5）收囘路電檔議　每本函購連郵一角六分　（6）南洋大學中文規章　每本函購連郵一角　（7）南洋大學西文章程　每本函購連郵三角五分　（8）南洋大學概况　每本函購連郵二角三分　（9）南洋大學校景冊　每本函購連郵二角三分　（10）唐編南洋大學專科及中學國文讀本　全部十二冊原價二元六角廉售一元　郵費本埠七分半外埠一角五分

15410

工 程 旬 刊

THE CHINESE ENGINEERING NEWS

第二卷　　　第五期

民國十六年二月十一號

Vol 2 NO 5　　　February 11th. 1927

本 期 要 目

工 程 旬 刊 社 發 行

上海北河南路東唐家弄餘順里四十八號

15411

代銷工程旬刊簡章

(一) 凡願代銷本刊者,可開明通信處,向本社發行部接洽,

(二) 代銷者得照定價折扣,銷貳十份以上者,一律八折,每兩月結算
一次(陽歷),

(三) 本埠各機關擔任代銷者,每期出版後,由本社派人專送,外埠郵
寄,

(四) 經理代銷者,應隨時通知本社,每期銷出數目,

(五) 本刊旬期售大洋五分,每月三期,全年三十六期,外埠連郵大洋
貳元,本埠連郵大洋一元九角,郵票九五代洋,以半分及一分者
為限,

(六) 代銷經理人,將款寄交本社時,所有匯費,概歸本社擔任,

工程旬刊社發行部啓

工程旬刊投稿簡章

(一) 本刊除聘請特約撰述員,擔任文稿外,工程界人士,如有投稿,凡
切本社宗旨者,無論撰譯,均甚歡迎,文體不分文言語體,

(二) 本刊分工程論說,工程著述,工程新聞,工程常識,工程經濟,雜組
通訊等門,

(三) 投寄之稿,望繕寫清楚,篇末註明姓名,暨詳細地址,句讀點明,(
能依本刊規定之行格者尤佳)寄至本刊編輯部收

(四) 投寄之稿,揭載與否,恕不預覆,如不揭載,得因預先聲明,寄還原
稿,

(五) 投寄之稿,一經登錄,卽寄贈本刊一期,或數期,

(六) 投寄之稿,如已先在他處發佈者,請預先聲明,惟揭載與否,由本
刊編輯者斟酌,

(七) 投稿登載時,編輯者得酌量增刪之,但投稿人不願他人增刪者
可在投稿時,預先聲明,

(八) 稿件請寄上海北河南路東唐家弄餘順里四十八號,工程旬刊
社編輯部,

工程旬刊社編輯部啓

編輯者言

凡物有利必有弊，惟智者能擇其利而用之，知其弊而因時改革之，則地無廢物，物成雖久，其用仍多也，吾國舊式磚瓦，發明已歷數千百年，宮室廬舍賴以蔽之，其用不可謂不多且久也，惜式樣做法，不能因時改革，新式建築，均不採用，殊為可惜，劉君能抉其弊而言其利，俾製造者有所改良，營造家有所注意，此不僅振興國貨而已，亦我國工程家應所研究者也，

本期所載之三等分角法合幾何三角解析幾何之理以求得，頗有興味，讀者請注意之，

論中國瓦
劉衷煒

查吾國建築史中，蓋屋面之材料，約有三種，上也者，用磁瓦，如宮殿廟宇等，其色不一，有黃有綠，普通用泥瓦，黑色，下也者用稻草，習俗相傳，至今仍如是，磁瓦質地堅緻，外觀美麗，固無待論，但價值奇昂，且須預先定製，費時甚久，故除宮殿廟宇等莊嚴之建築物外，罕有用之者，稻草僅藉以暫避風雨而已，不可謂為蓋屋面之適當材料，茲二者吾俱不論，今僅以普通所用之瓦一述之，遺誤之處，自所不免，惟高明有以正之，

吾國自與外國通商以來，外人之旅居吾國者日眾，西式房屋逐漸增加，即國人之稍有資產者，復喜建西式屋宇，以其清潔而軒敞也，當西式屋宇初興之時，蓋屋面之材料，大多皆用紅瓦，或有瓦楞白鐵，或用油毛氈(Felt)以松香柏油(Asphalt)澆合，俱係舶來品，皆屏棄中國瓦而不用，一者中國瓦祇適宜于中式房屋而不合于西式者，迄今時轉勢移，照目下之趨勢，則不但國人

之建築西式房屋者,喜用中國瓦,即外人房屋之新建者,亦漸改用中國瓦,其故顏足引人深思,著者憑一己之愚意,覺得中國瓦有二大利,亦有二不利,惟利勝于不利,故不至于淘汰而終爲人樂用,其利何(一)價廉(二)易修理,其不利者(一)易破碎(二)不適用于平屋頂及斜勢(Slope)過大之屋頂,

用紅瓦蓋屋面每方屋面約需漢口紅瓦一百七十塊,或天津紅瓦二百二十五塊,另加鉛絲木條人工每方約在洋念五元左右,用瓦楞白鐵,每方屋面大致需六張,外加鐵絲油麻,白漆,人工,其價亦與紅瓦不相上下,油毛氈用松香柏油澆合,至少須三層,每方之價亦須超逾二十元惟用中國瓦,每方約需瓦二千塊,以每千五元計,外加人工兩元,則十二元而已,僅爲上述各種材料之半,此其大利之一,中國瓦蓋屋面,各塊不相連結,僅疊蓋而已,若均完整不碎而排列整齊者,決無滲漏之患,有時經震動而碎裂,或排列參差不齊者,祇須換去碎裂者而整列之一人一日之工可矣,非若他種蓋屋面之材料,彼此連結在一起,修理時顏非易易,此其利之二,

凡物有利必有弊,瓦亦然,瓦質薄而鬆,且係弧形,不能受重,一經踐踏,即行破裂,而失其効用,故用中國瓦之屋面,不宜常有人上下,此其不利之一,屋面過平,流水速度較慢,驟雨時水不及流,湧起于屋面即行滲入瓦縫中,而水流入屋內,若斜坡過大,則不易黏着于下層,一經大風,更易落下,故平屋頂及斜坡過大者,均不宜用中國瓦此其不利之二,

鑒於上述情形,是以凡屋面斜坡適當而不常有人上下者,如住宅學校,官署等,均可用中國瓦以蓋屋面,惟如工廠或公司等,其屋面上須設水櫃,或他種裝置,而常有人上下視察者,或平屋頂及過斜屋頂則以用瓦楞白鐵或油毛氈爲宜,

普通蓋屋面之瓦可分爲蓋瓦及底瓦二種,價亦略有參差,蓋瓦稍貴,另外有花邊水滴瓦脊等名稱吾國習慣瓦即蓋于望磚或木板上,苟能于望磚或木板上加以油毛氈層,再蓋以瓦,則更爲安全,蓋瓦之吸水性甚大,經雨之

後屋面濕氣,易侵入室內,今用油毛氈以隔離之,可免此種濕氣之侵害,卽屋面稍有滲漏,亦不致立卽及于其下,所費有限,而利甚溥,願內地營造者有以注意之,

用瓦之多少,觀蓋瓦及底瓦之出頭多少而異,出頭云者,卽上下兩塊瓦,疊蓋後露出處也,露出多,則每方需瓦自少,而屋面薄效力小,露出少,則每方需瓦自多,而屋面厚效力大,此固淺而易見者也,今將習用之出頭,每方需瓦之塊數,列表如下,以備參考,:——

蓋瓦一寸出頭底瓦一寸六分出頭	1710塊
〟〟一寸二分〟〟〟一寸八分〟〟	1480〟
〟〟一寸四分〟〟〟二寸　　〟〟	1310〟
〟〟一寸六分〟〟〟二寸二分〟〟	1170〟
〟〟一寸八分〟〟〟二寸四分〟〟	1060〟
〟〟二寸　　〟〟〟二寸六分〟〟	970〟
〟〟二寸二分〟〟〟二寸八分〟〟	890〟
〟〟二寸四分〟〟〟三寸　　〟〟	810〟
〟〟二寸六分〟〟〟三寸三分〟〟	766〟
〟〟二寸八分〟〟〟三寸四分〟〟	716〟
〟〟三寸　　〟〟〟三寸六分〟〟	673〟

吾國北方,雨少風多,屋面苟不堅實,易被大風吹去,因之雖亦用同式之瓦蓋屋面,而鋪蓋之法,與南方稍異,其法係在望磚或木板上,加泥一層,將底瓦換次成楞疊蓋于灰泥中,再用灰沙在兩楞底瓦間,作成楞條,以代蓋瓦,如是則將全屋面凝結成一塊,風力雖大,可無掀去矣,此種蓋法,雖不能視爲一種良法,然北方人皆習用之,由此可見,凡事因地制宜全在人爲,不可一遇艱阻,卽以爲該物品不適用,而貿然棄之,是則著者願與同人共勉之矣,

三等分角法

駱胥波

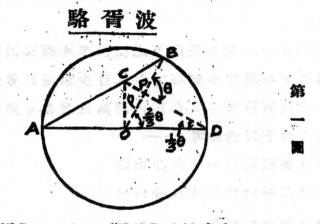

第一圖

1. 分析 設O為任意圓,DA為直徑,∠DAB為任意角.

作OC直線垂直AD交AB於C點

聯OB及CD兩線相交于P點

則∠DPB=3∠DAB=3∠OAB.

證 OA=OB ∴∠OAB=∠OBA

按幾何定理 ∠DOB=∠OAB+∠OBA=∠2OAB

因CA=CD ∴∠ODC=∠OAC=∠OAB

再 ∠DPB=∠ODC+∠DOB=∠OAB+2∠OAB=3∠OAB

2. 作圖 今設∠DPB為巳知,欲求其三分之一角$\left(\frac{1}{3}∠DPB=∠OAB\right)$

按分析則必先定DP及OP之長,則∠ODP為可求惟定PD及OP

之長殊非易易茲求一曲線以解之設DP為單長(Unit Lengt

h)作圓以P為極,PD為定線,假PB繞P點移動則O之軌跡

即為此曲線,其OP距離之求法,及此曲線之作法如下,茲求

此曲線之方程式.

設角DPB=θ,則∠ODP=$\frac{θ}{3}$ ∠POD=$\frac{2}{3}$θ

15416

以 DP 爲單長 P 爲極,OP＝ℯ 爲 Radius Vector.

自三角法 ℯ : 1＝Sin $\frac{\theta}{3}$: Sin $\frac{2}{3}\theta$

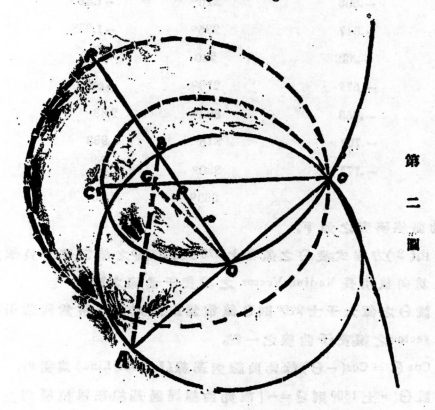

第二圖

故 ℯ ＝ $\dfrac{a\sin\frac{1}{3}\theta}{Sin\frac{2}{3}\theta}$ ＝ $\dfrac{Sin\frac{1}{3}\theta}{2Sin\frac{1}{3}\theta\cos\frac{1}{3}\theta}$ ＝ $\dfrac{1}{2\cos\frac{1}{3}\theta}$ ＝ $\pm$ Sec $\frac{1}{3}\theta$ ──(1)

但因 ℯ (＝op) 在第一象限內,常在相反之方向度之,則(1)式變爲

ℯ ＝ $-\pm$ Sec ⅓ θ ─────────────(2)

卽此曲線之極坐標(Polar Coordinates)方程式也,

以 θ 之值代入(2)式求得 ℯ 之值如下,以繪此曲線如第二圖,

15417

θ	ρ	θ	ρ
0°	−.5	180°	−1.00
30°	−.508	210°	−1.46
45°	−.517	225°	−1.933
60°	−.532	240	−2.88
90°	−.577	270°	−∞
120°	−.653	300°	2.88
135°	−.707	315°	1.933
150°	−.777	330°	1.46
		360°	1.00

今將此曲線研究之如下：

（1） 由（2）方程式,設 θ 之值在土 270° 以内,則 ρ 之值常等于負故定 O 點常為向後引長 Radius Vector 之線交于曲線之點,

（2） 設 θ 之值大于土 270° 則 ρ 值常為正,故定 O 點常為向前引伸 Radius vector 之線,交于曲線之一點,

（3） Cos θ = Cos(−θ),故此曲線對基線（Lnitial Line）為對稱,

（4） 設 θ = 土 180° 則 ρ = −1 故此曲線經過基線,在單位圓周上之一點,

（5） 設 θ = 土 270° 則 ρ = 土 ∞ 故此曲線有一漸近線（Asymptote）與基線相垂直.

（6） 按屏柝幾何稱此曲線為（Conchord）之一種,其所不同處,即以 ½ θ 代 θ,按（Conchold 公式為 ρ = acos θ + h）.

（7） 設 θ 之值小于土 180° 則 ρ 之值小于 −1,其曲線常在單位圓周之内,若 θ 之值大于土 180° 則 ρ 之值大于 −1,其曲線常在單位圓周之外,故用此曲線,若 θ 小于土 180°,則用圓内部分之曲線,若 θ 大于土 180° 則用圓外部分之曲線,

（8）　在單位圓周內之曲線,在圖上的實線表之,為求正角分法之用,其虛

線部分,為求負角分法之用,若單用正角時,(蓋普通分角當不分其正

負常假定為正)則虛線部分,可以不畫出以免錯誤

3.用法　　記取上列第(7),(8)兩項以極 ℓ 點上任出一線PR與基線成一任

意角DPR延長RP交曲線于〇點聯OD線則角ODP卽為所求角卽等

于 ⅓ RPD

「改正」　本卷四期 7 面第十四項「抗壓」誤為抗莊

又 14 面第二項「升高」誤為升顧

又 12 面「79」式應作 $C=2\sqrt{R^3=(R-Y)^3}$

魯省築路治河之計劃

魯省長林憲祖,爲保護黃花寺危險起見,徵收特別工費,並擬定保管工費辦法,又修築濰台汽車路,加徵全省獻捐,以期一勞永逸,茲覓得關於兩事之文件如下,

（一）築路　爲訓令事,案據山東路政總局呈稱,竊查與修濰台路一案,業經職局派員分爲南北兩組,前往積極查勘路線,以備開工,所需經費,刻既確定加徵全省獻捐,以爲的款,所擬土工橋工購地三項辦法似不甚適用,茲應早日改定,俾得遵循進行,謹就管見所及,逐條擬陳,是否有當,伏乞鑒核,如蒙俯賜採納,並懇飭令沿路各縣遵照辦理等情,並附擬到署,據此,除指令照准幷分飭外,合亟抄發原摺令仰該知事遵照辦理,切切此令,建築台濰路,土路橋工購地三項辦法,（一）土工一項,初以經費無着,擬由沿路各縣撥調民夫,以期撙節,前既徵收附捐,以爲修路的款,倘再調用民夫,不給工資,則擔負重複,有欠公允若按工給價,則農民既無修路經驗,工資所費則較雇工爲多,且春融之後,農事漸忙,強令工作,有失農時,再四思維,擬以招工包修較爲合宜,（二）橋工一項,初以籌款維艱,又欲今冬卽行興工,期在速成,故擬趕搭浮橋,暫時通車,然後徐籌鉅款,再於夏季水漲之前,改修正式橋樑,刻既籌有的款,又距夏季漸近,若修浮橋,難期堅固,恐橋甫成,而雨水已至,以其徒靡公帑,於實用無大功效,似應根本着手逕修持久橋樑,以期一勞永逸,發達路政,（三）購地丈量,頗費時日,待路政既興修之後,則地界錯亂,清丈極爲困難,刻下查勘路線委員既已早經出,發,可否由鈞署令飭沿路各縣,遴選地方公正紳士,按照該委員等所定路界卽時逐戶丈量,分爲上中下三等,造具花戶獻數淸冊,呈報核定,卽將地價撥由各該縣知事,會同紳士按戶給,發農民既無損失,手續亦較完備,

（二）治河　爲訓令事,據河務局局長林修竹呈稱,案奉鈞署第六五四

15420

八號訓令,以據財政廳核復職局,呈請征收黃花寺一帶新堤特別工費每畝二角一案,飭即擬定保管及征解報銷辦法五條,除每屆加培該工報該驗收核,仍分別收支各款,布告沿堤一帶居民週知,以昭大信外,理合檢同擬定辦法,備文呈請鈞署鑒核備案,並分飭壽張,陽穀,東阿,東平,汶上等五縣,遵照辦理,以固堤防等情,附呈辦法一分到署,據此除指令照准備案,並分飭壽張等五縣遵照辦理外,合行檢抄辦法,令仰該廳即便查照,此令,河務局規定保管收支修培黃花寺大堤特別工費辦法.(一)河務局此次征收修培黃花寺大堤工費,係因本年堵口新工未固,堤岸卑薄,均須加高培厚,應由河務局令飭壽張,陽穀,東阿,東平,汶上等五縣知事,就上年決口時大堤以外被災地畝查明確數,呈報備查,一面按每畝征收特別工費洋二角以二年為限.(一)征收此項特別工費,由各該縣知事按清畝數隨十六年上忙錢糧帶征一次,征齊逕解河務局核收.(一)各總知事解到工費款洋,由河務局查驗後,送交山東省銀行保管存儲,專備收培黃花寺一帶大堤之需,不得移作他用.(一)支給此項特別工款時,由河務局先行派員,將黃花寺一帶應修各工,詳細勘估後,再行委派專員,具領工款修培該工,其領款手續,由河務局核准,陸續支付,呈報省署查核備案.(一)承修此項特別堤工專員,將應修各工如估報竣後,應河務局派員驗收,所修各工與原估尺寸相符,夯築堅實,即由該員造具計算書,連同收據薄記,呈送河務局核查無異,轉報省署核准後,由河務局照冊泐印,分行各該縣知事,布告沿堤一帶居民,俾衆週知,以昭大信,

汕頭市工務局取締建築章程

（續本卷第四期）

第廿六條　建築面積如超過八十方丈以上者每八十方丈以內須設立防
　　　　　火牆但外牆樓板屋蓋樓梯及柱等均係耐火構造者不在此限

第廿七條　（一）前條之防火牆如係石磚煉灰混合土築造則厚須十寸以
　　　　　上鐵筋混合土造則厚須五寸以上（二）須高出屋蓋及外牆一
　　　　　尺六寸以上（三）防火牆之門戶須有防火裝置

第廿八條　煅爐灶烟筒之周圍須用不燃材料構造之且烟筒須高出屋蓋
　　　　　上面二尺以上

第廿九條　凡建築物高在六十五尺以上者須設置避雷針

第三十條　主要構造用之木材與石磚混合土相接觸或插入部分須塗防
　　　　　腐劑

第卅一條　凡建築物其牆用貝灰混合土造者須以灰一分沙土三分調和
　　　　　之如有不依此牙量調製者一經查出或被告發驗有實據除飭
　　　　　令拆去外照章處罰

第卅二條　凡貝灰混合土所築之牆厚不得少過一尺其轉角處應加插竹
　　　　　片或鐵筋

第卅三條　凡用貝灰混合土之一尺牆建造者簷高不得過十六尺用十六
　　　　　寸牆築造者簷高不得過二十四尺用二十寸牆築造者簷高不
　　　　　得過三十三尺者過此高度概不得用貝灰混合土建築

第卅四條　凡建築物盃用舊灰坭建築者簷高不得過十三尺牆厚亦須一
　　　　　尺以上

第卅五條　木柱梁及其他相類構材之交接處須用鐵條或鐵片繫緊之

第卅六條　木柱之直徑（註二）不得少過該開間（註三）二十六分之一至三十五分之一

第卅七條　木柱之橫斷面積如有挖缺三分之一以上者須另施補強方法

第卅八條　凡建築物用石造磚造之牆壁高十二尺以上者須用煉灰膠泥（即沙三分煉灰一分）砌結之

第卅九條　凡石磚造建築物簷高不得過五十尺

第四十條　凡石磚牆之厚度不得少過一尺

第四十一條　以上兩條可適用於煉灰混合土牆

第四十二條　建築物之周圍之牆壁純用磚造簷高過十五尺長在二十四尺以下者其壁厚規定如下

（一）簷高在二十五尺以下者厚須一尺以上

（二）簷高二十五至四十尺最下層厚須一尺五寸以上第一第二層樓則須超過一尺

（三）簷高四十尺至五十尺者下層及第一層樓厚須一尺八寸以上第三四層樓則不得過一尺

第四十三條　磚造牆壁長過二十四尺至三十六尺中無附牆或他牆連接者其厚須比前條各項增加四寸

（註二）　直徑蓋指木柱之最小直徑而言對於各層房屋之限制如下面

三樓房屋	三　　樓	二　　樓	地　　樓
二樓房屋	二　　樓	地　　樓	
平　　屋	地　　樓		
柱之小徑與開間之比	三十五分之一	二十分之一	三十六分之一

（註三）　開間蓋指木柱間之中心距離而言

第四十四條　磚造牆壁長過三十六尺至四十八尺中無附牆或他牆連接者其厚須比第四十二條各項增加九寸

第四十五條　磚造之間牆其厚得比第四十二四十三四十四等條之規定減少四寸

第四十六條　石磚煉灰混合土單牆無特別之補強方法須依次之規定（一）磚及煉灰混合土牆厚須照該部分垂直距離之十五分之一以上（二）石造牆厚須照該部分垂直距離十二分之一以上（三）每長十五尺須設壁柱但其厚超過前二項壁厚之一倍半者不在此限

第四十七條　開間五尺以上之開口上面如用石磚之拱架渡其拱高須有該開間距離十分之一以上

第四十八條　鐵筋混合土建築物所用之材料須如次之規定（一）鋼鐵每平方英寸之抗張強度（註四）不得少過一萬八千磅（二）淨沙不得含有土分鹽鹻芥等不潔之物（三）沙礫或碎石須本質堅硬而且直徑不得大過一寸

第四十九條　鐵筋混合土所用煉灰混合土之配合須以煉灰一分淨沙二分沙礫四分調和之

第五十條　鐵筋混合土所用鐵筋之兩端須作成鉤形使與其他部材料相結合

第五十一條　鐵筋混合土梁及樓板等所起之單位應剪力（註五）有超過一百二十磅時須依次之規定（一）依照剪力之分佈狀態而將緊筋二配置之惟其間隔不得超過梁或樓板厚三分之（二）緊筋須由應張鐵筋之下端起到應壓力之中心止

（註四）抗張強度指抵抗張力之強度也

（註五）單位應剪力指與物體斷面平行所加之力單位應剪力指單位面積所能耐之剪力也

第五十二條　鐵筋混合土柱之構造（一）直筋須有根四以上（二）橫筋之
　　　　　　間隔須一尺以內且不得超過直筋直徑之十五倍（三）柱之
　　　　　　直徑不得小於該開間距離（註六）二十分之一

第五十三條　鐵筋混合土樓板之被覆厚須有四分之三寸以上梁則一寸
　　　　　　基礎則須二寸以上

第五十四條　鐵筋混合土築造用之桁梁樓板及屋盞等下面之承板非經
　　　　　　過一個月後不得取去

第五十五條　凡磚造烟筒之高超過五十尺如周圍無鐵材補強者槪不准
　　　　　　建築

（待續）

（註六）　本條之開間

　　（一）須取下列兩者中之較小者：

　　　（Ａ）支承物間之中心距離

　　　（Ｂ）支承物間之內邊距離加桁高或樓板厚

　　（二）梁之支端有梁托時則須從梁上面至梁托間之厚等於 1.3
　　　　　倍處起算

混凝土粗混合料空罅率之簡便求法

彭禹謨

設備　一立特容量之圓柱形劃有度數之玻璃器兩只，

　　　　木質打實器一個，

　　　　鐵條一根

試驗　將粗混合料，(如砂粒石子等)一定之量，(設爲600c.c.)放入一圓柱

　　　　形玻璃器內，同時用打實器打實，並用手搖實，

　　　　次用適量之水，(設爲300c.c.)置入另一圓柱形玻璃器內，

　　　　於是將粗料，漸漸放入有水之圓柱形玻璃器中，同時用手震搖之，並

　　　　以鐵條抨動之，使空氣之泡，不易存在，

求法　(甲)記下粗混料所用之量，(卽在玻璃器上之度數)

　　　　(乙)加入所用之水量，

　　　　(丙)減去兩者混和時，從水面上所得之度數，

　　　　　　所得之結果，卽爲(甲)項材料中空罅之量，

例題　(甲)設一玻器中，所含之砂粒爲550cc

　　　　(乙)他一玻璃器中所含之水爲300c.c.

　　　　(丙)兩種混和後之度數爲700c.c.

則550cc砂粒中所有之空罅量爲(550+300)－700＝150cc故砂粒之空罅率

　　　　＝27.2%

注意　多孔之材料，在試驗之初，最好先用水稍稍打濕，否則所增之水量，常

　　　　易誤爲空罅度也。

編輯主任： 彭禹謨， 會計主任 顧同慶， 廣告主任 陸 超

代 印 者： 上海城內方浜路貽慶弄二號協和印書局

發 行 處： 上海北河南路東唐家弄餘順里四十八號工程旬刊社

寄 售 處： 上海商務印書館發行所，上海中華書局發行所，上海棋盤街民智書局
暨各大書店售報處

分 售 處： 上海城內縣基路永澤里二弄十二號顧壽崧君，上海公共租界工部局工
務處曹文奎君，上海徐家匯南洋大學趙祖康君，蘇州三元坊工業專門
學校薛渭川程鳴琴君，福建汀州長汀縣公路處羅履廷君，天津順直水
利委員會曾俊千君，杭州新市埧平海路新一號西湖工程設計事務所沈
襲良君鎮江關監督公署許英希君

定 價 每期大洋五分全年三十六期外埠連郵大洋兩元（日本在內惟香港澳門
以及其他郵匯各國一律大洋二元五角）本埠全年連郵大洋一元九角郵
票九五計算

廣 告 價 目 表

地 位	全 面	半 面	四分之一面	三期以上九五折
底 頁 外 面	十 元	六 元	四 元	十期以上九折
封面裏面及底頁裏面	八 元	五 元	三 元	半年八折
尋 地 常 位	五 元	三 元	二 元	全年七折

RATES OF ADVERTISMENTS

POSITION	FULL PAGE	HALF PAGE	¼ PAGE
Outside of back Cover	$ 10.00	$ 6.00	$ 4.00
Inside of front or back Cover	8.00	5.00	3.00
Ordinary page	5·00	3.00	2.00

15427

上海南洋大學出版股出售書報目錄

15428

THE CHINESE ENGINEERING NEWS

第 二 卷　　第 六 期

民國十六年二月二十一號

Vol 2 NO 6　　　　February 21st. 1927

本 期 要 目

工 程 旬 刊 社 發 行

上海北河南路東唐家弄餘順里四十八號

15429

代銷工程旬刊簡章

- (一) 凡願代銷本刊者,可開明通信處,向本社發行部接洽,
- (二) 代銷者得照定價折扣,銷貳十份以上者,一律八折,每兩月結算一次(陽歷),
- (三) 本埠各機關担任代銷者,每期出版後,由本社派人專送,外埠郵寄,
- (四) 經理代銷者,應隨時通知本社,每期銷出數目,
- (五) 本刊每期售大洋五分,每月三期,全年三十六期,外埠連郵大洋貳元,本埠連郵大洋一元九角,郵票九五代洋,以半分及一分者為限,
- (六) 代銷經理人,將款寄交本社時,所有匯費,概歸本社担任,

工程旬刊社發行部啓

工程旬刊投稿簡章

- (一) 本刊除聘請特約撰述員,担任文稿外,工程界人士,如有投稿,凡切本社宗旨者,無論撰譯,均甚歡迎,文體不分文言語體,
- (二) 本刊分工程論說,工程著述,工程新聞,工程常識,工程經濟,雜俎通訊等門,
- (三) 投寄之稿,望繕寫清楚,篇末註明姓名,暨詳細地址,句讀點明,(能依本刊規定之行格者尤佳)寄至本刊編輯部收
- (四) 投寄之稿,揭載與否,恕不預覆,如不揭載,得因預先聲明,寄還原稿,
- (五) 投寄之稿,一經登錄,卽寄贈本刊一期,或數期,
- (六) 投寄之稿,如已先在他處發佈者,請預先聲明,惟揭載與否,由本刊編輯者斟酌,
- (七) 投稿登載時,編輯者得酌量增刪之,但投稿人不願他人增刪者可在投稿時,預先聲明,
- (八) 稿件請寄上海北河南路東唐家弄餘順里四十八號,工程旬刊社編輯部,

工程旬刊社編輯部啓

編輯者言

吾人以經緯儀或六分儀,測得太陽恆星等之正高弧後,必須較正其差誤,然後可得到太陽恆星之眞確高度,至其差誤種種之由來,蒙氣差 Referaction 亦為其中之一,蓋光由天氣球恆星傳入於大氣中時,改變其方向而起屈折之作用,致究測者不能測得恆星眞確之高度,由此所生之差誤,卽謂蒙差,此氣能映卑為高,本期所載之(陽光入夜談,)亦卽蒙氣研究之一種也,

陽光入夜談

彭禹謨

著名天文學家施氏 Garrett P Serviss,對于夕陽西下時之觀察,曾作一文,本埠大陸報已登載之,茲特迻譯於次:

余(著者自稱)近來從大氣變化情形中,得一種特別精詳之觀察,卽在夕陽西下時,東方空際所現之地影是也,是種現象,在任何佳日之黃昏時節,到處均可見之,惟觀察者之地位,總宜愈高愈妙,蓋能脫去種種障礙始可以及遠也,該巨大影弧之上邊,環有淡紅色或紫紅色之弧,是名薄暮光環 Twilight bow'' 其下則為上昇之影狀,如一巨大圓上之弓形,並現晴而淺藍之色.

此薄暮之光,漸漸上昇最高之時,卽近天頂,(譯按從地球中心綜過地面上觀察者所佔點之綫,無限引長直與天球相交其交點卽謂該地觀察者

天頂，故觀察者之天頂隨地而異，）於是開始變暗，漸入深黑，斯時觀察者見該發現之影，將與地面隔離，當其向上移動之際，至覺地球之旋轉，行將彼深入黑暗之鄉，

此種觀察，即爲薄暮光象現之主要部分，下面之解述，尤有意味，想亦關心氣象者，所樂聞也，解述之先，吾人可作一簡單之圖，以表明之，下圖即爲地球之切面，以大氣爲其先，圍於四周，地球照箭向旋轉，月之地位還在右方之S處，

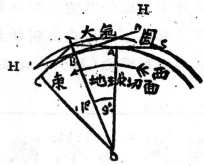

最初假定觀察者在 A 點地方，則 TAS 即爲其地平面（讀按一大圓弧之平面，與地面上觀察者所在之點相切，展大與天球相交，其交弧所成之平面，即之觀察者之地平面，）而太陽 S 適在其中，備其工作，斯時該地平面上弓形之全部，大氣中，充滿陽光，夜尚未至，

次由地球之旋轉，將觀察者帶至 B 點，則其地平面，當爲 HH，斯時太陽已沉入該地平面之下，B 處之觀察者，除陽光供給大氣者外，完全入於黑暗狀態，蓋由 ST 與 HH 兩線所交之上面之形一部，仍爲太陽所照，是即地球組成之薄暮光也，其實薄暮光之產生，即在觀察者離 A 之後，項刻失却太陽之眞像，

當觀察者，從 A 至 B 之際，伊能得見薄暮光從天空東部退却，同時前述之薄暮光，從西邊地平面昇出，直至鄰近天頂 T 處，隱入變爲黑暗狀態，從 B 點之觀察，儘天空西部顯有光明，同時能得直接陽光之最後一點，即爲頭頂

之 T 點是,又因 T 點在實際上,代表天頂,或大氣之上層,亦卽不能得到較多之光綫之處,故在此時,可以計算大氣之有效高度,

吾人再繼續觀察,隨地球之運轉至 C 點時,則其地平面當爲CT,是卽指示薄暮正向西方地平面之下沉沒而完全之夜行將開始矣.

由觀察之結果,得一平均之值,卽太陽沉入地平面下,約至18°時,薄暮光完全消滅.

故∠AOC必須等於18°,

$$= 地球角度圓周二十分之一,$$

又因地球每旋轉一周,需 24 小時,

則旋轉 $\frac{1}{20}$ 周,當需1.2小時,是值約代表赤道上海平面薄暮光之逗遛期間,緯度較高之處,則其時間必較長,

大氣高度之求法,可應用幾何與三角學得之如下:

$$OB=R(地球半徑=1)$$

$$BT=H(大氣高度)$$

$$OT=R+H=9°之正割$$

$$HH=Sec9°-R=1.0125-1=0.0125$$

$$R=4000 哩,H=4000×0.0125=50 哩$$

（完）

鋼骨三和土橋面板集中荷重之彎權計算

（續本卷第三期）

俞子明

（9）最大正彎權　正彎權最大者,常在集中荷重一點即M_p

a 第一類位置

$$R_1 L = M_2 = -\frac{3}{7} \cdot \frac{P_1 ab^2}{L^2} \qquad \therefore R = -\frac{3}{7} \cdot \frac{P_1 ab^2}{L^3}$$

$$R_1 L + 2R_1 L - P_1 b = M_3 = -\frac{1}{7} \cdot \frac{Pab}{L^2}(7a + 2b)$$

$$\therefore R_2 = +\frac{1}{7} \cdot \frac{P_1 b^2}{L^3}(7L + 11a)$$

$$M_p = R_2 a + R_1(L + a)$$

$$= +\frac{4}{7} \cdot \frac{Pab^2}{L^3}(L + 2a)$$

以 D 及 L 代入則得

$$M_p = +\frac{1}{14} \cdot \frac{P_1 D^2(2L - D)(3L - D)}{L^3} \quad\dotfill\quad \lceil 9 \rfloor$$

b 第二類位置

$$R_0 L = M_1 = -\frac{3}{19} \cdot \frac{P_1 ab(a + 3b)}{L^2}$$

$$\therefore R_0 = -\frac{3}{19} \cdot \frac{P_1 ab(a + 3b)}{L^3}$$

$$R_1 L + 2R_0 L - P_1 b = M_2 = -\frac{1}{19} \cdot \frac{P_1 ab(7a + 2b)}{L^3}$$

$$\therefore R_1 = +\frac{1}{19} \cdot \frac{P_1 b}{L^3}(18a^2 + 19b^2 + 54ab)$$

$$M_p = R_1 a + R_0(L + a) \text{以 D 及 L 代入則}$$

$$M_p = +\frac{1}{304} \cdot \frac{P_1(3L - D)(D - L)(19L^2 + 40LD - 11D^2)}{L^3} \quad\dotfill\quad \lceil 10 \rfloor$$

c 第三類位置

$$R_1 L = M_2 = -\frac{3}{5} \cdot \frac{P_1 ab(a + b)}{L^2} \qquad \therefore R_1 = -\frac{8}{5} \cdot \frac{P_1 ab}{L^2}$$

$$R_2L + 2R_1L - P_1(a+b) = M_8 = -\frac{3}{5} \cdot \frac{P_1 ab}{L}$$

$$\therefore R_2 = +\frac{1}{5} \cdot \frac{P_1(5L^2+3ab)}{L^2}$$

$$M_p = R_2a + R_1(L+a) = +\frac{1}{5} \cdot \frac{P_1 a(5L-3b)}{L}$$

$$或\quad M_p = +\frac{1}{20} \cdot \frac{P_1(L-D)(7L-3D)}{L} \quad\cdots\cdots\quad [11]$$

(10) 若如第 7 節所述 e 為變數時則應如下表

D 與 L 之關係	求最大正彎權之式（取結果之大者）
$D < L$	$+\dfrac{3}{28} \cdot \dfrac{PD^2(2L-D)(3L-D)}{L^3(D+c)}$ [9], $+\dfrac{3}{40} \cdot \dfrac{P(L-D)(7L-3D)}{L(L-D+c)}$ [11']
$D > L$	$+\dfrac{3}{28} \cdot \dfrac{PD^2(2L-D)(3L-D)}{L^3(2L-D+c)}$ [9''], $+\dfrac{3}{608} \cdot \dfrac{P(3L-D)(D-2)(19L^2+40LD-11D^2)}{L^3(D-L+c)}$ [10'']

「更正」本卷三期 4 面「b」式應改作 $e_1 = \dfrac{4}{3}x + c$

又 5 面之表應改如下

D 與 L 之關係	最大負彎權之式取結果大者
$D < L$ ($> .4L$)	$-\dfrac{3}{56} \cdot \dfrac{P}{L^2} \cdot \dfrac{D(2L-D)(14L-5D)}{2(D+c)}$ [2'] $>$ $-\dfrac{9}{26} \cdot \dfrac{P}{L^2} \cdot \dfrac{L(L+D)(L-D)}{2(L-D+c)}$ [7]
$D > L$ $< \dfrac{19}{11}L$	$-\dfrac{3}{56} \cdot \dfrac{PD}{L^2} \cdot \dfrac{(2L-D)(14L-5D)}{2(2L-D+c)}$ [2''] $>$ $-\dfrac{3}{152} \cdot \dfrac{P}{L^2} \cdot \dfrac{(3L-D)(L-D)(19L-5D)}{2(D-L+c)}$ [5']
$D > \dfrac{19}{11}L$ $< 1.75L$	「2''」或「4'」實際相仿
$D > 1.75L$ $< 2L$	$-\dfrac{9}{56} \cdot \dfrac{P}{L^2} \cdot \dfrac{D^2(2L-D)}{2(2L-D+c)}$ [1'] $<$ $-\dfrac{9}{76} \cdot \dfrac{P}{L^2} \cdot \dfrac{D(3L-D)(D-L)}{2(D-L+c)}$ [4]

汕頭市工務局取締建築章程

（續本卷第五期）

第五十六條　高過百尺以上之煙筒須全用鐵板或鐵筋混合土建造但鐵板之厚不得少過十六分之三寸

第五十七條　無論何種建築領照興工後如有改變造法仍須另繪圖說將原領憑照繳候勘明另行給照始准建造

第五十八條　凡建築領取憑照後如有特別原因不能遵照建造者准其呈請再勘核辦

第五十九條　凡建築經報勘領照後如過二個月尚未興工或興工後因事中輟者務將憑照繳銷

第六十條　凡工程完竣時承建人應即將所領憑照繳同經本局委員復勘符合由該覆勘員於照上簽名蓋章呈核然後發還該承建人轉交業主收存

第六十一條　凡工竣後委員復勘如查有與原照建築不符者除分別督令改拆外仍將該承建人按照定章處罰

第六十二條　凡工竣三日後不將照繳驗者無論有無違章情事按照定章處罰

第六十三條　凡承建人領取建築憑照除按等繳費外並無他項費用

第六十四條　本章所引尺寸均以英尺為標準

第六十五條　凡承建人領照後須將該照懸掛建造處以便隨時稽查

第六十六條　凡一切建築者違本章程第三條第五十七條第六十一條第六十二條第六十五條規定者處五元以上五十元以下之罰金

第六十七條　凡建築違本章程第六條至第十條第十三條第十五條第十

六條第二十條至第二十三條第二十九條第三十一條至第
三十四條第三十九條第四十條第五十四條第五十五條規
定者處十五元以上三百元以下之罰金

第六十八條　本章程如有未盡事宜得隨時呈請修改

第六十九條　本章程自佈告日行施

各種材料重量表

材料重量,爲設計者應知之件,惟因其所用之處有不同,配合有所別,故雖同爲一樣之料,其重量亦常有出入,茲特搜集各種不同工作之材料重量報告,登載於此,以供設計者之查攷焉(雄)

種　　　　　　類		每立方呎磅數
(1)整石工	Ashlar Masonry	
材料名稱	英　　名	
花崗石,閃長石,片麻石	Granite, syenite, gneiss	165
石灰石,大理石	Limestone, marble	160
砂石,青石	Sandstone, blue stone	140
(2)膠泥亂石工	Mortar Rubble Masonry	
材料名稱	英　　名	
花崗石,閃長石,片麻石,	仝　　　前	155
石灰石,大理石	仝　　　前	150
砂石,青石	仝　　　前	130
(3)乾亂石工	Dry Rubble Masonry	
材料名稱	英　　名	
花崗石,閃石,片麻石	仝　　　前	130
石灰石,大理石	仝　　　前	125
砂石,青石	仝　　　前	110
(4)磚工	Brick Masonry	
材料名稱	英　　名	
機製磚	Pressed Brick	140

15438

種		類	每立方呎磅數
材料名稱		英　名	
普通磚		Common brick	120
軟磚		Soft brick	100
（5）混凝土工		Concrete Masonry	
材料名稱		英　名	
水泥,石子,砂粒		Cement, stone, sand	144
水泥,鑛滓等		Cement, slag, etc	130
水泥,灰燼等		Cement, cinder, efc	100
（6）各種建築材料			
材料名稱		英　名	
爐灰,灰燼		Ashes, cinders	40—45
普士蘭水泥（鬆）		Cement, Portland, loose	90
普士蘭水泥（凝結）		Cement Pantland, set	183
石灰石膏（鬆）		Lime, gypsum loose	53—64
膠泥（凝結）		Mortar set	103
（7）土石等掘工		Earth, Etc, Excaratedl	
材料名稱		英　名	
乾泥		Clay, dry	63
濕有粘性泥		Cley, damp, plastic	110
乾泥和石子		Clay and gravel, dry	100
乾鬆土		Earth, dry, loose	76
乾結實土		Earth dry packed	95

種		類	每立方呎磅數
材料名稱		英　　名	
濕鬆土		Earth, moist loose	78
濕結實土		Earth, moist packed	96
流狀泥土		Earth, mud, flowing	108
結實泥土		Earth, mud, packed	115
石灰,粗石,		Riprap, lime stone	80—115
砂質粗石		Riprap, sandstone	90
細紋膉石		Riprap, shale	105
乾鬆,砂粒,石子		Sand, gravel, dry, loose	90—105
乾實砂粒,石子		Sand, gravel, dry packed	100—120
乾濕砂粒,石子		Sand, gravel, dry, wet	118—120
（8）水內掘工		Excavation in water	
材料名稱		英　　名	
砂粒或石子		Sand or yraxel	60
砂粒或石泥混合物		Sand or gravel and clay	65
泥		Clay	80
河泥土		River mud	90
浮土		Soil	70
石塊		Stone riprap	65

（待續）

磚工表面接縫(線腳)之種類

徐鳴鶴

　　磚工表面之接縫,因作法不同而別爲多種,要之不外增其黏力及不受天氣變化影響而已,除磚面另加粉刷者,此工程頗甚重視,有與磚工同時進行者,有俟工作先竣折卸脚手時再行加嵌之者,前者堅固耐久,而後者則較美觀,各有其益,二者均通常採用之法也,惟後者于天寒冰凍時以用之者尤多,但砌磚時卽須留約極少半时深之際于接縫外,以備補嵌施工之時,先須清其塵垢,幷用水潤舊坐漿及磚縫,庶新舊聯接爲一,而無脫落之患,茲就所臆及者列圖于下幷概論其製法及利弊如次:

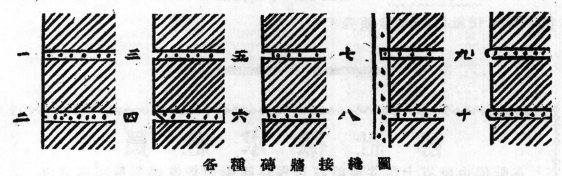

各種磚牆接縫圖

　　(一)平接縫　　此與磚工同時進行,當砌磚于經坐漿後,卽用泥壁壓坐漿,使與磚平,弗使溢出,此法多用于房屋內部與磚面同在一平面上者,澄綠須整而直,以求美觀,兩磚間無隙地可容塵垢,故頗淸潔,

　　(二)平圓接縫　　造法與(一)法似,惟于接縫中央,用器壓入一半圓之槽,以結實其坐漿,

　　(三)上斜接縫　　造法係用泥壁沿坐漿之上面斜壓之成一斜度如圖(三)此式用之者甚多,旣美觀,亦堅固,雨水不能停蓄,無凍裂之虞,藉上層磚工之保護,坐漿難以損壞,可謂利多而弊無,

（四）下斜接縫　其形式及製法適與（三）相反,易蓄水,易損壞,致磚工與坐漿,均蒙其害,故此式鮮見,已在淘汰之列,

（五）凹接縫　用者無多,外觀甚美,以其與磚面非在一直線上,或進或出,曲折不離,惟磚料則須堅固耐久,邊緣不易受損,尤宜難受天氣變化之影響,西式敎堂,恆用此工,

（六）（七）（八）鎬式接縫,（六）式之製法與（二）式相似,惟曲面寬窄之異耳,用者亦少,（七）（八）兩式,則用于牆面加粉飾工程,使其合而爲一者,蓋如是則粉飾材料,難以剝蝕,可以堅久而不隳,（七）成外凸,（八）式內凹,均用以固其啣接處也,

（九）式接縫,以其形狀如 v 字,故名,用者甚多,

（十）半圓式接縫　普通工程,大率用之,多于完工時,補成之,故房尾成後磚接及接縫,清晰異常,頗覺美觀,

15444

THE CHINESE ENGINEERING NEWS

第 二 卷　　　第 七 期

民國十六年三月一號

Vol 2 NO 7　　　　March 1st. 1927

本 期 要 目

工 程 旬 刊 社 發 行

上海北河南路東唐家弄餘順里四十八號

15445

代銷工程旬刊簡章

(一) 凡願代銷本刊者,可開明通信處,向本社發行部接洽,

(二) 代銷者得照定價折扣,銷貳十份以上者,一律八折,每兩月結算一次(陽歷),

(三) 本埠各機關擔任代銷者,每期出版後,由本社派人專送,外埠郵寄,

(四) 經理代銷者,應隨時通知本社,每期銷出數目,

(五) 本刊每期售大洋五分,每月三期,全年三十六期,外埠連郵大洋貳元,本埠連郵大洋,一元九角,郵票九五代洋,以半分及一分者為限,

(六) 代銷經理人,將款寄交本社時,所有匯費,概歸本社擔任,

工程旬刊社發行部啓

工程旬刊投稿簡章

(一) 本刊除聘請特約撰述員,擔任文稿外,工程界人士,如有投稿,凡切本社宗旨者,無論撰譯,均甚歡迎,文體不分文言語體,

(二) 本刊分工程論說,工程著述,工程新聞,工程常識,工程經濟,雜組通訊等門,

(三) 投寄之稿,望繕寫清楚,篇末註明姓名,跟詳細地址句讀點明,(能依本刊規定之行格者尤佳)寄至本刊編輯部收

(四) 投寄之稿,揭載與否,恕不預覆,如不揭載,得因預先聲明,寄還原稿,

(五) 投寄之稿,一經登錄,即寄贈本刊一期,或數期,

(六) 投寄之稿,如已先在他處發佈者,請預先聲明,惟揭載與否,由本刊編輯者斟酌,

(七) 投稿登載時,編輯者得酌量增刪之,但投稿人不願他人增刪者,可在投稿時,預先聲明,

(八) 稿件請寄上海北河南路東唐家弄餘順里四十八號,工程旬刊社編輯部,

工程旬刊社編輯部啓

編輯者言

　　本刊出版以來,均按期不誤,近因時局影響,郵遞阻滯,或因其他情形,致有遲延,請讀者加以原諒,

　　本期所載之「膠泥與混凝土抗壓強度論」,對於混合物料之品度,水量之多寡,研究頗詳,從事材料試驗者之好資料也,

膠泥與混凝土之抗壓強度論
趙國華

　　膠泥（卽用水泥與砂粒用水調和者英名曰Mortar）混凝土,用一定之材料（水泥,石子,砂粒）,所製成者,不必定能得一定之強度,而隨其所用水量之多寡,混和物之性質（如石子,砂粒之粗細與強弱水泥之優劣）擣固之次數養生之方法種種爲之支配,從來對于此種理論與實驗,均無完全之報告,就其中有以用水量之多寡,（見本旬刊二卷一號拙作「混凝土壓力強度與水泥比率之關係之申說」）及石子之表面積及其粗細強弱爲混凝土抗壓強度之函數,此等學說亦不過一部分之理由耳,年來對于此種理論,頗引起學者之興趣與研究,其中所得之結果,最爲完善者,首推美國之伊里諾大學University of Illinois教授太氏A. N. Talbot之空際學說,教授經二年間長期之研究,得關于混凝土強度之算式發表,一九二一年在全美材料試驗學會之年會席上曾宣讀之,對于混凝土之強度種種之研究,頗爲詳細,且合乎實用,今特迻譯于此間或參加鄙意,使其解說平淡易曉,藉供同志之參攷,

15447

（一）原理及圖表　教授由實驗觀察所得之結果,兼及理論計算,綜合之得下列若干之原理：

（1）混凝土之單位容積內,用一定量之水泥,則混凝土之抗壓強度（下單稱之曰強度）,隨其內部空隙之多寡而變更,空隙愈少,則強度愈大,空隙愈多,則強度愈減,因此強度與空隙率（單位容積之混凝土內所有之空隙命之曰空隙率）有一定不變之關係,

（注意）此種混凝土中所用之石子,砂粒與水泥之種類與品質,均須相同,其所不同者,惟石子與砂粒粗細間之關係使之然耳,又空隙二字,係指混凝土內所含之水量與空气二者所占之空間也,以下準此。

（第一圖）所示,即表明空隙與抗壓強度間之關係,該圖係取材齡二十八日,十數種之石子,與砂粒自 0 孔至 48 孔篩,0 孔至 28 孔篩,0 孔至 1 吋孔篩至 1½ 吋孔至 2 吋孔篩,等若干種之配合,水量係用標準含水度（Normal Consistency）圖中所示之曲線係取其最可恃之平均值而得者,各值均用三個至四個之試材試之,而取其平均數,其混合之比為1：5（1 分水泥：5 分石子與砂粒,）

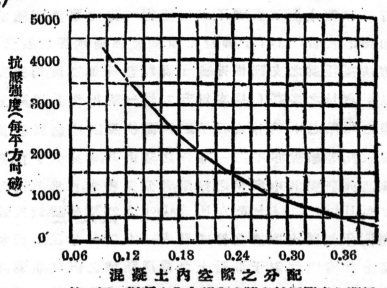

第一圖　混凝土內之絕對空隙與抗壓強度之關係

（2）用不同之水泥石子與砂粒所成之混凝土,其強度隨其單位容積所用之水泥量與其間空隙之比而變更由是混凝土之強度爲水泥量與空隙比之函數,（第二圖）即表明其中之關係也.

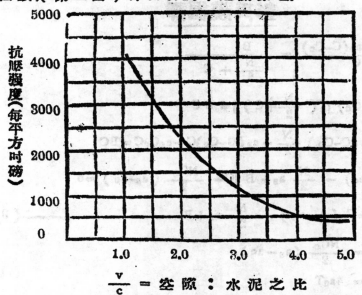

$$\frac{v}{c} = 空隙:水泥之比$$

第二圖　混凝土之抗壓強度與空隙水泥容積比之關係

今設 v 爲單位容積混凝土內之空隙率,c 爲水泥之絕對容量,$f(p)$ 爲抗壓強度之函數則得.

$$f(p) = c\diagup v$$

更以水泥容積與空隙之和,與水泥容積之比,亦可表明混凝土強度之變更即

$$F(p) = \frac{c}{v+c}$$

今爲明晰起見,將上式用數學方法說明之,今因

$$f(p) = c\diagup v, \qquad 即 \; c:v = f(p):1$$
$$\therefore c:v+c = f(p):1+f(p) = F(p).$$

（第三圖）所示即此 $F(p) = \dfrac{c}{v+c}$ 之關係也。

　　　　　　　　　　　　　　　　　　　　　　　（待續）

彎曲力率與直接外力

（續本卷三期）

彭禹謨編譯

$$\frac{a_c C_c + a_s (C - C_c)}{C} = \frac{B}{\frac{N}{2} + C}$$

$$\lceil a_c C_c + a_s (C - C_c) \rceil \lceil (\frac{N}{2} + C) \rceil = B C$$

$$a_c C_c \frac{N}{2} + a_s (C - C_c) \frac{N}{2} + a_s (C - C_c) C + a_c C_c C = BC$$

$$a_s C^2 - \lceil C^2 (a_s - a_c) - \frac{N}{2} a_s + B \rceil C - \frac{N C_c}{2} (a_s - a_c) = 0$$

設　$v = C_c (a_s - a_c) - \frac{N}{2} a_s + B$ —————————（9）

　　$T = \frac{N C_c}{2} (a_s - a_c)$

　　$U = 4 a_s T$

卽　$U = 2 C_c N a_s (a_s - a_c)$ —————————（10）

於是產生下面之方式卽

　　$a_s C^2 - VC - T = 0$

故　$C = \frac{1}{2 a_s} (V + \sqrt{V^2 + U})$ —————————（11）

而　$C_s = C - C_c$

　　$A_c = (C - C_c) \frac{1}{v}$ —————————（12）

　　$A_T = (C + N) \frac{1}{t}$ —————————（4）

如 A_c 與 A_T 之值，不見合理，則須重行假定 b，d 而計算之，

如 b，d 兩值不能變動，而 A_c 比 A_T 爲大者，尋常大概區放壓力儞筋之量，亦等於拉力鋼筋之量，最經濟之設計，最好從（12）式計得之 A_c 等於從（4）式計得之 A_T

如 a_c 之值約等於 a_s，則計算之法，可以減簡即，

$$a = a_c = a_s$$

則 C 值可用（a）式求得之，今再舉例以明之。

例題四 今有一樑，承受一變曲力率 B ＝ 360,000 吋磅，及直接拉力 N ＝ 12,000 磅，極大之單位應力，不得超過 17,000 及 650 磅，總深度不得超過 15 吋，試設計之，

假定樑之截面爲 15 吋 × 7 吋，即 d ＝ 13.5 吋，

於是 N ＝ 4.93 吋，

$$a_c = 13.5 - 1.64 = 11.86 \text{ 吋,}$$

$$a_s = 13.5 - 1.5 = 12.00 \text{ 吋,}$$

由觀察而知 a_c 與 a_s 幾可相等於 a，

即 $a_s = a_c = a = 12$ 吋，

從（a）式 $C = \dfrac{360000}{12} - \dfrac{12000}{2} = 24,000$ 磅，

從（8）式 $C_c = \dfrac{7 \times 4.93 \times 650}{2} = 11,200$ 磅，

從（7）式 $v = 650 \times 14 \times \dfrac{3.43}{4.93} = 6,340$ 磅（每方吋），

從（12）式 $A_c = \dfrac{24,000 - 11,200}{6,340} = 2.02$ 方吋，

從（4）式 $A_T = \dfrac{24,000 + 12000}{17,000} = 2.12$ 方吋，

上面所求得之鋼筋面積，已屬適當，

上面例題再以別式試證之。

如前求得 a_c, a_s, C_c, v 各值

代入（9）式 $V = 288.5 \times 10^8$

,, ,,（10），, $U = 129 \times 10^6$

從（11）式 $C = \dfrac{\left[288.5 + \sqrt{288.5^2 + 129} \,\right]10^8}{24} = 24,000$ 磅，

所得之結果,與前述之略法所得者同,以後手續,完全一樣,

第四類　試求有兩面鋼筋之已知截面之單位應力,

此類情形,與第二類相似,仍舊假定一中立軸之適當地位,再用第三類之各項符號,以計算之,

$$a_c = d - \frac{N}{3} \tag{2}$$

$$a_s = d - f \tag{2a}$$

若　　$$k_c = \frac{bn}{2} \tag{13}$$

則　　$$C_c = k_c c$$

若　　$$k_s = \frac{A_c(m-1)(n-f)}{n} \tag{14}$$

則　　$$C_s = k_s c$$

而　　$$C = k_c c + k_s c = c(k_c + k_s)$$

壓合力之臂長 $= \dfrac{c a_c k_c + a_s k_s c}{c(k_c + k_s)}$

即　　$$a = \frac{a_c k_c + a_s k_s}{k_c + k_s} \tag{15}$$

從（15）式求得壓合力之地位後,代入下式以求 C 值,

即　　$$e = \frac{B}{a} - \frac{N}{2} \tag{a}$$

$$c = \frac{C}{k_c + k_s} \tag{16}$$

$$t = \frac{C+N}{A_T} \tag{b}$$

再以上面諸值反證,假定之 n 值,是否適當,

例題五　今有一樑,其截面為12吋×6吋,兩面均用兩根七分（⅞"）鋼桿,該樑承受一直接拉力 N=6,000磅,受一彎曲力率 B=120,000吋磅,試求其極大單位應力,f=1¼ 吋,

假定　　n=3.75 吋,

則　　a_c=10.75 吋,

$$a_s = 10.75 \text{ 吋},$$

$$b_c = 11.25,$$

$$k_s = 11.2,$$

因　　$a_c = a_s,$　　$a = 10.75 \text{ 吋},$

從(a)式　　$C = \dfrac{120000}{10.75} - \dfrac{6000}{2} = 8,150 \text{ 磅},$

從(16)式　　$c = \dfrac{8,150}{11.25 + 11.2} = 363 \text{ 磅（每方吋）},$

從(4)式　　$t = \dfrac{8,150 + 6,000}{1.2} = 11,880 \text{ 磅（每方吋）},$

再用 c, t 兩值代入（1）式，

$$n = \dfrac{12}{1 + \dfrac{11,800}{15 \times 363}} = 3.8 \text{ 吋},$$

該數與假定之值相近,故不必再行計算,

（待續）

（註）補三期本篇(7)式該值並非確實應力值等於鄰近受壓力鋼筋之混凝土中應力之14倍如 $m = 15$　則每平方吋之確實應力 $= \dfrac{15v}{14}$

15453

魯省疏濬運河續聞

　　山東疏濬運河問題，前經省長林憲祖特派臨清關監督林積廣派員查勘淤塞情形，因該關爲運河收稅機關，其情形較熟悉，現已呈復到署，即經發交河工局核議具覆，其覆呈如下，

　　爲呈覆事，案奉鈞署第六九九九號令訓，據臨清關監督林積廣呈稱，奉諭查勘運河淤塞情形，並附呈疏通辦法，繪具詳圖，仰祈鑒核事，竊積廣前奉鈞座面諭，查勘運河淤塞情形，以便挑濬等因奉此，積廣返德後，即於十一月十日馳抵臨清，當經電陳在案，途派職關統計科長范森文稽查員郭樹梓，由濟甯分段查至臨清，復由積廣親至東昌，詳細視察，計南自濟甯，北至安山，約一百五六十里，尚有水可通小船，安山附近，約三十里河水淺涸，不能行船，再北至姜家溝，即爲南段，運河入黃河之口，此段暫請緩辦，因水大時，當可通行至北運河，通入黃河之口，係在陽穀縣之陶城埠，該處原設有大隄，當海運未開前，糧船到時，始行開壩放行，入北運河，待船過訖，仍將該壩堵塞，不能隨便通過，因黃河水性泛濫，且多含泥沙，此次疏通運河，可借用河套積水，及東昌附近自家崖新河之水，足能敷用，南至張秋鎮，北至臨清，計二百餘里，河形宛在，分別探淺挖成河槽，引水灌入，自臨清至張秋鎮各閘，建修妥善，以節水流，即可往來行船，永無缺水之虞，至於挑挖河槽，擬請鈞處，令行阿城東阿陽穀聊城清平荏平堂邑臨清等縣，分段挑挖，俾收衆擎易舉，事半功倍之效，所有應修閘壩暨添設關卡廳室，手續較繁，須有專員擘畫監視，庶足以專責成而著速效，除繪具圖說附呈外，理合備文，呈請鑒核施行等情，並呈約佔土方摺及河圖到署，據此除指令外，合行檢發原件，令仰該局即便查照，妥速核議呈覆，以憑察奪，此令計發清摺一扣河圖一份等因，遵查本省運河有南北之分，始於前清黃河改道，在未改道以前，汶水入運，北行潤濟，達於臨清，會術河出奎入直，初無艱阻，自割分而後，汶水北行之路阻絕，南行又未易暢洩，南北交

因患以漸著，自民國初年，設置南運等辦處，從事測勘，規定治法，彙籌北運規復計畫，歷經中西水利專家勘求治計，終以來源不足，難言議決，茲按林監督呈稱，自濟甯至安山一段，暫請緩辦等語，查此段既在黃河以南，自應劃入南運範圍治理，至所稱自張秋鎮北至臨清，二百餘里挖成河槽，可借用河套積水，及東昌附近白家窪新河之水，足能敷用，並按土方清摺，擬挑新河，均寬五丈，其計土工二百二十一萬七千六百方各等語，查黃河以北運河至臨河，據實測計，長一百九十六里，按照水準高下平，均河底差計傾斜度為一萬五千分之一，今若平均挑寬五丈，假定深三尺，依水利學公式計算，每秒鐘過水量為一百八十四立方尺，又十分之三，合計一晝夜應需水量為一千五百九十二萬餘立方尺，以此多數之需要量，若僅仰給於河套，及白家窪區區伏秋之雨水積水以為本源，誠難免於枯竭之虞，況乎河套內之清水河與白家窪之新河二流，雨水之盛旺如去夏者，實為歷年來所僅見，殆未足為確據，且河道愈寬，其需水量亦愈大，彙考本局修治南運計畫，以通長五百里，彙及汝泗牛頭各河，土方工程，全部僅為一百九十餘萬方，今北運實長二百里，而土工所需，乃至二百二十餘萬方，雖云新挑河道，不無工費，而審求治計，亦所應考量者也，再查南北運河相接，乃能便利交通，若南運施治有效，北運中阻，自非至計，茲據本局歷次勘測，證以地勢傾斜，擬將北運全河，劃分為上下兩段，照林監督呈稱大意，即引黃河河套積水之清河入運潤濟，達於聊城，仍就運河挑復故道，挑挖寬深，限制水量，以足敷航行為標準，聊城以北，引金線河導白家窪之水入運，以遞達於臨清，仍於新運河頭建置石閘，以防黃水之氾濫，再將舊有各閘門，考量形勢，相機修復節蓄水量，以利航行，如此辦理，維持計畫，限制水量，姑從最低限度著手，果能行之有效，來源盛旺，便利航行，再謀寬展而事擴充，自有餘裕，惟查地形高下，引導河流有無變更妨阻，並挑復上下段河槽寬限度，非經切實歷勘，詳細計畫，無從標準，奉令前因，備考測勘北運往蹟，證以實在利病情形，規定工施概況除分派本局測量股長趙棟昇科員焦科

祥等二員,根據林監督呈辦原案,即行出發切實履勘,並分別咨行沿北運道縣各屬,妥予接洽會商施工辦法外,理合將核議情形先行呈復,仍俟該員等履勘具報,再當據情備文呈請鑒核,指令遵行,繕呈山東省省長林。

「改正」本卷六期編輯者言中之「蓋光由天球」誤為「蓋光由天氣球」又「致測者不能測得」誤為「致究測者不能測得」又「即謂蒙氣差」誤為「即謂蒙差」「陽光入夜談」中之「弧」字均誤為「弧」又二面四行「現象」誤為「象現」六行「日之地位」誤為「月之地位」又十四行「兩線所交之上面之弓形一部」誤為「上面之形一部」三面四頁「薄暮光正向西」誤為「薄暮正向西」又十三行「(地球半徑)」誤為「半徑」

汕頭市街道縮寬規則

第一條　凡汕頭市所轄地域無論商業工業住宅各區街道除主要路線外均須照本規則辦理

第二條　所有應縮寬街道分爲四等如次（甲）等二十四尺（乙）等二十尺（丙）等十六尺（丁）等十二尺

第三條　全屬住宅者該街道不得狹於十二尺如爲絕巷亦不得少過九尺

第四條　全屬商業或工業者該街道最狹不得少過十六尺

第五條　凡住宅路線內如有三分之一以上之商舖雜糅其中該街道寬度須照第四條辦理

第六條　凡臨街道之建築物由其前線起至街道之中線止已達第二第三第四第五條規定寬度之半不復佔公地與建築物尚屬整齊者可免退縮

第七條　凡臨街道之建築物由其前線起至街道之中線止已達第二第三第四第五條規定寬度之半而該街道之建築物參差不齊者須縮至與同傍最凹之建築物離中線之尺數相等爲度

第八條　擬造之建築物由其前線起至街道之中線止未達應縮寬度之半者無論房屋整齊與不整齊須縮至達第二第三第四第五等條規定寬度之半爲止

第九條　建築物兩面臨街道者一面或兩面不具備第六條之規定者可適用第七第八兩條之規定

第十條　凡街道中線以該街道之地勢定之

第十一條　凡街道縮寬適用第二條何等由本局劃定先時公布

第十二條　凡貨倉貨棧及其他專供商人貯存貨品之建築物均視爲商舖卽按照第四條之規定行之

第十三條　違本規則之規定者除將應縮退之部分拆卸外得處該承建人十五元以上三百元以下之罰金

第十四條　本規則自公佈日施行　　　　　　　　　　（完）

15457

各 種 材 料 重 量 表
（續本卷第六期）

種 類		每立方呎磅數
（9）礦物	Minerals	
材料名稱	英 名	
石綿	Asbettos	153
硫化鎮	Barytes	281
玄武岩（黑色硬火石）	Basalt	184
硼砂	Borax	109
白粉	Chalk	137
灰泥	Clay marl	137
長石	Feldspar	159
蛇紋片磨岩	Gneiss, serpentine	159
黑花崗石	Granitə, syenite	175
絲石	Greenstone, trap	187
雪花石膏	Gypsum, alabaster	159
石灰石,大理石	Limestone, marble	165
燐化岩	Phosphate rock, apatife	200
斑岩	Parphyry	172
天然浮石	Pumice, natural	140
石英燧石	Quartz, flint	165
砂石,青石	Sandstone, bluestone	147
細紋膿石,石版石	Shalt, slate	175
滑石	Soapstone, talc	169

（待續）

編輯主任 ： 彭禹謨， 會計主任 顧同慶， 廣告主任 陸 超
代 印 者： 上海城內方浜路貽慶弄二號協和印書局
發 行 處： 上海北河南路東唐家弄餘順里四十八號工程旬刊社
寄 售 處： 上海商務印書館發行所，上海中華書局發行所，上海棋盤街民智書局暨各大書店售報處
分 售 處： 上海城內縣斐路永澤里二弄十二號顧蔭莑君，上海公共租界工部局工務處曹文奎君，上海徐家匯南洋大學趙祖康君，蘇州三元坊工業專門學校薛泗川程鳴翠君，福建汀州長汀縣公路處羅歷廷君，天津順直水利委員會曾俊千君，杭州新市塲平海路新一號西湖工程設計事務所沈襲良君鎮江關鹽督公署許英希君
定 價： 每期大洋五分全年三十六期外埠連郵大洋兩元（日本在內惟香港澳門以及其他郵匯各國一律大洋二元五角）本埠全年連郵大洋一元九角郵票九五計算

廣 告 價 目 表

地 位	全 面	半 面	四分之一面	三期以上九五折
底 頁 外 面	十 元	六 元	四 元	十期以上九折
封面裏面及底頁裏面	八 元	五 元	三 元	半年八折
尋 常 地 位	五 元	三 元	二 元	全年七折

RATES OF ADVERTISMENTS

POSITION	FULL PAGE	HALF PAGE	¼ PAGE
Outside of back Cover	$ 10.00	$ 6.00	$ 4.00
Inside of front or back Cover	8.00	5.00	3.00
Ordinary page	5.00	3.00	2.00

15459

15460

工旬程刊

THE CHINESE ENGINEERING NEWS

第二卷　　第八期

民國十六年三月十一號

Vol 2 NO 8　　　　March 11th. 1927

本期要目

工程旬刊社發行

上海北河南路東唐家弄餘順里四十八號

15461

代銷工程旬刊簡章

(一) 凡願代銷本刊者,可開明通信處,向本社發行部接洽,

(二) 代銷者得照定價折扣,銷貳十份以上者,一律八折,每兩月結算一次(陽曆),

(三) 本埠各機關擔任代銷者,每期出版後,由本社派人專送,外埠郵寄,

(四) 經理代銷者,應隨時通知本社,每期銷出數目,

(五) 本刊每期售大洋五分,每月三期,全年三十六期,外埠連郵大洋貳元,本埠連郵大洋一元九角,郵票九五代洋,以半分及一分者為限,

(六) 代銷經理人,將款寄交本社時,所有匯費,槪歸本社擔任,

工程旬刊社發行部啟

工程旬刊投稿簡章

(一) 本刊除聘請特約撰述員,擔任文稿外,工程界人士,如有投稿,凡切本社宗旨者,無論撰譯,均甚歡迎,文體不分文言語體,

(二) 本刊分工程論說,工程著述,工程新聞,工程常識,工程經濟,雜組通訊等門,

(三) 投寄之稿,望繕寫清楚,篇末註明姓名,並詳細地址,句讀點明,(能依本刊規定之行格者尤佳)寄至本刊編輯部收

(四) 投寄之稿,揭載與否,槪不預覆,如不揭載,得因預先聲明,寄還原稿,

(五) 投寄之稿,一經登錄,卽寄贈本刊一期,或數期,

(六) 投寄之稿,如已先在他處發佈者,請預先聲明,惟揭載與否,由本刊編輯者斟酌,

(七) 投稿登載時,編輯者得酌量增刪之,但投稿人不願他人增刪者,可在投稿時,預先聲明,

(八) 稿件請寄上海北河南路東唐家弄餘順里四十八號,工程旬刊社編輯部,

工程旬刊社編輯部啟

15462

編輯者言

我國地大物博,而鐵路之建築,率借材於異地,自詹天佑躬督京張鐵路,始有我國自造之先聲,為我國工程界開一新紀元,民國成立以來,內爭不已,建設一途,既缺經費,不遑計劃,惟東三省近年來對於路政,頗多積極進行,率海鐵路之建築,不假外人分毫之力,所有一切建築計劃與管理,費用中國人自為之,此後國內之鐵路工程,當發榮滋長,日益隆興,希望無窮也,

膠泥與混凝土之抗壓強度論

（續本卷本七期）

趙國華

今因 v 為混凝土中之總空隙,故 c+v 等于混凝土總容積中除去砂粒與石子之絕對容量外之殘餘空間,故 $\frac{c}{v+c}$ 可以表明水泥（可稱之曰結合料,蓋無此不能結合成混凝土也）之厚薄量（因空隙多「指水分與空气二者之和而言」則水泥薄水分少則水泥厚,故稱之曰厚薄量）由是結合料之厚薄,為抗壓強度之指數,其結果得一直綫之形,即與之成正比例者.

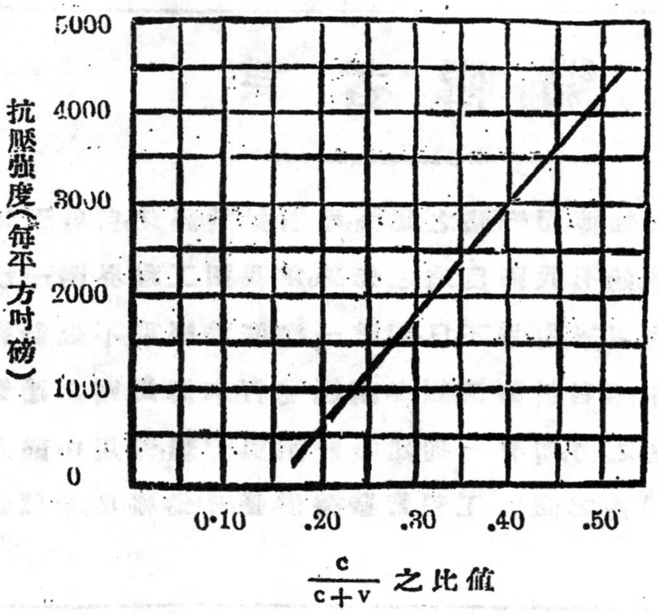

第三圖 混凝土抗壓強度與水泥與空隙比之關係

（3）混凝土使用水量之多寡,其結果則空間隨之增減,因此用水量之多寡與強度之關係,一若c/v之與強度間也,

（4）一定容積混凝土中所用之膠泥容積,此所用石子與石子間之空隙大,故此等空隙均爲膠泥所填沒,而此時混凝土內之空隙,只膠泥中所存之水隙與气隙,故膠泥之比重,亦可定混凝土之強度.

（5）混凝土內之膠泥,所含之水隙與汽隙量若爲已知,則所製成混凝土之空隙可得,而$\frac{c}{v}$及$\frac{c}{v+c}$之強度函數亦得以應用之,又因此而膠泥之容量亦得而計算之,

（第四圖）所示,係表明用水量之多寡,與砂粒粗細,所成之空隙百分率,該圖共分四種,砂粒分極細砂,細砂,普通砂,荒砂,而水泥與砂之比例係,用一與二之比,圖中所示,水量漸增空隙減少,至 .25 附近之後又復增加,此最小空隙所用之水量,卽後述之基準水量也（此基準水量與普通之Normal Consistancy相當）

15464

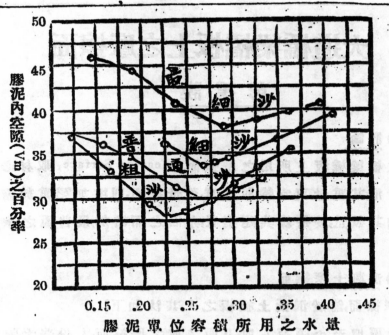

第四圖　膠泥用水量與空隙間之關係（$\frac{a}{c}=2$之情形）

（第五圖）所示,係用標準水量,以水泥與沙之比值順次所得之空隙百分率之關係,

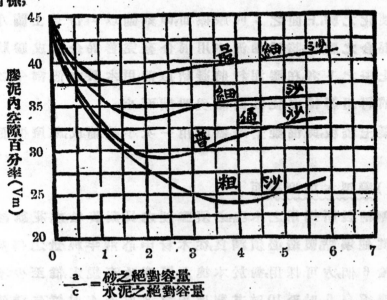

$$\frac{a}{c}=\frac{砂之絕對容量}{水泥之絕對容量}$$

第五圖　膠泥內空隙標準圖·（用標準水量）　　　　（待續）

大道橋梁橋板上之摩擦面

彭禹謨

（一）概論

關於大道橋梁橋板上所用之摩擦面 Wearing Surface，取材必須適合普通鋪面之情形，其重量更宜特別注意，盍盡過重，則增加死重於橋板，而支撐物亦須增加其數量，於是總共建築費，亦因之而增加，最普通之摩擦面，分述於下：

（二）混凝土摩擦面

混凝土摩擦面，鋪於混凝土橋板之上，其法如下：

摩擦面之厚度，至少須有 4 吋，下面 2 吋之摩擦面，1 份普士蘭水泥，2 份清潔砂粒，4 份清潔石子，或碎石之能穿過 1 ½ 吋孔篩者而混合之，所成之混凝土，必須在混合臺中，完善混合，變成膠狀，即刻鋪在次層橋板之上，不可停留，以免硬化之弊，上面之 2 吋摩擦面，即刻鋪以 1 份普士蘭水泥，與 1 份清潔粗砂混合之膠泥，該種膠泥，亦用混合臺完善混合，變成膠狀，即刻鋪於新鮮混凝土層之上者，在膠泥行將凝結以前，用木製之俊削平之，在膠泥行將硬固以前，再用等掃之，使其面略現粗狀而止，

尋常混凝土橋板，與混凝土摩擦面，用一次手續鋪成，視摩擦面為一種混凝土鋪面，

（三）藥製木塊摩擦面

用防腐劑精製所採用之木塊，必須堅硬之長葉黃松，或花旗杉木，須無鬆孔虫傷，或其他壞點，製造必須精良，從木材中心沿半徑量之每英寸內，平均至少有圓輪 6 個，方可採用，對於木塊之厚度，均有規定，惟至少不得小於 3 吋，木塊長度，須自 6 吋至 10 吋其闊度約自 3 吋至 4 吋，惟每種建築中最

好用一樣之闊度,可以允許之闊度,相差值約自 $\frac{1}{16}$ 吋至 $\frac{1}{8}$ 吋,木塊闊度,比較其厚度,可以或大或小,惟至小不得小於厚度半吋,木塊須用充滿細胞法浸入防腐劑,所用之防腐劑,暨其製法,均須適合木材防腐法之規定,所有藥製木塊,每立方吋至少須含有16磅之防腐劑,

（四）藥製木塊摩擦面之鋪砌法

當藥製木塊鋪放於藥製木材底屑時必須先放一屑太油紙於藥製木材底屑之上,當藥製木塊鋪放於混凝土橋板時,必須先用 1 份普士闌水泥與 4 份潔淨細砂,乾法混合,鋪散於乾橋板上,該項混合物滾壓至厚度半吋為止,次用清水撒佈,使其潮潤,木塊侯水泥行將凝結時,始鋪放其上,鋪砌之法,木塊與橋之長度,成直角,橫向須成平行線,縱向至少須有 3 吋之隔斷縫

Break Joint 木塊紋理須垂直,鄰近邊石之兩條木塊,須將長邊與橋平行,其餘各條木塊,須鋪放與該項木塊成直角,所有木塊橫切向,至少有⅛吋,縱向至少有半吋空開縫, Open Joint 沿邊石至少須有 1 吋寬之伸縮縫 Expansion Joint,其厚度等於木塊之全深,橋長每50呎,至少有半吋厚之伸縮縫,所有縫中,均用瀝青飽實,待木塊鋪放妥當,須敲堅或滾壓成結實之基礎,如遇破壞不整之木塊,均須重行取出,另放堅硬之料,然後瀝青澆入,所有縫中,約至木塊厚度⅔而止,此項填料,在華氏 0 度時,須不脆薄,在120度時,須不流瀉,施用填料時至少須有華氏300度之溫度待第一次所澆之填料已經凝結,後再用第二層填料鋪至一定高度,接縫填料,須在乾燥天氣,溫度在華氏50度以上時工作之,在第二層填料凝結以前,再鋪半吋厚砂料一層,於其表面,俾嵌入接縫之中,

（待續）

奉海鐵路之建築工程暨其概況

陸君東磊服務於奉海鐵路承其寄來該路工程撮要特摘錄登載本刊以供參攷

編者附誌

（甲）特點

（一）本路全用中國工程師

（二）本路以奉票爲基金值此奉票毛荒資本更少故一切從簡略做去

（三）本路路線越長白山脈而洋河縈紆其間工程特別困難

（四）本路開工迄今不及兩年已通車至三百餘里外之淸源縣云

（乙）工程進行概略

查本路幹線延長四百五十餘華里起於奉天經撫順淸源山城鎭等處達於海龍計車站十八處沿線所經之處除草市至海龍一段地勢倘屬平坦其餘各段山嶺重疊渾河縈繞路基選測避難就易計全路經過山洞兩處長一千四百餘呎橋工一百四十二座計長八千二百餘呎涵洞一百三十一座開山開嶺高填深挖等工程三十餘處長有四十餘里工程之艱巨比之洮昂四洮京奉呼海等路超越數倍原預算計需資金現大洋一千二百五十餘萬元預計三年全路竣工於十四年五月間開始籌備七月興修以工作未久天氣變塞僅修至前旬十五年春季由關裏招募工人一萬三十餘人分段工作隨成隨卽舖軌當四五工區舖軌之時正值雨水連綿之際路基新成土質鬆虛釘道工程進行殊感困難迨至八九月後雨水稀少得手工作而天氣又變塞冷計去年工作期間僅七閱月現在二伏落大橋只餘四空土墻未成老虎嶺西嶺兩山洞今年均能完工除海龍以西六英里及山城鎭梅河口兩岸車站未竣工外其餘無論難易之處一律完竣橋工涵洞草市以西完全告竣專待舖軌草市以東正在工作間亦能不誤進行預計如無他項變動今年夏季卽可全路通車車站正式房屋以及給水設備去年以工料騰涱之故後至今年春季再行動工以免資金不足之虞此本路工程進行之大略情形也

（一）土工標準斷面（塡工）

塡高（H）	頂闊（B）
十呎以內二十呎以外	十六呎
三十呎以內四十呎以外	十七呎

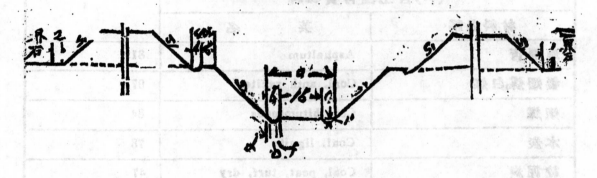

（二）土工標準斷面（掘工）

地質	（O）	斜坡（S）	斜坡（S_1）	明溝底闊（D）	明溝頂闊（b）
軟土	二十三呎	1：1½	1：1½	半呎	三呎半
硬土	二十二呎	1：1	1：1	一呎	三呎
軟石	二十一呎	½：1	1：1	一呎半	二呎半
硬石	二十呎	¼：1	1：1	一呎半	二呎

各種材料重量表

（續本卷第七期）

種　　　類		每立方呎磅數
(10) 開石處成堆石料　Stone, Quarried, Piled		
材料名稱	英　　名	
玄武石,花崗石,片麻石	仝　　前	.96
石灰石,大理石,石炭	仝　　前	95
砂石	仝　　前	82
細紋腿石	仝　　前	92
礫石	仝　　前	107
(11) 含土瀝青質物料		
材料名稱	英　　名	
地瀝青	Asphaltum	81
無烟煤,白煤	Coal, anth racite	97
烟煤	Coal bituminous	84
木炭	Coal, lignite	78
乾泥炭	Coal, peat, turf, dry	47
松木炭	Coal, charcoal, pine	23
橡木炭	Coal, charcoal, Oak	33
石墨	Graphite	131
白蠟	Paraffine	56
焦炭	Coal, Coke	75
煤油	Petroleum	54

種	類	每立方呎磅數
材料名稱	英　　名	
精製煤油	Petroleum, refined	50
揮發油	Petroleum, benzine	46
汽車油	Petroleum, gasoline	42
松脂,柏油	Pitch	69
黑煤油,太油	Tar bituminous	75
(12)成堆之煤暨焦炭等	Coal and Coke piled	
材料名稱	英　　名	
無烟煤	仝　　前	47–58
烟煤,木煤	仝　　前	50–54
泥　煤	仝　　前	20–26
木　炭	仝　　前	10–14
焦　炭	仝　　前	23–32
(13)金屬,合金,礦質	Metals, Alloys, Ores	
材料名稱	英　　名	
生搥成鋁	Aluminum, Cast-hammered	165
鋁青銅	Aluminum, Bronze	481
生輾黃銅	Brass, cast-rolled	534
生輾紫銅	Copper, Cast-rolled	556
含琉紫銅礦質	Copper, Ore pgrites	262
生搥成金	Gold, cast-hammered	1205
生　鐵	Iron, cast, pig	450

	Iron, wrought	485
鋼 鐵	Iron, steel	490
赤鐵鑛質	Iron, ore hematite	325
磁鐵鑛	Iron, ore magnetite	315
鐵 滓	Iron, slag	172
鉛	Lead	710
硫化鉛鑛	Lead, ore, galena	465

〈待續〉

談　釘

顧同慶

普通建築工程所用之釘.有兩種.一名截釘. Cut nail 切面成長方形.頭部略大.末端收小.一名圓鐵釘. Wire nail 切面成圓形.自頂至踵.粗細一律.該釘均係鋼質.截釘與圓鐵釘較普通釘長大者.名大頭釘 (Spikes).又有一種切面較大.頭釘略大者.名船釘 Boat spike 專用於木質大工程.

摺釘 Clinch nail 與截鐵釘相似.製造時常用熟鐵.此釘用於受搖動或震動處.更覺堅固.

截鐵釘與圓鐵釘.及大頭釘.每磅之約數.列表於下.但每磅釘之數目.僅一約數.不能精確因所造釘之斷面.及釘頭劈形等.各廠家恆不能一致之故.釘之大小.恆以辮士法 Penny System 審定.例如 3 吋釘稱爲 10 辮士釘 (即 10d).或云此釘在昔時.以一百只定價十辮士放也.

釘或大頭釘.每桶重約 100 磅.今將釘與大頭釘列表.說明如後頁.

大小	鋼質截釘及大頭釘				大小	鋼質圓鐵釘及大頭釘			
	長(吋數)	每磅普通釘數	每磅大頭釘數	每磅彎釘數		長(吋數)	每磅普通釘數	每磅大頭釘數	每磅彎釘數
2 d	1	740	———	400	2 d	1	900	———	622
3 d	1¼	460	———	260	3 d	1½	615	———	412
4 d	1½	280	———	180	4 d	1¾	322	———	267
5 d	1¾	210	———	125	5 d	1¾	250	———	230
6 d	2	160	———	100	6 d	2	200	———	156
7 d	2¼	120	———	80	7 d	2¼	154	———	110
8 d	2½	88	———	68	8 d	2½	106	———	98
9 d	2¾	73	———	52	9 d	2¾	85	———	86
10 d	3	60	———	48	10 d	3	74	37	66
12 d	3¼	46	———	40	12 d	3¼	57	32	57
16 d	3½	38	17	34	16 d	3½	46	29	46
20 d	4	23	14	24	20 d	4	29	23	35
25 d	4¼	20	12	———	30 d	4½	23	18	———
30 d	4½	16	10	———	40 d	5	17	13	———
40 d	5	12	9	———	50 d	5½	14	10	———
50 d	5½	10	8	———	60 d	6	10	9	———
60 d	6	8	7	———	———	6½	———	8	———
———	6½	———	6	———	———	7	———	7	———
———	7	———	5	———	———	8	———	6	———
———	———	———	———	———	———	9	———	5	———
———	———	———	———	———	———	10	———	4	———
———	———	———	———	———	———	12	———	3	———

本刊歡迎投稿

編輯主任： 彭禹謨， 會計主任 顧同慶， 廣告主任 陸 超

代印者： 上海城內方浜路貽慶弄二號協和印書局

發行處： 上海北河南路東唐家弄餘順里四十八號工程旬刊社

寄售處： 上海商務印書館發行所，上海中華書局發行所，上海棋盤街民智書局暨各大書店售報處

分售處： 上海城內縣基路永澤里二弄十二號顧蔭莛君，上海公共租界工部局工務處曾文奎君，上海徐家匯南洋大學趙祖康君，蘇州三元坊工業專門學校薛渭川程鳴舉君，福建汀州長汀縣公路處羅履廷君，天津順直水利委員會曾俊千君，杭州新市場平海路新一號西湖工程設計事務所沈驥良君鎮江關監督公署許英希君

定 價： 每期大洋五分全年三十六期外埠連郵大洋兩元（日本在內惟香港澳門以及其他郵匯各國一律大洋二元五角）本埠全年連郵大洋一元九角郵票九五計算

廣 告 價 目 表

地 位	全 面	半 面	四分之一面	三期以上九五折
底 頁 外 面	十 元	六 元	四 元	十期以上九折
封面裏面及底頁裏面	八 元	五 元	三 元	半年八折
尋 常 地 位	五 元	三 元	二 元	全年七折

RATES OF ADVERTISMENTS

POSITION	FULL PAGE	HALF PAGE	¼ PAGE
Outside of back Cover	$ 10.00	$ 6.00	$ 4.00
Inside of front or back Cover	8.00	5.00	3.00
Ordinary page	5.00	3.00	2.00

15475

15476

THE CHINESE ENGINEERING NEWS

第二卷　　　第九期

民國十六年三月二十一號

Vol 2 NO 9　　　　March 21st. 1927

本期要目

工程旬刊社發行

上海北河南路東唐家弄餘順里四十八號

15477

代銷工程旬刊簡章

(一) 凡願代銷本刊者,可開明通信處,向本社發行部接洽,

(二) 代銷者得照定價折扣,銷貳十份以上者,一律八折,每兩月結算一次(陽歷),

(三) 本埠各機關擔任代銷者,每期出版後,由本社派人專送,外埠郵寄,

(四) 經理代銷者,應隨時通知本社,每期銷出數目,

(五) 本刊每期售大洋五分,每月三期,全年三十六期,外埠連郵大洋貳元,本埠派郵大洋一元九角,郵票九五代洋,以半分及一分者為限,

(六) 代銷經理人,將款寄交本社時,所有匯役,概歸本社擔任,

工程旬刊社發行部啓

工程旬刊投稿簡章

(一) 本刊除聘請特約撰述員,擔任文稿外,工程界人士,如有投稿,凡切本社宗旨者,無論撰譯,均甚歡迎,文體不分文言語體,

(二) 本刊分工程論說,工程著述,工程新聞,工程常識,工程經濟,雜俎通訊等門,

(三) 投寄之稿,望繕寫清楚,篇末註明姓名,暨詳細地址,句讀點明,(能依本刊規定之行格者尤佳)寄至本刊編輯部收

(四) 投寄之稿,揭載與否,恕不預覆,如不揭載,得因預先聲明,寄還原稿,

(五) 投寄之稿,一經登錄,即寄贈本刊一期,或數期,

(六) 投寄之稿,如已先在他處發佈者,請預先聲明,惟揭載與否,由本刊編輯者斟酌,

(七) 投稿登載時,編輯者得酌盈增刪之,但投稿人不願他人增刪者,可在投稿時,預先聲明,

(八) 稿件請寄上海北河南路東唐家弄餘順里四十八號,工程旬刊社編輯部,

工程旬刊社編輯部啓

編 輯 者 言

鐵路爲交通之利器.凡其所經之區.墟者成市.衰者轉盛.文化
賴以溝通.貨物賴以運輸.如其計劃得當.富國利民.此其先導.
本專鐵路之建築.所經各站.幾全計劃.新闢市場.覩其所購畝
數.卽可知其籌備之廣.地方因鐵路而便利.鐵路因市場而接
連.聞其每年收入.市場一項.約有一百三十餘萬.良有以也.

膠泥與混凝土之抗壓強度論

（續本卷第八期）

趙 國 華

（第六圖）所示,係用（一）基準水量,（二）基準水量之1.2倍,（三）1.4倍三
種之用水量,使用粗細沙粒,及 a/c 之比順次所得之空隙百分率之關係.（a
爲結實混凝土單位容積內所含沙粒之絕對容量）

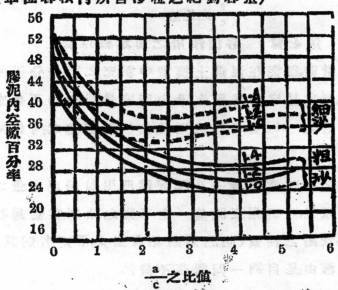

第六圖　　膠泥內空隙率圖（用各種水量之結果）

15479

（６）用一定水量使水泥與沙粒所成之膠泥,其容量爲最小時,此一定量之水,稱之曰基準水量（Basic water content）,又將膠泥中所用之各種沙粒與用水量所得之容量爲最小時（即空隙最小）所得之曲線命之曰膠泥空隙線又稱之曰基準膠泥空隙曲線

（第七圖）所示,係用三種水量與粗細沙所得之標準用之水量之圖.

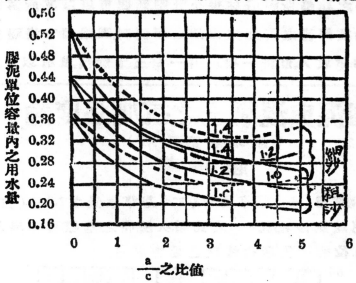

第七圖　　各種沙屑之用水標準圖

用基準水量時,膠泥在混凝土模型中填充之時,各分子開呈良好之結果,若用水過多,則其量容膨脹,用水過少,則容量減少,均不合宜,普通工事所用者爲基準水量之 1.1 至 1.4 倍,以此比例而實施之,可保無惡劣之結果發生.

以上所述之原理,爲混凝土及膠泥因所用材料與水量之不同而發生種種之絕對空隙量,而與強度間呈一定不變之法則,其他爲石子與砂粒自身之固有強度,表面之性質（凹凸多則粘着面大,平正者則其面積少）等等,關係於強度之理由,是自別一問題,茲不贅述.

（二）計算法.

應用以上圖表,示若干例以明應用,布以算草,附以說明,對於混凝土之

設計,不無多少之禆補焉,今將各算式所用之附號再說明如下,

　　　a＝結實混凝土單位容積內所含沙粒之絕對容積,

　　　b＝　　　　又　　　　　　　石子(Coarse aggregate)之絕對容積,

　　　c＝　　　　又　　　　　　　水泥之絕對容積,

　　　d＝ ,, ,, ,, ,, 之密度或實體比(Solidity vatio).

Vm＝膠泥單位容積內之空隙,

　V＝混凝土單位容積內之空隙(此時 V＝1－d)

今混凝土之容積為所用材料之絕對容積與空隙之和故得

$$a+b+c=d=1-V \qquad (1)$$

又混凝土為膠泥與石子所成,而膠泥所佔之容積為 $\frac{c+a}{1-Vm}$

故得 $\quad \frac{c+a}{1-Vm}+b=1 \qquad$ (原題4)$\qquad$ (2)

由(1)式 $\quad V=1-(a+b+c)$

由(2)式 $\quad C+a+b(1-Vm)=1-Vm$

$$C+a=(1-Vm)(1-b)$$

$$V=1-\lceil b+(Vm-1)(1-b)\rfloor= Vm(1-b)$$

或 $\qquad b=1-\frac{V}{Vm} \qquad (3)$

以上三方程式,可用以算定混凝土之密度,(即,用料分撤之支配),且可互

相稽核,今設例以明其用.

$\qquad\qquad\qquad\qquad\qquad\qquad\qquad\qquad\qquad$ (待續)

鋼骨三和土橋面板集中荷重之彎權計算

（續本卷第六期）

俞　子　明

（11）今為題明各式之比較的關係起見,將各式繪成曲線,如圖六（a）及（b）,試攷該圖,即可知 $D:L$ 在何值時,最大正彎榴,及負彎榴,當用何種位麗,及何式求之,極為簡明,且即使 e 為變數,若兩曲線之值相差顯然時,亦可決定,毋待比較也,

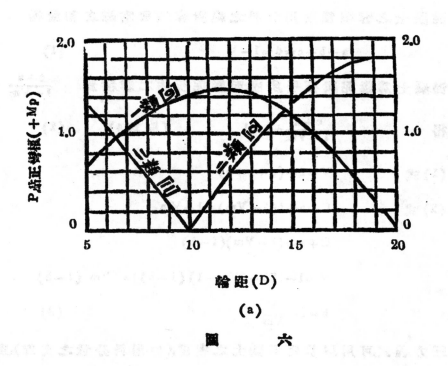

輪距(D)

（a）

圖　　六

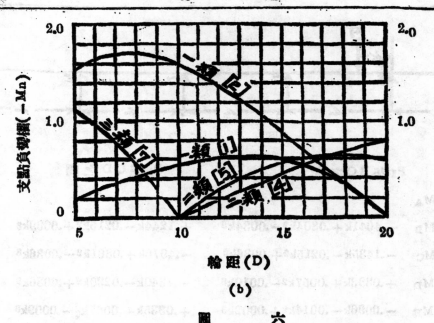

圖　　六

（附註）一對荷重其距離爲 D,（類一）對稱的跨越一個支點,（類二）

跨越二個支點,（類三）在兩個支點之間,每個荷重均爲1每個

跨間均爲10,其他荷重及跨間,可將圖中之值用 $\dfrac{P1}{10}$ 乘之,以 e

除之卽得.

（12）以上各節所依據之假定,爲兩輪之位置,對稱于一支之兩邊或兩支

點之兩邊,或兩支點之間,但實際上對稱位置所生之最大正負彎權,並非眞

正之最大值,其最大值之位置,常爲近似對稱,而較上節各式之值爲略,大欲

求此等最大值之公式,在數理上雖非不可能,而在事實上,則過於繁複,不合

實用,但用下式影響綫 (Influence lines) 之法,則頗爲簡易也,

（13）爲計算便利計,可假定徑間之數爲五,$P_1=1, L=10$ 如圖七,由三樞定

理 (Theory of Three Moments) 得各支點之負彎權如後,

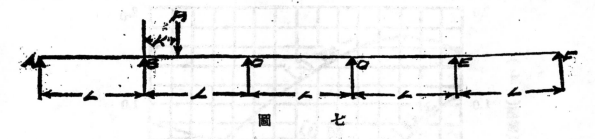

圖 七

	P₁ 在 BC 之間	P₁ 在 CD 之間
M_A	0	0
M_B	$-.4641k+.0804k^2-.0034k^3$	$+.1244k-.0215k^2+.0009k^3$
M_C	$-.1435k-.0215k^2+.0036k^3$	$-.4976k+.0861k^2-.0036k^3$
M_D	$+.0383k+.0057k^2-.0010k^3$	$-.1340k-.0230k^2+.0036k^3$
M_E	$-.0096k-.0014k^2+.0002k^3$	$+.0335k+.0057k^2-.0009k^3$
M_F	0	0

先假定各不同之k值,(如 1, 2, 3 等)求得各支點之彎櫃 M_B, M_C 等,然後再各支點之抵抗力 R_A R_B R_C 等,及支點間各點之彎櫃 M_1 M_2 M_3 等等,列如表一.——(表俟下期續刊)

彎曲力率與直接外力

（續本卷七期）

彭禹謨編譯

彎曲與壓力

如樑所受之直接外力N,係壓力者(參看第四圖)仍可採用直接拉力與彎曲所用之各項符號以解決之,如下:

向 T 之施力線旋轉所生之力率:——

$$Ca = N\left(e + \frac{a}{2}\right)$$

$$C = \frac{Ne}{a} + \frac{N}{2}$$

故　　　$$C = \frac{B}{a} + \frac{N}{2} \hspace{5cm} (c)$$

向C之施力線旋轉所生之力率,同樣得

$$Ta = N\left(e - \frac{a}{2}\right)$$

$$T = \frac{Ne}{a} - \frac{N}{2}$$

故　　　$$T = \frac{B}{a} - \frac{N}{2} \hspace{5cm} (d)$$

關於承受彎曲與直接壓力之截面設計,與分析,其手續與承受彎曲與直接拉力之截面幾完全相似,不過本節所用之方式,均根據（ c ）（ d ）兩式而已.

第一類　設計一截面,鋼筋,僅用於一面者,極大之單位應力,已知為 c 及 t

假定截面有效深度為 d,

則　　　$$N = \frac{d}{1 + \frac{t}{cm}} \quad\text{……………………………………(1)}$$

$$a = d - \frac{N}{3} \quad\text{……………………………………(2)}$$

$$C = \frac{B}{a} + \frac{N}{2} \quad\text{……………………………………(c)}$$

所求之闊度 $b = \frac{2C}{cn}$ ……………………………………(3)

如求得之 b 與 a 相較之比例適當者,可用下式以求鋼筋址,

卽　　　$$A_T = \frac{C - N}{t} \quad\text{……………………………………(4)}$$

例題六　今有一長方截形樑,承受一彎曲力率 $B = 200,000$ 吋磅,及一直接壓力 $N = 4000$ 磅,已知材料單位應力 $c = 600$ 磅,$t = 16,000$ 磅,試設計之.

假定有效深度 $d = 16.5$ 吋,

從(1)式得　　$$n = \frac{16.5}{1 + \frac{16000}{600 \times 15}} = 5.94 \text{ 吋,}$$

從(2)式得　　$$a = 16.5 - \frac{5.94}{3} = 14.52 \text{ 吋,}$$

從(c)式得　　$$C = \frac{200,000}{14.52} + \frac{4000}{2} = 16000 \text{ 磅,}$$

從(3)式得　　$$b = \frac{2 \times 16,000}{600 \times 5.94} = 9''$$

故用 $18'' \times 9''$ 之截面,頗屬相宜,　　　　　　　　　　　　　（待續）

本 刊 歡 迎 投 稿

奉海鐵路之建築工程暨其概況

（續本卷第八期）

（丙）市場

凡鐵路經過之站大都均計劃新式市場,以與市面,現在可分巳闢,未闢兩種如下,

（一）巳闢市場

市場名	巳用畝數	原買畝數	買價（奉元）	馬路工程費（奉元）
奉　天	3,204.490	4,795.810	509,423.65	5,106,300.00
舊　站	32.664	49.120	3,929.60	
撫　順	447.693	567.280	57,500.08	386,700.00
章　黨	107.940	152.540	26,551.00	134,570.00
營　盤	217,669	286.811	40,342.50	200,300.00
南雜木	163,230	234.270	32,784.00	134,040.00
蒼　石	165.614	218.718	30,334.50	156,730.00

（二）預闢市場

沿路各埠預定開闢之市場計數凡七即(一)南口前(二)清源(三)葦市(四)山城鎮(五)梅河口(六)海龍(七)朝陽鎮

奉天市場工程紀略

本市場馬路,均用石碴鋪修,兩旁設有邊溝,電燈,樹株,行人灰道,並敷下水道,以洩積水,計十二丈寬者,長八百七十五丈,茲巳修成八百六十丈,九丈寬者,二千一百丈,茲巳修成九百丈,六丈五寬者,二千二百丈,六丈寬者六千五百丈,茲已修成三千丈,四丈五寬者,二百丈,四丈寬者七千丈,茲己修成四百八十丈。

(丁)組織系統

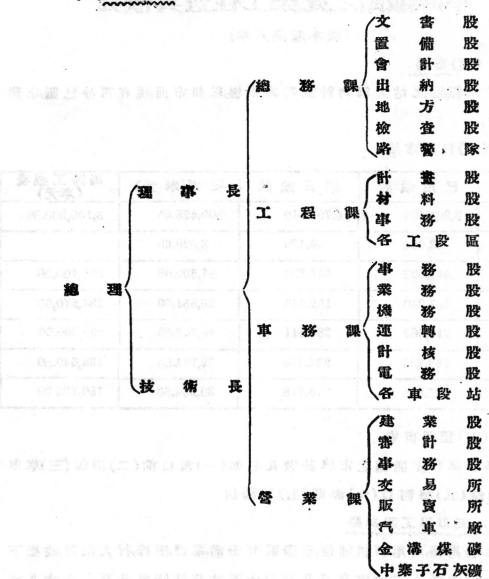

```
                                         文書股
                                         置備股
                             ┌ 總務課 ┤ 會計股
                             │           出納股
                             │           地方股
                             │           檢查股
                             │           路警隊
                             │
              理事長 ┤     │           計料股
              │           ├ 工程課 ┤ 材務股
              │           │           事務股
總理 ┤                   │           各工段區
              │           │
              技術長 ┤     │           事務股
                             │           業務股
                             ├ 車務課 ┤ 機務股
                             │           運轉股
                             │           計核股
                             │           電務股
                             │           各車站段
                             │
                             │           建業股
                             │           審計股
                             └ 營業課 ┤ 事務所
                                         交易所
                                         販賣廠
                                         汽車
                                         金溝煤礦
                                         中粟子石灰礦
```

(戊)職員名稱

總理，理事長，技術長，課長，正技師（兼工程段長）　股主任，技師，（兼工區主任），課員，車務分段長，工務員，事務員，站長，站務員，司事，書記，練習生。

各種材料重量表

（續本卷第八期）

種	類	每立方呎磅數
材料名稱	英　　名	
錳	Manganese	475
水　銀	Mercury	849
鎳	Nickel	565
生槌銀	Silver, Cast-hammered	656
生槌白金	Platinum, Cast-hammered	1330
生槌錫	Tin, Cast-hammered	459
養化錫鑛	Tin, ore, Cassiterite	418
生輾鋅（白鐵）	Zinc, Cast-rolled	440
亞鉛鑛	Zinc, ore, blende	253
（14）　各種固質		
材料名稱	英　　名	
雀麥（疊）	Cereal, Oats, bulk	32
大麥（仝上）	Cereal, barley, bulk	39
穀黍麥（仝上）	Cereal, corn, rye, bulk	48
小麥（仝上）	Cereal, wheat, bulk	48
乾草及稻草（捆）	Hay and Straw, bales	20
棉,亞麻,苧麻	Cotton, Flax, Hemp	93
脂　肪	Fats	58
麵粉（鬆）	Flour, loose	28

種　　　　　　類		每立方呎磅數
材料名稱	英　　名	
麵　粉　（實）	Flour, pressed	47
普通玻璃	Glass, Common	156
板狀或弧形玻璃	Glass, plate, or crown	161
結晶玻璃	Glass, crystal	184
皮	Leather	59
紙	Paper	58

（待續）

15490

編輯主任 ： 彭禹謨， 會計主任 顧同慶， 廣告主任 陸超

代印者 ： 上海城內方浜路貽慶弄二號協和印書局

發行處 ： 上海北河南路東唐家弄餘順里四十八號工程旬刊社

寄售處 ： 上海商務印書館發行所，上海中華書局發行所，上海棋盤街民智書局
暨各大書店售報處

分售處 ： 上海城內縣基路永澤里二弄十二號顧壽崧君，上海公共租界工部局工
務處曾文奎君，上海徐家匯南洋大學趙祖康君，蘇州三元坊工業專門
學校薛洞川程鳴琴君，福建汀州長汀縣公路處羅歷廷君，天津順直水
利委員會曾俊千君，杭州新市場平海路新一號西湖工程設計事務所沈
變良君鎮江關監督公署許英希君

定價 ： 每期大洋五分全年三十六期外埠連郵大洋兩元（日本在內惟香港澳門
以及其他郵匯各國一律大洋二元五角）本埠全年連郵大洋一元九角郵
票九五計算

廣 告 價 目 表

地　　　　位	全　面	半　面	四分之一面	三期以上九五折
底　頁　外　面	十　元	六　元	四　元	十期以上九折
封面裏面及底頁裏面	八　元	五　元	三　元	半年八折
尋　常　地　位	五　元	三　元	二　元	全年七折

RATES OF ADVERTISMENTS

POSITION	FULL PAGE	HALF PAGE	¼ PAGE
Outside of back Cover	$ 10.00	$ 6.00	$ 4.00
Inside of front or back Cover	8.00	5.00	3.00
Ordinary page	5.00	3.00	2.00

15491

新 仁 記 營 造 廠

SIN JIN KEE & CO.,

BUILDING CONTRACTORS

HEAD OFFICE;-NO450 WEIHAIWEI ROAD, SHANGHAI

TEL. W 531.

本營造廠○在上海威海衞路四百五十號○設立已五十餘年○經驗宏富○所包大小工程○不勝枚舉○無論鋼骨水泥或磚木○鋼鉄建築○學校校舍○公司房屋○工廠堆棧○碼頭橋樑○街市房屋○以及住宅洋房等○各種工程○莫不精工克己○各界惠顧○竭誠歡迎○

新仁記謹啓

電話 西五三一

15492

淩鴻勛

工 程 旬 刊

THE CHINESE ENGINEERING NEWS

第二卷　　　第十期

民國十六年四月一號

Vol 2 NO 10　　　　April 1st. 1927

本期要目

工 程 旬 刊 社 發 行

上海北河南路東唐家弄餘順里四十八號

15493

代銷工程旬刊簡章

（一）凡願代銷本刊者，可開明通信處向本社發行部接洽，

（二）代銷者得照定價折扣，銷貳十份以上者，一律八折，每兩月結算
一次（陽曆），

（三）本埠各機關擔任代銷者，每期出版後，由本社派人專送，外埠郵
寄，

（四）經理代銷者，應隨時通知本社，每期銷出數目，

（五）本刊每期售大洋五分，每月三期，全年三十六期，外埠連郵大洋
貳元，本埠連郵大洋一元九角，郵票九五代洋，以半分及一分者
為限，

（六）代銷經理人，將款寄交本社時，所有匯費，概歸本社擔任，

工程旬刊社發行部啓

工程旬刊投稿簡章

（一）本刊除聘請特約撰述員，擔任文稿外，工程界人士，如有投稿，凡
切本社宗旨者，無論譯著，為甚歡迎，文體不分文言語體，

（二）本刊分工程論說，工程著述，工程新聞，工程常識，工程經濟，雜俎
通訊等門，

（三）投寄之稿，望繕寫清楚，篇末註明姓名，並詳類地址句讀點明，（
能依本刊規定之行格者尤佳）寄至本刊編輯部收

（四）投寄之稿，揭載與否，恕不預覆，如不揭載，得因預先聲明，寄還原
稿，

（五）投寄之稿，一經登錄，即寄贈本刊一期或數期，

（六）投寄之稿，如已先在他處發佈者，請預先聲明，惟揭載與否由本
刊編輯者斟酌，

（七）投稿登載時，編輯者得酌量增刪之，但投稿人不願他人增刪者
可在投稿時，預先聲明，

（八）稿件請寄上海北河南路東唐家弄餘順里四十八號，工程旬刊
社編輯部，

工程旬刊社編輯部啓

15494

編輯者言

名詞有文言習語之分.我國工程學術.尚不發達.故工學名詞.仍少準定.而習語有南音北言之別.因此亦難統一.學者既苦其紛紜.工作或以是而阻隔.我儕服務工程.曾宜隨時記錄.公諸同志.徵集衆意.加以審定.取其所宜.棄其所誤.本期所載陳華君「建築習語的研究」.大都均屬於滬地建築工程上習慣名稱.其數雖匪詳盡.要亦有所裨益.唯望同志.多加蒐集.投登本刊.尤所歡迎.

膠泥與混凝土之抗壓強度論

（續本卷第九期）

趙國華

例一. 水泥與沙粒之絕對容積爲已知.求其實體比及其所成之混凝土彊度.

設水泥與沙粒容積之比爲 K 則　　　　　$a=ck$

由（五圖）而得 Vm 之值.而由（2）式而求 b.

$$b=1-\frac{a+c}{1-Vm} \tag{4}$$

$$d=a+b+c=a+c+1-\frac{a+c}{1-Vm}=1+(a+c)(1-\frac{1}{1-Vm})=1-\frac{Vm(a+c)}{1-Vm} \tag{5}$$

$$V=\frac{(a+c)Vm}{1-Vm} \tag{6}$$

而　$\frac{v}{c}=(a+c)Vm \big/ c(1-Vm)=H.$

15495

得 H 之值由第二圖而其混凝土之強度.

　　　設　　a＝.25,　c＝.10　（c 之值在 1:5 之混凝土中所用之分量甚適合）

　　∴　$\dfrac{a}{c}=25,\ =k$

由（五圖）中之普通砂曲線（Medium Sand Curve）得 Vm＝.3

代入（4）式　　$b=1-\dfrac{.25+.10}{1-.3}=1-\dfrac{.35}{.7}=.50$

代入（5）式　　$d=a+b+c=.25+.10+.50=.85$

　　∴　　　　　$v=1-.85=.15$

或逕由（5）式得 $d=1-\dfrac{3(.35)}{1-.3}=1-.15=.85$

更逕由（6）式而得　$v=\dfrac{.35\times.3}{.7}=.15$

而　　$\dfrac{v}{c}$ 之比為　$\dfrac{0.15}{0.10}=1.5$ 由（二圖）而得其抗壓強度為　3000 lbs./口″

例二。　水泥容量與石子砂粒之比為已知,求石子沙粒量及其強度.

　　　先假定 Vm 之值,又設　　　$\dfrac{b}{a}=k;$

則由（2）式得　　　$\dfrac{c+a}{1-Vm}+ka=1.$

　　　　　　　　　$a=(1-ka)(1-Vm)-c$

　　　　　　　　　$a=\dfrac{1-Vm-c}{1+k-Vmk}$ 　　　　　　　　　　（7）

而　　　　　　　　$b=\dfrac{k(1-Vm-c)}{1+k(1-Vm)}$ 　　　　　　　　（8）

故 $\dfrac{a}{c}$ 之值為　　　$\dfrac{a}{c}=\dfrac{1-Vm-c}{c[1+k(1-Vm)]}=N$

　　　以 N 值由（五圖）檢得 Vm 固與假定之數相脗合否,如合則可不必重行計算,若不合,可將圖上所得之 Vm 值代入（7）式,而求 a,代入（8）式而得（b）,如若最不合式則可再用此法求之,至其能脗合為止,由是

$$V=1-d=1-(a+b+c)=1-e-\frac{(1+k)\lceil 1-Vm-c\rceil}{1+k(1-Vm)}$$

$$=vm(1+ck)\lceil 1+k(1-Vm)\rceil \tag{9}$$

因此混凝土之強度亦可求得矣.

設　$c=.10.$　$\frac{b}{a}=2=k,$　$Vm=.30$（假定.）

代入(7)式則　$a=\frac{1-.30-.10}{1+2(1-.30)}=\frac{.6}{2.4}=.25$

$$b=2a=.50.$$

然由(五圖)所得　$\frac{a}{c}=2.5$ 时 Vm 之值為.26 至.28 之間,故上之 Vm=.30

為不合,今假定 vm=.26,再由(7)式得

$$a=\frac{1-.26-.10}{1+2(1-.26)}=\frac{.64}{1+1.48}=.26$$

$$b=.52.$$

今 $\frac{a}{c}$ 之值為.26而 Vm 之值亦相合,故可不再計算,由是而得

$$V=1-d=1-(.1+.26+.52)=.12.$$

若欲求其正確值,則可由(9)式而得

$$V=\frac{.26(1+.2)}{1+2(1-.26)}=\frac{1.2\times 2.6}{2.48}=.122.$$

$$\therefore \quad \frac{V}{c}=1.22$$

由(二圖)而得 3500 lbs □″為其抗壓強度（但此為荒沙情形）

若于細沙之情形則先假定　$Vm=.40$

$$a'=\frac{1-.40-.10}{1+2(1-.40)}=\frac{.50}{2.20}=.23$$

$$b=.45.$$

$$V=\frac{.40(1+.2)}{1+2(1-.40)}=\frac{24}{110}=.22.$$

15497

鋼骨三和土橋面板

(續本卷第九期)

表　一　　　　　　　5個等距跨間之
　　　　　　　　　　　　（負重為L每個

	B	K from B						
		1	2	3	4	5	6	7
MB	—	-.387	-.634	-.761	-.788	-.736	-.625	-.475
M1	—	+.536	+.105	-.038	-.178	-.243	-.249	-.210
M2	—	+.459	+1.024	+.685	+.432	+.250	+.127	+.055
M3	—	+.381	+.853	+1.408	+1.042	+.743	+.503	+.320
M4	—	+.304	+.682	+1.131	+1.652	+1.236	+.879	+.584
M5	—	+.227	+.511	+.855	+1.262	+1.729	+1.255	+.849
M6	—	+.149	+.340	+.578	+.872	+1.222	+1.631	+1.114
M7	—	+.072	+.169	+.302	+.482	+.715	+1.008	+1.378
M8	—	-.006	-.002	+.025	+.092	+.208	+.385	+.642
M9	—	-.083	-.173	-.251	-.298	-.301	-.238	-.093
Mc	—	-.162	-.345	-.528	-.689	-.807	-.861	-.829
M1'	—	-.141	-.301	-.461	-.602	-.705	-.752	-.724
M2'	—	-.121	-.257	-.394	-.515	-.603	-.642	-.619
M3'	—	-.100	-.214	-.327	-.427	-.501	-.534	-.514
M4'	—	-.080	-.170	-.260	-.340	-.399	-.425	-.409
M5'	—	-.061	-.127	-.194	-.253	-.296	-.316	-.304
M6'	—	-.030	-.083	-.127	-.166	-.194	-.207	-.199
M7'	—	-.019	-.040	-.060	-.078	-.092	-.098	-.094
M8'	—	+.002	+.004	+.007	+.009	+.010	+.011	+.011
M9'	—	+.022	+.048	+.074	+.096	+.112	+.120	+.116
MD	—	+.043	+.092	+.141	+.184	+.215	+.230	+.221
M1''	—	+.038	+.080	+.123	+.161	+.188	+.201	+.194
M2''	—	+.033	+.069	+.106	+.138	+.161	+.172	+.166
M3''	—	+.027	+.057	+.088	+.115	+.134	+.143	+.139
M4''	—	+.022	+.046	+.070	+.092	+.107	+.115	+.111
M5''	—	+.017	+.034	+.053	+.069	+.080	+.086	+.083
M6''	—	+.011	+.023	+.035	+.046	+.053	+.057	+.056
M7''	—	+.005	+.011	+.017	+.023	+.026	+.028	+.028
M8''	—	—	—	—	—	—	—	—
M9''	—	-.005	-.011	-.017	-.023	-.027	-.028	-.028
ME''	—	-.011	-.023	-.035	-.046	-.054	-.057	-.055
RA	—	-.039	-.063	-.076	-.079	-.074	-.062	-.048
RB	1	+.962	+.892	+.799	+.689	+.567	+.439	+.312
RC	—	+.097	+.214	+.344	+.477	+.610	+.733	+.841
RD	—	-.026	-.055	-.084	-.110	-.129	-.138	-.132
RE	—	+.007	+.014	+.021	+.028	+.032	+.034	+.033
RF	—	-.001	-.002	-.004	-.005	-.006	-.006	-.006
	E	9"	8"	7"	6"	5"	4"	3"
					K from D			

集中荷重之彎權計算

（俞子明）

彎權暨抵抗力表
跨間為10單位）

8	9	C	1'	2'	3'	4'	5'	
					K from C			
−.308	−.143	—	+.104	+.170	+.204	+.211	+.197	M1''
−.146	−.071	—	+.052	+.085	+.102	+.106	+.098	M9''
+.016	—	—	—	—	—	—	—	M8''
+.178	+.072	—	−.052	−.085	−.102	−.106	−.099	M7''
+.340	+.144	—	−.104	−.170	−.204	−.211	−.197	M6''
+.502	+.217	—	−.155	−.255	−.306	−.317	−.296	M5''
+.664	+.289	—	−.207	−.340	−.408	−.423	−.395	M4''
+.826	+.362	—	−.259	−.425	−.510	−.528	−.493	M3''
+.988	+.434	—	−.311	−.510	−.612	−.634	−.592	M2''
+.150	+.507	—	−.363	−.595	−.714	−.740	−.691	M1''
−.689	−.420	—	−.415	−.680	−.816	−.845	−.789	MD
−.602	−.367	—	+.511	+.155	−.085	−.227	−.289	M9'
−.515	−.314	—	+.437	+.990	+.645	+.390	+.211	M8'
−.427	−.261	—	+.363	+.825	+1.376	+1.008	+.711	M7'
−.340	−.207	—	+.289	+.660	+1.107	+1.625	+1.211	M6'
−.253	−.154	—	+.216	+.495	+.837	+1.243	+1.711	M5'
−.165	−.101	—	+.142	+.330	+.568	+.800	+1.211	M4'
−.078	−.048	—	+.068	+.165	+.298	+.478	+.711	M3'
+.009	+.005	—	−.006	—	+.029	+.095	+.211	M2'
+.096	+.058	—	−.080	−.165	−.241	−.287	−.289	M1'
+.184	+.112	—	−.153	−.331	−.510	−.670	−.789	Mc
+.161	+.098	—	−.134	−.290	−.446	−.586	−.691	M9
+.138	+.084	—	−.115	−.248	−.382	−.502	−.592	M8
+.115	+.070	—	−.096	−.207	−.318	−.418	−.493	M7
+.092	+.056	—	−.077	−.166	−.254	−.335	−.395	M6
+.069	+.042	—	−.057	−.124	−.191	−.251	−.296	M5
+.046	+.028	—	−.038	−.083	−.127	−.167	−.197	M4
+.023	+.014	—	−.019	−.042	−.063	−.083	−.099	M3
—	—	—	—	—	—	—	—	M2
−.023	−.014	—	+.019	+.042	+.064	+.084	+.098	M1
−.046	−.028	—	+.038	+.083	+.128	+.168	+.197	MB
−.031	−.014	—	+.010	+.017	+.020	+.021	+.020	RF
+.193	+.087	—	−.067	−.102	−.122	−.127	−.119	RE
+.925	+.981	I	+.977	+.920	+.832	+.724	+.599	RD
−.110	−.068	—	+.093	+.207	+.334	+.466	+.599	RC
+.028	+.017	—	−.023	−.050	−.077	−.101	−.119	RB
−.005	−.003	—	+.004	+.008	+.013	+.017	+.020	RA
2''	1''	D	9'	8'	7'	6'	5'	
					K from C			

彎曲力率與直接外力

（續本卷九期）

彭禹謨編譯

第二題 已知僅用一面鋼筋之截面,試求其單位應力,

A_T, b, d 為已知,先由觀察定 h 之值,

則

$$a = d - \frac{N}{3} \tag{2}$$

$$C = \frac{B}{a} + \frac{N}{2} \tag{c}$$

$$c = \frac{2C}{bn} \tag{5}$$

$$t = \frac{C - N}{A_T} \tag{6a}$$

已知 c, t 代入（1）式反求 n 之值,如與假定之 n 近似,則可採用,否則另行假定重新計算。

例題七. 今有一樑,其截面為 24" × 12," 鋼筋面積 2 方时,設承受之彎曲力率為 150,000 时磅,直接壓力為 3000 磅,試求極大單位應力。

假定 N = 7.5,

則

$$a = 22.5 - \frac{7.5}{3} = 20 \text{时},$$

$$C = \frac{150000}{20} + \frac{3000}{2} = 9000 \text{磅},$$

故

$$c = \frac{2 \times 9000}{12 \times 7.5} = 200 \text{磅},$$

$$t = \frac{9000 - 3000}{2} = 3000 \text{磅},$$

以 c, t 代入（1）式得

$$N = \frac{22.5}{1 + \frac{3000}{200 \times 15}} = 11.25 \text{时},$$

該值比假定之數太遠,故再假定 N = 9.5 而重計算於下:

$$a = 22.5 - \frac{9.5}{3} = 19.33,$$

$$C = \frac{150000}{19.33} + \frac{3000}{2} = 9265 \text{磅},$$

$$c = \frac{2 \times 9265}{12 \times 9.5} = 162,$$

$$t = \frac{9265 - 3000}{2} = 3134 \text{磅},$$

$$N = \frac{22.5}{1 + \frac{3134}{162 \times 15}} = 9.6 \text{时},$$

該值比假定之 N 相近,故可採用.

第三類　試設計一用兩面鋼筋之截面,惟單位應力,不得超過已知值 c 及 t.

先假定一截面為 b 與 d,從下式求得中立軸之地位:

$$N = \frac{d}{\frac{t}{c m} H} \quad \text{...(1)}$$

再求下列諸值:

$$V = \frac{c(m-1)(N-f)}{N} \quad \text{..........................(7)}$$

$$a_c = d - \frac{N}{3} \quad \text{...(2)}$$

$$a_s = d - f \quad \text{...(2a)}$$

$$C_c = \frac{bnc}{2} \quad \text{..(8)}$$

$$V = C_c(a_s - a_c) + B + \frac{a_s N}{2} \dots\dots\dots (9a)$$

$$U = 2 C_c a_s N (a_s - a_c) \dots\dots\dots (10)$$

將各數代入下式以求總壓力,

$$C = \frac{V + \sqrt{v^2 - U}}{2a_s} \dots\dots\dots (11a)$$

關於壓力鋼筋量與拉力鋼筋量,可用下面兩式求之:

$$A_c = \frac{C - cc}{v} \dots\dots\dots (12)$$

$$A_T = \frac{C - N}{t} \dots\dots\dots (4a)$$

如求得之 A_c, A_T 兩值,不甚合理,則須重行假定 b, d 而計算之,如 a_c 之值約等於 a_s,則

$$a = d_s = a_s,$$

而 C 值可用 (a) 式求得之。

(待續)

奉海鐵路之建築工程暨其概況

（續本卷第九期）

（己）車輛鋼軌及枕木數目價值

車　類	輛　數	製　造　者	單　價
機關車	12	阿母斯脫郎（英）	mex.$30,200.00
一二等合造車	2	大阪汽車會社（日）	GY.30,323.00
二等客車	2	”　　　”	”29,387.00
二三等合造車	2	”　　　”	”27,873.00
三等客車	10	”　　　”	”23,776.00
守車	10	”　　　”	”4,850.00
三十噸半車	10	”　　　”	”4,838.00
三十噸石磓車	10	”　　　”	”5,515.00
卅噸無蓋貨車	15	”　　　”	”5,635.00
卅噸全鋼棚車	20	鮑母馬配德（比）	法450.00
卅噸有蓋車台	44	”　　　”	”332.00
卅噸無蓋車台	96	”　　　”	”376.00
卅噸各貨車台	100	美國車輛公司	G.$1,844.00
六十磅鋼軌	20,000ts.	美國鋼鐵公司	T.gy.2,016,000.00
十二磅鋼軌	53.m.		m.c.888,295.00
枕木	310,000P.S.		m.c.1,000,000.00

（庚）資金範略

本公司由官商合資,按照股份有限公司章程辦理,於十四年五月十四日開辦,資金總額,奉大洋二千萬元,按當時市價,16兌現,約當現洋一千二百五十萬元逮自開工以來,金融變動,現洋兌率,最低者 2.00 最高者 4.31 平均者 327 支出總額,實際當現洋不過八百萬元之鉅,邇來工料膠漲,益恐虧損!

建築習語的研究

陳　羣

吾國工塲的中間,都有許多不可思議的名稱,吾們初進工塲的時候,明明看見那種物件是某物,用固有的名辭來叫他但是,一般工匠聽之,一定笑你爲「門外漢」,只是什麼緣故呢?因爲他們在工廠中,常常用一種不正當的名稱來代替,久而久之,以訛傳訛,成爲一種牢不可破的習慣語了。

我在建築場中做事的時候,覺得有許多特別的習語,天天通用,倘使我欲向人家間間,是從什麼人創造的,都很難回答,現在我且把所曉得的,寫出來給大家研究研究,

英　名	習　語	普通名稱
(A)		
Arch	法圈	門楣上之圓拱
Architect	打樣	工程師
(B)		
Bracket	牛腿	牆上托架
Brad	扒頭釘	平頭釘
Brad-awl	釘鑿	釘錐
Beam	大料	棟梁
(C)		
Contractor	作頭	承包人
Coping	垂帶石	冠石(踏步側石)
Cross-garnet	搖梗	鐵鉸攌

英　　名	習　　語	普通名稱
Clip	斬片	斧口柴
Composed	格法	混冶
Cramp-iron	鐵馬	鐵釦（鋪地板用）
Closer	頂磚	磚之直置
Ceiling	平頂	天花板
Canopy	護雪口	窗簷,副簷
(D)		
Diameter	穿心	直徑
Dentels	排蘇	狗牙
Dasher	抄板	承泥板
(E)		
Estimates	開眼	估價
(F)		
Foreman	看工	監工,工頭
Flashing	凡水	決瀉,鉛前垂板
Footing	大放脚	基礎
(G)		
Gully-hole	十三號	陰溝頭
Gable	山頭	三角形之屋頂

編輯主任： 彭禹謨， 會計主任 顧同慶， 廣告主任 陸 超

代 印 者： 上海城內方浜路貽慶弄二號協和印書局

發 行 處： 上海北河南路東唐家弄餘順里四十八號工程旬刊社

寄 售 處： 上海商務印書館發行所，上海中華書局發行所，上海棋盤街民智書局
暨各大書店售報處

外 售 處： 上海城內縣基路永澤里二弄十二號顧薔蕤君，上海公共租界工部局工
務處曹文奎君，上海徐家匯南洋大學趙祖康君，蘇州三元坊工業專門
學校薛潤川程鳴翠君，福建汀州長汀縣公路處羅廷君，天津順直水
利委員會曾俊千君，杭州新市埠平海路新一號西湖工程設計事務所沈
麐良君鎮江關監督公署許英希君

定 價 每期大洋五分全年三十六期外埠連郵大洋兩元（日本在內惟香港澳門
以及其他郵匯各國一律大洋二元五角）本埠全年連郵大洋一元九角郵
票九五計算

廣 告 價 目 表

地 位	全 面	半 面	四分之一面	三期以上九五折
底 頁 外 面	十 元	六 元	四 元	十期以上九折
封面裏面及底頁裏面	八 元	五 元	三 元	半年八折
尋 常 地 位	五 元	三 元	二 元	全年七折

RATES OF ADVERTISMENTS

POSITION	FULL PAGE	HALF PAGE	¼ PAGE
Outside of back Cover	$ 10.00	$ 6.00	$ 4.00
Inside of front or back Cover	8.00	5.00	3.00
Ordinary page	5.00	3.00	2.00

15507

新 仁 記 營 造 廠

SIN JIN KEE & CO.,

BUILDING CONTRACTORS

HEAD OFFICE;-NO450 WEIHAIWEI ROAD, SHANGHAI

TEL. W 531.

本營造廠○在上海威海衛路
四百五十號○設立已五十餘
年○經驗宏富○所包大小工
程○不勝枚舉○無論鋼骨水
泥或磚木○鋼鐵建築○學校
校舍○公司房屋○工廠堆棧
○碼頭橋樑○街市房屋○以
及住宅洋房等○各種工程○
莫不精工克己○各界惠顧○
竭誠歡迎○

新仁記謹啓

電話 西五三一

15508

刊旬程工

THE CHINESE ENGINEERING NEWS

第二卷　　第十一期

民國十六年四月十一號

Vol 2 NO 11　　April 11th. 1927

本期要目

工 程 旬 刊 社 發 行

上海北河南路東唐家弄餘順里四十八號

15509

代銷工程旬刊簡章

(一)　凡願代銷本刊者,可開明通信處,向本社發行部接洽,

(二)　代銷者得照定價折扣,銷貳十份以上者,一律八折,每兩月結算
　　　一次(陽歷),

(三)　本埠各機關擔任代銷者,每期出版後,由本社派人專送,外埠郵
　　　寄,

(四)　經理代銷者,應隨時通知本社,每期銷出數目,

(五)　本刊每期售大洋五分,每月三期,全年三十六期,外埠連郵大洋
　　　貳元,本埠連郵大洋一元九角,郵票九五代洋,以半分及一分者
　　　為限,

(六)　代銷經理人,將款寄交本社時,所有匯費,概歸本社擔任,

　　　　　　　　　　　　　　　　　　　工程旬刊社發行部啓

工程旬刊投稿簡章

(一)　本刊除聘請特約撰述員,擔任文稿外,工程界人士,如有投稿,凡
　　　切本社宗旨者,無論撰譯,均甚歡迎,文體不分文言語體,

(二)　本刊分工程論說,工程著述,工程新聞,工程常識,工程經濟,種組
　　　通訊等門,

(三)　投寄之稿,望繕寫清楚,篇末註明姓名,暨詳細地址,句讀點明,(
　　　能依本刊規定之行格者尤佳)寄至本刊編輯部收

(四)　投寄之稿,揭載與否,恕不預覆,如不揭載,得因預先聲明,寄還原
　　　稿,

(五)　投寄之稿,一經登錄,即寄贈本刊一期,或數期,

(六)　投寄之稿,如已先在他處發佈者,請預先聲明,權揭載與否,由本
　　　刊編輯者斟酌,

(七)　投稿登載時,編輯者得酌量增刪之,但投稿人不願他人增刪者,
　　　可在投稿時,預先聲明,

(八)　稿件請寄上海北河南路東唐家弄餘順里四十八號,工程旬刊
　　　社編輯部,

　　　　　　　　　　　　　　　　　　　工程旬刊社編輯部啓

編 輯 者 言

本刊祗第一卷中，曾登載「建造房屋承攬章程」，本期所登之「造屋章程之一種」，亦屬於滬地所用者，其內容或有相同之點，亦有互異之處，讀者作為參考，當有所採取也。

「造水泥牆法」一篇，雖屬簡短，亦屬於經驗之談，本刊歡迎是類常識稿件，請服務工程者，時有賜下為幸。

膠泥與混凝土之抗壓強度論

〈續本刊第十期〉

趙 國 華

今 $\dfrac{v}{c}=22$，故得抗壓強度為 　　1800　lbs／口''

例三． 知石子，及水泥量，求沙量．

用 (2) 式先假定 V_m 之值而代入之得．

$$a=(1-b)(1-V_m)-c \quad\cdots\cdots\cdots\cdots\cdots\cdots(10)$$

將 $\dfrac{a}{c}$ 之值求得，使用五圖檢所得之 V_m 值，究與假定者脗合否，如能一致，則可求 U 之值更可得 $\dfrac{v}{c}$ 而其抗壓強度得之矣．

設：$b=.55$，　　　$c=.10$，　　　$V_m=.30$．

$$a=(1-.55)(1-.30)-.10=.215$$

而 $1-(a+b+c)=1-(.215+.55+.10)=.135.$

$\dfrac{v}{c}=1.35$ 故其抗壓強度為 3200 lbs $/$口"

例四．已知 $\dfrac{v}{c}$ 或 $\dfrac{c}{V+c}$ 之比求 a,b,c 之值．

（此種情形即混凝土之抗壓強度先已假定，而求其三者之配合比例也）

設 $\dfrac{c}{V+c}=Q$

則　　　$V:c=1-Q:Q,$　　　即　　$V=\dfrac{c(1-Q)}{Q}$　　　(11)

又由(1)式而得　　$a+b+c=1-v=1-\dfrac{c(1-Q)}{Q}$　　　(12)

或　　　　　　$a+c=1-\dfrac{c(1-Q)}{Q}-b$

代入(2)式而得　　$1-\dfrac{c(1-Q)}{Q}-b=(1-b)(1-Vm)$

$$c=\dfrac{Vm(1-b)Q}{1-Q}\qquad (13)$$

今可先假定 Vm 及 b 之二值,由(13)式而得 c 再由(14)式而得 a

$$a=1-\dfrac{c}{Q}-b.\qquad (14)$$

今 a,c 之值為已知,由五圖得 Vm 之空隙百分率,若能與假定者相一致,則可不必再求之.

設　　　$\dfrac{c}{V+c}=\dfrac{1}{2},$　而 Vm 假定之為 $.35$

由(12)式而得　　$a+b+c=1-V=1-\dfrac{c(1-Q)}{Q}=1-c.$

但因石子內之空隙,在普通之情形為 $.4$ 而 b 之極限值為 $.6$ 今先假定之為 $.55$ 此值用細砂為混合料所得之混凝土,頗為得當將 b 及 Vm 之值代入(13)式而得.

$$c = \frac{.35 \times .45 \times 5}{.5} = .158.$$

$$a = 1 - \frac{c}{k} - b = 1 - \frac{1.58}{.5} - .55 = .134.$$

$$\therefore \frac{a}{c} = \frac{.158}{.134} = .848.$$

由五圖所得之 V_m 值與假定者相一致，故可不重複計算.

例五．　用各種沙粒求必要之水泥量（抗壓強度為已知）.

先由二圖得 $\frac{V}{c}$ 之比，定採用混和水量，及使用石子粗細，而假定其絕對容積 (b)，及 V_m 之值，由 (1) 式得．　　$a + b + c = 1 - V,$

今以 b 及 $V = rc$（r 係由二圖所得者）代入上式而得

$$a + c = 1 - b - rc$$

$$a + (1+r)c = 1 - b. \qquad \text{（待續）}$$

表二

鋼骨三和土橋面板集中荷重之彎矩計算

（載本卷第十期）

5個彎距跨間之極大極小彎權暨抵抗力　跨間為10單位負重為1(1個或兩個其距離D)

（俞子明）

	單個負重		D=5		D=6		D=7		D=8		D=9	
	極大	極小	極大	極小	極大	極小	極大	極小	極大	極小	極大	極小
MB	−.788	+.211	−1.109	+.298	−.942	+.253	−.777	+.208	−.657	+.176	−.591	−.158
M1	+.586	−.249	+.287	−.249	+.326	−.191	+.390	−.158	+.356	−.143	+.536	−.151
M2	+1.024	—	+1.079	—	+1.040	—	+1.024	—	+1.024	—	+1.024	—
M3	+1.408	−.106	+1.586	−.148	+1.586	−.127	+1.408	−.104	+1.323	−.088	+1.323	−.079
M4	+1.652	−.211	+1.796	−.297	+1.652	−.253	+1.548	−.208	+1.482	−.176	+1.412	−.158
M5	+1.729	−.317	+1.729	−.446	+1.574	−.379	+1.474	−.312	+1.423	−.264	+1.412	−.237
M6	+1.631	−.423	+1.780	−.594	+1.631	−.506	+1.323	−.417	+1.208	−.352	+1.236	−.316
M7	+1.378	−.528	+1.547	−.743	+1.378	−.632	+1.378	−.521	+.985	−.440	+.960	−.395
M8	+.988	−.634	+1.013	−.892	+.986	−.758	+.982	−.625	+.988	−.528	+.606	−.474
M9	+.507	−.740	+.284	−1.041	+.256	−.885	+.334	−.950	+.924	−1.013	+.570	−1.041
Mc	−.861	+.230	−1.509	+.325	−1.645	−.276	−1.677	+.227	−1.706	+.184	−1.652	+.112
M1'	+.511	−.752	+.271	−1.063	+.270	−.903	+.346	−.951	+.431	−1.013	+.511	−1.041
M2'	+.990	−.648	+.990	−.909	+.990	−.772	+.984	−.636	+.990	−.515	+.985	−.524
M3'	+1.376	−.534	+1.541	−.754	+1.444	−.641	+1.376	−.527	+1.328	−.427	+1.298	−.261
M4'	+1.625	−.425	+1.767	−.600	+1.625	−.510	+1.524	−.420	+1.460	−.340	+1.424	−.207
M5'	+1.711	−.316	+1.711	−.447	+1.557	−.380	+1.458	−.313	+1.407	−.252	+1.395	−.154
Rc	+1	−.138	+1.761	−.194	+1.643	−.165	+1.312	−.125	+1.193	−.105	+1.087	−.094
KB	+1	−.127	+1.567	−.179	+1.439	−.152	+1.312	−.125	+1.198	−.105	+1.334	−.066

注意　如係別個負重及跨間則 M 之值可用 $\frac{P_1 l}{10}$ 乘之 R 之值可用 P_1 乘之即得 （待續）

彎曲力率與直接外力

（續本卷十期）

彭禹謨編譯

例題八．　今有一樑,承受一彎曲力率,B＝400,000吋磅,及直接壓力N＝16000磅,材料極大單位應力c,不得過650磅,t不得超過18000磅,試設計之,假定該樑之截面爲18″×10″,

則

$$n = \frac{16.5}{1 + \frac{18000}{650 \times 15}} = 5.8 \text{吋},$$

$$V = \frac{650(15-1)(5.8-1.5)}{5.8} = 6700 \text{磅}$$

$$a_C = 16.5 - \frac{5.8}{3} = 14.6 \text{吋},$$

$$a_s = 16.5 - 1.5 = 15 \text{吋},$$

$$C_C = \frac{10 \times 5.8 \times 650}{2} = 18850 \text{磅},$$

$$V = 18850(15-14.6) + 400000 + \frac{15 \times 16000}{2} = 527540,$$

$$U = 2 \times 18850 \times 15 \times 16000(15-14.6) = 36352 \times 10^5$$

則

$$C = \frac{52754 + \sqrt{527580^2 - 36352 \times 10^5}}{2 \times 15} = 19227 \text{磅},$$

而

$$A_C = \frac{19227 - 18850}{6700} = 0.056 \text{方吋},$$

$$A_T = \frac{19227 - 16000}{18000} = 0.02 \text{方吋},$$

第四題　試求有兩面鋼筋之已知截面之單位應力,

先假定n,

則　　　　$a_c = d - \dfrac{n}{3}$ ——————————————————————————————（2）

　　　　　$a_s = d - f$ ——————————————————————————————（2a）

　　　　　$K_c = \dfrac{bn}{2}$ ——————————————————————————————（13）

　　　　　$K_s = \dfrac{A_c(m-1)(n-f)}{n}$ ——————————————————————（14）

　　　　　$a = \dfrac{a_c K_c + a_s K_s}{K_c + K_s}$ ——————————————————————（15）

以上面諸值代入下式,

　　　　　$C = \dfrac{B}{a} + \dfrac{N}{2}$ ——————————————————————————（c）

　　　　　$c = \dfrac{C}{K_c + K_s}$ ——————————————————————————（16）

　　　　　$t = \dfrac{C-N}{AT}$ ——————————————————————————（6a）

c,t 求得後,再反求 n 以較對之,

例題九　　今有一樑其截面爲18″×8″,兩面鋼筋面積均爲1.5方吋,該樑承受一直接壓力 N=8,000磅,彎曲力率 B=140,000吋磅,試求其極大單位應力. f=1.5 吋,

假定 n=7.6 吋,

則　　　　$a_c = 16.5 - \dfrac{7.6}{3} = 13.97$,

　　　　　$a_s = 16.5 - 1.5 = 15$吋,

　　　　　$K_c = \dfrac{8 \times 7.6}{2} = 30.4$,

　　　　　$K_s = \dfrac{1.5(15-1)(7.6-1.5)}{7.6} = 11$,

$$a = \frac{13.97 \times 30.4 + 15 \times 11.2}{30.4 + 11.2} = 14.2 时，$$

$$C = \frac{140000}{14.2} + \frac{8000}{2} = 13860 磅，$$

$$c = \frac{13860}{30.4 + 11.2} = 333 磅，$$

$$t = \frac{13860 - 8000}{7} = 5860 磅，$$

以 c,t 值代入 n,则

$$n = \frac{16.5}{1 + \frac{5860}{333 \times 15}} = 7.6 时，$$

故假定之 n,可以採用,上面計算,頗爲精確,無須重算。

上述各類問題,彎曲力率與直接外力,均爲已知,有時僅知直接外力之值,及其施力線方向,則可先求出由該線至 T 與 C 兩施力線中間之軸之距離 e,於是彎曲力率即爲 N×e,其餘工作仍照舊進行可矣。　　　　（完）

造屋章程之一種

張炳生

（一）地址　該房造於上海華界某路

（二）工程　中西式住宅樓房

（三）名稱　兩層樓三間四廂前連門檻後連三層樓平屋面小房子四間及圍牆術堂陰明溝等全部爲一宅

（四）尺寸　長闊高低大小均依圖上比例英尺日後若有收縮照註之數碼爲準未註數碼之處得隨時向工程師詢明如未詢明而擅自工作查有差誤遇有必要拆除重做承攬人應遵命照做毋稍加抗違

（五）大樣　一應門窗壁貲鐵柵棚杆鐵門鋼骨水泥等工程俱放大樣於工作進行時由工程師陸續發給如承攬人擅自先行工作則日後有差誤者承攬人完全負責

（六）格式　外形內貌照穿宮側面等圖

（七）佈置　承攬人須先圍竹笆搭臨時工房與管夜棚並堅固腳手浮橋以保自始至終不發生危險而使工程師隨時管閱工程之滿意

（八）負責　承攬人完全包造對於本工程各種已成未成之建築材料在房屋未交卸前儻有損壞或遺失均歸承攬人負責並工程做至半敷卽保險至交屋爲止既交卸之後幷負六個月修理之責任

（九）供給　全部建築物料需用器具及工程局照會殼側石費打照會之手續地方流捐費危險開請均歸承攬人供給辦理

（十）接洽　承攬人須僱用富有經驗之監工常川立足工場俾工程師管閱工程時有所詢問並須婉順對答

（十一）職權　工程師有督管本工程之進行審查工作之合法指揮權

15518

（十二）自備　其自來水火電燈鈴浴缸面盆尿斗等工程由業主自備另招
　　　　　　　他人裝做承攬人毋庸包進

（十三）襄助　如業主自備另招他人裝做之工程設有損壞處承攬人須在
　　　　　　　包價內担任修整完竣

（十四）翻樣　承攬人或小包所翻一切大樣均須經工程師核准方可發工
　　　　　　　照做否則將來查有錯誤應拆除重做

（十五）合同　業主與承攬人訂立合同承攬由工程師作證並要承攬人之
　　　　　　　保證人

（十六）造價　業主同工程師密選定奪承攬人須估核準足最低逾送額不
　　　　　　　取

（十七）領款　承攬人向業主領取造價與若何規例分期支領俟訂合同時
　　　　　　　議定載入

（十八）遵守　承攬人應遵守本建築規律及工程局之訂章並須依工程師
　　　　　　　指揮

（十九）灰線　承造人先將灰線照圖壘出四角敲準平水認請業主與工
　　　　　　　程師閱對方可開掘牆溝

（二十）掘溝　一應牆溝照樣掘足各須方正平直地質不堅之處將浮土削
　　　　　　　盡有水即須屍出逢雨撐板

（二一）樁頭　其小房子牆下與大房子後廊牆下打六尺長全木樁小徑五
　　　　　　　寸穿心

（二二）底腳　所有內外牆下均做灰漿沙泥碎磚三和土尺寸須照圖做毋
　　　　　　　許偷減用頭號大木人上腳手排打結實分皮下排每皮下
　　　　　　　八寸排實至六寸逐皮排至堅結實為度三和土之合法用頭
　　　　　　　號石灰一份與淞黑沙二份金清碎磚五分其碎磚大小不得
　　　　　　　過寸半先將石灰沙泥放入池內加水調和濃漿然後將碎磚

倒在盤板上澆足重漿拌和方可下溝

（二三）滿堂 其地板下與水泥地板下各做灰礶沙泥碎磚三和土地擱柵
當內做煤屑水泥厚薄均由圖註明

（二四）水泥地 其大房子之中間與前後天井門樓間小房子衛堂均做一,
二,四合勘格水泥地板厚薄照圖註面上一,二合細沙粉光然
割格

（二五）臨時井 大房子後天井內臨時井堂只用水泥搗做井口圈全井下
週圍底用瓜子石片搗實約用一百尺方砌大號瓦承攬人
須估進在內

（二六）水料 一應牆磚用真正洪家灘頭號二,五,十,青新放磚屋面之瓦片
用滬口裕記廠頭號紅瓦石灰用頂上船灰不得以火車灰混
用惟一應線腳磚用老紅磚三層樓下每間砌三眼灶一付用
青磚灶面用洋松鑲光做好共四間均照圖樣

（二七）牆頭 一應牆頭厚薄高低均照圖樣用灰沙砌撒子發圈用一,二合
水泥砌統要還本地上等人工瀟刀灰刮足勼縫實砌到頂須
上下平直不能斜扣砌時將磚頭澆濕足透每砌三尺高用水
平一次如不平直斜扣者不論砌高多少必要拆脫重砌各種
牆下勒腳照牆身加放厚五寸大方腳亦照放每兩皮一收砌
高六皮外週勒腳面須砌限子式以待後粉一,二合水泥之牢
固磚頭未砌前須浸過

（二八）隔潮毡 一應牆內由泥皮之上均鋪二號油毛毡雙面搭熱柏油該
號樣品須呈與工程師閱准方可

（待 續）

建築洮索鐵路之動議

奉省建築洮索鐵路,傳聞業已旬日,但迄今未得確訊,茲由交通界傳出消息,建築洮索路,實起源於二年前,斯時蒙古王公在哈會議,會與奉天當局有一度之商議,某蒙王之代表包某,亦主與奉方合辦,嗣因奉直戰起,此議遂擱置,近來楊宇霆莫德惠等,又復提起,遂於年前派員調查一切,時洮南張鎮守使及蒙王等,擬仿吉敦路辦法,由南滿路借款包工,向奉天建議,滿鐵當局首先贊成,但莫等恐要國權,決用華資自築,近又以洮齊路竣工在即,乘機築此路,自多便利,如測繪人員及勞工等,可免臨時招募之繁,且蒙古王公如欲開發其所屬地內之寶業,及增加稅收計,亦有提早趕築之意,又俄人所辦洮路多運輸公司,已在索倫洮南間路汽車運輸毛皮等牧畜品,于是奉當局決定從速建築此路,再派員詳細調查,並測量一切,不但建築洮索路本線,且同時規劃索海(索倫至海拉爾)海室(海拉爾至室苔)之橫瓦東鐵之大鐵道,並由索倫向西延長至克爾倫,而為橫瓦滿蒙之鐵道,至于洮索本線之建築費,至少須六百萬元,擬仿奉海路辦法,由奉蒙官商共同担任,惟目前日人方面又有遊勸投資代築之說,將來是否成為事實,則非所能預料也,按該路長約三百八十里,由洮南經突泉,士什圖業旗,札薩克圖旗之洮兒河呼倫河一帶平原,而至索倫山旁,沿路物產豐富,牧草鋼草,(此草纖維力頗強,可搓繩製紙)甚茂,年產數千萬斤,桔梗,甘草,元参,隨地皆是,該二旗有未墾地六百五十八萬畝,產牛十二萬頭,馬九萬頭,羊十六萬頭,猪十萬頭,呼倫河流域有砂金,巴哈拉山,(在索倫之北)有煤礦,附近南興安嶺有森林,(其木材可供洮齊洮索等路之用)索倫為東蒙外蒙之要衝,貿易甚盛,牧畜品交易年達二百萬元,他如突泉之二百萬畝荒地,洮倫河之產魚,均與該路有密切之關係云

造水泥牆法

滕心淵

　　水泥牆分純水泥與水泥塊二式,其優點,在不使潮濕侵入,故造時所用材料,必取其少細孔者可免收吸潮氣,論水泥牆,亦注意不透水,堅固與嚴密三要點,普通水泥牆造料,用泥一成,和砂二成,與碎石子四成,如牆面向外欲暴露者,可多加砂半成,如不用石子等,則以泥一分對砂四分和之,或砂三成亦可,水泥與砂旣和,卽可做塊,再上紙筋一層,格外可不透水,大凡水泥塊之吸水,約照其重量佔十分之一,砌時用水泥紙筋,取其黏合後不透水。

　　惟水泥牆之窗,四圍之縫,極易滲水,又以窗框不密縫,雨水極易打入,補救之法,使窗扇與框分作二起隔開,中留一縫,約一二寸,所謂二起者,卽重層之闊,如是不獨潮濕無從侵入,卽熱氣亦不致傳入,牆內面氣之潮氣不至爲牆內之流水,實因隔離之法不善,致使外面濕氣侵入。

巴黎鐵塔

　　巴黎鐵塔,在一八九〇年,因開世界博覽會而建造,全部計劃與監工均爲法國著名工程師依弗 G. Eiffel 所擔任,其高度從塔底舖面起算,爲 300 米突,約等於一千英尺,開建築歷史上之新記錄,實爲空前之最高建築物也,今日之下,法國政府,已用作無線電站矣　　（雄）

編輯主任 ： 彭禹謨， 會計主任 顧同慶， 廣告主任 陸 超

代印者 ： 上海城內方浜路貽慶弄二號協和印書局

發行處 ： 上海北河南路東唐家弄餘順里四十八號工程旬刊社

寄售處 ： 上海商務印書館發行所，上海中華書局發行所，上海棋盤街民智書局
暨各大書店售報處

分售處 ： 上海城內縣基路永澤里二弄十二號顧茲慈君，上海公共租界工部局工
務處曾文奎君，上海徐家匯南洋大學趙祖康君，蘇州三元坊工業專門
學校薛泗川程鳴琴君，福建汀州長汀縣公路處羅履廷君，天津順直水
利委員會曾俊千君，杭州新市場平海路新一號西湖工程設計事務所沈
嬰良君鎮江關監督公署許英希君

定 價 每期大洋五分全年三十六期外埠連郵大洋兩元（日本在內惟香港澳門
以及其他郵匯各國一律大洋二元五角）本埠全年連郵大洋一元九角郵
票九五計算

廣 告 價 目 表

地 位	全 面	半 面	四分之一面	三期以上九五折
底頁外面	十 元	六 元	四 元	十期以上九折
封面裏面及底頁裏面	八 元	五 元	三 元	半年八折
尋常地位	五 元	三 元	二 元	全年七折

RATES OF ADVERTISMENTS

POSITION	FULL PAGE	HALF PAGE	¼ PAGE
Outside of back Cover	$ 10.00	$ 6.00	$ 4.00
Inside of front or back Cover	8.00	5.00	3.00
Ordinary page	5.00	3.00	2.00

15523

15524

工程旬刊

淩鴻勛

THE CHINESE ENGINEERING NEWS

第二卷　第十二期

民國十六年四月廿一號

Vol 2 NO 12　April 21st. 1927.

本期要目

工程旬刊社發行

上海北河南路東唐家弄餘順里四十八號

中華郵政特准掛號認為新聞紙類

(Registered at the Chinese Post office as a newspaper.)

代銷工程旬刊簡章

（一） 凡願代銷本刊者,可開明通信處,向本社發行部接洽,

（二） 代銷者得照定價折扣,銷貳十份以上者,一律八折,每兩月結算一次（陽歷）,

（三） 本埠各機關擔任代銷者,每期出版後,由本社派人專送,外埠郵寄,

（四） 經理代銷者,應隨時通知本社,每期銷出數目,

（五） 本刊每期售大洋五分,每月三期,全年三十六期,外埠連郵大洋貳元,本埠連郵大洋一元九角,郵票九五代洋,以半分及一分者為限,

（六） 代銷經理人,將款寄交本社時,所有匯費,統歸本社擔任,

工程旬刊社發行部啓

工程旬刊投稿簡章

（一） 本刊除聘請特約撰述員,擔任文稿外,工程界人士,如有投稿,凡切本社宗旨者,無論撰譯,均甚歡迎,文體不分文言語體,

（二） 本刊分工程論說,工程著述,工程新聞,工程常識,工程經濟,雜組通訊等門,

（三） 投寄之稿,縱橫寫清楚,篇末註明姓名,暨詳細地址,句讀點明,（能依本刊規定之行格者尤佳）寄至本刊編輯部收

（四） 投寄之稿,揭載與否,恕不預覆,如不揭載,得因預先聲明,寄還原稿,

（五） 投寄之稿,一經登錄,即寄贈本刊一期,或數期,

（六） 投寄之稿,如已先在他處發佈者,請預先聲明,惟揭載與否,由本刊編輯者斟酌,

（七） 投稿登載時,編輯者得酌量增刪之,但投稿人不願他人增刪者,可在投稿時,預先聲明,

（八） 稿件請寄上海北河南路東唐家弄餘順里四十八號,工程旬刊社編輯部,

工程旬刊社編輯部啓

編 輯 者 言

鐵筋混凝土,在建築史上比較爲新,關於力學問題至今猶未見十分完全,而圖解方法,更少研究,本期所載吳之翰君之「求鐵筋混凝土應力之圖解法」,對于不規則或特別之肢材,截面設計,頗多便利,讀者請注意之。

膠泥與混凝土之抗壓強度論

（續本卷第十一期）

趙 國 華

又假定　　$\frac{a}{c}=s.$　則上式又化爲

$$(1+b+r)c=1-b.$$

$$c=\frac{1-b}{1+s+r} \tag{15}$$

設求材齡二十八日得其抗壓強度爲2500lbs.之混凝土須用若干之水泥,但沙用花沙及細沙二種情形,　由二圖得　$\frac{V}{c}=.17$　（附近今用之）

今假定混和水量爲1.2Basic,使用石子之絕對容量爲.50,而荒沙之Vm假定之爲.26,細沙之Vm假定之爲.35.則Vm（荒砂3.5）,Vm（細紗1.0）,代入(15)式而得,

荒砂之情形　　　　$c=\frac{1-.50}{1+3.5+1.7}=.0806=.081.$

$$a = .081 \times 3.5 = .282.$$

細砂之情形
$$c = \frac{1-.50}{1+1.7+1.9} = \frac{.5}{.46} = .109.$$

$$z = .109 \times 1.9 = .207.$$

以上所得之結果其沙與水泥之配合最爲經濟,而 .50 之石子容積亦甚相當,故以上結果可用之以爲實施之臬圭。

例六. 由膠泥用水曲綫,算定混凝土用之適當水量法。

混凝土先有 a, b, 及 c 之值爲已知,且由任何之沙由其膠泥用水曲綫而得其用水量,而混凝土中所用之水量即可由膠泥之容量相比例而決定之,但混凝土中之膠泥容積爲 $\frac{a+c}{1-Vm}$ 即 $1-b$。

設　　　　　$a = .282,$　　　　$c = .81.$　　　$\frac{a}{c} = 3.5$

水量可用 1.2 Basic. 由七圖得其用水量爲 .25 由五圖而得 Vm 爲 .27。

$$\frac{a+c}{1-Vm} = \frac{0.282+.081}{1-.27} = \frac{.303}{.73} = .5.$$

此容積即混凝土全容積之半分,而用水量爲膠泥之四分之一故混凝土一立方呎所用之水量爲 $0.5 \times .25 = 0.125$ 立方呎,但此水量石子與沙粒所吸收者須另加之。

以上六例所示,對于製造混凝土之種種配合問題,已包括無遺,而于用任何方法之配合,亦得重求其強度之精密值,此本理論之長處也。

　　　　　　　　　　　　　　　　　　　　　　　　　　　　（完）

求鐵筋混凝土應力之圖解法

吳之翰

　　鐵筋混凝土為兩種物材組合而成,故計算其應力之手續至為繁難,荷其外力簡單,斷面整齊,猶可勉為其難,用算式計算,否則不但不勝其煩,亦且勞而無功,蓋鐵筋混凝土之建築,固不需至精確之計算也,是以圖解法尚矣,本篇所論,限於一軸對稱之斷面,承受彎曲力率與直接外力(Biegung mit Axialkraft ※).荷斷面為距形,則其計算可按本刊第二卷第三期彭禹謨君所著之"彎曲力率與直接外力"行之.

　　茲為作圖簡易起見,先假定下列三項——

(一)斷面變形後仍保持為平面,換言之即斷面各點之應力與其距離中立線(Nullinie)之遠近成正比例(此為Navier之假設).

(二)鐵與混凝土彈性小數之比例為n,其值為15.

(三)混凝土不受拉力.

　　N 為外力其作用點在對稱軸上則中立線必與對稱軸垂直設中立線與N之距離為a,有效斷面(Wirksamer Quershuitt 即受壓之混凝土面積,與n倍之鐵面積,)上之任何面素(Fla''chenelement) dF 與中立線之距離為V,而dF上之單位應力為 σ,則按平衡條件可得

$$N = \int \sigma \cdot dF \quad\text{————————————(1)}$$

$$N.a = \int \sigma \cdot dF \cdot V \quad\text{————————————(2)}$$

　　在積分符號內以 $\dfrac{V}{V}$ 乘,則

$$N = \int \frac{\sigma}{V} \cdot dF \cdot V, \quad N.a = \int \frac{\sigma}{V} \cdot dF \cdot V^2$$

σ 與 V 皆為變量,能按第一項假定 $\dfrac{\sigma}{V} = \dfrac{\sigma b}{Vm}$,σb 為混凝土之最大單位應力,Vm 為其相當之距離(參觀附圖);皆為常量故 $\dfrac{\sigma}{V}$ 亦為常量,可括出積分符號.

$$N = \frac{\sigma}{V} \int dF \cdot V \quad\cdots\cdots\cdots\cdots\cdots\cdots\cdots\cdots\cdots\cdots\cdots\cdots\cdots\quad (1')$$

$$N \cdot a = \frac{\sigma}{V} \int cF \cdot V^2 \quad\cdots\cdots\cdots\cdots\cdots\cdots\cdots\cdots\cdots\cdots\quad (2')$$

以(1')代入(2')則得

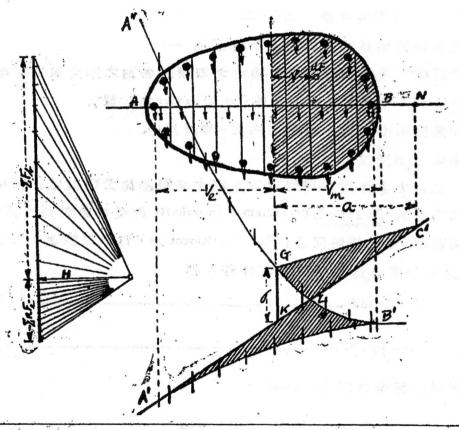

※本節所引西文術語均為德文

$$a \cdot \frac{\sigma}{V} \int dF.V = \frac{\sigma}{V} \int dFV^2$$

$$故 \quad a = \frac{\int dF.V^2}{\int dF.V} = \frac{T'}{M'} \quad\text{.................................(3)}$$

T' 為有效面積對於中立線之惰率(Trägheitsmoment),而 M' 為其靜力率(statisches Moment),(圖一)中之 A''B'A' 乃由左方力圖(Krafteck)所得之繩圖(Seileck),力圖之極距(Polweite)為H,此 A'B' 部分屬於n倍之鐵斷面而 B'A'' 則屬於各條混凝土之面積假設 GK 為所求中立線之準確地位,則有效斷面對於中立線之靜力率

$$M' = H.z$$

而其惰率

$$T' = 2.H. \overline{A'B'GK之面積}$$

$$故 \quad a = \frac{T'}{M'} = \frac{2\overline{A'B'GK之面積}}{z}$$

$$或 \quad \frac{a.z}{2} = \overline{A'B'GK之面積}$$

$$故 \quad \frac{a.z}{2} = \triangle C'GK之面積$$

$$故 \quad C'GK = A'B'GK$$

其中 GKL 為雙方公共之面積故可略去,則

$$C'GL = A'B'L$$

根據此式試作 C'G 線,經數次移動即可得適當之 G 點中立線之位置因是而定按(1')式

$$\sigma = \frac{V.N}{\int dF.V} = \frac{V.N}{M'} = \frac{V.N}{H.z}$$

故混凝土之最大單位應力

$$\sigma b = \frac{Vm.N}{H.z} \quad\cdots\cdots\cdots\cdots\cdots\cdots\cdots\cdots (4)$$

鐵之最大單位應力

$$\sigma e = \frac{Ve.N}{H.z} \quad\cdots\cdots\cdots\cdots\cdots\cdots\cdots\cdots (5)$$

以上所述,假設受壓部分亦含鐵筋,而 N 為壓力,倘 N 為拉力或鐵筋僅限於受拉部分,其作圖之法,可據此推演,不難為三隅之反也.

（完）

鋼骨三和土橋面板集中荷重之彎矩計算
（續本卷第十一期）（茶子用）

表二　5個等距跨間之極大極小彎矩暨抵抗力　跨間各10呎應負重為1(1個或兩個某距離D)

	D=10 極大	D=10 極小	D=11 極大	D=11 極小	D=12 極大	D=12 極小	D=13 極大	D=13 極小	D=14 極大	D=14 極小	D=15 極大	D=15 極小
MB	-.577	+.154	-.591	+.157	+.170	-.620	+.204	-.660	+.211	-.705	+.200	-.750
M1	+.588	-.165	+.621	-.185	+.638	-.208	+.642	-.230	+.634	-.249	+.620	-.263
M2	+1.024	—	+1.024	—	+1.024	—	+1.024	—	+1.024	—	+1.024	—
M3	+1.306	-.078	+1.302	-.080	+1.310	-.085	+1.325	-.102	+1.345	-.106	+1.366	-.101
M4	+1.441	-.164	+1.455	-.158	+1.485	-.170	+1.525	-.204	+1.569	-.211	+1.614	-.200
M5	+1.433	-.251	+1.478	-.237	+1.538	-.255	+1.605	-.306	+1.672	-.317	+1.729	-.300
M6	+1.296	-.308	+1.377	-.316	+1.465	-.340	+1.554	-.408	+1.631	-.401	+1.687	-.401
M7	+1.060	-.385	+1.171	-.394	+1.282	-.425	+1.378	-.510	+1.448	-.528	+1.498	-.501
M8	+.740	-.587	+.872	-.614	+.988	-.636	+1.072	-.640	+1.126	-.684	+1.154	-.602
M9	+.373	-1.038	+.507	-.991	+.605	-.984	+.668	-.864	+.701	-.774	+.708	-.702
Mc	-1.596	—	-1.478	+.112	-1.359	+.184	-1.199	+.221	-1.038	+.230	-.859	+.230
M1'	+.569	-1.089	+.607	-.992	+.627	-.946	+.631	-.870	+.623	-.785	+.607	-.705
M2'	+.999	-.590	+1.001	-.619	+1.001	-.643	+.999	-.649	+.999	-.649	+.997	-.638
M3'	+1.282	-.261	+1.278	-.359	+1.284	-.446	+1.376	-.514	+1.316	-.562	+1.336	-.582
M4'	+1.418	-.065	+1.431	-.207	+1.459	-.367	+1.545	-.441	+1.625	-.510	+1.586	-.574
M5'	+1.415	—	+1.458	-.154	+1.517	-.308	+1.584	-.407	+1.651	-.506	+1.711	-.557
RB	+1	-.093	+.939	-.095	+.898	-.099	+.878	-.106	+.873	-.113	+.881	-.120
Rc	+1.209	—	+1.076	-.093	+.944	-.207	+.841	-.334	+.733	-.466	+.610	-.510

注意　如保別重有重及跨間則 M 之差可用 $\frac{P.l}{10}$ 乘之　R 之差可用 P_1 乘之即得（待續）

國民政府着手擴張南潯鐵路

南潯路自歸黨軍手後,將內部大加改革,對於無票乘車之軍人絕對不許,依時開行,收入大有增加,現任管理局長虞愚,曾任吉長路局長,近益從事建築方面,最近孫科提議將南潯路,由南昇延長至萍鄉,該處為一九一四年中英間訂立七百萬磅借款之甯湘路之預定線,國民政府不認前約,擬自行建築,其工費因延長線路達百十七餘英里,約須資金二千萬元.

國民政府建設工作之一斑

開始修築鄂省江堤

世界新聞社譯美報云,中國國民政府現正在招集工人七萬人,修築鄂省江堤,以期救免一千萬人民之生命,俾不致為水災飢荒所迫,其總工程師已訂定國際救災委員會工程師美國人脫特氏充任,同時組織一湖北築堤委員會,主管此項重大工程,脫特氏近在北京幫同籌畫經費,現已由京赴鄂,着手工作,查長江上游及漢江堤岸,久已失修,三十年來,歷任大員任其毀壞,漠視不理,民國成立後,各軍閥只知私爭,欲錢肥己,更不注意人民福利,去年夏間,洪水為災,堤岸潰決,為禍之烈,為五十年來所未有,若再不修,今夏情形益復可危,故國民政府於建設伊始,即注意於此,以七萬名之勞工,輔以近世工程技術,當可克奏膚功,挽回浩劫,然此項堤工,雖工程鉅而效甚宏,工人僱值則甚低廉,每日僅得美金一角,足敷一飽之需,較往常災荒最烈區域內之工資且減五分,預算本年工作經費,共須美金一百七十五萬元,據脫特氏言,新堤將高出於高度水平不少,沿堤面開一闊二十呎之路,如有緊急修築必要時,可以行駛汽車,又在行人往來最多之沿堤處,築一普通路,以便行人,但此項工程,尚係暫時防禦今夏水災之續發,至於根本解決長江漢江之水患,尚非大規模的疏濬揚子全部水道不可云.

造屋章程之一種

（續本卷第十一期）

張炳生

（二九）木料　其外週門窗檻子用三寸六寸抄板地欄柵用硬木三寸方門窗與洋臺掛落用留安內面門窗檻子門窗扶梯樓欄柵踢脚線窗門頭線承重柱子平頂欄柵大料椽頭人字木格樣斜撐天棚料等均用洋松桁條用老杉木小徑五寸半至六寸墻頂板用一时六寸建松板上舖二號油毛毡用二分條子板開當十六寸中到中平頂板條用洋松來路機器條子離縫一分踢脚線高八寸一應木料須辦頂上之貨不能以次低貨混用洋松須要節疤稀之貨樓地板與清水板均用一寸六寸頭號來路洋松企口板圖樣上盧線者是清水板壁高到頂推芝蔴圓線地板除中間水泥地外其兩邊間連廂房是也所有水泥壳子料須用新貨洋松不准用舊板一概下層窗堂裝鐵柵

（三十）清水泥　一應墻頭壓頂線鐵門搖梗石均以一,二,四合清水泥搗做即一份水泥二份黃砂四份松江石子壓頂厚六寸

（三一）鋼骨水泥　其小房子樓板過樑平屋頂扶梯與平臺前後洋臺門樓之樓板等均是鋼骨水泥一,二,四合一份象牌水泥二份精銳黃砂四份淞江石子水泥扎鐵圖樣並大料之尺寸另即繪出發給一應水泥工程內均須用避水漿石子大小不能逾六分扎鐵放入壳子壳子板縫均嵌密泒不准漏漿請工程師開對並候工程局看過方可搗做搗後一星期內須時常澆水至不乾爲度暑天用蘆蓆遮蓋寒時須以稻草密蓋大凍天不准搗做一切壳子板搗後滿三星期經工程師許可堪拆搗做水泥

時照工部局做法聽工程師指揮以上各種情形承攬人均不能有誤每樓板須一天搗竣

（三二）粉刷　其外牆面清水嵌灰縫內牆面粉柴泥白石灰及白石灰上下平頂與時式線脚及燈圈線脚燈圈後出大樣一應水泥工程均須一二合水泥粉面小房子兩邊間內粉一二細合水泥高五尺

（三三）花紋線脚　其外牆面窗門框線縫雪口煥門脚頭臺口線墩子面綑蓆線均做磚頭砌清水線脚該磚頭與牆角磚均須人工飽做出所有山頭面與庫門頭面之花紋用清水泥塌出後出大樣

（三四）石料　前面牆沿套環庫門後面後門地檻大小鐵門下撐當外週一應窗檻內柱下礩皮均用上等金山蘇石礫珠與廂房開壁用頭號甯波綠石其牆沿厚六寸闊十六寸庫門杵八寸十二寸天盤十六時廿寸地檻六寸廿寸後門地檻與小撐當六寸十五寸大撐當六寸廿寸窗檻厚五寸拾寸牆上闊十三寸拾伍寸牆上闊十八寸礩皮厚六寸方十八寸磚珠照柱脚加放做胡瓶式閘壁線脚後出大樣

（三五）鐵器　其大小鐵門與窗堂鐵柵一應欄杆及屋頂鐵器前後門工鐵門水落撐鈎均用熟鐵大房子窗堂做花鐵柵小房子窗堂鐵柵做五分方直柵其鐵欄杆花鐵柵後出大樣屋頂內鐵落子三叉環螺絲等須照例配金其水泥工程內之鋼骨用比國貨竹節鋼條不准用次銹之貨水落管子還水天溝用24號美平白鐵敲做管子三寸四寸水落十六寸方敲出線脚時式方水斗後出大樣水落撐鈎一分厚一寸闊一丈內三只水落接頭用夾板螺絲搨足白漆捲口內須安一分鉛絲

（三六）插銷鉸鏈鈎子鎖　其玻璃窗上鎖長候手便下銷長六寸均做三分

圓包銅銷窗鈎長四寸洋門鈎長六寸庫門上做大號時式花
銅風圈壹副等均用四紅銅鉸鏈撐窗鈎用來路白鐵撐鈎之
長短候撐開之便用鉸鏈洋門上四寸窗上三寸半腰頭上三
寸一應門鎖大房子洋門鎖每把價銀叁兩之上小房子一兩
之上均須外國來路貨

（三七）玻瑓　一應門窗玻瑓均用英國貨頭號淨片腰頭上用顏色冰梅片
天棚上用鉛絲片上面須做木架鉛絲網

（三八）油漆　板壁扶梯楯地板洋藣均做一底雙度廣漆庫門做搭蔴退光
漆天棚做一底雙度（白漆）水落管子水斗退水天溝及一
應鐵器均先搩桃丹後做雙度色油顏色臨時指定裏牆壁面
與平頂均刷雙度老粉

（三九）陰明溝　週圍牆邊做水泥半圓明溝連邊共闊拾寸陰溝用水泥龙
筒待後補出圖樣照排須接通公路陰溝

中華民國　　年　　月　　日　　　　　　　　訂

　　　　　　　　　　　　　　　　　　　　　　（完）

15537

一立方呎之水泥談

彭　再　謨

一立方呎之鬆積水泥,可做成

　　　1：2：4之混凝土4.1立方呎,

　　　1：2$\frac{1}{2}$：5 ,, ,, ,, ,, ,,5 ,, ,, ,,,

　　　1：3：6 ,, ,, ,, ,, ,,5.8 ,, ,,,

　　　1：4：8 ,, ,, ,, ,, ,,7.5 ,, ,,,

1立方呎之鬆積水泥,可鋪成1吋厚之面10.4方呎,

1立方呎之鬆積水泥,與1份砂粒所成之膠泥,可鋪成1吋厚之面約17方呎,

1立方呎之鬆積水泥,與2份砂粒所成之膠泥,可鋪成1吋厚之面約25方呎,

1立方呎之鬆積水泥,與3份砂粒所成之膠泥可鋪成1吋厚之面約34方呎,

1立方呎之鬆積水泥,與2份砂粒所成之膠泥可砌用$\frac{3}{8}$吋線縫之磚,約146塊,用$\frac{1}{4}$吋線縫之磚約247塊,

1立方呎之鬆積水泥,與3份砂粒所成之膠泥,可砌用$\frac{3}{8}$吋線縫之磚,約212塊,用$\frac{1}{4}$吋線縫之磚,約317塊

本　刊　歡　迎　投　稿

編輯主任： 彭禹謨， 會計主任 顧同慶， 廣告主任 陸 超

代印者： 上海城內方浜路貽慶弄二號協和印書局

發行處： 上海北河南路東唐家弄餘順里四十八號工程旬刊社

寄售處： 上海商務印書館發行所，上海中華書局發行所，上海棋盤街民智書局暨各大書店售報處

分售處： 上海城內縣基路永澤里二弄十二號顧淼慈君，上海公共租界工部局工務處曹文奎君，上海徐家匯南洋大學趙祖康君，蘇州三元坊工業專門學校薛潤川程鳴琴君，福建汀州長汀縣公路處羅履廷君，天津順直水利委員會曾俊千君，杭州新市場平海路新一號西湖工程設計事務所沈襄良君鎮江關監督公署許英希君

定 價 每期大洋五分全年三十六期外埠連郵大洋兩元（日本在內惟香港澳門以及其他郵匯各國一律大洋二元五角）本埠全年連郵大洋一元九角郵票九五計算。

15539

廠造營記仁新

SIN JIN KEE & CO.,

BUILDING CONTRACTORS

HEAD OFFICE;–NO450 WEIHAIWEI ROAD, SHANGHAI

TEL: W. 531.

本營造廠○在上海威海衛路四百五十號○設立已五十餘年○經驗宏富○所包大小工程○不勝枚舉○無論鋼骨水泥或磚木○鋼鉄建築○學校校舍○公司房屋○工廠堆棧○碼頭橋樑○街市房屋○以及住宅洋房等○各種工程○莫不精工克已○各界惠顧○竭誠歡迎○

新仁記謹啓

電話　西五三一

15540

淩鴻勛

工程旬刊

THE CHINESE ENGINEERING NEWS

第 二 卷　　　第 十 三 期

民國十六年五月一號

Vol 2 NO 13　　　May 1st, 1927

本期要目

工 程 旬 刊 社 發 行

上海北河南路東唐家弄餘順里四十八號

15541

代銷工程旬刊簡章

(一) 凡願代銷本刊者,可開明通信處,向本社發行部接洽,

(二) 代銷者得照定價折扣,銷貳十份以上者,一律八折,每兩月結算一次(陽歷),

(三) 本埠各機關擔任代銷者,每期出版後,由本社派人專送,外埠郵寄,

(四) 經理代銷者,應隨時通知本社,每期銷出數目,

(五) 本刊每期售大洋五分,每月三期,全年三十六期,外埠連郵大洋貳元,本埠連郵大洋一元九角,郵票九五代洋,以半分及一分者為限,

(六) 代銷經理人,將欵寄交本社時,所有滙費,概歸本社擔任,

工程旬刊社發行部啓

工程旬刊投稿簡章

(一) 本刊除聘請特約撰述員,擔任文稿外,工程界人士,如有投稿,凡切本社宗旨者,無論撰譯,均甚歡迎,文體不分文言語體,

(二) 本刊分工程論說,工程著述,工程新聞,工程常識,工程經濟,雜組,通訊等門,

(三) 投寄之稿,望繕寫清楚,篇末註明姓名,幷詳細地址,幷讓點明,(能依本刊規定之行格者尤佳)寄至本刊編輯部收

(四) 投寄之稿,揭載與否,槪不預覆,如不揭載,得因預先聲明,寄還原稿,

(五) 投寄之稿,一經登錄,即寄贈本刊一期,或數期,

(六) 投寄之稿,如已先在他處發佈者,請預先聲明,惟揭載與否,由本刊編輯者酌酢,

(七) 投稿登載時,編輯者得酌量增刪之,但投稿人不願他人增刪者,可在投稿時,預先聲明,

(八) 稿件請寄上海北河南路東唐家弄餘順里四十八號,工程旬刊社編輯部,

工程旬刊社編輯部啓

編　輯　者　言

我中華立國數千年,巨大工程,無代無之,惟建築之法,大都軼而不傳,專本既缺,研究途鮮,此亦建築進化史上之弱點也,通商以後,羣倘西化,建築設計,得自外籍,建築材料,採用外貨,而佈置手續,工作細則,莫不仿效歐美,豈固有工程而不顯,本國材料而不用,年內國內工程人士,亦有學會之組織,材料試驗之成立,對於本國工程,常有所進,屜本期所載之「論紙筋與磚牆之關係」一篇,亦爲研究本國建築材料之作,願讀者注意及之.

論紙筋與磚牆之關係

滕心淵

紙筋所以黏合磚,或石塊,係用石灰與砂和合而成,泥水匠應注意紙筋之和合法,要知一牆之效力優劣,雖在所用之磚,但紙筋與黏合材料亦具有關係,有時磚工失敗,咎不在磚,而在紙筋,建造者,于此可見紙筋原料,須選上品,而和合時,必加謹慎,查砌牆之時用紙筋,不獨黏合,且可舖平隙縫,使空氣與水不能透入牆內.

紙筋之石灰,必採用十分純淨者,其原料爲灰石,其中如含泥一二成,則可燒成之,如含泥二成至二成半,必有黏性,灰石一經火燒,其中炭養全除,祇留鈣養,水加入,全收吸,卽發作汽而裂之,同時拌撥之,方法宜完備,使成細粉,較原石派出二三倍,灰石愈純淨者,派數必加多.

石灰既經拌和,卽可加入細砂,砂在石灰內,使之不縮,納之燒乾亦加砂,且砂價廉,可減少紙筋成本純淨之石灰,拌合後,其色必白,如中含矽礬等雜質,則色作淡黃,或灰色,溶化時,亦較緩,再石灰含鈣多者,易熟性速其含鎂者

不易熱,其性亦遲,故溶和鈣養石砂時,宜將水全傾入,溶鈣養灰石之水,宜絡續加添,二者作用不同.

工匠今有用巳研細之石灰者,取其拌合易,至於加入之砂必取尖利淨潔之粗砂,如湖砂即可用,所以取尖利,利用其稜角,而生寫足之黏合性,再砂淨爆時不成塊,執之不汗手,故沙內萬不可容木砂樹葉等泥雜質,如有泥土羼入,亦足有害紙筋,使其黏合性減少.

再砂之粗便拌說易,可少用他黏合物,總之砂愈粗,則紙筋之能力愈足,造膠者不可不注意也.

鋼筋混凝土建築工程用板模之設計

（續本卷第四期）

彭禹謨編譯

第二章　材料,載重,壓力,應力.

第一節　木材

用為板模之木材,其最易得者,當推松木,是種材料,大抵比較別種木材,可以便廉,並易分配,以成各種式樣.

檜木亦為佳材,極適用於建築板模,惟不若松木之普通易得耳,樅木在美國工程界中,用為板模材料者亦衆.

建築板模用之木材,須無孔節,紋理須緊密,則已成之混凝土表面,可以精潔平滑,軟白松木無此劣點,故極適用於建築體紋,牆邊楯欄等,其所得之表面,當極雅潔光滑也,然軟白松木,其價太貴,其彊度太低,不合大用耳.

硬木不見用於板模建築,然有時亦用為支柱上部之帽蓋,或下端之楔板者,蓋藉此可以增加橫切木理Grain之法許壓力,同時又可使所用之支柱,係較小之圓徑者,硬木之缺點,係不易工作暨打釘是已.

半風乾之木材,最合建築板模之用,蓋用太乾燥之木材,一着水分,即猛烈吸收,而板模必較原來形式膨漲,如用太新鮮之木材,一經太陽或暑熱天氣即剝乾縮,致混凝土成後之表面,發現波狀之形像.

建築板模用之木材,有鉋光者,有粗面者,惟工人恆不喜用粗面之木材,建築板模查鉋光之法,其種類不一,有四面者,有一面一邊者,有一面兩邊者,普通最好用四面均鉋光之木,以其易趨一列,並易配合也.

關於任何一部所用之木料,必須鉋至一樣厚度,俾易配合,用為殼子板之木料,更宜有均勻劃一之厚度,否則工作之人,必困於接合矣欄栅,支柱等

所用之木料,亦宜保有劃一厚度以便配置容易也.

關於1吋厚至2吋厚壳子板之配合,有用雌雄筍者,有係平正配接者,有用斜接筍者,三者之中,以雌雄筍爲最佳,如木料乾燥者,用斜接筍亦可得較佳之結果,因在木材膨脹之際,可以不致彎曲也,平正配接者,須用較厚之板楗.

木材之厚度,視市面普通與否,兼載重大小與否而定,然前者恆作標準,蓋市面常有之木材,其價常一定,配用之時,在支距之間,加以變化可已.

磚常大概樓板用之壳子板,爲1吋厚,鉋光後,存$\frac{13}{16}$吋,牆壁用之壳子板,及樑柱用之邊板,其厚度約自1吋至2吋,用時鉋去$\frac{3}{16}$吋或$\frac{1}{4}$吋,樑底所用之板,其厚度用2吋者居多.

棚柵用之木料,大概自(2吋×4吋)至(3吋×10吋),惟(2吋×6吋)爲最普通,柱用之束條 Column Yokes,大概爲(3吋×4吋)或(4吋×4吋),

間柱Studs及橫板Wales大概自(2吋×4吋)至6吋×6吋),小柱 Posts 大概自(3吋×4吋)至(6吋×6吋),

普通工作,均用上述之最小尺寸,木材,特別須增加力度者,其數可倍之.

木材之長度,如在訂定工程條例時,關於定購之呎吋,最好特別注意,務使應用之際,減少意外之損耗.

壳子板之長度,可任意定購,因其應用之時,可任意配合,卽零短之料,亦可加入.

棚柵,間柱,小柱樑底等,所用之木料,如須配合至一定尺寸者,定購時須採用最相近之市面所有之長度,以配該項應需之高度或跨度,譬如樓板,用棚柵之跨度爲5呎6吋,則定購之木材,長度,最好爲12呎者,則在應用時,可免過耗之弊,故當分別各部應需木材之長度時,不可不特別深加注意,否則過猶不及,皆匪經濟之道,而況木材料價一項,在鋼筋混凝土工程中,佔一重大部分哉.

（第二章第一節完）

鋼骨三和土橋面板集中荷重之彎權計算

（續本卷十二期）

俞　子　明

　　再由表一繪成各點之影響綫,則荷重在任何位置時,對于各該點所生之彎權或抵抗力,即可一目了然,

　　若荷重為 P_1 及徑間為 L,則彎權之值,當乘以 $\dfrac{FL}{10}$,而抵抗力之值當乘以 P_1

　　若荷重為一對時,其距離為 D,則其值為相距 D 之兩值之代數和,

　　表二所列為單獨荷重及一對荷重在不同距離時對于各點之彎權及抵抗力之最大又最小值 D 值為表中所未列者可以比例求之

　　(14) 由表二可得每一標準徑間內各點之最大及最小彎權及抵抗力但須注意者即無論正負彎權一對荷重所生者並非常較單獨荷重所生者為大是也

　　若壓路機為計算時最大之荷重而橋面鋪道須用壓路滾照則其方向有時與桁成直角而斯時單獨荷重之影響當同時致察以定其最大最小值

　　　但方向不同時有效寬度亦異故比較時當先以有效寬度除之如(7)節所述

　　(a) 輪向與桁平行時　　　　$e = \dfrac{2}{3}(2x+c)$ ————————————(a)

　　(b) 輪向與桁成直角時　　　$e = \dfrac{4}{3}x+c$ ——————————————(b)

即輪為一對時用(a)式為單獨時用(b)式

　　若鋼骨之分佈直相連結則 e 為常數而 $x = \dfrac{L}{2}$ 即

$$c = \dfrac{2}{3}(L+c) \text{ ————————————(a')}$$

$$e = \frac{4}{3}L + c \quad\text{------------------------(b')}$$

(15) 例題　若P＝1,L＝5呎,c＝1.3呎,D＝6呎,試求各點之最大最小彎櫃及抵抗力.

今　$P_1 = \frac{P}{e} = \frac{1}{e}$故將影響綫中各值除以各相當之 e 而後求其最大最小值則得列如表三爲最後決定之值此表不僅表示支點上及中央部份之最大最小值且表示任何各點之最大最小值足以爲設計時精確之根據者也.

然中荷重之彎櫃及抵抗力之值及其相當之位置旣得則勻佈活荷重之分佈區域及最大最小彎櫃及抵抗力亦可決定再加以固定荷重之最大最小彎櫃及抵抗力卽得最大及最小總彎櫃及總抵抗力.

(16) 本篇所述僅及橋面板之設計實際上計算雖不精確結果之差未必甚且此可以各不同之計算法比較得之不過在理論上計算書所列比較的有精確之依據示人以較爲可靠而事實上亦的確較爲經濟耳如支點有重彎櫃中央有負櫃及抵抗力有負數等均非尋常頒行之規則所計及也.

通　論

續　表　（一一）

5個等距跨間之最大最小彎矩暨抵抗力　跨間為10單位,負重為1(1個或兩個其距離為D)

	D=16 最大	D=16 最小	D=17 最大	D=17 最小	D=18 最大	D=18 最小	D=19 最大	D=19 最小	D=20 最大	D=20 最小	Single 最大	Single 最小
MB	-.788	+.211	-.816	+.204	-.834	+.170	-.843	+.104	-.845	—	-.788	+.211
M1	+.600	-.272	+.577	-.277	+.555	-.277	+.536	-.276	+.522	-.272	+.536	-.249
M2	+1.024	—	+1.024	—	+1.024	—	+1.024	—	+1.024	—	+1.024	—
M3	+1.389	-.106	+1.406	-.102	+1.422	-.085	+1.431	-.052	+1.436	—	+1.408	-.106
M4	+1.652	-.211	+1.680	-.204	+1.698	-.170	+1.708	-.104	+1.709	—	+1.652	-.211
M5	+1.771	-.317	+1.798	-.306	+1.812	-.255	+1.815	-.155	+1.809	—	+1.729	-.317
M6	+1.723	-.423	+1.742	-.408	+1.746	-.340	+1.738	-.207	+1.723	—	+1.631	-.423
M7	+1.517	-.528	+1.521	-.510	+1.512	-.425	+1.493	-.259	+1.466	—	+1.378	-.528
M8	+1.160	-.634	+1.149	-.612	+1.126	-.510	+1.094	-.311	+1.057	—	+.988	-.634
M9	+.695	-.740	+.667	-.712	+.630	-.595	+.587	-.363	+.545	—	+.507	-.740
Mc	-.845	+.184	-.816	+.141	-.680	-.092	-.646	+.043	-.677	-.230	-.861	+.230
M1'	+.585	-.656	+.559	-.636	+.533	-.632	+.511	-.640	+.120	-.656	+.511	-.752
M2'	+.994	-.634	+.992	-.632	+.990	-.632	+.437	-.634	+.110	-.634	+.990	-.643
M3'	+1.357	-.612	+1.376	-.628	+.825	-.632	+.289	-.626	—	-.612	+1.376	-.534
M4'	+1.625	-.608	+1.107	-.624	+.660	-.632	+.216	-.619	—	-.593	+1.625	-.425
M5'	+1.243	-.608	+.837	-.620	+.495	-.632	+.216	-.612	—	-.592	+1.711	-.316
Rc	+.724	+.417	+.832	+.304	+.920	-.190	+.977	+.093	+1	—	+1	-.127
RB	+.899	-.127	+.923	-.122	+.950	-.102	+.977	-.061	+1	—	+1	-.188

註　如係別種負重及跨間則 M 之值可用 $\frac{Pl}{10}$ 乘之　R 之值可用 Pl 乘之即得

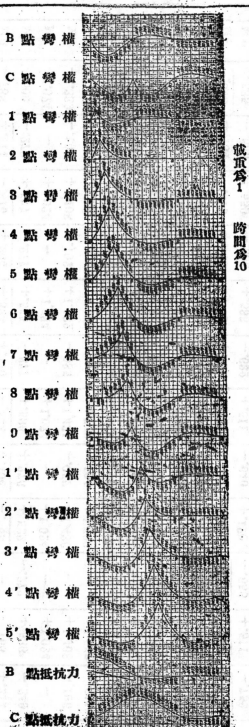

五個相等跨間之影響線

荷重為1　跨間為10

B 點彎櫃
C 點彎櫃
1 點彎櫃
2 點彎櫃
3 點彎櫃
4 點彎櫃
5 點彎櫃
6 點彎櫃
7 點彎櫃
8 點彎櫃
9 點彎櫃
1' 點彎櫃
2' 點彎櫃
3' 點彎櫃
4' 點彎櫃
5' 點彎櫃
B 點抵抗力
C 點抵抗力

（待　續）

各種材料重量表

（續本卷第九期）

種　　　　　類		每立方呎磅數
材料名稱	英　　　名	
山芋（堆）	Potatoes, Piled	42
彈性橡皮	Rubber, Caoutchouc	59
橡皮貨品	Rubber, goods	
粒狀鹽	Salt, granulated, Piled	48
硝石	Saltpeter	67
澱粉	Starch	96
琉黃	Sulphur	125
羊毛	Wool	82
（15）　風乾木料 Timber, Seasoned		
材料名稱	英　　　名	
槐木（紅白）	Ash, White-red	40
柏樹（紅白）	Cedar, White-red	22
栗	Chestnut	41
松	Cypress	30
榆（白）	Elm, White	45
杉	Fir	32
胡桃木	Hickory	49
楓木（硬）	Maple, hard	43
楓木（白）	Maple, white	33

15551

櫟木	Oak, Chestnut	54
美南部產櫟木（造船用）	Oak live	59
紅黑櫟	Oak, Red, black	41
白櫟	Oak, White	46
花旗松	Pnie, Oregon	82
紅松	Pine, Red	80
白松	Pine, white	26
黃松（長葉）	Pine, yellow, long-leaf	44
黃松（短葉）	Pine, yellow, Short-leaf	88
紅木	Red wood	26
黑白檜木	Spruce, white, black	27
黑桃木	Walnut, black	88
白桃木	Walnnt, wbite	26
木材所含水量 　風乾 　新鮮	15—20% 最多爲50%	
(16)各種流質　Various Liguids		
材料名稱	英　　　名	
酒精(百分之一百)	Alcohol, 100%	49
鹽酸(百分之四十)	Acids, muriatic 40%	75
硝酸(百分之九十一)	Acids, nitric 91%	94
琉酸(百分之八十七)	Acids, sulphunic 87%	112
炭酸灰質(百分之六十六)	Lye, Soda 66%	106
植物油	Oils, vegetable	58

致橫沙保坍會討論工程計劃書

俞子明

（上略）去秋因承辦石塊，將於橫沙保坍工程，悉其梗概，對於海塘計劃，稿本有所懷疑，惟以責有專任，未便妄陳，且無實測圖案，紙上空談徒惑聽聞，故而未敢瀆呈，開工之後，本擬按圖研究，以證揣測之是否果誤，惜仍未遂如願，所得者僅沿岸坍塌及施工之大略情形耳，比者傳聞之言，所施工程，已有不穩消息，不禁惋然而惜，憚臆測之或覓不幸而中也，則如鯁在喉，不吐難飄，芻蕘之言，或邀聖聽，敢供區區，以資討論，夫河海一科，歐西本無專門，而工程專家，則舉國不過一二人，蓋水性至複，而又善變，無論何種工程，決無盡善盡美，隨地相宜之理，歷攷各國，竟鮮一成不變之法，是則河海一科，與他種工程特異之點也，至於施工方法，第一須別水性如何，及圯塌之原因，譬諸醫家治病，首重診察病源，而丸散丹方，未必盡人可服，計劃之原選，不誤雖有失敗，仍可恢復，否則有如藥不對症，金丹何益乎，此次事變，開頗有歸過於海塘施工過緩者，是則愚意，所未敢贊同者也，按橫沙情形與南通絕對不同，南通濱江，適當江流轉向之處溜流循岸，蝕土自易，久之坡者變爲徙，徙者變爲懸崖，略經波浪，傾崩隨之，必仍蹄於坡勢而止，其患在溜之侵蝕，而不在浪之衝擊，蓋侵蝕在水面以下，流成懸崖，無浪亦必自崩也，故堤岸不足以防止，（堤岸基礎不易入水過深侵蝕每及基礎之下）則築塘入江，以阻水流，使向之聚趨岸坡者，離向江心，則塘以內流緩而沙積，卽不能復溯，亦可以保其不坍，此南通之所以用塘，所以塘雖有時而坍，岸則終可維持現狀也，若橫沙則孤懸江口，與長江正流，毫不相關，（江流至此，已成彊弩之末，非惟不足以蝕且隨處流積焉）西北逆流之處，因上流積沙流舒，故有漲而無蝕，西南隣近淡泓，潮漲則逆流潮落則順流，故泓雖深，而與岸無所損，益獨東南一帶，毫無江流影

灣而坍塌偏甚者,潮浪逆流,而外有淺灘,則搏而上騰,來則侵蝕岸坡,去則挾土俱去沉積外灘,故以大勢論,數百年後外灘旣遠,則灘遷在外灘而內灘亦可自安,目下之坍,非坍也,平其漲勢耳,錢塘江口,沙灘最多,消長亦獨速,江中暗沙一月數遷,卽以此故,不過錢塘江口,外廣而內窄,潮流約束,奔騰益急,橫沙將近口外,其勢殺耳,由是以觀橫沙情形,與通州迥然不同,海健外伸,初不能殺潮浪之勢,又何足以保北不坍散,故此次之橛,不在健之不榮,而在護岸之不周也,以愚意論,苟欲保坍而不求外灘之速漲,則常樂豎固護堤,灘脚之保護宜周,一有沉陷,卽加亂石,務使柴排不致浮動則歲修雖不可少,岸堤決不受損,若幷欲恢復舊觀,則宜就淺灘形勢,添加水堤二道,以殺浪勢,務使潮漲,則浪勢殺而不損岸堤,潮落,則流阻,沙土滯積,而後淺灘漸漲,將來水堤加高,卽爲岸堤事半而功倍,至于與岸線垂直之橛,則爲經濟計,正勿急急也,蓋與潮同向之橛,僅足爲漲灘之助,一旦護岸失敗,橛與岸不相連屬卽成廢物,豈非徒耗無益之擧乎,總之橫沙與南通水性不同,坍塌之原因亦異,決非通州成法,可以行之無弊,而其要則在防浪與護岸,橛非不可樂也,須俟灘勢有漲無坍,然後可以相得益彰耳,　　　　　　　（下略）

本刊歡迎投稿

編輯主任： 彭禹讓， 會計主任 顧同慶， 廣告主任 陸 超

代印者： 上海城內方浜路貽慶弄二號協和印書局

發行處： 上海北河南路東唐家弄餘順里四十八號工程旬刊社

寄售處： 上海商務印書館發行所，上海中華書局發行所，上海棋盤街民智書局
暨各大書店售報處

分售處： 上海城內縣基路永澤里二弄十二號顧蕘慈君，上海公共租界工部局工
務處曾文奎君，上海徐家匯南洋大學趙祖康君，蘇州三元坊工業專門
學校薛潤川程鳴琴君，福建汀州長汀縣公路處羅庭廷君，天津順直水
利委員會曾俊千君，杭州新市場平海路新一號西湖工程設計事務所沈
襲良君鎮江關監督公署許英希君

定價 每期大洋五分全年三十六期外埠連郵大洋兩元（日本在內惟香港澳門
以及其他郵匯各國一律大洋二元五角）本埠全年連郵大洋一元九角郵
票九五計算

15556

凌鴻勛

工 程 旬 刊

THE CHINESE ENGINEERING NEWS

第 二 卷　　　第 十 四 期

民國十六年五月十一號

Vol 2 NO 14　　　　May 11th. 1927

本 期 要 目

工 程 旬 刊 社 發 行

上海北河南路東唐家弄餘順里四十八號

15557

代銷工程旬刊簡章

(一) 凡願代銷本刊者,可開明通信處,向本社發行部接洽,

(二) 代銷者得照定價折扣,銷貳十份以上者,一律八折,每兩月結算一次(陽歷),

(三) 本埠各機關擔任代銷者,每期出版後,由本社派人專送,外埠郵寄,

(四) 經理代銷者,應隨時通知本社,每期銷出數目,

(五) 本刊每期售大洋五分,每月三期,全年三十六期,外埠連郵大洋貳元,本埠連郵大洋一元九角,郵票九五代洋,以半分及一分者為限,

(六) 代銷經理人,將欵寄交本社時,所有匯費,概歸本社擔任,

工程旬刊社發行部啟

工程旬刊投稿簡章

(一) 本刊除聘請特約撰述員,擔任文稿外,工程界人士,如有投稿,凡切本社宗旨者,無論撰譯,均甚歡迎,文體不分文言語體,

(二) 本刊分工程論說,工程著述,工程新聞,工程常識,工程經濟,雜組通訊等門,

(三) 投寄之稿,望繕寫清楚,篇末註明姓名,暨詳細地址,句讀點明,(能依本刊規定之行格者尤佳)寄至本刊編輯部收

(四) 投寄之稿,揭載與否,恕不預覆,如不揭載,得因預先聲明,寄還原稿,

(五) 投寄之稿,一經登錄,即寄贈本刊一期,或數期,

(六) 投寄之稿,如已先在他處發佈者,請預先聲明,惟揭載與否,由本刊編輯者斟酌,

(七) 投稿登載時,編輯者得酌量增删之,但投稿人不願他人增删者可在投稿時,預先聲明,

(八) 稿件請寄上海北河南路東唐家弄餘順里四十八號,工程旬刊社編輯部,

工程旬刊社編輯部啟

編 輯 者 言

　　年來我國道路事業,日見發達,惟新式高等者,尚不多見,良以幅員廣闊,如能多築有組織之初等道路,或初具道路之基形,依經濟之程度,交通之狀況,逐漸改良,已覺善計,本期所載之近代中國道路建築談,均屬於外人之觀察,其成績大都委揣紅十字會,其範圍亦不過限於北方數省,然此所述,亦可以見我國道路建築工程上一部份之情形也.

外人之中國近世道路談

彭禹謨譯

　　是篇係西人套特O. J. Todd在北京中國工程學會,第九次年會中之演說稿,茲特譯而出之,以供讀者.　　　　　　　　譯者附誌

　　日前約翰教授 Professor Emory Johnson. 曾以鐵道經濟之演詞中,論及汽車道路問題,於北京工程師之前,其詞曰,汽車道路,在今日下之中國,已成為極活潑而極有希望之問題,然二十年前,中國之土木工程師,屆時曾想及,以為鐵道為解決運輸問題唯一之利器者,惜以中國財政狀況之不良,致未能完全實踐其計劃耳.

　　然汽車道路,係另一事業也,自一九二〇年至一九二一年,中國北部,患飢荒,美國紅十字會,曾出萬餘金洋,按收飢民,在山東,直隸,山西,河南,諸省,從事建造道路,以工代服,欵不勝屈,於是中國之汽車道路,得一劇烈之發展.

（一）紅十字會道路

由紅十字會所成之標準泥質汽車道路,約計有一千英里,在昔日之中國,未見有十分之效用也,然此種如網之導路,實為產生新路之種子,蓋中國中北部居民,畢知道路之便利,積極進行建造新路,或由官吏之指導,從事組織,於時提倡之聲,與日俱進,今日之下,道路之成者,已極多矣,

在一九二一年以前,所成之道路,雖其質地不佳,亦不能因此受責,蓋該種土路,未經造成以前,鄉村原有之路,如在多雨之季,低窪之區,蕞為池沼,其他高原,輒多深長之沙溝,行路之難,不堪設想,新路成後,已除衚觀,其便利之點,當已增加許多,惟此項新成之大道,大都不見甚高,路基高出舊地,約自二呎至五呎,亦有無堵工者頗多,普通之輻員,為二十英呎,路之建造,大概以泥土壓結,中部略高而已,平常天氣,福特汽車行駛其上,每句鐘可行三十英里.

普士蘭水泥

普士蘭水泥,係由一英國坊者約翰安斯亭 Joseph Aspdin 氏所發明,其年代約在公曆一八一一年,至一八二四年,氏始得專利之權,在一八二八年建築薩姆隧道 Thames Tunnel 時,即探用威格 Wakefield 地方安斯亭製造廠所出之水泥,於是得一發展之機會,其後經精密之研究,改良之製造,以成近世工程界中重要之建築材料.

安斯亭氏,查得所發明之水泥,適與英之南方陶窰脫州 Dorse Tshire 普士蘭 Portland 地方著名之礦,所產之建築石料相彷彿,因以是名.

目下各國均能自製是類水泥以供建築之用,其前途之發展,誠未可限量也.　　　　　　　　　　（雄）

鋼骨三和土橋面板集中荷重之彎權計算

（續本卷十三期）

俞子明

表三　極大極小之彎權與抵抗力

$$l = 5 \text{ 呎}, \quad c = 1.3 \text{ 呎}, \quad P_1 = \frac{1}{e} ; \quad D = 6 \text{ 呎}$$

	兩個負重				單個負重			
	$e=\frac{2}{8}(2x+1.3)$		$e=\frac{2}{3}(5+1.3)$		$e=\frac{4\times}{3}+1.3$		$e=\frac{10}{3}+1.3$	
	極大	極小	極大	極小	極大	極小	極大	極小
MB	−.228	+.077	−.148	+.041	−.241	+.064	−.169	+.045
M1	+.373	−.070	+.152	050	+.272	−.064	+.115	+.053
M2	+.467	—	+.244	—	+.390	—	+.220	—
M3	+.467	−.039	+.312	−.020	+.426	−.031	+.302	−.023
M4	+.483	−.077	+.354	−.040	+.416	−.065	+.355	−.045
M5	+.376	−.114	+.366	−.061	+.372	−.097	+.372	−.068
M6	+.434	−.155	+.349	−.081	+.411	−.129	+.3.0	−.091
M7	+.466	−.194	+.305	−.101	+.418	−.163	+.296	−.103
M8	+.449	−.232	+.235	−.151	+.376	−.194	+.212	−.136
M9	+.396	−.270	+.144	−.234	+.258	−.226	+.109	−.159
Mc	−.310	+.083	−.324	+.044	−.261	+.070	−.185	+.049
M1'	+.375	−.304	+.149	−.225	+.259	−.229	+.110	−.162
M2'	+.454	−.234	+.240	−.153	+.376	−.196	+.213	−.188
M3'	+.464	−.202	+.306	−.106	+.416	−.162	+.296	−.115
M4'	+.433	−.201	+.348	−.087	+.409	−.129	+.350	−.091
M5'	+.372	−.202	+.361	−.073	+.368	−.096	+.368	−.068
RB	+.954	−.036	+.976	−.024	+.770	−.039	+.770	−.027
Rc	+.950	+.029	+.974	+.049	+.770	−.042	+.770	+.030

注意　M之值以 $\frac{P_1}{10}$ 或 $\frac{P}{2}$ 乘之，R之值以P乘之即得

鋼筋混凝土建築工程用板模之設計

（續本卷十三期）

彭禹謨編譯

第二節　　釘件

建築板模通常均用普通圓裁釘 Wire-cutnail, 其最普通之種類,為 6d, 8d, 10d, 20d. 等（註一）.

如用雙頭釘 Double-headednail, 則拆卸板模時,便於取出,惟其價較昂耳.

第三節　　鐵絲暨螺釘

用以繫住牆壁建築之板模,8, 9, 10,三號之鐵絲,均可,惟通常工作,9, 號一種,最為適用.

鋼鐵絲或白鐵絲,不宜採用,因其性脆,不易處理,且富有彈性故也.

巨大牆壁工程,恆用螺釘繫住板模,並用坐鐵 Washers, 暨釘帽 Nut 螺釘之大小,約自十吋至卒吋,通常均用正方釘頭,暨釘帽,如採用後再拆下者,所有釘件,均需脂膏塗過,不然,可採用迴施管子 Sleeves.

第四節　　油膏

所有板模,均與混凝土相接觸,如所成之混凝土面,不再粉刷者,所用之板模先宜塗以油,或敷以膏,庶使板模拆卸之時,易下,而混凝土不致粘着板模,有剝落之虞.

如所成之混凝土面,須再加粉面者,則其面起初係粗毛者,為佳因能得較佳之粘着力也.

軟皂及清水,亦可代替油膏,惟潔白之特製油質,更能得良好之成績.

（註一）釘之大小,英美相沿,均採用便士制 "Penny" system 例如 3 吋釘,稱之為十便釘(縮寫為10d),2 吋釘稱之為六便釘(縮寫為6d),蓋因當時曾以十便士或六便士可購進100 只故也.

第五節　　特製器具

有若干之特製器具,如釘絆 ClamP, 束條 Column yokes 活動支柱 adjustable shores 等等,均爲各家所專賣者,用之可以便利建築板模工作不少,惟在起初採辦是項器具,頗多費用且易損失,如工程大者,比較上當有利益在也。

第六節　　載重

板模工作上所有之載重,即爲求乾之混凝土,板模自身,以及轉運時上面發生之牴撐生重等,是即建築載重也。

對於板模自身之重量,因其同別種載重較,屬於微細,故可略之不計。

從計算簡便上着想起見,混凝土之重量,每立方呎,可採用 144 磅,則每次用12乘樓板之厚度,即可求得,每方呎之重量,如係一樑,則每次以樑闊乘樑厚,即可得每線呎 Lineal foot 之重量矣。

例如有一 5 吋厚之樓板,則其每方呎之重量爲60磅。$(=\frac{5}{12}\times1\times1\times144)$

又如有一樑,其闊10吋,其厚18吋,則其每線呎之重量爲180磅$(=\frac{10}{12}\times\frac{18}{12}\times144)$ 是也。

傾斜之樓板通常所見者,如發力間之樓板,鋸形之屋頂是,凡遇此部建築,易使支撐之柱之頂,有傾覆行動發生,故須需用充分之橫條維持之。

假定之建築生重樓板通常每方呎採用75磅,是值恆用以設計樓板之兜子板,與柵欄等,然在計算柵欄之撓曲時,是值可以減至每方呎40磅,因是值不適在下混凝土時間有之,歷時僅暫也,待全間 Bay 鋪好,混凝土後,板模等所承載者,不過死重而已,每方吋40磅之載已足備任何意外之載重矣。

新鋪之混凝土上面不宜堆放木材銅條水泥等項,以免損傷混凝土與板模,有時因限以地方狹小起見,有許多之材料,必須置放於鋪後一日之混

凝土上者,則其承受之板模,務宜預先增加其強度,俾受重之際,不致有較大
之撓曲發生.　　　　　　　　　　　　（第二章第六節完）

建築習語的研究

（續本卷十期）

陳　羣

英　　名	習　　語	普通名稱
(H)		
Horizontal	拖泥線	地平線.
Herring bone strutig	剪刀股撑	撑於欄柵中者.
(J)		
Jamb	督頭石	牆角石,門傍石.
(K)		
King-post	五架樑,立帖.	屋頂架,掛柱.
King-stone	老虎牌	門拱之飾石
(L)		
Lintal	過樑	楣石
(M)		
Miter	克頂	烟冲頂
Mullion	中櫳	窗之直框
(O)		
Overdoor light	腰頭窗	門上窗
(P)		
Porch	走廊	門廊
Plinth	勒脚	牆脚

英　名	暂　語	普通名稱
Principalrafter	人字木	主要桷
Pickaxe	廟斧三指	獨頭斧
Painting	嵌灰縫	嵌縫
(Q)		
Quartering	板牆筋	木條子
(R)		
Red-oxide	紅丹（油漆）	紅鉛油
Rammer	模人	舂搗器
Rough-cast	搗石子	粗工
Ram	斗錘	擅錘
Reveal	大頭板	窗邊板
Rustication	限子？	粗石工
Rivets	帽釘	兩頭釘
Rung	扶梯級	梯框
Render	草坯	第一次泥灰

15566

重建雙金閘計畫書

雙金閘略史

雙金閘原為按濟鹽河水源而築鹽河為人造河鑿於一六七〇年間以利鹽務運輸既為人造欲求水源非另有接濟不可故於清江建閘汲放運河之水當時黃河東流交又於運河之間鹽裏運自無短缺水量之虞迨黃河北徙鹽河水源驟遊斷絕此所恃以航行者僅中運北來之一小部份雙金閘原係眾孔自一八八三年改為雙孔去歲大水盡源全行沖倒每孔原寬為五米突七（一八·七呎）閘底高出海平面九米突九十五（三二·六呎）其所以如是之高者或係因循舊例在一八五二年以前黃河水盛自可灌注無礙然在倒毀以前此高度已不適合於鹽河航行無甚利益蓋中運水位一年之中不能達此高度者已有半年之久又安能常為流注入鹽因另建鹽河涵洞以濟水源之需洞底其高為七米突三十二（二四·〇呎）較雙金閘低二米突六十三（八·六呎）然寬不過一·〇二（三·三呎）高不過一·五四（五·一呎）水低時期難洩適當水量此項建築工程在昔屬之清督經費出自鹽簽

修建計畫

雙金閘修建經費現估計為九萬三千八百元仍用二孔每孔寬為四·四米突由身較短大水時洩放能力可與舊閘彷彿現擬改用水泥及條石以最新法建造之如為節省經費起見可仍用前閘舊料所有詳細計畫另以附件說明之

雙金閘重建前作用

雙金閘作用其在重建為減卻裏運洪水及增加鹽河水流新閘流量中運水面在十五米突五（五〇·八呎）每秒鐘為二百四十立方米突（八五〇〇立方呎）已占中運歷年最大流量百分之三十五然通常流量約為百分之

15567

二十五

雙金閘運河浚治後之作用

修建雙金閘即為浚治運河鹽河計畫之一著者於計畫圖中（即楊莊附近黃運鹽各河平面圖）已將其性質詳為表示此圖擬於中運裏運交界處築AB新式閘又鹽河與裏運之間建新式閘C（置有E安全門）引河F設安全門啓閉門D以接緧鹽河水源惟HIJK四土壩現有之I閘尚須修理舊閘以資放水卽雙金閘亦須改建之以上諸壩如俱告成功中裏鹽運及聯絡河間航行無論水勢大小均可通達不致如現時各閘一遇水涸卽難以航行如值大水更有交通阻絕之慮鹽河與裏運間旣築以新閘鹽舶得由鹽河駛入中運免除起卸之勞航駛時間當亦節省不少也中運下游至清江一百八十里旣施以是項工程則每年航行必能延長時期除冰凍外清江上游一百五十里間汽船航駛自可無阻該項計畫實施後雖當大水之時洩入裏運水甚未必較現時為多蓋一遇大水I閘與EF二安全門可立時關閉以AB二新閘構造與中國舊式不同不致使水流自由經行耳質言之如值大水其流量可與現時無異鹽河水源自可因之而增加其有益於鹽業之運輸頗巨且能減少鹽河中洩害水諸壩或可全行廢棄以省運鹽過壩之勞然為增旺鹽河水源計張顧河必先行展寬此外中運東岸及沿洪湖諸地因此而受灌溉之益者當亦不少張顧河展寬後其新閘C及安全門E須於AB二新閘及D閘建置前建築之本此浚治計畫則雙金閘之作用當大水時期可以分洩中運逾量之水以入鹽河如將J及K堤一律築成水位旣可略高雙金閘洩量當較現時為多須將中運去路設法增加否則非特該堤時有潰決之虞卽交通亦將因之受其影響也

地　　點

雙金新閘確實地點須俟測量之結果及視地勢之若何方能定奪大約與舊

15568

址相距亦不過遠

計畫大概

該閘計畫根據最新方法而保守其舊有性質年來美洲通用之「急瀉池」Water Tamp 以水流之湍急力減少其沖力者甚屬有效

閘牆斷面

閘牆斷面尺寸較應有者為大即假定在最吃緊時尚有二倍之安固蓋精閘底而加寬牆底所費無幾而收效實大此閘上之水泥板橋及閘牆之灣勢皆足以抵制牆側也

閘底

閘底用水泥混合土建造其下端抵禦急流處厚為一米突（三‧三呎）至一米突三（四‧三呎）此底築成後其強固當數倍於前蓋以前閘閘底強固力並不甚足尚能支持至三十年之久也

下端跌塘之防護

舊閘之倒坍起於下端為水抽空閘底下部遂漸及閘之金門兩牆底是以一經大水沖刷無法防護致有是失新閘沖刷之防護現擬三項辦法如下（一）築靜水池使水力自行減損其沖激力（二）下游築置板橋（三）板橋之下游置以護石塊如此防護儘足抵禦沖激也

閘基

新閘地點雖未經礦定現舊閘鄰近發現厚層硬土如作為閘基閘下可省用木樁最為適宜然為擔保安固起見應仍用木樁並以楔土輔護之惟須將土質先行實地試驗究竟是否堅硬方可礦定為閘基耳

閘下滲漏

新閘計畫所載閘底之長及泥土之堅已足防止其滲漏其他如中運河大水

15569

時下游所積之淤泥亦足免除是項危險蓋水流所積淤泥極有壓力故防止
滲漏最爲有效

壓　　力

從前計畫之失敗由於底下經水滲漏壓力過重所致其防止方法卽計畫中
之閘底向上游更爲延長其端則築板樁一道

口　　門

新閘口門擬如從前仍用閘板以人力啓閉亦逓相宜如改用新法所費較巨
甚不合算也

建　築　材　料

建築材料鑒於舊閘之失敗宜亲慎選擇並照舊時有所更改現擬閘牆用條
石砌面襯以粗混合土卽混合土中含有大塊石料者閘底上游部份以鐵筋
混合土鋪一薄層此處本無震盪之處惟以之抵禦滲漏耳至下游方面用水
泥混合土或混以石塊然至大不得過一尺因此端須抵禦水流之震盪如用
巨大石塊鋪面適足增其弱點尤以舊石塊之有光面者爲甚

本刊緊要啟事

本刊自發行以來,備受各界歡迎,訂閱者接踵而至,同人等曷勝榮
幸,茲擬增廣篇幅,添聘社員以副衆望,自本卷十五期後,暫停出版,
以便重行組織,所有訂閱諸君尚未付款者,希卽擲下,以清手續,一
俟組織完備,當再披露報端繼續出版,特此預告.

編輯主任： 彭禹謨， 會計主任 顧同慶， 廣告主任 陸 超

代 印 者： 上海城內方浜路貽慶弄二號協和印書局

發 行 處： 上海北河南路東唐家弄餘順里四十八號工程旬刊社

寄 售 處： 上海商務印書館發行所，上海中華書局發行所，上海棋盤街民智書局
暨各大書店售報處

分 售 處： 上海城內縣基路永澤里二弄十二號顧燾慈君，上海公共租界工部局工
務處曹文奎君，上海徐家匯南洋大學趙祖康君，蘇州三元坊工業專門
學校薛洞川程鳴琴君，福建汀州長汀縣公路處羅庭廷君，天津順直水
利委員會曾俊千君，杭州新市場平海路新一號西湖工程設計事務所沈
驥良君鎮江關監督公署許英希君

定 價 每期大洋五分全年三十六期外埠連郵大洋兩元（日本在內惟香港澳門
以及其他郵匯各國一律大洋二元五角）本埠全年連郵大洋一元九角郵
票九五計算

15571

廠 造 營 記 仁 新

SIN JIN KEE & CO.,

BUILDING CONTRACTORS

HEAD OFFICE;—NO450 WEIHAIWEI ROAD, SHANGHAI

TEL. W. 531.

本營造廠○在上海威海衛路
四百五十號○設立已五十餘
年○經驗宏富○所包大小工
程○不勝枚舉○無論鋼骨水
泥或磚木○鋼鐵建築○學校
校舍○公司房屋○工廠堆棧
○碼頭橋樑○街市房屋○以
及住宅洋房等○各種工程○
莫不精工克己○各界惠顧○
竭誠歡迎○

新仁記謹啓

電話　西五三一

15572

淩鴻勛

刊旬程工

THE CHINESE ENGINEERING NEWS

第二卷　　　第十五期

民國十六年五月二十一號

Vol 2 NO 15　　　May 21st. 1927

本期要目

工程旬刊社發行

上海北河南路東唐家弄餘順里四十八號

◁中華郵政特准掛號認為新聞紙類▷

(Registered at the Chinese Post office as a newspaper.)

15573

代銷工程旬刊簡章

(一) 凡願代銷本刊者,可開明通信處,向本社發行部接洽,

(二) 代銷者得照定價折扣,銷貳十份以上者,一律八折,每兩月結算
一次(陽曆),

(三) 本埠各機關擔任代銷者,每期出版後,由本社派人專送,外埠郵
寄,

(四) 經理代銷者,應隨時通知本社,每期銷出數目,

(五) 本刊每期值大洋五分,每月三期,全年三十六期,外埠連郵大洋
貳元,本埠逕郵大洋一元九角,郵票九五代洋,以半分及一分者
為限,

(六) 代銷經理人,將款寄交本社時,所有匯費,概歸本社擔任,

工程旬刊社發行部啟

工程旬刊投稿簡章

(一) 本刊除聘請特約撰述員,擔任文稿外,工程界人士,如有投稿,凡
切本社宗旨者,無論撰譯,均甚歡迎,文體不分文言語體,

(二) 本刊分工程論說,工程著述,工程新聞,工程常識,工程經濟,雜俎
通訊等門,

(三) 投寄之稿,望繕寫清楚,篇末註明姓名,暨詳細地址,句讀點明,(
能依本刊規定之行格者尤佳) 寄至本刊編輯部收

(四) 投寄之稿,揭載與否,恕不預覆,如不揭載,得因預先聲明,寄還原
稿,

(五) 投寄之稿,一經登錄,即寄贈本刊一期,或數期,

(六) 投寄之稿,如已先在他處發佈者,請預先聲明,權揭載與否,由本
刊編輯者斟酌,

(七) 投稿登載時,編輯者得酌量增刪之,但投稿人不願他人增刪者
可在投稿時,預先聲明,

(八) 稿件請寄上海北河南路東唐家弄餘順里四十八號,工程旬刊
社編輯部,

工程旬刊社編輯部啟

編輯者言

我國各省道路之增築,雖大都由於國人熱心提倡之所致,然連年內爭,軍閥割據地盤,於是增闢道路,藉市政以取軍費,藉軍路以利軍運者,比比皆是如外人所言,其目的在便利其統治是也,夫開闢道路,建設事業也,惟以政見之不同,爭戰故未已,建設之成功,仍不足以償破壞之失,故我國之道路事業,未見有十分光明之像也,

本期所載之「鋼軌之設計」,記述詳明,可補參考之用,讀者諸注意之.

本刊發行以來,正及一週年,此一年之中,適值戰爭頻仍之秋,國內工程未見有若何之進步,於是得報告於讀者諸君亦鮮,茲因本社同人大都赴外省服務辦事乏人故自下期起暫行停刊以俟重行組織後再與諸君相見

外人之中國近世道路談

（續本卷第十四期）

彭禹謨譯

（二）山東之道路

山東之道路,長途汽車公司自得有特許之權以來,無時不有發展及改良之機會目下有許多之山東道路均有長途汽車以及別種摩托車輛駛行其上,其平均速度每小時約自二十英里至三十英里各主要城市間之往來交通籍以便利.

（三）山西道路之修理

山西從前由紅十字會創造之大道計劃近來更見進步而省政府所築之道路亦積極進行成績之佳堪爲嘉許目下由太原府起程南北兩向均有可容二十二客之公共汽車往來其間修路工程處設立顏多均能戮力工作保持已成之路使無損壞之虞於是摩托車人力車脚踏車等均能時常安穩行駛從式輪車單輪車等均在禁止通行故損壞機會可以減少今日之下山西之築路工程與養路工程均歸省政府之管理其發展情形比較一九二一年飢荒時代所建築者更進步矣

（四）河南之道路

觀察河南省之道路知一九二一年至一九二二年中所成之工作已覺產生良好之成績該種道路從前所能駛行者不過福特車一種而已今則道其車培克車以及其他摩托重車公共汽車等均馳騁其上四通八達已呈熱鬧景像所成之路約略計之已有數百英里告成惟大都之路其輻員太狹斜度不甚妥當排洩工程缺少有時輒成泥濘之域然北地常旱每年中大半部份道其車均可往來其間而無困難該省京漢鐵路以東有諸名城鎮交通賴以便利不少有一部份之道路由該省富室所創辦其目的籍以聯絡該省南部諸城鎮而便利其交通者其他一部道路或爲軍閥所開築其目的在便利其統治或爲商人所建造其目的在便利其運輸以補鐵路之不及目的雖各有不同成績因是而大增於是中國中部之道路問題益活潑進步無量矣

（五）摩托交通之增加

在一九二一年北地農民對於捐地築路之提議雖多反對然歷年以來摩托之使用爲數已日見增加其故因一班商人暨軍閥大都均贊成此種新式交通之進展也美國或其他各地農民對于摩托道路亦多有視爲一種於者竟無甚利益之路故反對者亦大有人在然結果所得其勝利仍歸摩托車

所得故捐地築路仍不得不應時勢之需求矣目下中國摩托交通事業亦甚因此種情形增加無已

（六）經濟之比較

從連年國內戰爭之考察目下中國交通上最便利而最適宜者莫如多用摩托車蓋鑒以鐵路之建築費太昂而車輛之運駛調用上有種種不利便之點也

在中國個土上如欲建築一英里之泥質摩托車路所費不過在一千至二千元之間如用火車則其所費相去極大泥質之摩托車路所經之河道應建之橋梁先可採用暫時建築則可節省工役不少如遇山水經過溪流建築石渠已足對付蓋此種溪流水不常用其來也每次僅數小時而已

（七）保養問題

道路之保養為一重要之問題在美國暨其他諸國中因載重極大摩托車極多保養極難於是收捐亦巨

中國目下各新路上駛行之摩托車為數不多故不致破壞然舊式車輛因其輪鐵太狹載重集中致車路容易損傷尤以中國中部之兩輪貨車最易破壞該種車輛經過以後輒現深跡致摩托車不易行駛如能禁止上項車輛則保養自易

會計部特別啓事

（一）本刊將於下期起暫行停刊所有往來賬目自當整理清楚定刊諸君中尚未滿期而已收費者當將郵票退還如已訂閱而尚未交費者亦請即日惠下以清手續是幸

（二）本刊第一卷共出二十一冊第二卷共出十五冊尚有餘存如欲全購者外埠連郵大洋一元五角本埠一元四角以一個月為限零碎補寄者價照售

鋼 軌 之 設 計

周可寶

標準鋼軌發明之歷史

今日吾人所見之鋼軌,謂之標準鋼軌 Standard Rail 考其歷史,蓋幾經科學上之研究以及工程上之經驗而造成者也.許多年前,美國有土木工程學會之組織,該會首先發起一委員會專攻鋼軌之設計問題,該會委員大都為一時有名學者以及工程界之巨子,役多年之討論,然後發明所謂標準鋼軌者,蓋該會之力也.此種鋼軌美國各路首先用之,其求今日幾為全世界所通用焉,在此事未經發明以前,各路所用之鋼軌,各有其不同之設計.其不同之點雖微,而一切連帶用件途亦不同,凡此皆足以使費用加增也,故標準鋼軌之發明,不僅為工程界之進步,抑亦經濟問題也.

設計之條件

鋼軌設計時須具以下各條件:(1)鋼軌須有充分之闊面以及硬度,使與極重之轉輪磨擦而不至過於消損.(2)鋼軌須有充分之抵力,使能在兩枕木之間,承重而不損壞.(3)鋼軌須具充分之底面闊度,使每個單位之壓力遞至枕木而不超過其破壞壓力.下圖示標準軌條之橫斷面:

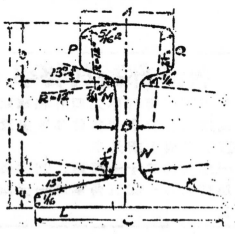

15578

PQ爲軌頭；MN爲軌身；KL爲軌底.以上三項在任何橫斷面內所含之鋼之比例爲：軌頭42%,軌身21%,軌底37%.但其比例亦不必盡如上述.因鋼軌重量（重量之設計見後）之不同而異其比例.軌頭之頂並非平綫,爲12″半徑之弧綫.軌頭兩上角爲$\frac{5″}{16}$半徑之圓弧,在下端之相對角爲$\frac{1″}{16}$半徑之圓弧.軌身兩端之上下共四角均爲$\frac{1″}{16}$半徑之弧綫所成.軌身剖面之兩側綫爲12″半徑之弧綫,皆連接於軌頭之下端及軌底之上端.其接綫又爲$\frac{1″}{4}$半徑之弧綫,在軌頭下方以及軌底上方之各直綫皆與水平成13°之角.鋼軌頂底兩側之邊綫皆爲垂直綫.凡以上所述各項尺寸及角度不因鋼軌之重量差別而有改變.鋼軌之高度與其底邊闊度相等.標準鋼軌之尺寸及重量爲通常所實用者,詳表於次：（圖表對照）

標準鋼軌之重量與尺寸

鋼軌部分	每碼之重磅數												
	40	45	50	55	60	65	70	75	80	85	90	95	100
	Dimensions, in inches												
A	1 7/8	2	2 1/8	2 1/4	2 3/8	2 13/32	2 7/16	2 15/32	2 1/2	2 9/16	2 5/8	2 11/16	2 3/4
B	25/64	27/64	7/16	15/32	31/64	1/2	33/64	17/32	35/64	9/16	9/16	9/16	9/16
CandD	3 1/2	3 11/16	3 7/8	4 1/16	4 1/4	4 7/16	4 5/8	4 13/16	5	5 3/16	5 3/8	5 9/16	5 3/4
E	5/8	21/32	11/16	23/32	49/64	25/32	13/16	27/32	7/8	57/64	59/64	15/16	31/32
F	1 55/64	1 31/39	2 1/16	2 11/64	2 17/64	2 3/8	2 15/32	2 35/64	2 5/8	2 3/4	2 55/64	2 63/64	3 5/64
G	1 1/64	1 1/16	1 1/8	1 11/64	1 7/32	1 9/32	1 11/32	1 27/64	1 1/2	1 35/64	1 19/32	1 41/64	1 45/64

設計之研究

鋼軌之形狀最關重要者爲軌頭兩上角之弧度如何,意卽吾人所須研究之點也.軌條上頂角之弧度愈銳,卽其弧綫之半徑愈小,自較其弧度鈍者經用而耐久也.但較銳之上角與車輪之邊緣相擦擋則又較易磨損矣.標準

鋼軌所定之弧度為 $\frac{5''}{16}$ 半徑,主用銳角者常用 $\frac{1''}{4}$ 半徑,主用鈍角者常用 $\frac{1''}{2}$ 而竟至 $\frac{5''}{8}$ 半徑.今標準鋼軌所用之弧度乃為折中之數故較有良好之效果也.據經驗所得鋼軌頭與輪面相遇之處,一種磨損,則相遇愈密而磨損亦較前更易矣.故稱鋼軌頭上角之金屬為「貴金屬」"Precious Metal"

鋼軌重量之設計

建築鐵路之首要問題,須用鋼軌重量之計算是也.蓋非此不足以計算全路之鋼料而費用即無由預算也.關係於重量之計算至為繁難而難於確算.事實上軌條之重量,略有輕重之別可仍無妨於車之行動於其上.但軌條過輕,因受車頭之重壓,往往中落,而車頭之引力必須加增,即煤水之供給亦須加省.輕軌又能使輪軸之內力過度施用,無形之間,即足以使之易於損壞而常費修理也.輕軌更足以增多出軌之危險,倘車行速率過大,則其危險更甚.輕軌之弊,既如上述.今當進言實際上之設計方法.

火車行經軌道上,此時軌條所受之壓力視每個轉輪所負之重量,枕木之間距狗頭釘之多少與牢固否,以及石子與路基受上層之重壓而傾陷,其傾陷之程度如何,而定.以上種種關係已難於確算,再加以車行之速度,尤其在曲軌上及路面斜度改變之處,軌重之計算更為複雜矣.

如上所述,軌條所受之總壓力既不能確算,就理論上言,則軌條之大小及重量即無由計劃.經驗與理論並重.今捨理論而談經驗.著人所得有實用計算法兩則,敬當介紹於次:

（1）設任何轉輪所負之最大壓力為 G 磅,又 W 為所求每碼軌條之重量磅數,得式如下 $W = \dfrac{G}{224}$

前式首為美國 Baldwin Locomotive Works 所發明.此式宜應用於負重較輕之路軌.倘負重過大之路軌依第一式計算,其結果每致軌重過大,殊不經濟也.若負重較大之路軌,可依第二式計算式如下

（2）設W為每碼軌條之重量以磅計，又G為最重車頭之順數（$\frac{噸}{1=2000}\frac{磅}{}$）

則　　　　　　　W＝G

軌條之長度

軌條之長度實無一定之標準可定，大都在美國所常用者為自27至33呎．就理論上言，軌條宜長，因較長者可減少兩軌間之接縫，同時即可減少費用及車輪經過時之磨損．但軌條過長，則所能減少於接縫之費用還足以消耗於過長軌條不便鋪置之額外費用．凡軌條為33呎長者適合於平車或無蓋運送車之長度於是就運輸上之便利而費用得以減少也．但實際上竟有用至60呎長者．要當視其當地之情形如何為轉移耳．

鋼之成分研究

鋼之性質與其所含極小分量之炭質，燐質，矽質發生巨大之關係．通常所用鋼條中，大約含有 0.25％ 至 0.5％ 之炭質．但標準限度中決不許容有如許之多．燐質至多不許過0.1％，矽質不許過0.2％．至於錳質能使鋼質變硬，可容有0.7％ 至1.5％ 此外尚含有極微細之化學成分．其中如硫磺有害於鋼之性質．鋼之成分中使含有少量之鎳，即成為著名之鎳鋼 Nickel steel．

鋼軌之試驗

鋼質既經化驗而可知其成分是否與以上之標準限度相攝合待其既成軌條，當更經過力量試驗而定取捨．此種試驗最著效而易行者開之鎚擊試驗 "drop test" 其法如下：將鋼軌一條正置於相距3呎之兩固定柱脚上．用 2000磅之重鎚，使距軌面15至19呎高處自由落下，（鎚之高度依鋼軌之大小重量略有差異）鎚擊軌面而不中斷或顯有裂痕者方可採用　　（完）

15581

鋼筋混凝土建築工程用板模之設計

（續本卷十四期）

彭禹謨 編譯

第七節　壓力

關於柱壁等之垂直部分,因有從溼混凝土所生之水力高度Hydrostatic head 產生一種水平壓力,於板模之上,致該板模,易起橫膜作用,或發生破裂之危險.

吾人在計劃是種板模之際,對於橫壓力一項,究竟需採用若干,至今尚缺少一定之限制,故仍未能劃一,惟橫壓力之大小,與混凝土下入之速率與溫度,有直接之關係.

混凝土填入板模中,愈快而溫度愈低者,所生之橫壓力,當愈大,其故因混凝土不易凝固,而易產生橫壓力也,反之,如建築一牆,逐層下混凝土,上層之料,必待下層凝結後行之,則該牆底部所生之壓力,當不大於頂部所生之壓力,依此定義,即可從事拆卸各種牆壁建築物之板模,而板模之升高,亦可根據混凝土凝固之速率而行之,如是每一下層之混凝土,當可承受上層之混凝土矣.

溫度低時之混凝土,其凝結遲緩,故用同一速率,下入混凝土,所生之壓力,當比溫度高一半時所生者大百分之50至75,因是之故,冬日工程,其板模須比夏日建造堅固,而拆卸時間,亦須較遲.

除極冷之氣候外計劃板模時罕有顧及之者採用之壓力亦不過假定在一種平均溫度時並另加安全率而已.

下混凝土之速率極為重要計劃板模必須注意有許多之壁柱因下混凝土之速率太快發生破壞者亦有因實際上必需快速率而板模計劃太弱者

如所用之混合器其容積爲1立碼者則在實際上建造牆壁當然比用$\frac{1}{3}$立碼容積之混合器爲快於是所備之板模亦宜比較堅固方可勝任而無患

厚大之牆壁最好置放大石於其中間可以減少橫壓力之存在其故因巨石之佔據眞正之水壓力無從生存也

因向上壓力之大小大概由於混凝土下入之速率情形而定下混凝土於柱之板模中其速率比下入壁之板模中爲速故柱之板模各邊所受之壓力亦比壁之板模所受者爲大建造柱子混凝土不宜一氣下入故每次成之混合料可同時分配於數柱不宜完全下入一柱之中計劃柱用板模其水壓力之數值可採用每立呎重125磅之流質等量換言之即每一線呎在任何束條之上之壓力須等於（自頂起算之深波×125×束條間距）是也

矮小之壁下混凝土之速率與柱同惟採用之壓力亦宜一樣高而且闊之壁混凝土下入宜較緩則在任何一部所生之壓力當可因是而減小矣

如係等常厚度之壁對於計算簡便起見可假定以壁之高度代替下混凝土之速率兩者均互相成比例壁之闊度雖與壓力無甚影響然能影響於下混凝土時之速率吾人如假定不採用快速下混凝土者對於薄壁更宜比較厚壁之速率爲緩有時狹壁之中因摩擦暨拱弧動作可以減少壓力之量

下面之值可以備設計平常牆壁之查考其所得之結果當在安全方面也

牆壁高度	等于流質重量之壓力
5呎以內者	每立呎145磅
5呎者10呎者	,, ,, ,, 125 ,,
10呎至20呎者	,, ,, ,, 100 ,,
20呎以上者	,, ,, ,, 75 ,,

混凝土之密度亦與壓力有關係混合時水之百分量加增者壓力亦增

（第二章第七節完）

英國工程師發明蓆橋珍聞

英國工程師,最近在倫敦,發明一種浮橋,號曰蓆橋,(Mat Bridge) 又名之曰怪氈 (MagicCarpet) 其構造之法,乃以無數短蓆,用細繩貫連,成一長蓆,浮於河面,使汽車直駛其上,但車過一短蓆,此短蓆暫時沉下,然車已至第二短蓆,如是接踵相繼而前,迨短蓆沉完,則車已達彼岸矣,此橋已在亞佛河上 (River Avon) 經數次之試驗,結果頗稱滿意,推其構造原理,實與溜冰於冰河之上無異也,想此橋發明後將來對於用兵運輸時,大爲便利云.

製造晒圖用藍紙法

鐵路及建築機械等工程,必須先時設計繪圖,始可按圖進行,惟繪此種圖樣,非數日不能成,故一圖既成後,欲得同樣之圖數幅至數十幅,必用極便之法印之,此種紙多購自外洋,價值甚貴,近年我國各項工程,逐漸興盛,此種晒圖用紙,銷路自必日廣,能仿製而販賣之,其獲利之優,自不待言.

製法　檸檬酸鐵亞謨尼阿二兩,溶於水十兩中,爲甲種液,更以赤血鹽二兩五錢,溶於水十兩中,爲乙種液,將此二種藥液,密貯於黑色玻瓶中,製造時先將普通圖畫紙裁成適當大小,乃於暗室中,置淺盆一,將甲乙二種藥液和勻,浸入盆中,以軟海綿浸水,塗於紙面令勻,懸室中使陰乾,即可儲藏待用,惜此種紙感光極易變化,故製作及晾乾,必須在暗室中行之,不可見光,使用法先將繪成之圖,覆於此紙藥面上,裝入玻框中,曝以日光,約十分鐘左右,取出浸入稀鹽酸水中,更以清水洗之,則原圖之白地處,在此紙上變成藍,黑線變成白線,明晰異常.

建築習語的研究

（續本卷十四期）

陳　蠡

英　名	習　語	普　通　名　稱
(S)		
Stucco	洗石子	清水細工
Stake	小椿頭	樣椿
Specification	承攬	說明書,章程
Scaffolding	脚守	膠架
Swek	走磚	磚之橫疊
Skirting	踢脚線	壁脚板
Stile	門梃	架之直框
Sub-floor	滿堂	地板下層
Stria	抽筋	蚶子殼紋,槽紋
Sliding-door	扯門	滑門
Sleeper-wall	地洋牆	枕牆
(T)		
Top-rail	上毛頭	門之上框
Trimmer	下湯頭	梯口承板
Tape	皮尺	捲尺
Transom	總管檔	門窗橫木
Terrazzo	磨石子	白雲石粉

英　　名	習　　語	普通名稱
Toothed	索頭	接聯
(V)		
Ventilator	出風洞	通風
Venetian	百葉窗	前間

（完）

編輯主任： 彭禹謨， 會計主任 顧同慶， 廣告主任 陸 超

代 印 者： 上海城內方浜路貽慶弄二號協和印書局

發 行 處： 上海北河南路東唐家弄餘順里四十八號工程旬刊社

寄 售 處： 上海商務印書館發行所，上海中華書局發行所，上海棋盤街民智書局
暨各大書店售報處

分 售 處： 上海城內縣基路永澤里二弄十二號顧蕃慈君，上海公共租界工部局工
務處曹文奎君，上海徐家匯南洋大學趙祖康君，蘇州三元坊工業專門
學校薛渭川程鳴琴君，福建汀州長汀縣公路處羅崑廷君，天津順直水
利委員會曾俊千君，杭州新市塲平海路新一號西湖工程設計事務所沈
驤良君鎮江關監督公署許英希君

定 價 每期大洋五分全年三十六期外埠連郵大洋兩元（日本在內惟香港澳門
以及其他郵匯各國一律大洋二元五角）本埠全年連郵大洋一元九角郵
票九五計算

廣 告 價 目 表

地　　位	全　面	半　面	四分之一面	三期以上九五折
底 頁 外 面	十 元	六 元	四　　元	十期以上九折
封面裏面及底頁裏面	八 元	五 元	三 　 元	半年八折
尋 常 地 位	五 元	三 元	二　　元	全年七折

RATES OF ADVERTISMENTS

POSITION	FULL PAGE	HALF PAGE	¼ PAGE
Outside of back Cover	$ 10.00	$ 6.00	$ 4.00
Inside of front or back Cover	8.00	5.00	3.00
Ordinary page	5.00	3.00	2.00

15587

廠 造 營 記 仁 新

SIN JIN KEE & CO.,

BUILDING CONTRACTORS

HEAD OFFICE;—NO450 WEIHAIWEI ROAD, SHANGHAI

TEL. W. 831.

電話　西五三一

新仁記謹啓

場賦歡迎。

莫不精工克已。○各界惠顧○

及住宅洋房等○各種工程○

○碼頭橋樑○街市房屋○以

校舍○公司房屋○工廠堆棧

泥或磚木○鋼鐵建築○學校

程○不勝枚舉○無論鋼骨水

年○經驗宏富○所包大小工

四百五十號○設立已五十餘

本營造廠○在上海威海衞路

15588

工程譯報

工程譯報

第 一 卷 第 一 期

中 華 民 國 十 九 年 一 月

要　目　　　　頁　數

上 海 特 別 市 工 務 局 發 行

15591

發　刊　辭

沈　怡

語云：“爲學如逆水行舟，不進則退。”說也慚愧，我們現在每天從辦公室出來恐怕很少的人還肯去讀書，研究，求知識上的進步。照這樣下去，日復一日，卽使本來所學，並不荒棄，而對於世界上一切新知識，從此隔絕，從此不再有吸收的機會，尙何進步可言。不獨各個人如此，國內學術界的現狀亦復如此。我們的科學已是十分落後，眞正肯讀書脚踏實地去研究的人，又何嘗多得。不是我們忍心這樣說，但是誰也不能不承認，現在的社會是一個誇大虛浮不重實際的社會。愈是切實的問題，愈沒有人去研究；愈是大而無當的計劃，愈有人會做文章。長此以往，建設前途，怎能叫人樂觀！

“我們要學外國，是要迎頭趕上去，不要向後跟着跑。”這是中山先生告訴我們的一句話。我們應當十二分的虛心，承認我們的科學的確是落後，現在願意跟他們學，做他們的學生；但是又不可不時時刻刻記着中山先生迎頭趕上去的話。

本報定名曰工程譯報，讀者顧名思義就可以知道，牠的內容完全從歐美工程雜誌中翻譯出來的文章，專以介紹世界各國重要工程論著爲宗旨，牠的範圍因爲事實上的關係，暫以市政工程，土木工程，建築工程三項爲限。

我們未始不知道，灌輸西洋科學最好的方法，莫過於翻譯他們的著作，但是現在的我們，爲職務所限，未必能有餘力來做這件事。因此就想到發行這本刊物，就因爲世界上最新的智識，只有各種雜誌上可以找得，而他們的著作，無非就是根據了這種材料，加以一番有系統的組織，當然也有作者個人許多心得在裏面。

我們並不費什麼力，居然可以把各種雜誌上的精華，薈集在這本小冊子裏，不能不承認是學術界上一種偸巧的方法。假使這種工作，除掉供給同人們自己切磋以外，還能使國內工程學界引起些微的興趣和注意，那便是我們的意外了。

哈伐拿市交通革新計劃

奧人 Fritz Malcher 著

（原文載 Städtebu 24. Jahrgang, Heft 4 及 Heft 5）

胡 樹 楫 譯

著者任古巴共和國工務部長顧問之職，鑑於哈伐拿 (Havana, Habana 郎古巴都城) 市交通之困難，尤以舊市區爲甚，思有以補救之，特爲詳加研索而得一種解決方法，其施行時所有現有道路之寬度及水平，概可毋需變更，故甚輕而易舉。當經部長 Dr. Carlos Miuel de Cepados 氏贊同，撰成意見書，附以圖說，而以該市 Prado 路以東交通最困難之舊市區爲討論之主體。此項意見書，原則上已得工務部長之認可，其實施則待特設委員會之決定焉。原文篇幅頗繁，茲將其要點略述如下。

哈伐拿市之交通情形

哈伐拿全市已營造之面積計約 180 平方公里，居民計五十萬人，計有汽車五萬輛。舊市區據牟島之一角（第一圖及第二圖），佔地約一平方公里有半，其交通之擁擠情形，觀該區西邊 Prado 與 Dragones ▆▆▆▆▆路交叉處經過車輛之繁夥可見一班。據管理交通機關 1927 年（民國十六年）之調查，該處於每 24 小時內，平均約有電車 1,000 輛，汽車 25,000 輛，公共汽車 1,900 輛，運貨汽車 1,600 輛，並他種車輛 1000 輛，總計 30,500 輛經過。據經驗所得，每日上午七時至九時，十一時至十二時，下午一時至二時，五時至七時，十一時至十二時之八小時，（譯者按，照上文應爲七小時，原文似有誤），即主要交通時期內，交通特繁，約佔全日總數三分之二，故經過該處車輛應爲 20,000 輛，平均每小時 2,500 輛。又該兩路皆係雙線道路 (Zweibahnstrasse)，故每路每方向每分鐘內各約十輛趨向兩路交叉之處。按照普通情形，輪流放兩路車輛通過之時間約一分鐘，此一分鐘內車輛之被阻者爲數約 20。凡由他處入舊市區界之車輛約在 200 公尺以內，至少需經過此種交叉點三處，故除支路十四條不計外，僅在幹路七條上，每分鐘內被阻之車輛已有 420 輛之多。

15593

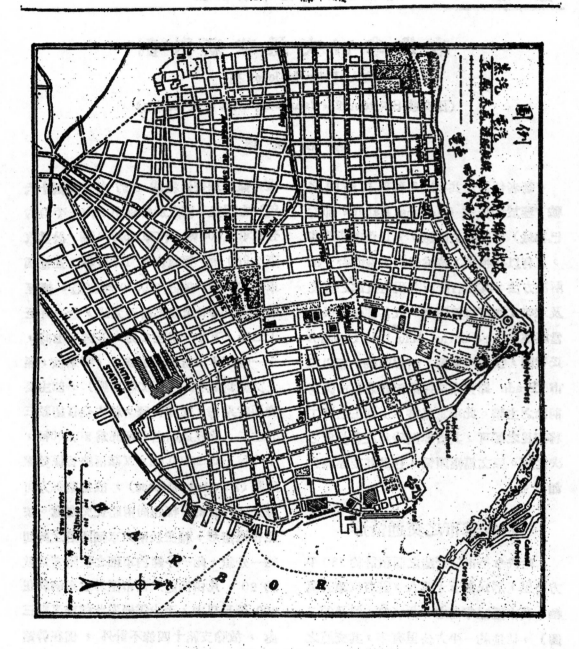

第一圖　哈伐拿市中區

舊市區以西之道路平均寬度可容三車並行，故交叉處被阻車輛不過 3—4 輛魚貫而列。舊市區內道路較窄，因之在主要交通時間內，沿路往往全為車輛所壅塞。而停滯至五分鐘之久者，又屬常事。

試將 Prado 路以東之道路（參觀第二圖）分為兩車寬度及兩車以上寬度者兩種，分別標明圖內，則知有百二十年歷史之哈伐仝舊市區為尺狹之道路縱橫交錯而成之菱形，南北長約 1.7 公里，東西寬約 1 公里。菱形之西邊與 Prado 路之間，所有道路皆有兩車以上之寬度。東邊僅沿港口道路之一部分，可容兩車以上，其餘沿港岸之道路皆狹隘曲折，其寬度至多可容兩車。故自海港至上述道路網與哈伐仝西部較新之市區及其近郊非經過交通阻滯之舊市區不可。雖該區內兩車寬度以下之道路皆經規定為單線道路，(Einbahnstrasse) 且於規定時間內禁止車輛停留及起卸貨物，又該市司機人覘映之諸棣，交通警察之盡職，皆堪為他處之模範，而因交通壅塞阻滯，所致之時間損失仍屬浩大，殊與哈伐仝市之經濟發展有礙，是以補救辦法為不可少。

Forestier 氏建議將哈伐仝舊市區東邊沿港地段放寬，殊有見地，蓋如是則可闢交通道路環繞舊市區之四周，而海港與舊市區以外各處之交通可毋需經由該區，否則舊市區交通問題實無滿意之解決辦法也。

沿港交通道路既經開闢，則不特由港口來往較遠地點之交通經過該路，即附近道路之

第二圖　　哈伐仝舊市區之道路系統

比例尺 1:10,000

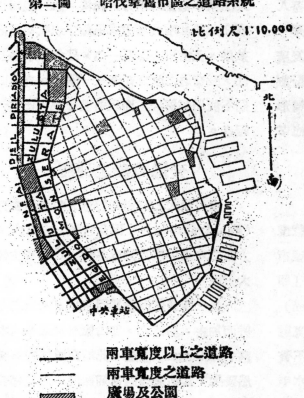

北

中央車站

—— 兩車寬度以上之道路
—— 兩車寬度之道路
▨ 廣場及公園

交通，亦可由該路分担一部，而免經過舊市區之困難與時間損失。例如自南北道路之古巴（Cuba）路起，前此交通密度僅向西一面逐漸增加，沿港幹道開闢後，則向東一面亦然。換言之，此路將成舊市區內東西交通之分界線。唯東西向之主要交通將一如以前之推展，以海港與舊市區及向西及西南發展之區域均居經濟上重要地位耳。

唯是沿港幹道開闢後，舊市區內部交通之困難，縱不因交通密度之增加如吾人所預期者而加甚，至少一如今日之情形。為盡量免除此項困難，並為新闢道路及廣場時免再蹈覆轍起見，故有下列交通計劃之作，特以哈伐拿舊市區之交通困難情形為討論新方針之對象，以示標準制在他市區尤易推行耳。

本計劃之新方針

哈伐拿市業經採用單線道路，信號燈以及交通警察等制度，一如其他多數城市所施設，以裝減少道路交通之困難。〔關于建築兩層道路，（Zweistockstrassen）及其他操切而費用浩大之辦法，如拓寬道路，甚至將整段房屋拆卸等等，茲不贅論，因本計劃以保留原有路線寬度及水平為前提也〕。唯為切實之效果可觀，尤以

道路之交叉處為甚。因交通兩變固可因之減少，而交通之壅滯不暢如故。此其病在倒因為果。何則，操縱交通者非信號燈與交通警察，乃道路之本身，惟道路本身之設備改良，交通乃能改良也。縱因經濟關係對於道路不能多所更張，亦可藉利用方法之改良而收減少或免除交通阻碍之效也。

哈伐拿及其他繁盛都市所試用之迴旋制（Rondellsystem, Kreiselsystem），原則上與本計劃之新方針相符，故可視為後者之起原。唯此項方式前此亦未收切實之效果，蓋由施行僅及一部，且大率未得其法，致交通之改良亦僅及一隅耳。交通問題不能局部解決，而須通盤籌劃，此其一證也。

交通障碍之種類

交通最大之障碍為行車方向互相交叉（Fahrkreuzung），因此常致一方面或多方面之交通停頓片刻或多時，且可發生極大危險。

另一種交通障碍為兩路以上交通之合併而加密，易言之，即由他路交通傳入本路（Einbiegen）而起。此種交通加密每突然發生，其結果輕則車輛擁擠，而後部交通完全停滯，亦屬常事。在狹窄且寬度相

第三圖 關於「道路交叉口行車不相衝突」制之圖案圖樣

甲 丁

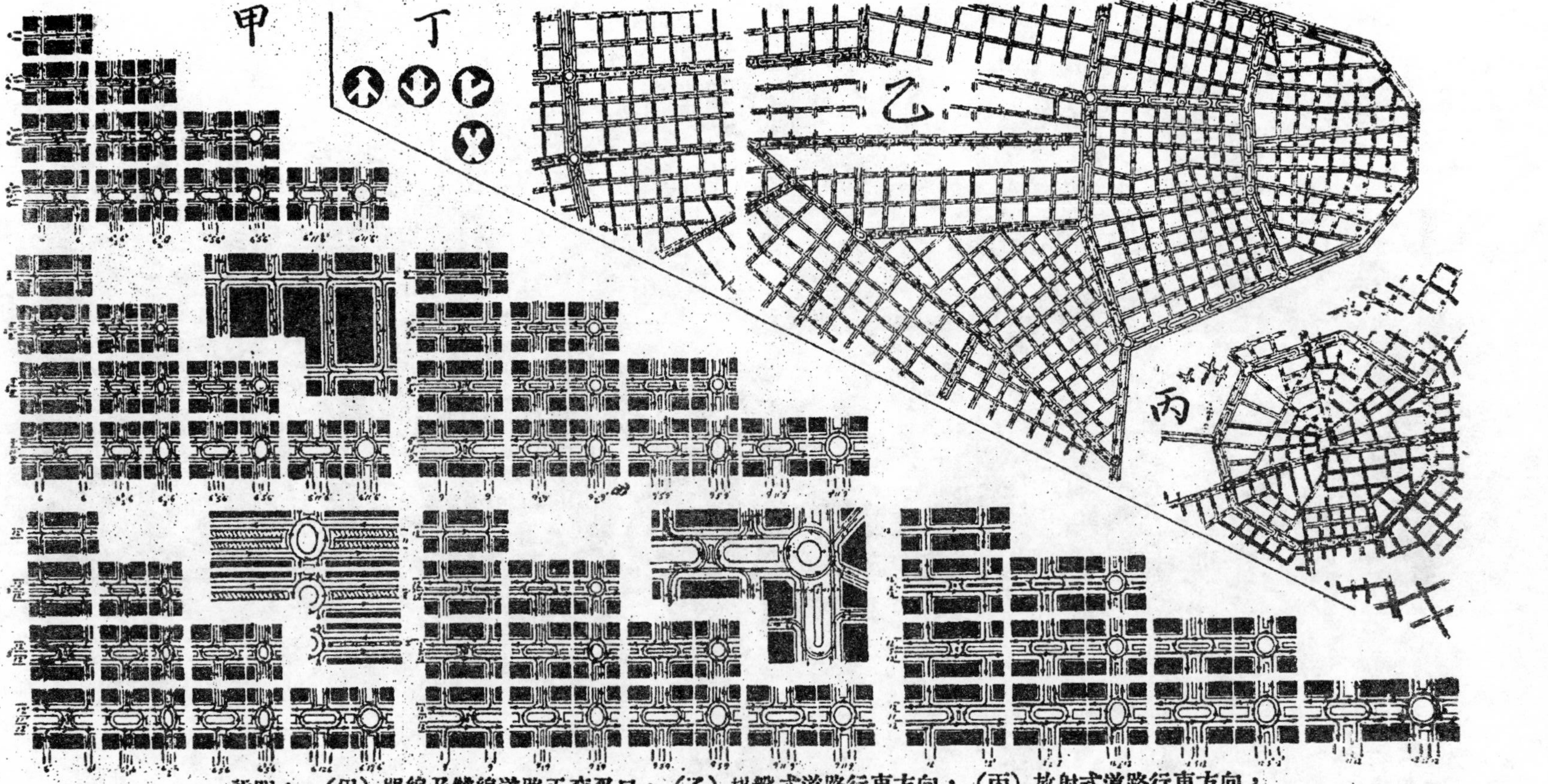

說明： （甲）單線及雙線道路正交叉口， （乙）扒盤式道路交叉口， （丙）放射式道路行車方向，

（丁）方向燈所放射之行車方向號誌 圖中所標數字皆以公尺計

同之路道間尤甚 。 又道路之一處驟然縮狹，例如由12公尺縮至6公尺，而沿途交通密度不變，其結果亦復如是。

復次，交通由本路轉入他路（Ausbiegen）時，因轉灣處之阻滯，輒致後面交通之擁擠，而以從窄狹道路轉入他路時為尤甚。

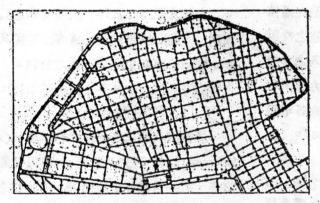

車馬道上之交通障礙尚有車輛之停放無序，及停留裝卸貨物，或聽坐客上下等。此外復有一種交通障礙，即行人穿過車馬道是也。

上述各種交通障礙，可由道路設備或行車規律之改良，免除或減少之。

「道路叉口行車不相交叉」制

（參觀第三至第七圖）

凡都市無論延長發展（棋盤式，如哈伐拿及紐約市），抑四向發展（放射式，如維也納及巴黎市），其道路網（Strassennetz）可按包圍之交通幹路（Hauptverkehrstrassen）而劃分為道路區（Strassenbezirk）。此種包圍之交通幹路分配出入各道路區之交通，故又為分配道路（Verteilungsstrassen）。其成立之條件為便於雙線車馬道之設置。

在各道路區內，應按照地方情形，將

第四圖

道路叉口行車不相交叉

制對於哈拿舊市區之應

用

最要之交通方向定為主要交通方向（Hauptverkehrsrichtung）。（在放射式道路網普通為放射方向，在棋盤式道路網內普通為延長之方向。）

凡循主要交通方向之道路，其寬度可容兩車以上而兩端與分配道路相通者，亦稱交通幹路。所有與之相交叉或接通之道路皆為交通支路（Nebenverkehrstrassen）。兩者均為單線道路。

規定交通幹路行車方向（參閱第三至第四圖）之法視各該道路區之地方情形，將各路行車方向按一定次序更換（勿令開

車人多費記憶力），例如第一路向東，第
二路則向西，第三路復向東等等。故每兩
相鄰接之幹路，其行車方向恆相反。（中
間插入較短道路之循主要交通方向者及其
他例外等，另加相當之規定。）

規定交通支路行車方向之法，係根據
某交通幹路之行車方向，按一定次序更
換，例如第一支路（橫路）係循幹路交通轉
入之方向，第二支路則循轉入幹路之交通
方向，第三支路復循幹路交通轉入之方向
等等；因之各支路（橫路）之行車方向，不
特沿幹路更換，卽在幹路之兩邊亦各不同
故其進行成蛇形線（Schlangelinie）。（如
遇有例外時，另加相當規定。）

至於何路應在規定行車方向之列，須
觀該地方之普通需要而定。故私人需要應
置諸公衆交通利益之後。

主要交通時間交通幹路之行車規則

禁止車輛停留裝卸貨物。爲坐客上下
而暫停，應緊靠行車方向右邊之人行道，
以便其他車輛追過。（9公尺寬之車馬道，
亦可沿右邊人行道暫停）在兩分配道路之
間（卽本道路區範圍內）不必顧慮橫路上
之交通（卽支路上之交通）僅須注意穿越車
馬道之行人以定行車速度。

主要交通時間交通支路之行車規則

停放車輛應沿「由他路轉入之曲線」

（Einfahrtskurve）及「轉入他路之曲
線」（Ausfahrts kurve）間內邊之人行
道。（9公尺寬之車馬道可沿兩邊人行道停
放）在無礙車馬通行範圍內，准暫時停留
及裝卸貨物。沿「轉灣曲線」處需絕對留
空，轉入交通幹路需爲主要交通（卽交通
幹路上之交通）情形所許可。

主要交通時間以外，交通幹路之行車
規則，如關於停車及裝貨等亦可從寬規
定，唯須予車輛以通行不停之便利。

施行「道路交叉行車不相交叉」制各道路區之交通情形

最妨礙交通且甚危險之行車交叉（Fa-
hrkreuzung）可完全避免。穿過交通幹
路時，車輛需循蛇形線而進。因時間之損
失甚大，故唯往來於少數街段間（Hauser-
block）之車輛不避婉蜒穿越之煩。若往較
遠之地點，則駛車人勢必轉入所遇之交通
幹路，循該路前進，經過該道路區外邊之
分配道路，然後循折回之交通幹路，以達
目的地點，因所經路線雖加長，而所費時
間則較短也。此種繞道辦法可使支路之交
通密度減小，而幹路交通亦不受其妨礙。
故上述由他路轉入本路，或由本路轉入他
路所致之交通障礙似亦可減少至最小限度
矣。

「行車方向醒目標誌」之需要

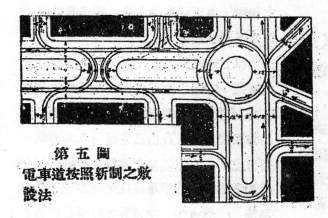

第五圖

電車道按照新制之敷設法

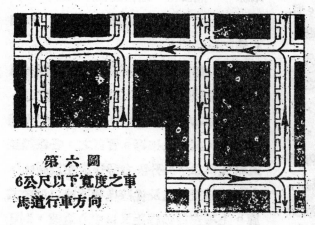

第六圖

6公尺以下寬度之車馬道行車方向

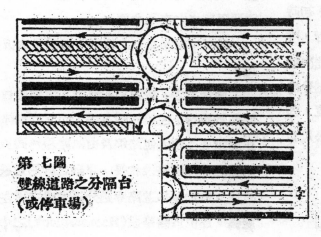

第七圖

雙線道路之分隔台（或停車場）

（參閱第三圖丁），

　　為施行上述新行車規則起見，醒目行車方向標誌之設備實關重要。最適用者，為所謂方向燈（Richtungs-lampe）（與柏林及紐約通用之紅黃綠三色之交通燈迥異）。此項方向燈設立於道路叉口中心，離地面相當高處。其下面為直徑約一公尺之圓玻璃板，底質暗黑，上剜矢形，以示行車方向。如光力強大，則此項方向燈，並可充路燈之用，又該燈之矢號，須在白晝亦可透視。如所有道路叉口均裝設此項方向燈，而其距離又不甚遠，則無另裝路燈之必要。不利交通之道路叉口，其方向燈除備白光放射方向標誌外，可另備黃光為行人通過之信號，以應需要。又下述雙線道路之交叉處，亦可同樣辦理。

　　總上所述，第一，第二兩種交通障礙均可避免或減少。其他各種障礙亦可藉相當之行車規則加以限制。其結果為幹路交通完全自由，暢行於各道

15601

路區間而無阻。

「道路叉口行車不相交叉」制對於雙線交通幹路及分配道路之應用（參考第五圖及第七圖）

道路之按行車方向而劃分，對於交通上之便利，自經各繁盛都市採用單線道路制後，已得世人之承認了解。故新築交通幹路及樹道等，大率劃分為數部分；蓋新式交通，需各有相當界限範圍可循也。且鐵路之交叉，吾人人已目為危險而廢止之，且用轉轍器以司鐵道岔道之開閉矣，市街交通本無一定之軌道，則其交叉之應避免，與夫道路之應按行車方向劃分，尤為重要可知。況交通繁盛之道路叉口，不特含有危險性，且有使半數以上交通停頓之患乎。此種重大之時間損失，唯施行「道路叉口行車不相交叉」制然後可減少至最小限度耳。此制施諸單線道路，初時似覺困難，後經證明，仍屬易於推行，唯施行於雙線道路則無困難可言。其先決條件如下：（1）車馬道務按行車方向劃分清楚，（2）車馬道最好按萬國標準寬度，即6，9，12，公尺之三種而劃分。（12公尺以上之車馬道，使交通漫無準則。）

雙線道路之交叉
由「移轉行車方向避免行車交叉」

之規律，得兩種解決方法，視各該道路上之交通密度而定。

（1）如交通密度互異，則甲方面較稀之交通，穿過乙方面較繁之交通時，應循乙方面之方向迂迴行之。故甲方面須轉入乙方面之方向，及由乙方面轉入本方向。質言之，交通較稀之路線與交通較繁路線相遇時，前項路線應先向右轉入後項路線，然後藉一左轉圓弧穿過分隔台，(Trennung band) 至該路線之對方，復向右轉回原路線。

（2）如交通密度相同，則兩路線循道路外段中線所成角度之平分線互相穿越。故各路線之轉入他路線，或由他路線轉回該路線，其角度相等。質言之，各路線至道路叉口之中央分隔台旁各成左旋圓弧，由路口轉至該處及從該處轉回路口則向右旋。上項左旋弧線距叉口中心愈遠，則迂迴通過路口之交通愈便。

斜角形道路叉口之行車不相交叉法仿此。

應注意者，按照普通情形，道路叉口應盡量施行上述第一種方法，而下列規律亦屬重要：轉入他路線及由他路線轉回原路線之曲線間路段愈長，車輛之紆迴通過愈便。例如雙線道路穿過分隔台處之兩左旋弧，應位於該路段(Haeuserblock)之中

央是也。（參閱第三圖甲第一直行）

雙線道路之分隔台（參改第七圖）

因道路有按行車方向劃分之必要，故有分隔台之設。此項分隔台通常位於道路之中央。或敷草地或否。兼充步行之用。

爲將來可改作停車場起見，此項分隔台之寬度至少應爲2公尺，以便屆時汽車魚貫停放。若爲5公尺，則汽車可以按45度之角度斜放。若爲11公尺，則汽車兩列可按45度斜放，並於其間留出寬約1公尺之空道。（若停放公共汽車，則寬度應爲9及13公尺）。

爲便利行人穿過車馬道而設之分隔台，自應高出地面。何則，因車馬每爲行人所妨礙，行人亦有被車馬撞壓之危險，

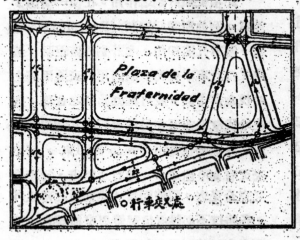

第八圖　　Fraternidad 廣場
現在行車情形

故兩方面均須予以保護也。卽就此層而論，雙線道路及道路叉口亦有設立分隔台之必要。

本制適用之例證

凡道路及其叉口，無論爲6，爲9，或12，公尺寬之單線，或各有此項寬度之雙線，隔以2，或5，或11公尺之分隔台，均可按標準圖樣施設，毋需耗費鉅額金錢，而收交通改良之實效。本制度之適用其例證於下：

第四圖示「道路叉口行車不相交叉」制，對於哈伐拿 Prado 路以東市區（舊市區）之應用，包括新 Malecon 路在內，惟保留舊路線與水平，比例尺一千分之一。

提出計劃凡兩種，此僅載其中之第一種，緣按照著者之意見，此項計劃於該地方之需要最適宜也。（第一種計劃內，現有行車方向，多經保留；第二種制改爲相反之方向）。茲所述者，以兩種計劃之普通方針爲限。（參考第二圖）

舊市區東邊沿港口港岸地段已着手放寬，故極感需要之相當寬廣雙線交通道路，亦卽分配道路，可以實現，且可按「道路叉

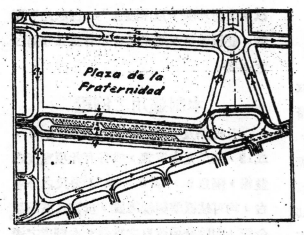

第九圖　　　Fraternidad 廣場
施行「道路叉口行
車不相交叉」制後
行車情形

口行車相不交叉」制敷設電車軌道。該路
在舊市區東北之港口處向後讓進，故沿港
口可關一「游行道路」（Korsostrasse）
以應需要，而與通舊市區西部之沿海幹道
路名 Malecon 者相銜接。又假定 Prado 路
仍為游行道路，務須避去所謂「商業交
通」（Geschaeftsverkehr），則 Monse-
rate Egido 及 Zulueta 之兩路應定為分配
道路。因之包圍哈伐拿舊市區之環形分配
道路可以成立而應各種之需要。橫穿分配
道路之 Monserate Egido 與 Zulueta 及游
行道路之 Prado 凡四處：—在北部沿海岸
之 Malecon 路附近，一為 Colon 及 Troca-
dero 路，一在中央公園（Parque Cen-

tral），一在 Fratenidad 廣場（Plaza
de la Fraternidad）旁，而包圍
中央車站（Estcion Central）則有
雙線道路，以溝通 Egido 與哈伐
拿西南部之交通。

哈伐拿舊市區內，所有東西道
路，照新制皆自由容納主要交通，
所有南北道路則支配次要交通，如
于定制有縊通之處，則有相當之妥
應處置。

以前妨礙甚巨之南北橫越交通，其中
尤以 Cuba 及 Havana 兩路（參閱第一圖）
之通行電車為甚，茲可完全免去，唯東西
之道路，例如現已成交通幹路者，尚有通
行電車之可能性。

此項交通計劃之作用，在使一切趨于
簡單。例如所謂迴旋制（Roncellsystem）
者，僅有九處採用。本計劃雖僅證明「道
路叉口行車不交叉」制適用於交通困難之
哈伐拿舊市區，並可推知此制之合理，與
在哈伐拿他市區亦易於施行也。試以數字
論，以前哈伐拿市 Prado 路以東，行車
交叉有 250 處之多。施行本制後，行車交
叉完全免去。引伸而言，除交通之稽查外
，各路口不必設置信號燈與交通警察，而
所有車馬皆可暢行無阻矣。

推闡本制之實例

（甲）Fraternidad 廣場。（見第八圖
及第九圖）

第 十 圖
Colon 及 Prado 兩路之交叉處

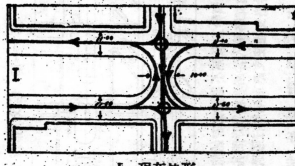

I　現在情形

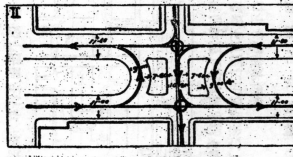

II　從前計劃

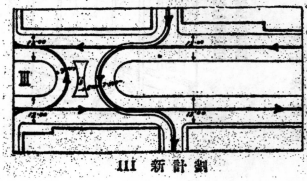

III　新 計 劃

從前制定之交通計劃圖上，有行車交叉 31 處，計兩主要交叉方向交叉 14 處，主要及次要交通方向交叉者 11 處，電車與主要交通交叉者 4 處，電車與次要交通交叉者 2 處；採用新制後則絕無行車交叉。

（乙）Colon 及 Prado 兩路之叉口。（第十圖）

現有兩主要交通方向及電車之行車交叉 2 處。以前計劃雖經將「掉頭」交通分開，以期改良，而兩主要通方向與電車之行車交叉處依然存在，且行人須穿越車馬道三條，共 28.40 公尺之寬。採用新制後，並無行車交叉，電車紆迴通過 Prado 路之雙線；行人僅須穿越車馬道兩條，共寬 22 公尺。

（丙）Prado 路交通上之改良。（第十一圖）

著者於哈伐拿交通計劃書外，另有專關 Prado 路之計劃為之附錄及補遺。該計劃圖上有 Malecon，Carcel，Colon，Trocadero，Parque Central 等橫路地點圖五幅，比例尺五百分一，總平面圖一幅，比例尺一千分一，圖示該路之絕無行車交叉點。

結　論

　　對於「道路叉口行車不相交叉」制，須經學理及實驗上詳審之研究，始能作最後之評判，殆無疑義。關於學理方面，上文所述之材料，似足供研究之用。關於實地試驗則有 Fraternidad 廣場西南角按照本制用顏色標明，直徑 18 公尺之圓島，（係按照著者所擬，工務部長核准之計劃而實施者），與 Prado 路上橫街之轉灣辦法，以及其他與本制度俱相吻合之道路設備。即另創採用本制之實地試驗，亦屬輕而易舉，毋需多所耗費，因此種方法易於逐漸推行，只須有具體之交通計劃耳。Prado 以西之適宜區域，中央公園（Praque Central）之西南角，以及一切不必改築即可施行本制之道路叉口，皆可供實地試驗之用。唯新闢或改築之分配道路，如新 Malecon 路（即新闢之沿港道路）及新 Prado 路等，必須採用此制，以便於完成前，舊市區亦可施行本制耳。

　　世界各繁盛都市，自數十年以來，即謀切實解決其交通問題。「道路叉口行車不相交叉」制為一輕而易舉之切實解決方法。哈伐拿市既易於推行此制，若加以適當之實施，實為其他世界繁盛都市之前驅，亦即萬國之導師也。

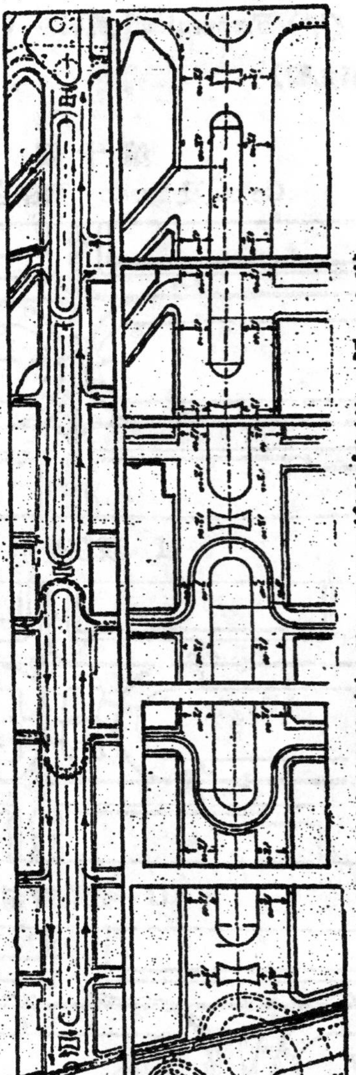

第十一圖　哈伐拿市新 Prado 路平面圖及行車方向圖

此項計劃須將車輛不過於緊密始能宜行初餘路上之車輛若干如入幹路者耗吨費時間速多或甚不可能在此等街形之下惟有隨時幹行因止幹路交通使支路車輛低行通過叉口不必駛駛學遲也

漢堡全部市政問題之解決

（原文 見 Städtebau, 24. Jahrgang, Heft 5）

Walter Ewoldt 著　　德國國特許工程師歐陽維一節譯

甲、規劃碼頭及實業區域

碼頭區域劃定於 Elbe 河流沿岸。地在漢堡市南部。（視第四圖）除指定爲有規劃之建設外，更留西部一大區域爲將來擴充之需。凡此對於市政建設方面皆具重要關係。蓋擬建之碼頭區域適處於漢堡市區內 Wilhelmsburg 之西，及 Elbe 河支流 Köhlbrand 與 Reiherstieg 之間也。

碼頭區域既定，實業區域之規劃遂生困難問題，何地點最爲適宜，而紛爭不易解決焉。蓋實業區域之劃定，不獨須有利於此方之實業家，亦須顧及於彼方之實業事業，更須顧及於全市將來最高度之發展也。

目下漢堡市區域內諸地方之實業家，皆注重於 Elbe 河下游沿岸之發展，爲之經營，不遺餘力。而普通心理則注重於 Wilhelmsburg 北部沿岸，作爲中心點及將來發展地。故極力爭奪地盤，反置現有之營業於忽略。

蓋德國自歐戰後竭力恢復一切，漢堡市政內引人注意者，例如造船事業商業以及實業之並同進行是也。

Elbe 河下游沿岸之所以劃爲實業區域者，蓋實有利在焉。關於貨件原料之起卸至實業區域，便易而價廉，得直接運輸之能，又符交通上之要求，得直接與內地及歐州各處通貫。出口與進口貨物及營業上皆獲其惠焉。

此種規劃不獨爲漢堡市政進行上之設想，亦爲恢復德國戰後蕭條之實業事業惟一方針，使德區之商業佔於世界頭等地位，關係於國民經濟及民生者大矣。

乙、市區中心問題

全市區域一經改組而規劃之，則重要商業區域問題當然亦須有所規劃。依世界大城市設計計劃，商業區域須在市區之中心，卽市屬各區需要之中心地點，而須與市屬各區有直通聲氣之可能焉。

目下中心區域之主要部分及重心點，

係具南北發展勢，與Elbe河相交成正角。
未來之新市面則定爲東西線，使向東西兩
面發展。

漢儼市於 1892 年盛行虎列拉時疫。
此後市政上卽着手改良地方之不合於衞生
者。

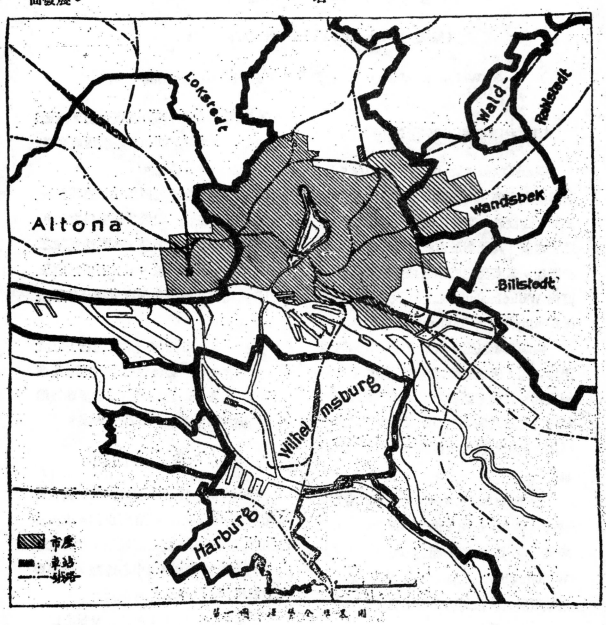

第一圖　漢儼全區圖

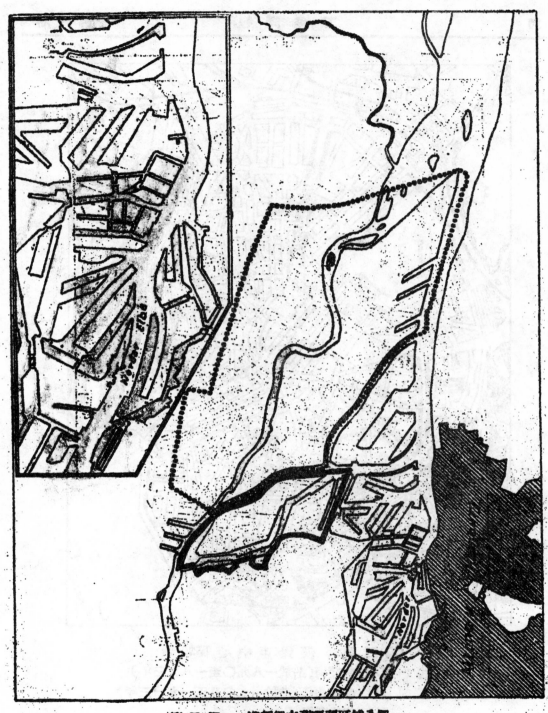

第 二 圖　　漢新儀市舊碼頭區域全圖

附註　　粗線劃境爲擬定建設之碼頭區域

點線劃境爲將來擴充之碼頭區域

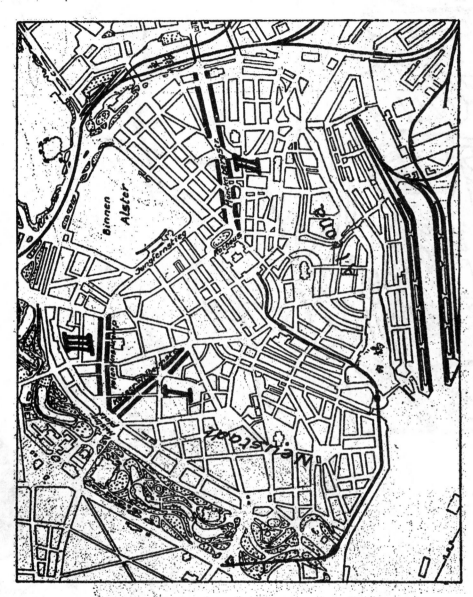

第三圖　漢堡市中心區域圖

注：　I.　威廉街(造於一八九〇至一八九三年)
　　　II.　麥克山街(造於一九〇八至一九一三年)
　　　III.　華能廳街
　　　　　此等狹路將擴充為重要交通道路

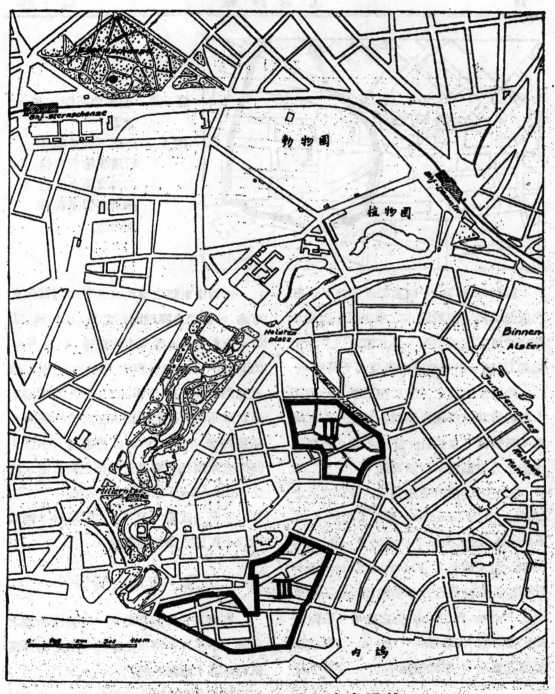

第四圖　　新市中不衛生之區域
附註：III 爲住宅區域由一九〇〇年至一九二
　　　年實行將區地填高而新建築者

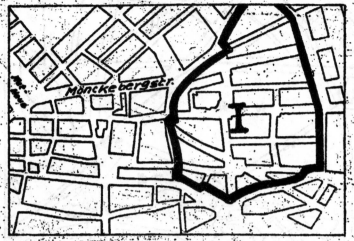

第五圖　舊市中不衞生之
　　　　區域
注：I 區因不合於衞生
　　行將改建昔日恃
　　之爲交通必經之
　　路者多阻塞而移
　　至外道

1912 年將 Elbe 河北岸漢堡目下新市之低地填高，高於潮水之水平面，而後始行建設目下之新市面。是爲第四圖上劃出之第III區。計費當時金馬克二千萬枚。

此種新建設之居屋房租過貴，一般工人之居留其地者遂感困難。該地原有之道路，對於目下之設計，無需添改。只將其主要之大道擴充，以便交通。

最近漢堡市將舊路劃成一便利交通之幹線，由 Mönckeberg 路至西北部，經 Jungfernstieg, Gänsemarkt 及 Holstenplatz 而入擴充之 Valentin Kamp 街。此種設計爲補救念五年前建設過狹不利交通之 Kaiser-Wilhelm 街之交通。蓋此計劃未築以前，Kaiser-Wilhelm 街爲往西北部之要道，車馬擁擠不開，今則分任矣。

由西至東都之東西交通幹路爲高架火車路。此路必經地點擬定爲 Altona 區市，總車站，漢堡市市政廳場，及 Schiffbeck。惟自漢堡市至 Altona 區市之總交通路綫，係經 Millerntor 大新市場而達新市區。於是將問題依當地情形解決。依照經過 Mönckeberg 路而達舊市區之高架火車辦法，穿過已陷舊之新市區，而達 Millerntor。而此新市之中部一切不衞生之建築及設施，遂隨之以改革焉，卽第四圖上圈由之第二區是也。

丙. 空地之設計

在解決全埠問題時，一般公園草地之布置，亦須迎合將來之需要。不能由各區就地爲謀，而無系統。

於是漢堡本區內之植物園，讓遷於

Schellingen 地方，使與該地之動物園爲鄰，預爲將來生物學及自然科學物之陳列中心點。

市之北區設有公共壙場及公園，爲市之外觀。在歐戰以前，漢堡市曾植樹於大道及工程良美之街，以補救缺少之公園及草地。一九〇四年植樹之路長凡二百五十公里，後乃倍之。

東部所有草地不足以供需求，則設法添補。

Elbe 河北岸一帶原有之草地，本分散不一，今則添補而一氣貫通之。

至於運動場，則原有之運動場尙足敷目下全埠之需。將來則擬建一室內運動大廳以補所不足焉。

丁，居屋及其設計

漢堡市自一八六〇年尙無規定房屋建設之規則。當時建築房屋者皆不依規則，致房屋林立，街巷狹小，極不衞生。一八六五年雖有官家之工務局列出章程，然仍無效。如此者延至一八八二年。

今者議將此種區域改合於衞生上及交通上手續而改革之。一般舊居該地之下等社會居民　將於無形中被新環境驅逐而失其安身地。蓋自一九〇〇年後戶口之調查，寄宿於人家者凡五十萬人。當時一般

工人已感困難。一九一八年漢堡工務局始規定詳細之章程，對於房屋內院之建築尤爲注意，并限制不得建築過高房屋。

新建之居屋，兩間房及一廚房者，年租爲五百五十馬克，而漢堡工人百分之七十五不能出較五百馬克一年更多之租金。經警察局之調查，居屋尙缺少三萬至四萬五千所。一九二七年所建之新屋爲八千所。目下漢堡市特設法解決此項問題，每年由公款內提出一萬二千萬馬克，專爲補助建築居屋之需，每年當得新住所一萬。

工人居住地點最重要者爲 Barmbeck 地方，及 Elmsbüttels 之一部分。碼頭工人多因値工之故，不能不在碼頭附近居住。惟碼頭附近無此種空地，致此種工人多留居市內，極感不便焉。碼頭工人平均爲一萬六千人，其中三分之二係有家室者。使在碼頭附近區內居住，殊難辦到。於是在 Wilhelmsburg 之西劃作碼頭工人居留區。所建居屋由漢堡市公款補助，務使房租勿高出工人生活能力之外。

戊．交通

交通爲全市呼應之機關，關係於全市者至大。普通居民交通之設計外，尤須注重於貨物之運輸，蓋漢堡碼頭區域擴充後，將來運輸上之交通不有周密之設計，

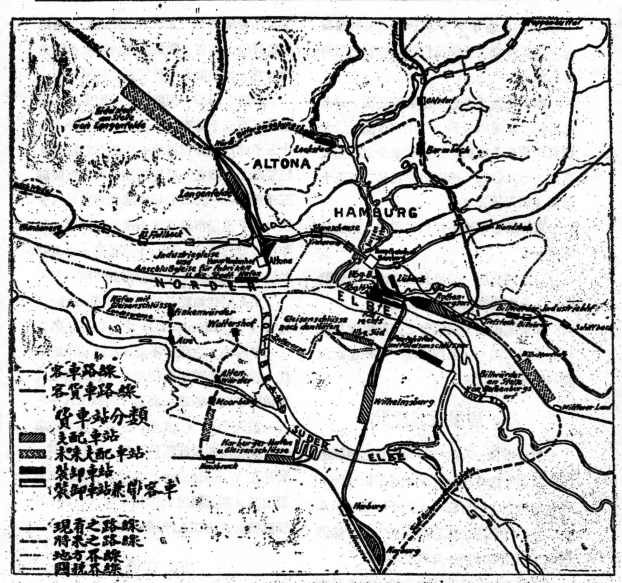

第六圖　貨運鐵路線一覽

不足以供需求也。

歐戰之前，漢堡市貨物運輸上之交通，佔全市交通百分之十二，火車站區已有擁擠之虞，而有擴充之必要。於是有分割客車與貨車交通之設計。添設貨車軌綫，使與客車軌綫完全脫離關係。其次則為分本埠及外地客車之交通線為二，以便本埠將來交通上之擴充，而與外地客車之來往不生衝突。蓋漢堡市總車站每日來往之火車，歐戰前為六百九十次，近年來增加至九百十次。為顧慮日後起見，已不得不實行客車與貨車分軌之制度矣。

惟總車站附近無發展之地，苟能將車站移建於動物園之空地，則舊有四條軌道之客車軌道，可以增至六條軌線，并建設一新副車站焉。則客貨車以及遠方，埠外及埠內之交通分條計劃，庶幾得以解決。

又擬改火車頭為電機車頭，添設電軌於全埠內外重要區域。首將漢堡至 Harburg 之路線，及 Blankenese 至 Wedel 之單軌線實施，然後及於漢堡至 Friedrichsruh, 及 Altona 至 Elmsborn 路線，使鐵路管理工作完全出之電流，革除舊式之不經濟及不方便處。

城 市 區 劃 之 原 則

沈 昌 譯

本篇爲紐約市區劃委員會主席 Edward M. Bassett 君所作，經提出美國城市設計協會（American City Planning Institute）討論修正而後公佈。美國東部中部之言城市設計者，咸奉爲圭臬。篇中涉及法律人事者多，涉及工程者少。然苟稍從事於城市設計者，當知被阻於法律人事者多，而被阻於工程之困難者少。此余之所以譯成此篇，送登工程譯報，而願讀者注意及之也。

十八年六月十九日沈昌識

（一）在城市設計中劃區事項，應命名曰區劃。其機關應名之曰區劃委員會。在法律條例中，區劃一字應用於標題。而區域一字，用於法律中指定之某一面積。

（二）區劃者乃用法律建立區域，在各種區域中，用各種規則禁止有害或不適宜之建築，或對於建築或土地加以有害或不適宜之應用。

（三）區劃須以警察權（Police Power）執行，而不以收用權（Condemnation）執行。

（譯者按：－國家「有償」收用人民土地財產全部或其一部分權利者，爲收用權。無償沒收人民土地財產全部或其一部分權利者，爲警察權。兩者同爲執行市政工程之利器，而以于大多數人民有益爲前提。其詳細解釋與界限，當另文論之。）

（四）區劃而欲用警察權以執行之，則必須涉及衛生，公安，道德，秩序及其他社會公益事務。因此用察警權之區劃，必須限於可用警察權之理由，如火險，缺乏空氣與光線，羣居擁擠，及其他有礙公益之情形。基於此種理由之預防規則，必須在各種區域內有不同之處置，而處置之程度亦必不同也。此種種不同之條件，類聚之自成種種區劃，有根據土地建築使用之性質者，有根據房屋之高度者，有根據房屋所佔地面之大小者。區劃並可引伸之使包括火災之限制，建築之界址，及他種規則。惟低侵害價值及美觀，則尚無被法庭認爲用警察權執行區劃之充分根據。

（五）在公佈區劃規則之前，城市須先向省立法機關請得此項權力。允許此項權力之重要說明，為該城市對於建築，及土地與建築物之使用，得在不同區域之內施行不同之規律。

（六）區劃乃城市設計工作中之一部分，並須從早實地施行。如事上可能，於道路開闢時即採用。於未開闢之區域內擬訂區劃，須同時研究頭二等幹路之施設。

（七）在舊有市區中應用區劃，必須大致適合現狀，但須設法校正不合宜之趨勢。

（八）在同一城市之中，性質相若地位相同之地方，區劃之性質須相同。守此原則可防止武斷，零散，或部分式之區劃以免危險，或陷於非法。

（九）區劃必須充分穩固持久，以保護守法者。但若市當局依照省法律所定嚴格之糾察辦法，決定加以變更，則原定區劃辦法，亦須有接受之可能。此則不可不預留地步，以適應事後改變之情勢，或事前忽略之情況者也。

（十）應規定有利害關係之業主，得請求考慮變更區劃規律，但實際施行區劃規律及其變更之權，必須操之於市政府，而非操之於地產業主。市政府變更區劃時，最好規定須要過半數以上之票，或竟規定需全體一致同意，除非有利害關係之業主之大多數已贊成此舉。

（十一）區劃規律為求美觀或為求住宅之一致發展起見，或由其他原因，均得於規律外在發印契時附以條件，此亦正當之補救辦法也。

（十二）規律之施行於某一類房屋之全體，不因地點位置而異者，如關於上下水管，材料能率，平安設備，對於僱役之防火設備之類不得置於區劃規律之中，應另列為房屋律，工廠律，建築律之一部分。僅隨區域而異之各種條件，乃入於區劃規律之中。

（十三）區域尋常依用途分為住宅，商業，小工業，大工業等類。禁止在小工業區域內存在之工業，應用列舉式表明之。在商業區域內，應許住宅之存在。在小工業區域內，應許住宅及商業房屋存在。在何種情形之下，大工業區域內得許住宅之存在，則為一爭論之問題。以用途劃分之區域種類宜少，較小之限制，以適合某一地段之情形者，宜包於面積及高度區劃辦法之中，並應允許例外之用途，如法令之所特許，或經陳訴委員會之所特許者。在規定之單家住宅建築區域內，禁止多戶同居式出租用之住宅，是否合法，及是否必

要，則尚爲一爭論不决之問題也。

（十四）僅施於新屋之區劃規律（此爲較妥善之辦法）對於已有建築之用於不合式之用途者，應常常加以取締，以迫其經過若干時間後，漸漸改爲合式。

（甲）不合式房屋如有構造上之新改變，所有費用在該屋存在期內，不得超過原價格之半，亦不得將該屋擴充，除非該屋之用途已改爲合式。

（乙）用途不合式之房屋，不得佔擴用途合式者之地位而擴充。

（丁）在住宅區域內用途不合式之房屋，在商業區域內認爲合式者，不得改作在商業區域內亦不認可之用途。

（丁）在住宅或商業區域內之用途不合式之房屋，而在小工業區域內認爲合式者，不得改作在大工業區域內亦不認可之用途。

（戊）在住宅，商業及小工業區域內之房屋，其用途不能容許於小工業區域內者，應於法令施行之後改變其用途，不得將建築改變，以備其他不容許於小工業區域內事業之用。

（己）在住宅，商業，及小工業區域內之房屋，其用途不能容於小工業區域內者，如於法令頒行之後，曾將其結構建築改變，不得將其用途改變爲其他亦不容許

於小工業區域內之事業。

（十五）在商業及工業區域內之屋塔，其高度在一定限度以內者，得許其建築，但該塔所佔之面積，不得超過該屋地基面積四分之一。屋塔得沿路棧往上直築，但須與邊棧有相當之距離，如適宜之條例所規定者。

（十六）高度限制之决定，須基於道路之寬度及房屋之用途。此外並須規定樓層之最高限度，此則與路寬無關，應視當地情形而定。

（十七）面積限制辦法之內，應規定建築物佔據基地面積之百分比，每畝至多可容若干家庭，或每一家庭至少須佔基地若干方尺。

（十八）應設管理委員會，照省法律授以下列職權：

（甲）受理人民之申訴，糾正建築監督機關於取締建築發給執照時之錯誤行爲。

（乙）决定界綫及例外建築，如法令所規定者。

（丙）伸縮法令字面上之解釋，以適應各個相殊情形之建築物，而避免不必要，過分之困難。而法律之眞意，仍得以不同之辦法得同樣之結果。

此委員會之職權，不特應在法令中特

別規定，並應由省立法機關授權市政府以設定此項機關，並在法令內規定，何種界裁問題及特別情形，該機關得處置之。

該委員會可決事項，應有半數以上之票數。委員會之手續及記錄必須公布，委員得因故更易；該委員會之決議，得由人民訴請法庭複核。

小住宅之平面計劃與內部佈置及審查新法

（原文載 Zentralblatt der Bauverwaltung, 48. Jahrgang. Heft 34）

德國 Alexander Klein 著

吳 之 翰 譯

<u>介紹語</u>　本篇所論住宅平面圖樣之審查及計劃方法，自多方面觀察均屬極有價值。蓋工程中其他各方面，吾人早經應用科學方法加以探討，獨於住宅平面圖樣，向依各人之直覺而判別其優劣，至於有系統之研究，此篇實為之嚆矢，故今後住宅平面圖樣亦可用客觀方法評判之。

此種關於住宅問題之專門科學不僅為理論上之貢獻，即於私人之實業亦屬有益，緣因此可斷定出租房屋之真價值及抉擇擬建住宅之最良式樣，藉收永久之利益也。此外關係都市建設方面亦非淺鮮，蓋房屋為構成都市之細胞，而建築深度與住居價值之密切關係，本篇亦有所論列也。惟無論何種科學方法必經實地試驗其效始著。Klein 氏所述之方法自亦不能逃出此例。其原則之應用與改進，竊願其早日見諸實現也。

（甲）導言

吾人之生存，賴精神與肉體之組合，二者不可偏廢；然向來住宅建築，對於居住者之精神生活從未加以充分之注意。

煙酒之害，人盡知之，而環境之足以影響於吾人之心理，則了解者絕鮮。苟明此理則任何房屋於精神生活方面毫無意義者，斷不能滿足吾人之慾望。故住宅之建築應與近代生活上之條件，及文化上之需要相稱，須求合於經濟且形式簡單，而居其中者，精神肉體，兩得其宜。此項原則對於各大都市之居民，尤形重要。

德國在歐戰後，經濟與能力上受種種束縛，不久將發生屋荒，故住宅問題更含有社會政策及國家政策上之意義。今後應

努力之點，爲住宅最低標準問題之解決，使無論何人皆得以力所能致之租金，得一獨立之住宅。住宅面積縮小，對於生活條件不必有所妨礙，實則雖縮小至最低標準，（即建築費減低至最小限度）亦可提高「居住之文化」。唯此種努力不應爲單純物質所拘束，而應以較深切實在之根本觀念爲出發點，然後可致上述之結果。如 Dr. Gruschka 所云：「住宅最低標準，包含數量上及質地上之兩種要素，使在民族經濟水平線上之家庭所有居住費用，最爲低廉，而於精神及肉體之健全兩無妨礙」是也。

欲解決此複雜之問題，應加以有系統之研究，如(乙)章所述之步驟。一定區域內及一定民衆階級之「最小住宅」，其式樣應具一種固定性，而與建築材料及建築方法無關。故欲解決住宅式樣之根本問題，應將建築材料及建築方法除外，否則將成未知數過多之方程式而無法得其答案。唯此種基本式樣並非一成不變之謂，建築材料與建築方法亦應同時顧及也。

(乙) 求合理的住宅式樣之普通步驟

欲求合理的住宅式樣，須以概括問題之了解入手。其步驟如下：

(一)概括問題　所有住宅係爲何種居住區域，何種氣候，何種地方習慣，何種家庭，何種按收入多寡及社會地位而分之民衆階級，何種居住方式等而設？

(二)統計材料　關於缺少住宅之數目，按區域，民衆階級及其收入之多寡，社會地位及家庭狀況而分，有何種統計材料？

(三)就住宅對於居戶之影響之科學的研究　此項研究須就衛生上，心理上，體力及腦力之運用上，兒童撫育上，敎育上，美術功用上及社會倫理上着想。

(四)起居便利上之問題。（Wohntechniche Fragen）

(子)沐浴與漱盥之處　或每宅各有盆浴及淋浴室一間，或全屋共備浴室一間，設於地窖或屋頂下之一層內，或屋內竟無浴室設備，而住戶須往附近澡堂就浴。研究此項問題時，瑞士住宅事務及住宅改良協會祕書之意見，頗有介紹之價值。其在 Das Wohnen 雜誌 1928 年份第二號第三十頁所論如下：「浴室不作漱盥所用殆屬常例。按普通習慣多在臥房內於桌上備極小盥漱器皿，又有多處居民盥漱於廚房內自來水龍頭及垃圾池旁。在此種情形之下，而設昂貴之浴室，徒使小住宅，小房屋建築費用加大，試問有意義否乎？余以

為若多數住戶雖有浴室而移作別用，則此舉誠屬無謂。自余觀之，若每小住宅與每屋內於廚房內設漱盥之處，備大盥盆與自來水管，適用多矣」云云。

此種極端反對小住宅內設浴室之論調，殊難贊同。吾人應反其道而行之，用相當方法，逐漸訓練一般民衆，使利用浴室與淋室於本來之用途。此外尚有關於廁所與浴室之隔離，以及此種房間是否須直接通空氣，納陽光，如柏林市新建築規則所要求者，抑可藉橫洞或縱井(Horizontaler oder Vertikaler Schacht)間接通氣納光，而用天然或人工換氣方法等種種問題。又有人謂廚房與浴室相鄰接，可以減省水管之長度，而是否因此即須放棄起居便利上重要之點，亦未經確定也。

（丑）浣濯室（Waschküche）應決定者為洗浣室之分散或集中，孰為適宜，及應備機械與否之問題。自衞生上及勢力之經濟上觀之，吾人應力求浣濯室之集中與完全機械化。

（寅）廚房　廚房可稱為最難解決之問題，因關於廚房之用途，或僅供烹飪，或兼充食室，或此外尚為起居及治事之所，故所有意見，至今尚不一致。對於上述各問題常有種種相反之論調，即如瑞士 Das Wohnen 雜誌向各方徵詢之結果，亦可為

證。至意見紛歧之故，則因習居於起居上不甚便利之住宅，致養成各種習慣，而以主觀眼光替代理性觀念耳。唯如可計劃一種平面式樣，使家主婦在廚中炊爨時可兼顧起居室等處嬉戲之兒童，且可從會食桌望見爐竈，則可將廚房縮小，專供烹飪之用，而利用餘地將起居室放大，或於廚房起居室間設凹隔為會食處所。此種廚房與起居室完全分開辦法，就衞生上，美術上，文化上而言，均屬可取。又住宅面積小至45平方公尺時，若設較大之廚房，則住戶只有兩種辦法，或保留起居室而與兒女同臥一室，或將起居室兼充臥室，反之若將廚房縮小，則住宅中可設兩大房與一小浴室。

（卯）壁櫥　關於此點反對者頗多。（中略）然英，美，法三國之住宅皆用之。

（五）建築上及衞生上之問題

（子）最重要者為建築深度問題，須顧及各種土地開闢方式，（Gelände-Erschliessungssystem）及地價與道路徵稅（Anliegerkosten）等項以求最適宜之尺寸。用表示各項關係之曲綫，可求得最合用之建築方式。此種曲綫應指示：(1)跨度加大時對於樓面建築費之影響，(2)門面寬度與房屋深度對於牆垣建築費之影響，(3)門面寬廣對於土地使用上之影響，(4)

門面寬度與道路徵稅之關係，（5）門面寬度與房屋深度之比例，對於收暖費用之影響。將各曲綫並列對照，可得各項關係經濟上之明瞭印象。唯除此以外，尚須將建築深度與門面寬度就起居便利上，衛生上，及內部佈置上加以研究，以求得合定律之結果，亦用圖形方法施行之。

（丑）對於住宅式樣之選定，亦有重大影響者，爲每樓梯邊住宅之數目及側面通風問題之研究，與土地利用上之考慮。解決此項問題時，應力求扶梯之減省，而又須各宅能流通空氣。

（寅）此外尚應研究者，爲住宅可縮小至何種程度之問題，並注意扶梯之大小常爲一定，而侵佔利用面積之一大分部。研究終果，必覺最小住宅有按甬道式房屋建築之必要。唯必需妥爲計劃，使反對者無置喙之餘地。

（卯）又對於地面一層地面最經濟之高度，及將地窖完全做成一層等問題，亦不可忽視。

（辰）同樣重要爲將屋頂式樣之利弊問題，自構造及經濟兩方面解釋之。

（巳）較爲重要而現今多所爭論者爲取暖應用火爐，抑用集中制（熱汽或熱水取暖法）。贊成火爐取暖制者，其理由爲置備費少，適合衛生，使用費可以節省，及

佔地僅約 $\frac{1}{4}$ 平方公尺諸點。贊成集中取暖制者所持理由，爲全屋熱度均勻，熱度可隨意調節，不必時加看視，各住宅無明火，故少火災之虞，無毒氣發生，免灰塵飛揚，煤烟迷漫諸點。且火爐雖僅佔地 $\frac{1}{4}$ 平方公尺，須另留生火添煤之地位，又因距傢具不可太近，故所在之牆角門邊每不能放置傢具。又烟筒甚多，故侵佔地位不少，且致建築費加昂。是以取暖問題必需澈底研究，尤因近今量熱器（Warmemesser）發明，熱量可按實際用去之數計算故耳。

（六）最高標準（Maximal Programm）上文（一）至（五）各節研究之結果，得一最高標準，可以下文表明之：

（1）住宅應低廉，即合於經濟：（子）床位最多而建築面積最小，（丑）構造裝修簡易，而居住效率最高。

（2）住宅應合衛生：（子）臥室及起居室有一致之適當方向與充足之光綫，（丑）空氣能完全流通，（寅）每宅內設一浴室，或至少於數極小住宅內設一淋浴室，且人口較多之家，其浴室與廁所應分開。

（3）住宅對於起居便利上應無缺點：（子）房間數目應與住戶家庭情形相當（分租者不計）。各房間應分配妥善，聯絡便利。（丑）父母之臥室務與子女臥室分開。

而(寅)子女又應按性別分開。(卯)除臥室外，至少應有起居室一間。(辰)廚房應與起居室分開，(巳)不應有用爲過道之房間。(廿)洋台不應與臥室相通。(未)門窗之佈置須於牆邊留有充分地位，以便需要傢具之安排。(申)安排傢具後所餘迴旋之地位(交通面積)務求集中。(酉)應準備安置櫥櫃之地位。

(4) 住宅應舒適：(子)各房間之大小，須視其用途而異。(丑)立體上之比例應適宜。(寅)各房間應有完善之聯絡。(卯)各房間之光線應適宜。(辰)應能安置需要傢具，而不損住宅觀瞻。

以上所舉者，爲建築師與主管官廳及邀請之科學或工業團體合作而得之結果。

(七)與(八)最低標準及其答案

建築師對於此項之唯一工作，爲就決定之標準，擬具一定住宅式樣，而於一己設之問題必求一答案，使住宅費用極小，而居住效率及經濟效率極大。

(九)用問題表格審查計劃圖樣

照上項原則製成之各計劃圖樣，必就其性質用問題表格再審查之。(參觀第一表至第四表)

(十)及(十一)將各設計圖樣按同一比例尺改繪，及設計圖樣之分析

照上項辦法選出之最佳計劃圖樣，必須按同一比例尺改繪，而對於經濟上，衞生上，內部佈置上加以分析。(參觀第五至第六表)

(十二)至(十五)較優計劃圖樣之選擇，用圖形方法之比較，最優計劃圖樣之審定，實際尺寸之模型

用圖形方法審定之各最優圖樣，應照實際尺寸製成模型，加以研究，並改正其零星之點，然後實施。

(十六)及(十七)試驗建築及大宗建築

計劃圖樣實施後，認爲可採用時，即可施諸大宗建築。

(丙) 用問題表格之初步審查

(乙)章第九節所述關於各圖樣就住宅性質上之審查，係用第一表及第四表所示之問題表格，此項表格視設計問題之如何得酌予變更。依照此方法，每圖樣各以正負分數評判之。故完善之圖樣理論上應得100％正號，而正負號數目之比例亦即圖樣之優良程度。因問題表格中所有各點之分數不必同一重要，故正負號之數目，不可逕卽相加而統計之，必須衡其輕重，酌定相當「權」數，以與正負號數相乘焉。

(例一) 第一表所示，爲審查柏林市已見諸實施之住宅平面圖樣三十三種之結果。審查時假定每宅應有起居室一間。審

面 積 平方公尺	設 計 號 數	床位效率	建築深度 兩面寬度	利用效率	居住效率
65—70	3,4,33,34	33,5	t 9,60 b 6,60	0,764	0,50
70—75	29	36,5	t 11,0 b 6,60	0,69	0,407
75—80	2,30	31,4	t 12,20 b 6,20	0,743	0,474
80—85	5,7,8,11,12,14,15,16,25,26,31,	26 1	t 10,80 b 7,60	0,742	0,513
85—90	6,9,10,13,27,28,32,	28,1	t 11,30 b 7,80	0,72	0,515
90—95	18,19,20,21,22,23	29,5	t 11,60 b 7,80	0,748	0,511
95—100	17,24	32,21	t 42,30 b 7,30	0,753	0,496

第　三　表

號數	建築師	建築面積	間數	床數	每床所佔之建築面積	審查係數 床位效率	審查係數 利用効率	審查係數 居住效率	用間題表格審查之結果 最大為+17
34		62,04	$1\frac{1}{2}$	2	31,02	1	5	3	+5
33		63,70	2	,,	31,88	2	1	5	+6
3		66,82	2	,,	33,41	3	4	2	+5
4		69,82	2	,,	34 91	4	3	4	+4
29		73,14	$1\frac{1}{2}$	,,	36,56	5	6	6	+8
2		74 18	2	,,	37,09	6	2	1	+7
35	Klein	61,00	$2\frac{1}{2}$	3	20,03	1	3	1	+16
1		66,0	$1\frac{1}{2}$	,,	22,0	2	10	24	+7
30		75,46	$1\frac{1}{2}$	,,	25,68	3	20	23	+4
5		80,84	$2\frac{1}{2}$	,,	26,94	4	6	17	+4
7		80,94	$2\frac{1}{2}$	,,	27,0	5	13	20	+10
8		81,9	$2\frac{1}{2}$	,,	27,3	6	5	4	+4
11		81,9	$2\frac{1}{2}$	,,	27,3	7	22	2	+4
12		83,08	$2\frac{1}{2}$	,,	27,7	8	17	18	+7
16		83,26	$2\frac{1}{2}$	,,	27,76	9	9	10	+5
14		83,38	$2\frac{1}{2}$	,,	27,8	10	4	17	+7
15		83,38	$2\frac{1}{2}$	,,	27,8	11	23	15	+3
27		85,68	$2\frac{1}{2}$	,,	28,56	12	7	13	+2
13		86,4	$2\frac{1}{2}$	,,	28,8	13	21	3	+5
10		87,0	$2\frac{1}{2}$	,,	29,0	14	16	5	+7
6		88,0	$2\frac{1}{2}$	,,	29,82	15	14	8	+3
9		88,0	$2\frac{1}{2}$	,,	29,32	16	24	9	+6
28		89,28	$2\frac{1}{2}$	,,	29,76	17	12	16	+4
19		90,00	$2\frac{1}{2}$	,,	30,0	18	18	11	+6
20		92	$2\frac{1}{2}$	,,	30,66	19	8	6	+6
22		92	$2\frac{1}{2}$	,,	31,	20	11	22	+7
23		93,5	$2\frac{1}{2}$	,,	31,16	21	15	9	+6
21		93,6	$2\frac{1}{2}$	,,	31,2	22	2	12	+6
24		96,36	$2\frac{1}{2}$	,,	32,12	23	1	7	+3
17		96,88	$2\frac{1}{2}$	,,	32,3	24	19	21	+4
36	Klein	73,0	$2\frac{1}{2}$	4	18,25	1	2	1	+16
25		83,52	$2\frac{1}{2}$	,,	20,88	2	4	5	+3
26		84,66	$2\frac{1}{2}$	,,	21,16	3	1	3	+7
32		89,42	$2\frac{1}{2}$	,,	22,26	4	6	4	+9
18		92,64	$2\frac{1}{2}$	,,	23,16	5	5	6	+5
31		83,3	$2\frac{1}{2}$	,,	25,8	6	3	2	+6

		圖　　　樣	I	II	III	IV
經濟	主要之點	1 建造面積(每層)	85,0	85,0	85,0	85,0
		2 建造體積	225,0	255,0	255,0	255,0
		3 利用面積	70,2	70,2	70,2	70,2
		4 間數	$2\frac{1}{2}$	$2\frac{1}{2}$	$2\frac{1}{2}$	$2\frac{1}{2}$
		5 牀位數	4	4	3	3
		6 每床所佔之建造面積($\frac{1}{5}$)	21,25	21,15	28,3	28,3
		7 每床所佔之建造體積($\frac{3}{5}$)	56,25	56,28	85,0	85,0
	主要房間	8 起居室之面積	27,3	27,3	19,3	21,30
		9 臥室之面積	29,20	29,2	29,3	26,1
		10 起居室臥室面積之和(8+9)	56,5	56,5	48,8	47,4
	附屬房間	11 廚房之面積	6,80	6,80	9,5	12,0
		12 浴室及廁所之面積	2,50	2,50	5,0	3,80
		13 其他附屬房間之面積	4,40	4,40	6,9	7,0
		14 附屬房間之總面積(11+12+13)	13,7	13,7	21,4	22,8
	係數	15 利用效率＝利用面積/建造面積	0,827	0,827	0,821	0,827
		16 居住效率＝起居室及臥室之面積/建造面積	0,55	0,55	0,573	0,558
衛生		17 起居室與臥室是否同一方向	+	+	+	−
		18 起居室與臥室是否不為洋台等陰影所遮蔽	+	−	−	−
		19 光線是否充足	+	+	+	+
起居便利		20 用作過道之房間是否免除	+	+	+	+
		21 男女小孩能否隔離	+	−	−	−
		22 分間是否得當	+	+		
		23 浴室與廁所是否隔離	−	−		
		24 至洋台可否不經臥室	+	+	+	+
		25 門窗之位置是否對於傢具之安排相宜	+	−		
		26 浴室廁所是否在臥室內不須經過甬道	+	+		
		27 可否安置櫥櫃	+	+		
		28 行動面積是否集中	+	+	−	
舒適		29 間量大小是否適當	+	+	+	+
		30 房間高低是否適當	+	+	−	
		31 房間是否有適當之聯絡	+	+	−	
		32 室內佈置對于光線是否適當	+	−		
		33 壁櫥等之裝設是否節省地位	+	+	−	
結果			+15	+12	+5	+4

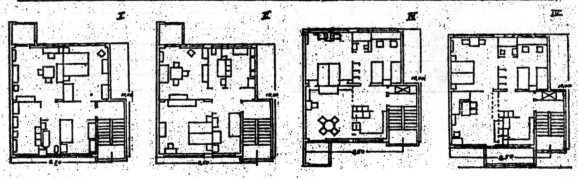

查之結果，各平面圖樣中得正號之總數最多者，爲九，最少爲一，得正號九及八者各一，得正號七者四，得正號六者五，得正號五及四與三者各六，得正號二者三，得正號一者一。除有四項問題竟無一得正號者，兩項問題僅得一正號者外，其餘皆得五正號以上之解答。又將所有設計圖樣，按建築面積分爲七類，查攷其建築深度，門面寬度，利用效率，居住效率，及床位效率之平均數。利用效率者，利用面積與建築面積之比率也。居住效率者，居住面積與建築之比率也。牀位效率者，每一床位所佔之建築面積也。此項審查之結果，見第二表。試審察關於利用，居住，床位三種效率所得之結果，皆係偶然之數字，一無相互關係之規則可尋。例如床位效率，並不必因面積與床位數目之增加而減低，利用效率及居住效率亦不必與建築面積按一定比例增加，卽建築深度與門面寬度，與建築面積之大小，亦無相當關係。表內所列之床位效率，自 26.0 至 36.5 公尺自屬過大。經將各關樣加以改良，其結果上項數字可以減小，計關於三床位之住宅爲 21.8，四床位者約 17.5，五床位者約 16.1，六床位者約 15.1，其七牀位之住宅，如佈置適宜且可減至 11.1 之數。實則住宅之性質尙可續加攺良，而可斷言

曰，此所審查三四床位之諸住宅設計圖樣，其居住上效率較高時，建築面積可減少百分之三十三，至百分之五十。復次，將上述各種設計圖樣，按床位數目分爲三組，而計算其床位效率，居住效率及利用效率之值，列表如第三表以比較之，則知此三種效率亦無若何聯帶關係。例如 24 號設計圖樣，其利用效率最大，而其居住效率則居第七，床位效率爲第二十三，此外如 1，5，7，9，10，12，13，15，20，21，29 及 30 等號設計圖樣，亦有相似之情形。由此觀之，住宅式樣之優劣，不能依純粹技術上之研究而決定，而當今力求節省之時，起居便利上之研究最爲重要，至於經濟方面，則應以床位效率之深討爲主。至專事利用效率及居住效率之審查，吾人當根本反對，利用效率雖任極劣之平面式樣，亦可由建築深度加大等方法而增高，居住效率，亦可用刪除居住文化上需要之附屬房間等方法而加大，推其所極，必使住宅營房化。

根據以上審查之結果，可得一結論，卽前此對於設計之建築師付予之任務多未適當，致未能收合理及經濟住宅計劃之效。蓋建築新住宅時，卽準備住戶分租，以租戶無碍租一宅之經濟能力也。因此對於起居便利上，公衆衛生上，及公檔之促

進上有種種缺點之住宅平面式樣爲之產生。又因市面上無他種住宅可覓，一般急欲卜居者，遂不得不起居於不完善之住宅而潛移於相當之起居習慣。業主既按立方尺付住宅之造價，而按平方公尺收租金，故不願營造文化的住宅，使其大小與租戶之收入相當，蓋小住宅每立方公尺之建築費恆較大住宅爲昂故也。又盡量利用規定最大建築深度之趨向，對於合理住宅平面式樣亦發生不良之影響。

（例二）第四表所示之計劃圖樣爲四種輪廓相同之平面圖。其中 III, IV 兩種爲著者就 I, II 兩種所改作。I, II 兩種圖樣所得正號之平均數爲 $4\frac{1}{2}$。著者所擬圖樣所得正號之平均數，則爲 $13\frac{1}{2}$。III 號設計圖樣（正號數爲12），可利用圖解法加以修正，而得 IV 號之設計圖樣（正號數爲15）。各平面法周邊（參看丁節）之長度，計 I 種爲 138.5 公尺，凡九曲。II 種爲 224.3 公尺，凡八曲。而 III 種爲 195.4 公尺，凡六曲。IV 種爲 179.4 公尺，凡四曲。至宅內走道路線（Gang, inie）之長度，I 種設計圖樣爲 43.0 公尺，II 種爲 42.60 公尺，III 與 IV 種則各爲 30.90 公尺。

（例三）客觀審查方法之不可少，可以事實爲證。近今柏林工科大學師範班 Jansen 教授，及 Bunz 助教審查學生設計圖樣三十種。初用主觀眼光評定之爲三組。後用客觀方法，審查之結果，有十二種之成績與用主觀眼光所判定者適相反。尤堪注意者，原列三等，改爲一等者凡兩種，反之，原列一等，降入三等者亦有三種。以正負號方法審查，則得百分之三十正號放。

自各生明瞭問題表格之審查方法後，所作計劃圖樣之正號不復爲百分之三十，而得百分之六十。且以前設計時，完全疏忽之各點，至是亦注意及之。此種效果，證明問題表格法之裨益於教育方面。

（例四）著者嘗應某建築公司之請將其四種大小不同之圖樣加以審查。對於每種圖樣各有相反之建議。原圖樣內皆有用作過道之房間（起居室）一間，因之關於起居便利上審查之結果不佳，（平均正號爲七，相反之設計則爲十五），更進一步之圖形審查尤甚。殊堪注意者，例如圖樣 I 之周邊（見丁章），長度爲 205.9 公尺，凡六曲，相反之設計，則周邊長度爲 149.7 公尺，凡四曲，又圖樣 IV 之周邊長度爲 490.5 公尺，凡三十四曲，相反之設計，則爲 362.6 公尺與十五曲。又關於宅內走道路線之長度圖樣 I 爲 40.90 公尺，相反設計爲 26.80，圖樣 IV 爲 80.40 公尺，相反設計爲 54.05 公尺。此外又有可證明火

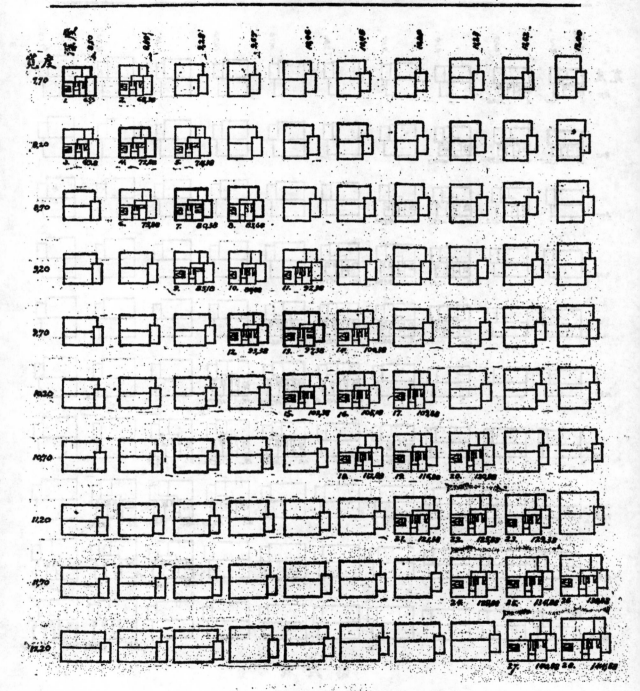

第 五 表

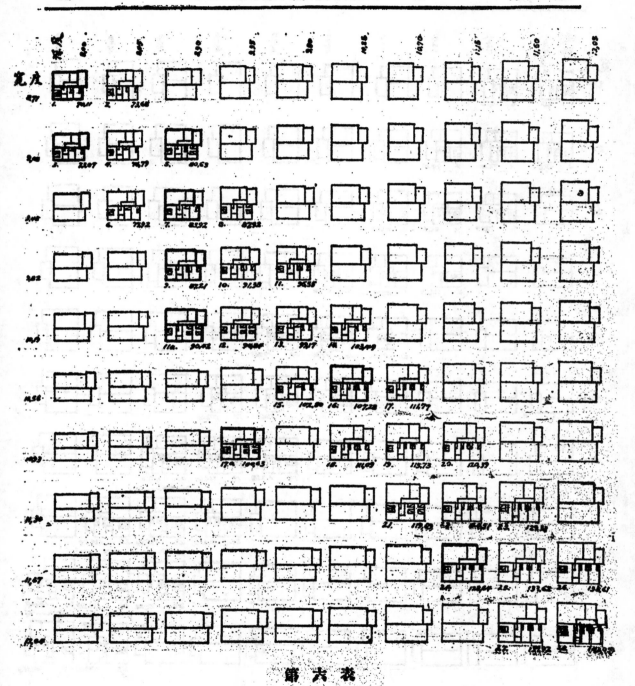

第 六 表

爐取援辦法，對於平面圖樣，就經濟上判別為不利者，即有圖樣一種，將其中之火爐除去，可改入建築面積較小之次一組也。

上述用問題表格比較以審查設計圖樣，為初步之審查方法。因手續簡單，常可採用。如有更嚴密審查之需要，則必將各設計圖樣按同一比例尺改繪。兩種同一比例尺之圖樣對於經濟，衛生及地位支配之比較法，說明如下：

(丁) 按同一比例尺改繪法

用此項方法(參閱乙章第十節)，可審查任何圖樣。細察第五第六兩表內簡單圖樣，即知其中最適宜之圖樣循一對角線之方向而列。在此列上部之各圖樣，既不合經濟，亦不宜衛生，且有種種不適宜之點。在此列下部之各圖樣，雖宜衛生，而因門面過闊，亦不合經濟。又由此項圖樣，可見街段(Blocktiefe)不可一律，而對於每種住宅式樣，視其大小而異。此外並可推知床位增加，則床位效率減小。又每種式樣各有一定之深度界限，超過此項界限，則不復經濟。其對角線一列之平面圖樣，關於起居之便利上及經濟上均為最優，且按床位之數分組，而每組各有對於收入不同之各級人戶之住居式樣。故本方法之意義，為使每家能視其經濟能力，或擇用最低標準之住宅式樣，或其他較高若干級之式樣。例如按照大小房間數目可得下列數字：

(子)二大房間一小房間(參閱第五表)

床數	建築面積 (平方公尺)	每床所佔地位 (平方公尺)	建築深度 (公尺)
3	約65.69	21.8	約8.50
4	約80.38	20.1	約9.23
5	約93.38	18.6	約9.67

(丑)大小房間各二(參閱第六表)

床數	建築面積 (平方公尺)	每床所佔地位 (平方公尺)	建築深度 (公尺)
4	約70.11	17.5	約8.00
5	約80.63	16.1	約8.90
6	約90.49	15.1	約8.90
7	約100.68	14.1	約9.35

上項數字比較之結果，知四房間四床位之住宅，即使子女可按性別分寢者，其每床位所需之面積為17.5平方公尺。反之，三房間四床位之住宅即子女不按性別分寢者，每床位所需之面積則為20.1平方公尺。此項計算只可假定為近似之數，因建築深度以39或45公分，門面闊度以30或37公分遞加也。故如再加研討對於上項，亦可加以相當之修正。

(戊) 圖形審查法

丙丁兩章所述，僅初步審查方法，須與下文所述科學的方法相用並用，方稱完全。所謂科學的方法者，乃用圖形比較及審查住宅平面式樣之謂也。

向來關於房屋平面圖樣之審查，每用種種術語以從事；如「明白」「經濟」「交通道路」「外觀」等，然皆無一定之標準，在甲以為然，而在乙或以為否，即同為建築專家，亦難期有一致之意見。用圖形審查法，則各種平面設計圖樣之性質，可以一目了然。故不特適用於正式審查，即對於初學或自修者，亦有莫大之助力。

用圖形審查法，可使住宅平面圖樣臻於完善，即面積不變，使居住效率增高，或居住效率不變，而使面積減小。（即所謂「最小住宅」）

以下所述之圖形審查法，僅以研究平面圖樣之基本性質為宗旨。他如房屋之高度及顏色，傢具之佈置，燈光之安排，均不論及，以其雖與觀瞻上有深切之關係，然於必要時易於變更，故對於住宅形式之審查上，實居次要之地位也。

（一）走道之佈置

走道之佈置，足以表示住宅對於居住者體力之運用上是否經濟，及是否便利，（第五圖至第八圖）此外對於因留空走道之面積損失，亦可加以研究，（第九圖至第

十二圖）。

（二）行動面積之集中

屋內除安置應用之傢具（如臥室內之床鋪）外，所剩餘之面積為行動面積。住宅之舒適及可添設傢具與否，皆視行動面積是否集中而定。（第十三圖至第十六圖）

傢俱火爐等之暗影，足以引起與增進光學的心理的印象，故為行動面積集中之第二要素。（第十七圖至第二十圖）

（三）平面原素之幾何的相似及其相互之關係，

所謂平面原素者，即吾人入某房屋內時即能覺察，與視線等高之面積也。住宅之整個印象，皆視平面原素而定。（第二十一圖至第二十四圖）

房屋居住者耗費腦力之多寡，視所受印象之次數，而所受印象之次數，又與平面原素之輪廓與其變換以及高低之差別，走道之彎直，光線明暗之變換等相關。為推尋此項印象起見，茲就日常生活上往來最頻之房間，每兩間之聯絡上研究之。（第二十五圖至第二十八圖）

（四）牆壁面積之分割及房間之減窄

由於沿牆壁安設高出房頂高度一半以上之傢具所致；（參視第四十九至五十一，五十四至五十七，六十一至六十三，六十

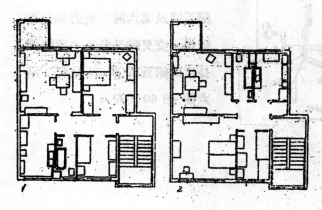

第一圖　三床位普通住宅式樣

1. 臥室與起居室之方向未能一致。
2. 各房間未按用途妥爲分配。
3. 臥室與浴室廁所間往來不便。
4. 傢具安置不得當致行動不便。
5. 洋台投射不規則之陰影於起居室內。

第二圖　三床位宇普通住宅式樣

1. 各房間之分配不醒目。
2. 廚房與餐室，及臥室與浴室廁所間往來不便。
3. 起居室而孩童寢室內傢具安置不適當致行動不便。
4. 洋台投射不規則與偏於一方之陰影於起居室內。

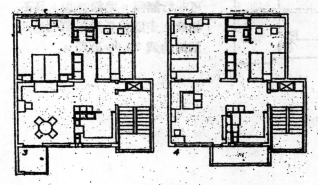

第三圖　四床位無甬道之住宅
　　　　（A. Klein 氏之計劃）

1. 所有房間分爲二組：
   甲，起居室餐室廚房與洋台相連，
   乙，臥室與浴室廁所相連。
2. 起居室與穿堂合倂，可用門帷或玻璃活門分隔之。
3. 廚房地位盡量縮小，使主要房間寬敞。
4. 衣服儲藏於玻璃門之櫥內（在臥室組內。
5. 洋台地位經預爲指定。致起居室內陰影不勻。
6. 床位安置於臥室之後部，取其安靜而無直風。
7. 桌面積在室之前部，且光線充足。
8. 傢具地位集中，沿牆無過高之器具。
9. 有裝置升降機之可能。

第四圖　第三圖用圖形方法審查後之修正

1. 臥室及起居室內傢具安置較爲適當。
2. 臥室與餐室直接連通。
3. 洋台地位稍更使起居室內暗影減少。因保持原定之輪廓，起居之納光法仍不能完善無弊。

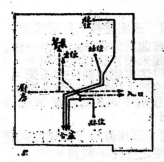 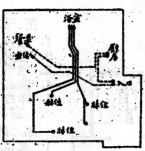

第五圖及第六圖　走道線長而複雜，交叉點又多，走道路線長度計第五圖 43.80 公尺，第六圖 42 60 公尺。

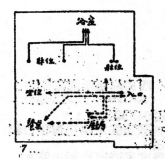 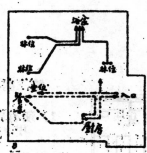

第七圖及第八圖　三項主要行動，即由廚房至餐室，由起居室至臥室，由臥室至浴室，皆可並行無阻。路線既短，且不相交。走道線長度在第七第八兩圖均為 20.90 公尺。

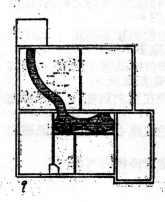 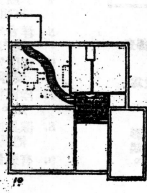

第九圖　至洋台之路線狹窄，且不便行走，又經過坐位之旁，使憇坐者受擾。
第十圖　與第九圖同一情形。穿堂面積幾完全供交通之用，不能安置傢具。

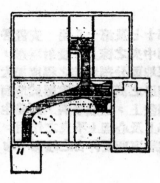 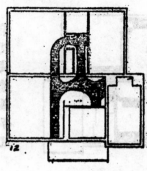

第十一圖　至洋台之路線固仍狹隘不便，且妨礙起居室內之憩坐者，惟穿堂內尚有安置傢具之餘地。

第十二圖　與第十一圖同一情形，惟路線較短而直，不必繞越傢具。

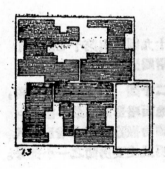 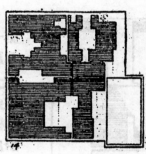

第十三圖　行動面積大都在室內較暗之處，且因傢具安置不當，致被分割零碎，彼此間之聯絡亦形復雜。

第十四圖　與第十三圖同一情形，惟臥室內佈置較爲適當。

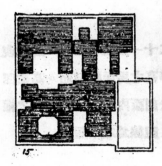 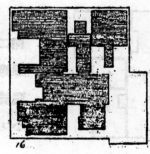

第十五圖　安置主要傢具後所餘之行動面積均能集中，且在室內光線充足之處。

第十六圖　第十五圖之改良。起居室內之桌椅置於邊隅。各行動面積之聯絡亦改善。

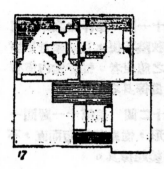

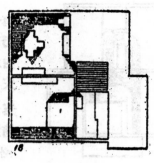

第十七及第十八圖　安設各房間中央之傢具，投射暗影，更使地面分割零碎之程度加大。牆邊之高樹放射陰影於地面及牆壁上，造成暗隅，而發生光學上及心理上不良之作用。又起居室所受洋台之陰影不均。

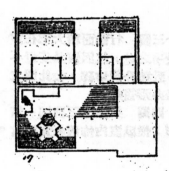

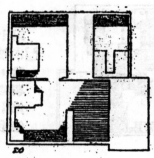

第十九圖　與第十七及第十八兩圖同一情形。

第二十圖　將傢具位置改善，使地面暗影減至最小限度。高樹均撤除。洋台暗影射入廚房及主要房間之一小部分。

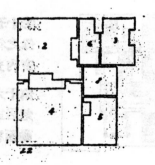

第二十一及二十二圖　爲與視線等高之房屋橫剖面。高樹顯現於剖面內，故房間因之縮小，視線爲之縮短。

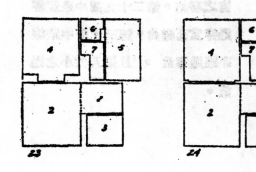

第二十三及第二十四圖　為與視線等高之房屋橫剖面圖與平面圖同。其房間佈置所根據之原則如下：

1. 分間最少，而居住之效率最大。
2. 省下之面積，盡量供給於主要房間。
3. 各房間在可能範圍內，務使彼此直接聯絡，而聯絡方法簡便。
4. 走廊甬道等均用玻璃門窗納光。
5. 各房間應按大小及式樣區分。
6. 輪廓線務求簡單而縮短。
7. 門及傢具之地位分配，務使由此室入彼室時行動便利。

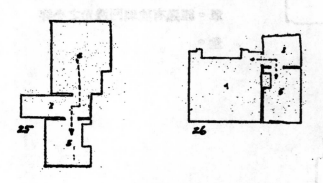

第二十五圖及第二十六圖　圖示臥室與孩童臥室之聯絡。第二十五圖路線曲折，且須經過穿室。第二十六圖同一情形，路線止於縮狹之過道。

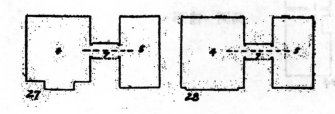

第二十七圖及第二十八圖示臥室與孩童臥室之聯絡。路線短而直，經過有玻璃門透光之甬道而達入廣大明敞之房間內。

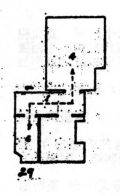

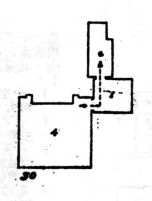

第二十九及三十圖　示臥室與浴室之聯絡。第二十九圖中路線經過穿堂而彎曲。第三十圖中路線亦經過穿堂，且通入狹小之過道。

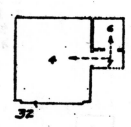

第三十一及三十二圖　示臥室與浴室之聯絡。路線短而簡單。經過有玻璃門透光之小穿堂。

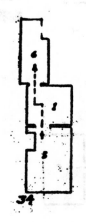

第三十三及三十四圖　示孩童臥室與浴室之聯絡。與第二十九及三十圖同一情形。

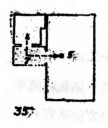 

第三十五及三十六圖　示浴盥臥室與浴室之聯絡。與第三十一及三十二圖同一情形。

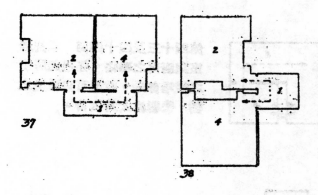

第三十七及三十八圖　示臥室與起居室之聯絡甚不方便。路線凡兩折。

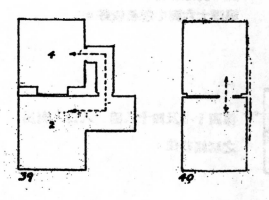

第三十九及四十圖　示臥室與起居室之聯絡。第三十九圖中兩室之聯絡亦不方便，路線凡兩折。

第四十圖中兩室直接聯絡，無曲折。

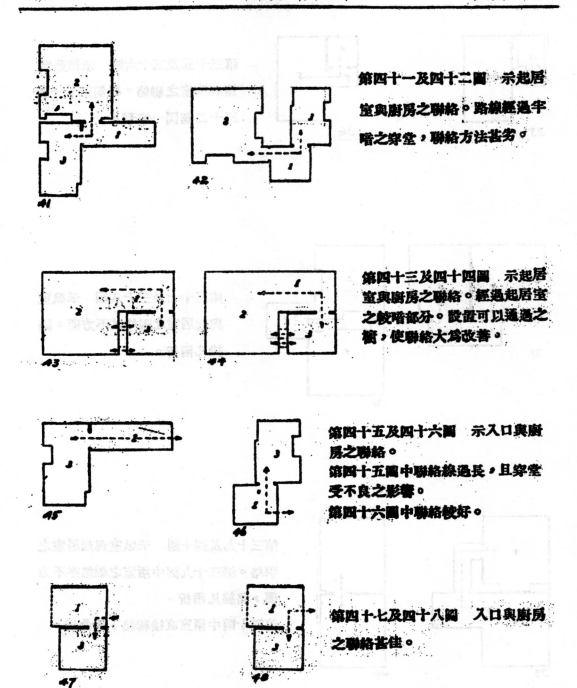

第四十一及四十二圖　示起居
室與廚房之聯絡。路線經過半
暗之穿堂，聯絡方法甚劣。

第四十三及四十四圖　示起居
室與廚房之聯絡。經過起居室
之較暗部分。設置可以通過之
櫥，使聯絡大爲改善。

第四十五及四十六圖　示入口與廚
房之聯絡。
第四十五圖中聯絡線過長，且穿堂
受不良之影響。
第四十六圖中聯絡較好。

第四十七及四十八圖　入口與廚房
之聯絡甚佳。

第四十九至七十二圖　起居室，臥室，孩童臥室牆壁明暗部分圖

臥室組	起居室組	孩童臥室組

第四十九至五十一，五十五至五十七，六十一至六十三，六十七至六十九圖，示光線面積（空白），與傢具掩蔽之牆壁面積（黑色）及剩餘牆壁面積（畫陰影線者）之比較。

第五十二至五十四，五十八至六十，六十四至六十六，七十至七十二圖，示光線面積及牆壁與傢具之受光面積（空白）與陰影面積（畫陰影線者）之比較。

第四十九至五十一，五十五至五十七圖，示室中高立傢具使牆壁面積支離，透視線縮短，故妨礙內部觀瞻。

第五十二至五十四，五十八至六十圖，示高立傢具之暗影使室內觀瞻現支離之印象。與第六十四至六十六，七十至七十二圖所示光線現甯靜之印象者適相反。

第六十一至六十三，及六十七至六十九圖中傢具較低，室內之印象甯靜一致。

七至六十九等圖）。 此外暗影亦增加此種
現象之光學及心理作用，（參觀第五十二
至五十四，五十八至六十，六十四至六十
六，七十至七十二等圖）。

按照上文所述，住宅平面式樣之是否
適用，在未建造之前已可測度。

例如走道短而彎曲多，則吾人步履之
速度須不時變換，且須更易方向，而於體
力之運用枉費不少。（參觀第五至第八圖）

走道交叉過多，則吾人生活上重要之
動作，例如養飪，飲食，睡眠，漱盥，洗
滌，工作與休息等，必致互相妨礙。（參
觀第五圖至第八圖）

由平面式樣不良所致過大之面積與過
長之交通路綫，使利用面積減小，地面破
碎滅裂，且內部佈置困難。又交通路線不
適當，必致妨礙起居，飲食，工作等處所
之利用。（參觀第九至十二圖）

行動面積如不充足，且不連貫一氣而
光敞甯靜，則家庭中缺少休憩處所及孩童

嬉戲之地，或使傢具安設不當，而致起居
飲食上種種不便，而耗費足力與體力於無
謂。（參觀第十三至十六圖）若此項行動面
積更在高大傢具之陰影下，則對於光學上
及心理上尤爲不合。（參觀第十七至十九
圖）

隨意佈置之平面原素及所引起之印象
，可致心理上之疲勞現象，而與居住者之
神經系以不良之影響。故視線上複雜之房
間輪廓形式，及分割不得當之房間，使聯
絡之道路紆迴， 且須經過半暗不明之穿
堂， 而又不通該房間之中部者， 皆須避
免。（參觀第二十一至四十八圖）

高大傢具之隨意沿壁安置，使牆壁面
積割裂， 加以傢具投射之陰影而尤甚 。
（參觀第四十九至七十二圖）

所有「測驗」之極限值，可由許多
同大小及同式樣之平面圖樣實地研究而得
之。

除上述圖形審查法外，另有 Dr. Leo

第七表　平面圖樣居住效率之比較（表中數字係平方公尺）

		第一種式樣		第二種式樣		第三種式樣		第四種式樣	
總面積70,8	附屬房間 廚房，穿堂，浴室	32,48%	22,8	30,5 %	91,4	19,32%	13,7	19,32%	13,7
	起居飲食室		21,3		19,3		27,3		27,3
	臥　室	67,52%	6,1	69,5%	29,5	80,48%	19,2	80,48%	29,2

第八表

	經濟上										衛生上		起居便利上																						通風上						說明
	1	2	3	4	5	6	7	8	9	10	11	12	13	14	15	16	17	18	19	20	21	22	23	24	25	26	27	28	29	30	31	32	33	34	35	36	37	38	39	40	
1	75.47	57.39	37.74	27.95	8.30	36.25	11.55	4.97	14.62	21.14	0.76	0.48	−	+	0	−	0	−	−	−	−	−	−	−	−	0	0	0	0	−	0	0	+	−	−	−	−	+	−	3	起居室二床位臥室 廚房浴室及厠所
2	75.47	58.02	30.19	28.47	14.47	43.94	6.53	4.31	5.24	16.08	9.782	0.569	+	0	+	+	−	+	+	+	+	+	+	+	+	0	+	+	+	0	+	+	+	+	+	+	+	+	+	8	臥室較寬大並設會 客處於廚房後起居室間
3	75.97	59.37	30.39	25.19	19.26	44.45	6.17	3.76	5.24	15.37	0.781	0.585	+	0	+	+	−	+	+	+	+	+	+	0	0	0	+	+	0	+	+	−	+	+	+	+	+	+	+	11	臥室較寬大前 起居室陽光
4	75.36	58.42	18.84	19.98	22.85	42.83	6.0	3.24	6.35	15.59	0.775	0.568	+	+	+	+	−	+	+	+	+	+	+	0	0	0	+	+	0	+	+	−	+	+	+	+	+	+	18	面積不變而房間 多一可筑四床位
5	45.77	31.82	22.89	11.03	9.45	20.48	4.45	4.20	2.69	11.34	0.695	0.426	+	0	+	+	+	+	+	−	+	+	+	0	0	0	+	+	0	+	+	−	+	+	+	+	+	+	16	京江設不變 位置較佳
6	52.96	28.17	26.44	17.15	10.50	27.65	5.20	2.88	3.24	11.32	0.736	0.552	+	+	0	+	−	+	+	−	+	+	+	0	0	0	+	+	0	+	+	+	+	+	+	+	+	8	小間數及 同上情形唯詳合 位置較佳

15645

Adler 氏關於建築面積，利用面積及不能作用之面積三者之比較方法，亦用圖形方法從事而可施諸各種平面圖樣者，（參觀第七表）可爲補充之資。

（己）用問題表格初步審查方法應用之例

第八表中第一種平面圖樣，爲德國研究學會（Reichsforschungsgesellschaft）所搜集圖樣之一。其建築深度與門面寬度相較，並爲延長。第二種平面圖樣爲著者建議之計劃，所有深度寬度與第一種同，唯於居住之性質上較爲優良。第三，第四兩種式樣，亦爲著者之建議計劃，建築面積與第一，第二兩種相同，惟深度與寬度有所變更。第四種式樣，以建築深度選擇得當，可容納臥室兩間，共計四床位，與第一種式樣僅可容納臥室一間，計二床位者相反。（參觀第五第六兩表）又著者建議之第五，第六兩種式樣，示建築面積減少三分之一而床位效率與第一種同。用問題表格審查之結果，著者建議式樣所得正號之數爲16至18，而第一種式樣僅得3耳。

由上所述，可知關於推究最低標準之住宅問題所需工作至爲繁複，不但若干理想之點應予實現，並應顧及實際生活情形與國家之經濟狀況。應以健全之資料爲根據，其基於私人利益而妨害公衆利益之原則，必須予以漠視也。

德美兩國鋼筋混凝土建築之異同點

（原文載 Beton U. Eisen, 28. Jahrgang, Heft 4）

德國 Reg.-Baumeister Auberlen 著。

胡 樹 楫 譯

凡建築物之形成，可以植物爲喻。植物受一定條件之支配而生長，然同類之植物，因培植地點情形不同，而構造與外觀互有差異。建築物亦然，其用途雖同，而因地方情形各異，往往形式與作用有種種不相符合之處（中略）。茲就著者1926年遊歷美國時所搜集之零星例證，並感想所及，撰成是篇，聊示德美兩國鋼筋混凝土建築異同點之一斑云爾。

（甲）學理方面

鋼筋混凝土建築術發展之迅速，與建築物之日越偉大，使吾人自數十年以來，即謀計算方法之解決庶設計者得所依據，以擬定建築物各部分之形式尺寸，而期相當之安全。此種計算方法，以一種同質性（Homogen）之建築材料，而其彈態性（Elast'sche Eigenschaften）爲已知及規定者爲根據。而計算所得之應力，則以之與試驗所得者比較，而察其符合之程度，以決定該項計算方法是否與真理有相當之接近。所有此種方法與智識，一經公布，他國自可逕行採用。其關於美國者，有事實可以証明，緣著者所遇美國設計家以至小包工人，常見其隨身攜帶德文專門雜誌也。嚴格理論與歸納方式之計算方法爲彼國人所不甚注意。觀於計算「彈性板」（Biegsame Pltte）之合理方法，在德國於數年前始經成立，而菌形蓋板（P.lzdecke）則在此以前，早爲美國人樂於應用之建築物，可見一斑矣。

反之，美國早經竭力趨向另一目的，爲計算之前提，即藉施工之嚴密以期材料性質之平勻強固是。彼邦試驗室與工作地關於此點之工作，其精深常可懸異。水泥加水之分際，沙石粒徑之大小，以及密度

15647

等等對於混凝土質料優劣之影響，吾人現已熟諳。唯美國將其試驗所得之智識施諸實用，則皎爲吾人爲迅速，而爲之先導。例如德國混凝土學會於 1927 年秋間發行之「監察鋼筋混凝土工程暫行規則」(Vorläufige Leitsätze für die Baukontrolle im Eisenbeton)，其內容在美國早已成老生常談。美國人所以於材料方面精深研究之故，蓋有多種。偉大建築計劃當前，不得不然，例如欲築成良好混凝土道路，非設法將混凝土之强度加大不可，此其一。次則美國人對於材料問題特富興趣，此種心理之養成，或因該民族原由他洲移徒而來，唯盡量利用地方天然產品，始能謀福利，此其二。（下略）

以上所述，美國在學理方面，尤以材料之研究及改良爲模範及先導之工作。

(乙)設計方面

德美兩國鋼筋混凝土建築在設計方面，亦有異同之點。混凝土道路，現在已分佈於美國全境。此種路面可以毋需顧及已有之脆弱砂石道路，逕按照新式方法，敷設於無基礎之地面上。德國則自數百年以來已有耗費鉅款所築之郵驛道路，近代興築全國幹路，自當盡量利用此項舊有道路爲之基礎。而混凝土道路合路基路面爲一體，故在歐洲僅可採用於新闢道路。至美國於已有混凝土路面下埋設自來水管之大刀闊斧辦法，見第一圖。（譯者按，圖示15公分厚混凝土路面用後輪附有鋼針之滾路機掘開，此從略）此種辦法自非常有之事。普通都市道路均經自多年以來預籌避免開掘辦法矣。

美國人對於公共建築計劃之經濟主義，可舉下例爲證：芝加哥 (Chicago) 市近年有湖水速濾池之計劃，哄動一時。該自來水取給於密歇根 (Michigan) 湖。而因居民日衆，用水日多，致湖水汙濁，有建築速濾池之需要。此項速濾池應設於需要區域之中心，以免引水管之過長。但佔用面積甚大，如需購用土地，其經費之巨將不堪設想。故其解決辦法，爲就湖邊熱鬧之處，用人工填成此項土地；並爲經濟利用起見，兼設碼頭，以便輪舶停泊，又於鋼筋混凝土之濾池上，加建市房，大商店，貨棧，及充市政府之廣告之運動廳，游戲場及空氣浴所。又美國人喜利用自來水機關兼市民游憩之所，亦可自第三圖見之。（圖示西雅圖市之蓄水池，及所附園林，此從略）又紐約市 Katskill 山上之蓄水池，亦著名於世。此外復有利用此種建築爲通俗教育之助者，如 Detroit 市自來水機關設於公園內，且標明「入內參觀，

此爲汝之自來水廠」字樣，並於聯絡之小徑上設立失號牌及文字牌及建立該廠著有勞績人員之半身像。

美國工程在美術方面，大率不爲吾人所贊賞。卽特經審愼計劃之建築物，例如各都市道路之橋梁及第二圖所示芝加哥市之濾池等，自吾人觀之，亦不過平平而已。唯 Philadelphia 市 Delaware 河上之新吊橋，各大都市之若干道路，以及許多汽車道路大規模之設備等之暗合建築美術爲吾人所不能否認者。關于建築物之外觀，兩國觀念差異之處如下：德國建築之趨向乃以簡單合用之形式爲觀念，而用緊湊直截之線紋及互相穿插之立體及平面明白深切表現之。美國人則避去建築物之緊湊組合，只喜在建築材料上盡量表現。其在混凝土之建築上，則藉表面上豐富之紋飾格鬬爲之助。鉋平之松板，製成凹凸企口，塗以油料，以充填注之殼板，（Chalung）有時尚嫌不足。種種範鑄混凝土之方法，因之成立。就中例如 Contex 法，亦爲吾人所熟知者。此種建築物每令吾人囘憶德國當年經濟發達時之工程。預料德國將來景況較好時，必復視建築物之價值，而於外觀之整飾加以相當注意也。至材料上之小心施設，亦可使建築物予人以深切之印象可以華盛頓之一敎堂爲證。該

敎堂完全用混凝土及鋼筋混凝土建築。經某著名美術家於柱身及牆壁巧爲与配各種顏色之材料，使具有淡雅之色彩，線廓，及圖案，而敎堂內部之觀瞻途形壯麗。

美國人之設計常注重簡單醒目，可就其喜用「無梁樓板」（卽菌形蓋板 Trägerlose Decken）一層見之。（中略）又其對於重要之建築物：如高疊房屋，重大橋梁，每開掘工作坑槽（Baugrube）直至石層爲止。深入地下 15 公尺以至 20 公尺之基礎可以常遇。其建築法於下：用氣壓工具開鑒 1.5 以至 4.0 公尺直徑之圓井直達石層，次將此項圓井用混凝土塡滿，而成穩妥可靠之基礎。對於寬闊之橋梁，每用此法將每墩座分爲二部，各成柱形，而無承重下沉不均之虞。道路橋梁上之路面，每純用混凝土築成，或於鋼筋混凝土橋板上逕敷柏油砂（Asphaltbeton）。用第一種辦法，則鋼筋混凝土蓋板上有充分厚度之混凝土爲之蓋護。兩種辦法之長處爲：施工費用較少，爲動力之作用最小，可由橋面出水等。縱橫兩方面之應有相當斜度，自不待言。美國人對于混凝土建築之活動縫（Bewegungsfugen）之構造，卽所謂 "Big problem" 者，份由混凝土道路工程得有豐富之經驗；並有良好之塡縫材料（Füllstoffe）可用。其餘詳見 Prof.

Kleinlogel 所著 "Bewegungsfugen in Beton und Eisenbetonbauten" 一書。

(丙)施工方面

德美兩國對於混凝土及鋼筋混凝土工程施工方面之異同點，自屬不可勝數。（中略）美國因工程繁多之結果，分工方法，甚為細密。例如各種大小之沙石料乃至各種混合比例之混凝土均可向木行及煤行購買。運送之具則為3噸貨車。備有鐵

剖面圖

側面圖

混凝土工場設備圖

凹窪，可向後翻倒且轉彎靈便者。其在狹隘處之掉頭，則藉突起轉車盤 (Kletterdrehscheiben)，與德國輕便鐵軌所具者相同。至從行家購買混凝土之故，除因工作處堆料地點狹小如高層建築等外，並省去水泥與沙石拌和之工費。灌填時用輕便鐵軌，運貨汽車，升降梯，及灌槽 (Giessrinne)，運輸帶 (Förderband)，運混凝土至應用之處。（中略）又混凝土往往不用器具直接送至工作處所，而裝入容積約 1 — 1.5 立方公尺小存儲袋 (Vorratstasche) 內。其下用「混凝土手車」(Betonhandkarre) 承裝之。（參閱附圖）此種小車運行於臨時搭成之木板架 (Holzsteg) 上至工作處，向前傾卸，且甚輕便，雖在至狹之處，亦可掉頭轉向。用上述方法，混凝土之運至工作處所者每次為量不多，而陸續不絕，故可不費大力而從容填注。此種輕巧之運輸辦法較諸輕便鐵道每為優勝。卽在較大之工程亦可採用，如附圖所示之芝加哥著名雙層道路 New Waker Drive 所有混凝土工作設備是。（下略）

美國混凝土工程所用鋼筋多具竹節，而兩端之圓鉤則常付缺如。較粗鋼筋之剖面大率爲方形。較細鋼筋每用舊鋼軌輾壓而成。(Calnmet Steel Company Chc'ago Hights) 鷹架及殼板，在東方缺少木料之地，多製成可用多次之品。圓柱爲美國人所樂用，其灌注殼板俱用Z字形或象限形（四分圓形）鐵板連結而成。所有縫隙則用簡單之楔子壓緊之。大工程所用之木製或鐵製活動殼板常見於各種工程報告，茲不贅述。

關於美國建築機械之發達，吾人特加注意。彼邦多種建築機械之原理，吾人已加以利用，例如灌注混凝土之設備等等。其只適合彼邦地方情形而不宜應用於他處者亦不在少數。木製或鐵製各種大小之活動桿起重機 (Derrick)，爲彼邦每處工作點不可少之簡單器具。以與吾人所用之具如高塔活臂起重機 Turmdrehkrane mit ver stellbaren Auslegern) 較，工作上軌爲危險，茲不贅論。輕便之鏈條起重機 (Raupenkran)，因應用範圍甚一，有多處工作地點用之。此種起重機，除用以起卸外，可以挖箕 (Greifer) 挖掘工作坑槽，傾拌砂石等。以連珠斗 (Zugeimer) 挖掘埋設管線用之溝槽，及用滑動槽 (Läuferruten) 爲挺出之打樁機，(Auskragender Ramme) 以打鷹架樁等。

（丁）　論結

返觀本國之成績，可知外邦建築方法之認識，僅能間接促成本國之進步，而外邦建築原理之可以採用者，必需斟酌本國習尚及經濟狀況綰化爲另一形式。唯與外國比較之下，可以對本國建築加以較深切之批評，並於本國學說上多得參攷之點，且對於將來之趨勢更爲明晰耳。

專　件

關於發展中國之經濟條陳

華特爾博士 (Dr. J. A. Waddel) 原著

陳昌齡　劉永年合譯

鉄道部顧問華特爾博士略歷

博士現年七十六歲，英屬加拿大之望港人。其父曾充那森把嵩及德蘭可博等州州長，外祖父曾充紐約市長省議員省軍第七團團長等職。博士生而體質羸弱，十六歲時曾以易地調養乘伯爾南茶船來華，遍遊香港上海各地，體氣乃日臻強健。回加以後，即入商業學校肄業，旋轉學紐約蘭錫理亞工業大學。一八七五年畢業，任與土華省航海司工程師，加拿大太平洋鉄路公司機件管理員。後改就該路包工公司任務。工竣，任西淮饒宜省煤礦公司工程師。該礦氣管之建築計劃，頗多新創，以出博士之手為多。一八七七年任蘭錫理亞大學測量助教。旋改任機械工程助教。一八八一年任來滿康伯爾橋梁公司總工程師。

其時博士行年三十有六，勤於建樹，猶未婚娶，至一八八二年始結婚。婚後膺日本東京帝國大學之聘，任該校土木工程教授。在職四年，著有普通公路鉄橋繪圖學，及日本鐵路鉄橋系統論，二書。回國之日，日本政府特授以爵士榮銜暨旭日徽章。其見重於日本當局，概可想見。博士於工程諸學，無所不窺，尤於橋梁一門，造詣獨深，為世界著名橋梁學家之一。凡美國，加拿大，墨西哥，紐西南，俄羅斯，日本各地之重要橋梁，大都出於博士規劃，即我國籌建平漢路黃河鉄橋，亦曾諮博士參與評判。十餘年前，美國擬以數千哩之鉄路橫貫歐亞美三大州，曾於一九〇七年成立亞拉斯加西伯利亞鐵路公司，任博士為該公司協理兼總工程師，從事於各種規劃。此路東起俄羅斯，經西伯利亞全境，從比凌海峽

築海底隧道達於亞拉斯加，以與加拿大及美國各大鐵路相聯接，計劃至為偉大。嗣以政治問題，未能實現。其後古巴議建夏灣拿港口大鐵橋，復請博士經理其事。該橋長八百尺，橋身最高之點達二百尺，工程之鉅，式樣之美，堪為世界橋梁中之巨擘。惜以歐戰發生，未遑興工。然全部計劃，現尚保存，要必有完成之一日也。博士於辦理工程餘暇，復從事著作，先後共著有專門書數十種，其中以橋梁工程學，橋梁經濟，及橋梁建築大全，三書，尤風行於世。此外專門文章，散見於歐美各報者，又百有餘種，輾轉譯述，凡七八國。舉凡歐美橋梁學專家，無不翕然推崇，亦足見其學問之見重於當世矣。博士為歐美亞各國重要工程學會會員，同時復為英國文學會會員。工程師得為該會會員者，世界惟博士一人。以言學位，則法律博士，自然科學博士，工程學博士，萃於一身，以言榮譽，則授爵位，贈寶星者，先後五國。而博士仍不憚煩勞，再涉重洋，來就我國民政府鐵道部工程顧問之聘，中外聞之，鮮不詫為異事。其蒞止之日，西報訪員，有叩以來華宗旨者，則曰，「我今來華，非為利祿，來工作耳」。噫，亦盛矣！

（一）緒言

余於經濟問題，自問頗有心得。此次來華就任國民政府鐵道部顧問，途中曾擬將關於工業方面以及其他各項經濟問題筆

述一二，交各報紙雜誌發表。抵華後卽以此意面陳鐵道部孫部長，頗蒙贊許，對於余擬將筆錄先呈部長核閱，後再行發表一層，尤爲滿意，嗣乃商得鐵道部秘書謝保樵博士之同意，將各篇著述交彼核正，並譯送各報登載。

余現已選出問題二十餘則，此中關於專門學術部份，擬另交工程學會發表。但在余留華期內，恐未能將各個問題完全著成論文，因部中公務至爲繁重，此種著述工作，必須於公餘方可從事也。

余之志趣，並非欲將經濟問題詳加討論，不過希望中國智識階級中人，均能知經濟問題係發展中國唯一要素，而加以相當研究。

現在中國人民對於經濟學原則及政治經濟，不特有切實研究之必要，且須於日常生活中見諸實行，尤於工業方面需要更切。因工程實爲當今發展中國不可缺少之工具也。惟關於工程經濟之著作，目前尚不多覯，除屬於理論方面，已有數種良好參考書外，實驗方面，祇有惠靈頓氏所著之勘定鐵路路線之經濟學，及余所著之建築橋梁工程經濟學，兩種，此外僅略有論文記載通訊等，散見於各工業雜誌，此則吾人所引爲缺憾者也。

就余個人觀察所得，以中國人口之衆

，智力之强，工作之勤奮而富有忍耐性，百年以內，必成世界上一强盛之國家。目前所需要者，厥唯遠大激貫之政策，加以有計劃有系統之努力，以管理人民生活上各種要務。至對外交涉，欲達到最大成功，尤須喚起青年愛國熱忱，勿使稍存自私自利之思想，而普及教育，使人人均能讀書寫字，更爲當務之急。至專門教育，亦須於同時加以注重，俾養成各種專門人才，以爲將來中國與世界各國經濟競爭之領導者。考諸二三百年（原文恐有誤）前，中國被列强以經濟壓迫情形，卽可知經濟競爭在所難免，而不得不先事準備也。

中國之漸趨强盛，不免使列强懷恐懼媿妒之心。但彼阻撓中國之發達政策，實至恐拙，蓋現在能以友誼對待中國者，將來必可於商務上以及其他方面獲得利益，尤其於最近數十年內，中國必須向國外採購大宗機器及材料，如國際方面向有成情者，當可得優先承辦之權。

論者每於中國將來之發達以及脫離目前因戰事而發生之混亂狀態，抱悲觀態度，以爲中國欲剷除各種惡勢力，而使經濟鞏固，非再有數百年不能有完成希望。是說也，余謂不免過於武斷，因日本維新，亦係於五十年內拋棄舊有文化，採用西方文化，以躋於强盛之域。在此短期間

內，各種事業，亦無不澈底改革。卽以敎育普及而言，已足爲世界各國之冠。日俄戰役，彼之救護隊成績，願爲當時所稱道，他如鉄路建築，雖軌距不免過狹，而仍不失爲世界各國鐵路之模範。公路之推廣以及修養之佳，均堪稱許。各城市所用電力，大都以水力爲原動。自來水溝渠，旣有良好之成績。郵政更屬無可訾議。海港建築，尤使工程界獲得無上榮譽。

今日中國所處境地，適與數十年以前日本之情形相同。凡日本五六十年以前之歷史，以及目前各種工程奇突之進步，爲中國工程師者，可不加之意乎？

以目前中國與日本感情之不佳，余乃以日本各種事業引爲中國之模範，勢必使中國人民對余發生惡感。但日本工程界中，不乏余之至友，前於道經日本時，彼等曾表示對於中國友好無間，並祝望國民政府蒸蒸日上，從事於一切建設事業，無論何時均願爲中國盡方相助。

余深悉兩國之情形，並各有相當情感，故雅不願聞兩國之失和。余敢信將來兩國必盡棄前嫌，通力合作，使中國得有國際上相當地位。誠能如是，則東方兩大民族之發揚，將不可限量，且其合作能力，當可統治全球。此不僅余之希望如此，抑且自信在二三十年以後，中日兩國必

能互相合作，領導世界政治，方求科學上及智能體育上之進步，以爲人羣謀幸福。後之來者，當可目覩其實現，而知余之理想爲不謬。蓋理想實爲成功之母，亦爲工程師及辦理重要事務者所不可缺少之要素也。

於此余更當聲明余與中日兩國之關係，俾讀我文者，不致懷疑余因受日本利益而有斯作。

一八八二年余應日本政府之聘，就東京帝國大學土木敎授。當時工程科學生中，不乏可以造就之材，但所習課程，過於偏重理論，余乃立加修改，使實驗與理論並重，願得該校敎授與學生之贊同，因是在余任期四年內，得以逐漸推廣余之實驗方針。同時余又著成兩書，一爲公路鐵橋梁設計學，在美國印行，一爲日本鐵道橋梁組織論，係余代帝國大學向日本政府條陳之一，卽由日本政府印行者。

余於囘美後，在甘石士城設立工程事務所。先由余之日本學生隨余工作，繼由其他日本工科畢業生來余處實習二年至四五年不等。且有經余介紹入其他公司辦事者。另有日本學生多人，懇余備函介紹至美國著名工程師處或工廠內辦事，雖有多數工程師或工廠，並非余之荐識，但余之介紹，終有相當效果，足證美國人士對於

15655

東方人感情之不惡，且具有扶助之熱忱。

余於三十五年之內，先後在甘石士城及紐約事務所訓練之日本青年工程家，顧不在少。但近年來大都均已他往，目前在余璧辦事者，僅一人而已。

余竭盡智能為日本國家效力者，先後逾四十年。最初四年受政府聘任，自係余之職責。但以後三十餘年，幾完全為友誼而繼續余之工作。余每以教授心得直接或間接灌輸日本青年，所謂間接灌輸之各種著作，在日本工程界中頗為風行。

現在已非余直接効力日本國家之時代。彼邦青年，在專門技術方面，已不復需余之指導。凡余之工程學識，日本工程師幾已盡得其奧妙，在工程界中儘可獨樹一幟。余一生所歷事業，此為第一快事。蓋成功應視盡力於社會之程度若何，而不應以所得金錢之多寡為標準也。

余與日本職務上之關係雖已脫離，而雙方情感仍久而彌篤，此於彼邦多方表現重視余之事業，可以概見。一八八八年明治天皇給于旭日獎章，並封為爵士，以酬余擔任大學教授四年及代為著書之勞。一九一五年，帝國大學復贈余以博士學位。一九廿一年當余在中國工作完畢，取道東京回美時，日皇（即前攝政王）再贈余二等

寶星，以為余訓練日本工程師（即現在日本國內工程界之領袖）之報酬。再日本工程界之舊友，對余亦無不隨時表示其敬仰之意，可見日本人士篤念舊好，至足令人敬愛。但余現在服務於中國，仍具有為日本國家服務同樣之精神，初不因是而稍有歧異也。

一九二一年余應北京政府之召，就平澳鐵路黃河鐵橋評判會委員，嗣後且曾為多種重要工程之顧問。余留華雖只六閱月，而交友頗不少，除日常工作之外，曾向工程學會，工科學生，鐵路人員，以及青年會等處先後演講二十餘次之多。

余之盡力於中國，頗為中國人士所重視。此不僅余之華友時相稱道，且北京政府亦曾給予以二等嘉禾章。今國民政府鐵道部又復聘余為工程顧問，更足以資證明。現在余不特將致力於所任職務，且擬於公餘之暇，從事發展中國之工業教育及經濟事業。

余於工程經濟，雖有相當研究，然不敢以政治經濟家自居。但已有七十五年之經驗，且曾遍游世界各地，於經濟學問，自問尚有心得，爰筆而出之以供研究焉。

　　　　　　　　　　　　　（待續）

國外工程新聞

最長之鋼筋混凝土拱橋·

法國（B.est）港口，新築鋼筋混凝土拱橋一座，計有三拱環，每拱長 612 呎，而跨高達 110 呎，約為此類建築中之最長者。拱環之縱切面作箱匣式，分上下兩層板（Barrels）中間與兩旁各用立牆聯繫之。橋分二層，一層為鐵路，一層為公路。當其建築之時，因不得砠斷水面交通，故拱中心建築架·（Archcentre），係在陸地製成，而後浮運至橋址架置之。（原文見 Eng.News Rec., Vol. 102 No. 8 P. 303）。（倪慶穰譯）。

鋼筋混凝土拱板及圓穹建築

近年鋼筋混凝土建築，在德國發展之趨勢，似將採用單薄板塊而無梁架之結構。此種趨勢固非全屬新穎，蓋平板式之結構，（Flat Slab Con·truction）已早有用之者。惟今之發展，在由平板式推而廣之，以至於曲形拱板及球形之圓穹耳。

德國 Düsseldorf 地方，近築一半球狀圓穹（Semi—Sphere Dome）。其直徑為 99 呎，而全重僅 13 公噸，（約每方呎面積重 18 磅，板厚約一二吋）。又 Frank-urt-am-Main 地方，有公來市場築成鋼筋混凝土拱板屋頂一座，板厚僅 $2\frac{4}{5}$ 吋、拱跨 46 呎，闊 121 呎，僅於兩端有月牆聯繫，四角支於立柱之上，此外並無梁架，拉條等件。按此項建築物計算之法，可視作大梁，其縱切面為一拱圓，故其惰性率甚大而能率亦大。惟建築之時，須特別加意，使各部尺寸均十分準確，因拱板旣甚薄弱，當不容有些微差異也。

關於上述建築物學理上之研究，已有專書評論之。茲為介紹於下，（德文本）：
"Dachbauten", Von H. J. Krausenu-Er. Dischinger, 柏林 Wilhelm Ernstu. Sohn, 出板（原文見 Eng.News. Rec., Vol. 102. No. 8（倪慶穰譯）

巴黎之新「歐州橋」

因巴黎與 Normandie 間鐵路運輸加緊，巴黎之 Saint.Lazare 車站及其軌道設備有擴充之必要。而該車站在市中心商

15657

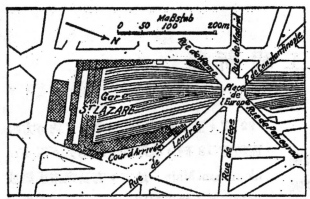

第 一 圖

業區域（參觀第一圖）不能加寬，故唯有放長之一法，然舊歐州橋之一墩適在加長之月臺上，因此必需將該墩V字形一邊拆去（參閱第二圖甲）

　　該舊橋建於 1866 年，因橋下適爲換班機車停留之所，其鋼鐵部分爲機車煤烟所侵蝕者，已有六十年之久，且橋身漸有不勝任重載之虞，加之橋墩旣經拆動，梁桁自需更換，並需加大橋下淨高以防橋烟，故將全部橋梁拆卸重建。

　　將各種橋梁建築方式比較之結果，決定保留舊有式樣，用多數矮鋼板桁建築。其故有二：（1）橋寬而跨度不大，（2）橋下軌面距橋面淨高有限。（參觀第二圖乙）

　　橋面兩邊各有道路三條，其交叉處名 Placed'Europa，面積約 8000 平方公尺。舊橋由100公尺長，9公尺高連續性平行鋼板桁（Durchlaufense Parollel-Voll-

wandträger）十一條，及橫桁（Querträger）多條互相連結而成，橋之兩邊則用高出路面之構架桁（Gitterträger）以承載橋面展開處之平行板桁。新橋之橋造原則上與舊橋同，唯橋桁之距離爲2.55公尺，以代原來之 5.10 公尺，故勝重約爲舊橋之二倍。所用橫桁則較舊橋爲少。兩岸橋墩一仍其舊。中央橋墩BA及他墩之一部分 DE 亦然。兩邊則以平均 2.10 公尺高之板桁代原有之構架桁，且完全隱於橋面之下。此項邊桁所承載重較大，故尺寸特爲加大：其最長之一根 EG 則於 G 點固定（einsegpannt）於牆垣內，並藉該牆爲抗重（Gegengewicht）之用，使該桁所受之最大彎冪約與實際跨度三之分二相當。（參閱第二圖乙）。橋爲鋼製，並用鋼筋混凝土包裝，以防煤烟，（參閱第三圖）。鋼筋混凝土橋面板用立砌

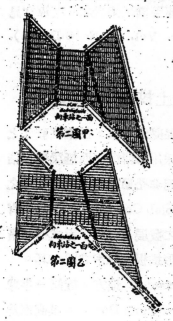

第二圖甲

第二圖乙

之磚（Rollschicht）一層保護之。橋桁上

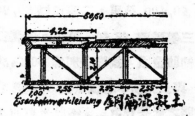

鋼筋混凝土

第三圖

鑽躲穴（Mannlöcher）以便視察及修繕橋身之內部。橋面備有通氣孔（Luftlöcher）達橋身內部，以通空氣。

施工時因橋面甚寬，可分段進行，不必斷絕交通。先將新橋桁運放適當之處，以其半數安置於舊桁間之承軸上，次將起重架搭架於新桁上，將舊桁起出，然後將

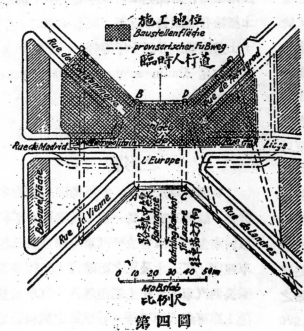

第四圖

其他半數新桁排放。

第四圖示第一段工作所需地位，及車馬道之移置，與臨時人行道之佈置。此段工程告竣後，卽在其他一邊繼續進行。其施工及車馬道移匝辦法仿此。

此項新橋定於 1931 年開放交通。以需用鋼料 2800 噸，混凝士 2800 立方公尺計，估值一千五百萬法郎云。（見 Yénie civil 1928 No. 23, 本文從 Der Banirgenieur, 10, Jahrgang, Heft 8 轉譯）。

英國修築道路經過情形

英人 Sir Henry Percy Maybury 在柏林德國築路財政研究會（Studiengesellschaft für die Finanzierung des Deutschen Strassenbaues）演講英國修築道路經過情形，摘錄如下：

英國自於1888年公佈「地方政府法」（Local Goverment Act）後，所謂 "County Councils" 之各地方機關始行成立。關于主要道路（Mainroads）之修養改良卽由此種機關辦理。其經費之一部分，每年照1888年修養之半數，計約四五百萬磅，由政府撥付。旋因汽車交通

開始，道路修養費加高，遂於 1909 年由新法律產生一種新機關，所謂道路局 (Road Board) 者是。其職權爲核定某路應特別修養及其修養之辦法。經費則由當時之車輛捐及汽油稅而來。其所致力之點，爲於道路上加舖柏油，以除灰塵。閱時未久，即覺有續由政府籌款之必要。故道路局于1913年負有使命，將國內道路分爲三等，就中頭二兩等道路修養經費尤需加以補助。此種工作旋因歐戰停頓。至1919年不特鄉間道路之現狀甚劣，即鐵路，船塢，運河等亦亟待加以修養。因之由「運輸部法」(Ministry of Transport Act) 而交通部始行成立，接收道路局所有之權限及職員。爲籌措道路修養經費起見，於1920年公佈「道路法」(Road Act) 施行一種新汽車稅則。因此該部得以籌措頭等道路之修養費百分之五十，二等道路修養費百分之二十五，及其他鄉間道路之修養費。1928 年復加課幹路上通行之汽車以每加侖四便士之煤油捐，並規定汽車之有橡皮胎或橡皮胎較大者納捐較輕。此種收入在會計年度計1921—1922計一千零八十萬鎊，1928—1929可加增至二千二百一十萬鎊。除少數儲存外，皆用諸舊有道路修養及新道路之開築。大不列顛現有道路之總長爲288,000公里，內 53.6%。即54,200

公里爲近年藉上述收入款項所建築，計頭等道路 40,400 公里，二等道路 25,200 公里，三等道路 88,600 公里。修養三種道路之補助金額，按等分別爲 60%,50% 52%，與上文所舉之數微異，換言之，所有道路之修養費由國家徵收汽車而來者幾佔半數。其餘則由地方機關征收稅捐或發行公債籌得之。(中略)，1923 年三月三十一日，英格蘭及威爾士 62 地方機關發行公債六百二十五萬，約合全部道路經費五分之一。公債發行之年限大率視路面之耐久程度而定。例如沙石路以五年爲限，柏油沙石路或澆注柏油路七年，柏油砂及木塊路各以混凝土爲底腳者十年，混凝土無論有無鋼筋十五年，硬石塊路二十年，土基及橋梁各三十年等等。(下略)，

(原文見 Bauingenieur, 10 Jahrgang, Heft 29)

英國道路交通對於鐵路運輸之影響

英國鐵路於 1919 年不能滿足交通之需要，故汽車交通爲一般人所歡迎。不特以前乘坐頭等車者改乘汽車，即以前三等車座客，在五十公里之距離內，亦頗多改乘公共汽車者。在上述距離內，汽車於貨運上亦可與火車競爭。各鐵路之贏利因之

減少，股票價格隨而降落，故經向議院請得權力，自備車輛馳行於公路上，以資補救云。（原文出處同上）

倫敦道路與地下鐵路之交通

倫敦之電車，地下電車，及公共汽車每年載運人數在四億（四萬萬）以上，就中公共汽車約載運一億四千萬人，車輛總數在五千以上。因乘公共汽車人數之多，發生兩種不良影響。一則電車及地下電車之營業收入大減，二則道路幾盡爲公共汽車所壅塞，交通爲之不暢。自1924年英國頒佈倫敦車馬交通法(London Traffic Act)後，交通部將該市若干道路宣告交通過繁，對於通行車輛數目加以限制。因此往來較遠地點甚稱便利之地下電車營業收入復形增加，而線路亦得再事擴充。地下鐵路及附屬品之設備，每公里約需德幣馬克一千萬云。（原文出處同上）

馬法脫山洞中行駛火車之通風法

火車穿過六哩長山洞之通風法，Denver Saltlake 鐵路當局已於馬法脫山洞中實施炎。法係置一機件鼓動生風，並卽以此風陣爲調節東西往來車輛氣流之用。以車向任一方面行，氣流與車行方向固相背而馳也，此通風之機件，置於混凝土建築之東

圈門內。此建築之兩翼腦中，每翼有一房間，正中有直立升降閘門之門座，任一扇工作時，此閘門卽將山洞關閉，風扇二具中通常只用其一，餘一具所以備不虞也。扇之種類甚多，各以其用而殊，但概爲九呎徑及六呎寬，設七百五十匹馬力及五百匹馬力之電動機各一具以發動之。每分鐘有負荷四十萬立方呎，或三十五萬立方呎大氣之力。卽洞中每小時有十四哩或十哩之流速也。其布置如第五圖（一），第五圖（二）則以圖解法說明此機之運用及車行等動作也。

氣道從風扇間接通山洞，約在圈門後一百四十呎。每一氣道，（或稱通風衖）有一進氣塔及一驅煙塔，但當火車東行時，煙霧則從西圈門流出。每塔下置一風門，爲啓閉氣道之用，門之大小爲三百八十四方呎，(16'×24') 啓閉一次，需時三十秒鐘。其動原係用三匹馬力電動機，由機轉動臂輪，再由臂輪轉動門軸之曲齒輪卽得。塔中空處均蔽以百葉鋼窗，因此種窗於風門升降時可自由啓閉，不致爲大風大雪所阻也。圈門閉時，用手搖機或電動機轉動-16'×18'。圈以番布之鋼框，而以軌道迴繞制馭之，故於火車抵達時，能開展自如。

第五圖（二）乃示車西行時，圈門卽於其後方閉塞山洞，而同時風扇卽鼓動東向

第五圖

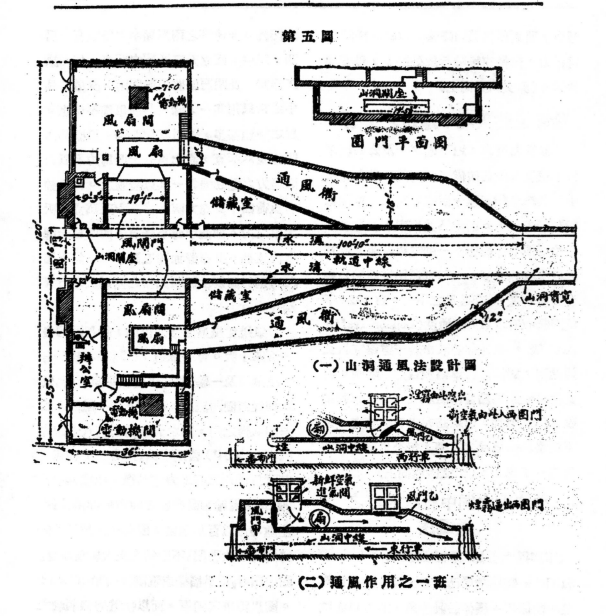

圍門平面圖

(一) 山洞通風法設計圖

(二) 通風作用之一班

之風陣使新鮮空氣從西圈門入內。當風門閉塞進氣塔時，他一門卽溝通風扇間與驅煙塔之通路。車東行時，東圈門亦卽關閉，因風扇之鼓動，新鮮空氣，乃由進氣塔入內而洩放於洞中，由此推進，與煙霧混合而出西圈門焉。

難者曰，與其任煙霧隨車洩發，何如驅之於火車頭前，則車座中將純爲新鮮空氣矣。不知山洞中風陣或大氣氣流而有每小時十哩之速率，已非五百匹馬力之風扇不可，如欲將煙霧驅之使前，勢必將車行速率減小至每小時十哩之數，此則爲事實所不許者。設將氣流速率增至每小時廿哩，而使車行可達每小時十五或十八哩之速率，則須有四十匹馬力之機件方可勝任，似非經濟辦法。當道亦嘗設計議採用電氣通風法，但按之現有路政設備，似仍以現有設置爲經濟。關於目前之佈置經驗上之結果，將新鮮空氣倒吹越過火車，苟車輛後方空氣十分充足時，雖有兩個馬來火車頭，固仍能淡化煙霧而使之消滅於無形也。（梅成章譯）

菲律賓之道路工程

美國政府努力於菲律賓道路之建設，使各大都市以及各鄉鎮間均有相當之聯絡，以利商業之發展。至去年年底止，已築一等道路 6000 公里（石塊底脚路面舖齊，堅固橋梁）二等道路（較頭等稍遜）3000 公里及三等道路（在多雨時期，不能通車）2300公里。此外築有4800公里之小路，其費用大都取於賦稅，車捐及特別公償。在去年可有 8,000,000 元美金之收入。普通路面爲不透水之砂石路。該地人工雖不甚昂，然皆用機器築路。交通愈繁，則道路愈當改進，在車輛最多之處，往往用混凝土路面，或柏油路面，對於一等道路雇有常工，由監工人員督率修理。其他道路，則由管理修繕工程者，擇要翻修。

Ohio 河上新道路橋

美國 Ohio 河上，在 Pomeroy (Ohio) 與 Mason-City 兩地之間，新建道路橋梁一座，自 1928 年十一月十二日起開放，並征收通行捐。中孔跨度計 202 公尺，兩旁孔跨度各 79 公尺。連鄰岸諸孔共長 463.5 公尺，車馬道寬 6 公尺，一邊人行道寬 1.5 公尺，建築費約美金一百萬元云。

South-Bend 地方濕地埋設溝管

美國 South-Bend (Indiana) 地方於透水地層埋設 7.2 公里長之溝管時，須將附近池

塘二十餘萬立方公尺之水抽乾，並於挖溝槽時打 10.5 公尺長之板椿。故施工甚形困難。建築費估計美金一百七十萬元云。

Kill-Van-Kull 鋼鐵拱橋

美國 New-Iersey 與 Staten-Island (New-york) 間之海臂上之鋼鐵拱橋，及兩邊橋梁之橋身，已於1928年十一月以五百餘萬美金之價招標興工，連同其他工程估計約需一千六百餘萬元。所以採用拱橋之故：(1)因河床地質在低水位 3—7.5 公尺下面爲堅硬之岩石，故拱橋之基礎工程，較之吊橋，易於建築。(2)橋身堅實，將來易於建高速電車道。(3)外觀優美。該橋兩承座中央之距離爲511公尺(參觀第六圖)，在全世界所有拱橋中，其跨度實首屈一指。橋礅之上部爲鋼鐵結構，用混凝土及花崗石包裹之。拱之下肢作拋物線形，爲載重之主體，其剖面爲雙匣形，尺寸爲 1.65×2.00 公尺，上肢亦按拋物線彎成，爲助載之用，剖面作單匣式，尺寸1.25×1.55尺。兩者皆用鎳鋼料築成。兩肢間之結構，則用矽鋼料製成。主要橫桁間有主要縱桁三根，副橫桁一根，副縱桁八根，以承載車馬道。人行道則於兩邊另設縱桁以支持之。主要縱桁之中距爲22.6公尺。橋面可有 19.8 公尺之淨寬，而現擬留車馬道之寬度僅 12.0 公尺，及兩旁人行道各 2 公尺而已。(參觀第七圖)將來車馬道可放寬至19.8公尺，而於兩旁另搭人行道(參觀第八圖)，或保留車馬道現有寬度，而加建雙軌電車道(參觀第九圖)2亦無不可。又此橋對於伸縮縫及抵抗風力與電車煞車時之制動摩擦力等設備，均應有盡有云。

Belluno 市 Piave 河上鋼筋混凝土橋

意國 Belluno 市於 Piave 河上新建鋼筋混凝土橋一座，拱跨計 73 公尺，寬 5.05公尺，中央厚度 1.5 公尺，兩端厚度1.8公尺。拱上各於兩邊築柱十一排，相距各2.5 公尺(中至中)以承橋面。橋面車馬道寬 5 公尺，兩邊挑出之人行道各寬 1 公尺。橋礅用混凝土築成。橋面於兩端及距中央各 12.5 公尺之處，各設有伸縮縫。故最末三排較短之柱，用可以轉動之方法設置之。(參觀第十圖至第十一圖)

Bremen 公園路跨運河新橋

德國 Bremen 市公園路 (Park-allee) 原有跨運河之鋼板桁橋一座，以不勝現今交通之重載，於 1928 年夏改築鋼筋混凝土板桁橋。原有之磚礅亦改築曲尺形鋼筋

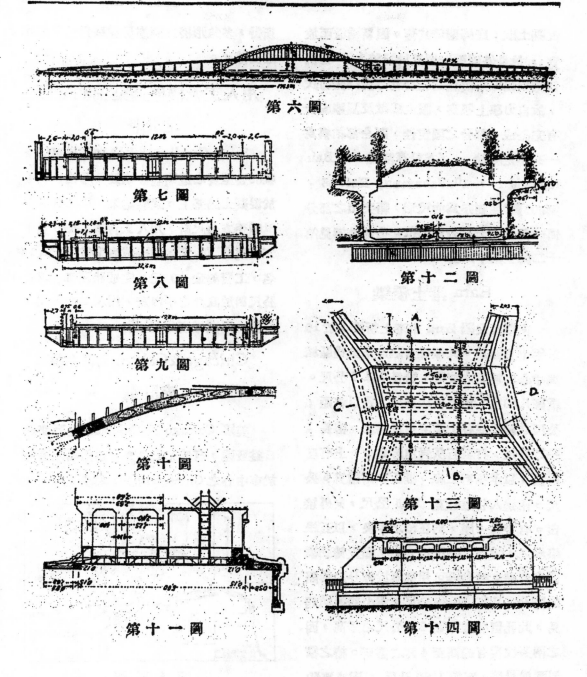

第六圖

第七圖

第八圖

第九圖

第十圖

第十一圖

第十二圖

第十三圖

第十四圖

混凝土礅，底脚則仍其舊。因新橋橋面放寬，故最外兩橋桁須置於翼牆上。各桁兩端與橋礅或翼牆之結合爲半活動關節式，故自力學上觀察，假定橋礅及翼牆底含有完全或一部分之固定性，則全部結構爲一次不定結構。（其計算法見 Der Bauingenieur，10. Jahrgang, Heft 28，第502頁）翼牆亦爲曲尺形，藉突出之部分傳一部分泥土壓力於橋礅。全部結構見第十二圖至第十四圖。

Zara 港上橋梁

南斯拉夫國 Zara 市港上新橋，於1928年十月開放。此橋媒介該市某繁盛區域與中心區域間之交通，計長 151.7 公尺。橋礅凡13座，相距各12公尺，各以相距 5 公尺之鋼筋混凝土圓樁兩根爲之。樁長 4—12公尺，打至石灰岩地層爲止。上有巨樁蓋，以承橋桁三根。橋面車馬道寬5公尺，兩邊人行道各寬 1.25 公尺，向外接出。有平台一座，約在橋之中央，以五根樁承之，爲 27 公尺長，150 噸重轉動橋臂之支點。轉動橋可用電機於每分鐘轉開或閉合，孔寬 15 餘公尺。爲小船通過起見，此孔留有離水面 2.5 公尺之淨高，因之兩旁坡度有提高至 4% 之需要。樁之橫剖面爲圓形，直徑 1.20 公尺，因據經驗

所得，多角形樁內鋼筋易從稜角處受海水之侵蝕也。

用人工及機械鋪築柏油路面之比較

South Carolina 地方於1928年夏間，就65公里長之道路鋪 5 糎公分厚柏油路面。於混凝土路基上。試驗結果，以每日鋪築2100平方公尺計，用人工者需工人21名，工資美金 78 元，用機械者則僅需工人16名，工資美金 59 元。完成路面每 9.75 公尺對於直線之平均差，用人工者，爲 8 公釐，用機械者爲4公釐。

Chicago及Calumet港之擴充計劃

美國 Chicago 及 Calumet 港因交通日益發達，有擴充之必要。以前船舶麇集於市中心之Chicago河上，與陸上越過該

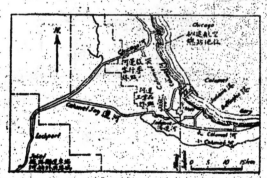

第　十　五　圖

河之道路交通互相妨礙，無擴充地盤之餘地；而移全部塢港於市外之計劃，在數十年之內，亦殊不經濟。故現定辦法為就 Chicago 河口 16 號路及 17 號路間，及 Calumet 河口以南，Wolf 湖舊出口旁兩處湖邊建築新港。（參觀第十五圖）

工業品及笨重貨物，在最近若干年內，尚可在 Calumet 河及 Indiania 港運河旁之現有港塢裝卸。唯將來水運發達，該港碼頭長度或不發生問題，而港面寬度，勢不足以應需要，屆時將於 Michigan 湖邊 Wolf 湖舊出口處之上部建築新碼頭伸入湖中。並築防浪堤，以防風浪。

（參觀第十六圖）

為便利河上工業品及笨重貨物之運輸起見，大 Calumet 河將加以流濬並放寬，且挖至 Indiania 港運河之深度。Calumet 湖上基地則保留為建築工廠之用，而於湖內建築碼頭，與 Calumet 河相聯絡。（參觀第十五圖及第十七圖）

該處需要之鐵路自應同時建築，又為 Chicago 河與 Calumet 各水道間工業品與笨重貨物運輸聯絡起見，將 Calumet Sag 運河放寬。其他各項貨物之運輸，則於 Michigan 湖上，Chicago 河出口處建築新碼頭以容納之。（參觀第十七圖）旅客交

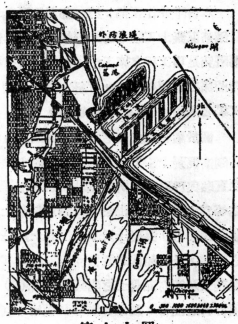

第十六圖

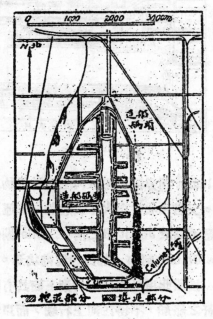

第十七圖

通亦將集中於此。將來由 lawrence 運河
來之海舶，亦停泊焉。此項碼頭將藉道
路，鉄路，陸道等與陸地上聯絡。如尚不
敷應用，則於 Dalumet 新港工廠碼頭之
北，加築新碼頭。（參觀第十七圖）

　　河舶之載普通貨物由各湖及運河往海
灣者，則於 Crawford Avenue 附近，
Chicago rerainage 運河旁建築終點港塢以
容納之，並於港上舖路充分路軌以與現有
之鐵路聯絡，又藉相當運河與其他港塢相
溝通，而資轉口貨物之運輸。必要時並將

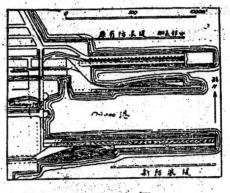

第十八圖

Calumet 湖旁港塢開放河上普通貨物之運
輸。又若由北往東火車與船舶之聯運更形
發達，則於 Joliet 市之南，Joliet 湖旁，
Des Plaines 河口，加築聯運港塢焉。

　　按照此項計劃，航行湖上而具有固定
桅杆之船舶，不得在河上行駛，而以湖上
港塢為停泊處所。其所載貨物則用鐵路或

河舶聯運之。因此 Chicago 河上活勳橋樑
可改築固定者以代之，而陸上交通較形便
利，河上交通亦免擁擠，且貨物易於聯
運，而免船舶久停。又前此鐵路經過活勳
橋，茲則改由固定橋，故效率加大。本計
劃卽將實施，將來貨運發達，可預期矣。

第一次萬國混凝土及鋼筋混凝土工程會議

　　此項會議將趁 1930 年世界博覽會開
幕之便，於是年八月二十五日至三十日在
比國 Liege 市舉行。比政府已請各國政府
參加。

　　本會議分作兩部：第一部討論混凝土
及鋼筋混凝土工程之計算方法等。第二部
則研究是項工程之施工法，包括一切有聯
帶關係之問題在內，如材料工具之應用，
工場之監察，工程之修養等等。

　　關於議程之尤要者，第一部為螺旋箍
式鋼筋混凝土；（2）關於鋼筋混凝土建築
之實驗與理論上之研究，以樓板，屋頂，圓
穹等為尤要；（3）混凝土及鋼筋混凝土大
建築物；（4）混凝土及鋼筋混凝土建築物
之伸縮，及其相關之設備。第二部為（1）
混凝土及鋼筋混凝土之建築外觀；（2）上
項材料之混合，製造與填注及監察；（3）
混凝土製造品（如管，椿，枕木等）之大

宗填製；(4) 混凝土及鋼筋混凝土在殖民地之應用。

通信處：該會祕書處，4.Place Saint Lambert Liége (Belge)

Yodkin 河拱橋之實地 試驗

本橋位於美國 Yodkin 河中部，有連環拱三，每孔跨度約 48 公尺。舉行試驗時，橋成僅約五載。為發展水利計，Yod-kin 河將改作儲水之用，而本橋將永遠沉淪於水面下；故將其拆毀而另建適宜高度之新橋，且於拆毀之前，利用此橋作大規模之試驗。

被選作試驗用者，為三連環之中孔。由兩條拱肋構成，其中心距離約33.6公尺淨跨約44.5公尺，拱高 8.55 公尺。拱肋之中部與橋面相連，在兩端附近則橋面載於立柱上。伸縮接筍位於拱之兩端與中央及跨長四分之一點。

施儀之具，係水箱兩雙，內面各寬3.81公尺，長6.1公尺，深5.5公尺，底面裝配輪軸，以便移動。施儀之步驟，先將水箱置於預定之地位，再用起重器傳達重力於適宜之點，然後用抽水機抽入相當之水量。計水箱空時重約 21,300 公斤，再分三次加水，使其重量次第為 41,200

公斤，82,800 公斤，124,000 公斤。橋面之負載均可藉立柱直接傳達於拱肋。上述最輕之重儀，與十四噸貨車四輛分兩行並行於橋上時之重儀相當。

試驗凡分三組：第一組試驗在上部結構完好時舉行，先用水箱一雙，以期拱肋之最大單位應力不至過高。由橋端向中央每次推進橋之一節，使各關節依次負擔重儀。

舉行第二，第三兩組試驗之前，先將上部結構之橋板，縱梁及欄杆等均於橫梁處鑿斷之，以毀其連續性。然後用起重器將各縱梁頂起，於每縱梁之支點加設新墊板，均經刨光，並從豐加塗脂膏，務使各拱肋完全不受上部結構之牽製。

舉行第二組試驗時，加重之情形與第一組試驗同。

舉行第三組試驗，用水箱兩雙，置於適宜之地位，以期拱肋內發生最大之應力，或致傾圮。

試驗時均有詳密之記錄，以察拱橋之各種變動。橋礅之水平移動則用拱肋外面張緊之鋼絲以測量之。此外並用測斜儀，(Clinometer) 或水平尺，以測計橋礅之轉動。據 Morris 教授六個月觀測之結果，未發現可以度量之移動。

各點之溫度亦經加以度量，並察其見

15669

平均攝氏表每升降一度，拱頂之移動計6.3公釐。就此點言，理論與實驗適相吻合。

拱肋之撓度，係用固定之橫鋼絲時時觀察度量之。第一組試驗所得之結果，因拱肋受上部立柱及橋板之牽掣，較計算所得之數為小，固如吾人所預料者，但第二組試驗所得之結果，則與計算所得之數甚屬相近。

另有更屬重要之一種試驗，為拱肋材料之變態觀測。此項觀測施於北面之拱肋，以其常在陰影下，所受溫度變化之影響較少也。拱肋上凡九點，其上弧（Extrados）與下弧（in'rados）所有混凝土之伸縮，均用電力伸縮儀量得之。拱頂與拱脚處鋼筋之變化亦然。其因上部結構之牽掣所受之影響，晢一一顯著。受水量儎重時所量得之應壓力，每平方公分達119公斤之巨，再加水箱及拱肋本體之死重，實在應力約為每平方公分211公斤。應力雖若是之大，計算與量得兩種結果符合之程度未受影響。

試比較鋼筋之應力，更得一有價值之結論：平常依據混凝土不抵抗拉力之假定計算所得之鋼筋應力，均較實測所得者為高，應力加大時尤甚，反之，若按混凝土亦負担一部分之拉力計算，則測得之應力較計算所得者超越無幾。

又驗得鄰拱頂上雖加以最大之載重，本拱拱身並不稍顯變態。據 Morris 教授云，各項試驗完竣後，曾於橋欄及拱肋中截下混凝土小圓墩，再驗其強度，驗得前者之彈性率為316,000後者為276,000；平均極限強度為每平方公尺302公斤。

試驗所得之結果，可綜合之如下列各點：

（1）鋼筋混凝土拱肋，如不受上部結構之牽掣，且位於實際上不致移動之墩座上時，其作用與根據公認之彈性原理所假定之作用甚為近似。即拱肋之一小部分發生強大之應力時亦然。

（2）假定混凝土能抵抗拉力時計算而得混凝土之應壓力，較假定混凝土不能抗拉力時所算得者，與測得之應壓力更為近似。雖強大之 力已致混凝土發現裂紋時，此說仍屬確實。

（3）測得之鋼筋應拉力常小於根據通用公式，而假定混凝土不能抵抗拉力所算得之鋼筋應拉力。

（4）空腹拱（Open Spandrel Arch）之上部結構，能使拱之變態大為減小。其減小之量，則視橋面結構之連續性之大小，橋面與立柱之啣接狀況，以及立柱之勁度（Stiffness）以為斷。

（5）如拱橋上部構成之各件，有一定

之連接方式，藉 Begas 氏變態儀與假象牙模型或他種模型，可測驗上部結構對於拱體應力之影響。惟用模型雖能將具有滑動接筍之上部結構，如 Yodkin 河橋梁，作可恃之試驗，然事實上甚難作成模型，確實具有與實體同等之伸縮接筍也。

（6）本橋拱因溫度升降所生之變態，似不受上部結構之影響。

（7）欲藉橋面結構之滑動伸縮接筍，減輕該部分對於拱體應力之影響，毫無效果可言。

本實驗僅限於察驗強大儀重於短期間所致之拱體變態。若據此為推斷死重或長期載重之作用，是否可靠，實為疑問。因混凝土在長期之載重下，其彈性或將變化故也。茲將上文所述各點推闡如下：

（1）死重所致之單位應力固應限於低微，死重與活儀合併而致之單位應力，其限制不妨較從前所用者從寬。其可容許之數，須視所用混凝土之優劣而定。

（2）凡根據混凝土不抗拉力之假定所算得之應壓力，確係偏於安全方面，鋼筋之應拉力亦然。

（3）上部結構之加強作用倘被完全利用，則所選定之拱橋結構，必須能製成精確之模型者。為滿足此項條件計，滑動接筍在可能範圍內，必須盡量避免，而各部分之連接均須確定。

凡恃長或結構特殊之拱橋，設計時需將上部結構之作用分析明瞭，以確定拱上立柱之安全，而期拱體之最合經濟。

舉行上述試驗後，殿以最惹人注意之試驗，即將該拱橋移交軍政部，使其飽受炮火及空中擲彈之轟擊，最後乃用水雷炸毀之。（原文載 " Proceedings of The American Society of Civil Engineers, March 1929." 節錄鄧瀚西君譯稿）

八公里長極姆司河橋

美國 Virginia 省極姆司河（James River）下游，濱海有 Newport News 及 Portsmouth 二市，隔河對峙。南北交通，曩昔惟有藉長時間之輪渡，或迂曲繞行之陸道，其不便可以想見。今者長橋築成，闢路聯絡，遂成為北美大西洋邊沿海幹道之重要連鎖。

如第十九，二十兩圖所示，全部工程，計橋梁跨極姆司河本身之部分長約7,229公里（23,718呎），跨邱克渡河（chuckatuck Creek）部分長771公尺（2,529呎），跨南司門河（Nansemond River）部分長1146公尺（3,761哩），及啣接本橋之混凝土道路長17.55公里（10.9哩）。全橋大部分之結構，多為44呎狹孔連合而

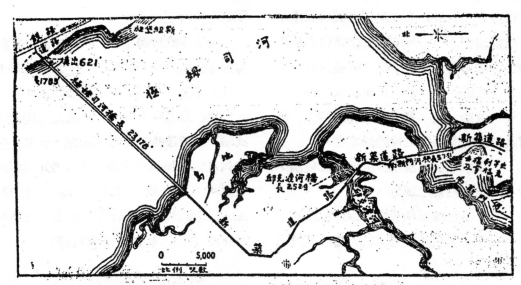

第十九圖　極姆斯河橋地盤圖

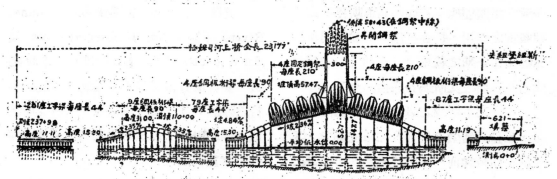

第二十圖　極姆斯河橋縱剖面圖

成。每孔用 30 呎工字鋼桁四根，舖 9 时厚混凝土橋板，寬23½呎。橋墩多用預先製成之混凝土樁築成之。極姆司河上計有此種短孔橋447座，間以鋼板桁橋17座，及210呎長鋼桁架橋8座，又300呎長鋼桁架橋一座；可向上昇起，以容巨艦之通過。此項長孔橋多半位置於深水處，約離北岸0.75

哩；惟其中鋼板桁橋九座，則位於中流處。橋下淨空為28呎，小輪可通行無阻。在邱克渡河上計有工字梁短孔 54 座，又 154 呎長雙葉轉動掀開橋（Double Leaf rolling Bascule Bridge）一座。南司門河上亦築有同式橋一座，並工字梁短孔 82 座。

工字鋼梁橋結構極其簡單，如第十七圖所示。橋架普通用混凝土樁四根，打成一排，每隔十五孔，則築八樁雙排樁架一座，以資鞏固，並以腰籠連繫之。18 吋方樁之頂，上加 3×3½ 呎，25呎長混凝土樁蓋。24吋方樁則用 3½×4 呎，25 呎長雙排樁，合頂一闊蓋。如遇 115 呎長樁，長度尚嫌不足或豎立過長時，即於其上築蓋，再於蓋上築成樁架，並以腰撐（Web bracing）鞏固之。樁架結構，見第二十二

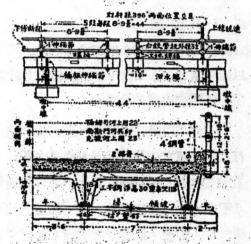

第二十一圖　　工字梁側面及半剖面圖

圖。樁架之頂蓋均築成彎形，以適合路面翻水式樣，因橋板之厚度一律故。每樁載重能力一律爲87,500磅，本身重量不計。其剖面或爲18吋方，或爲24吋方，長度則由35至115呎不等，視豎立之長度，及河床地質情形而選定之。所用混凝土，28日

後每方吋之強度，據實地試驗所得，有高至 6,000 磅者，平均亦得 4,500 磅。工字鋼梁高 30 吋，長 43 呎 9 吋，兩端各用1½吋徑螺釘四枚，釘於樁蓋之上。每隔一孔，兩端俱用長圓形孔，以便橋身之漲縮；其餘諸孔間則皆用圓孔，使梁端固定。橋板及欄杆之結構，見第二十一圖。欄杆扶手之鐵管，係按連續桁設計，較諸按單桁計算，估計省用管料18噸之多云。

鋼板桁橋之墩座下，用 24 吋方混凝土樁兩批，每批六根，上築 12'×8'×5' 蓋，每蓋上設立方柱，柱略內傾，其間聯以壁版以承板桁。300 呎長鋼構架橋之墩座，係築成底板一塊，計高15呎，長 52 呎，闊 28 呎，下用 65 呎長木樁 200 根爲基礎。墩座位於水面下 65 呎，墩座上築方柱二根，略向裏傾斜，中間築 3 呎厚壁板，均用鋼筋混凝土築成。墩座頂高出水面 49 呎，高出底板 79 呎。210 呎長鋼構架橋之墩座，均用籃形圓沉箱爲基，深入水面下 26 呎，直徑 10 呎，下端有 8 呎長一段放大至 23 呎，又上面出水一段，縮小至 8 呎。各沉箱間自水面起，築有 2½ 呎厚壁板以聯絡之，每箱下打木樁40根以承載之。

昇降鋼架橋，跨度 300 呎，爲此種道路橋梁中所僅見者；其放下時，距平均低

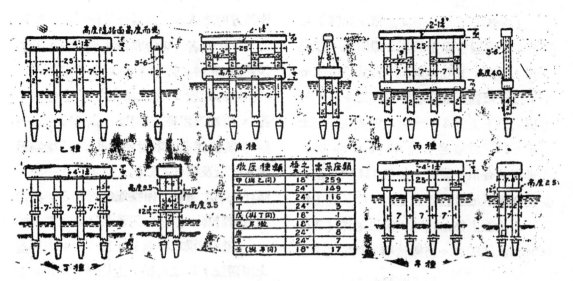

第二十二圖　混凝土樁架

救压種類	椿之尺寸	需求座數
甲（與乙同）	18"	259
乙	24"	149
丙	24"	116
丁	24"	3
戊（與丁同）	18"	6
己　另敬	18"	1
庚	24"	8
辛	24"	7
壬（與辛同）	18"	17

水面淨高 52.7 呎。由此可上昇 95 呎，故開橋時，橋下淨高計 147.7 呎。橋桁為華倫式桁橋（Warren Truss）兩架，上絃成斜形，中央距離為 26 呎。橋面用 2×8 吋灌注防腐劑之木板條排舖，上加 1½ 吋厚「柏油製」木料（Asphaltic Composition Lumber）為路面。開橋之法，係用電動機（Motor）直接旋動，兩端昂降塔頂，各裝有 40 匹馬力電機兩具；一為日常用者，一備緊急之需。各電動機上之整流器（Controllers）能保持全橋昇降時水平狀態，而免傾斜之虞。橋端各有抗重錘（Counter-Weight，重 234 噸。

南司門及邱克渡兩河上雙葉轉動掀開橋，各長 154 呎，兩端旋軸之中心距離

110 呎。每葉各設 20 匹馬力電動機一具，以備開橋之用；並設手搖機關備緊急時之需；橋面構造與昇降橋同。

全部工程完竣之遲速，視打樁工程進行之疾徐而定；故製樁及打樁務求敏捷。在紐堡紐司（Newport News）地方離橋址八哩處，選得沿河平地一方，佈置一切製樁材料，儲藏，運輸等之設備。全橋各處所用樁之長度，皆預先打測驗樁以選定之；每樁製成至少經過 30 日後，方予使用。打樁之架，設置於大躉船上。打樁用 7,500 磅單動蒸氣錘二具，可同時工作。每值樁打入泥窪，深入甚速，而對其載重能力有疑問時，則於其上架搭 100 噸重水櫃一座，以測驗之。樁打妥後，須截去上部以

較準高度者，約佔全數百分之廿五。所用器具為壓氣機，及氣壓錘鑿。每排樁打畢後，用 6×6 吋及 6×10 吋木縱橫夾緊，使行列齊整，並於夾木上釘立澆注混凝土樁蓋之木模。樁蓋之大者重至 25 噸，其混凝土初填注時之重量，即藉此夾木與樁間之磨阻力以承之。

　　昇降橋之礅座，係用圍堰法築成之。先濬深河底至平均低水面下 45 呎，然後放置圍堰之撐架，於架之周圍打 60 呎長鋼板樁，再打 50 呎長基樁埋入河底；其打法用鋼管為導，既毋需將堰內之水抽出，復可使樁位準確，而免歪斜。各樁打畢，即用漏斗填注 15 呎基混凝土厚礅，然後乃將堰內水抽乾，按步建築橋礅上部。橋架橋礅座下鐘形圓沈箱之鋼壳，係預先在岸上製就然後運至應用地點者。當沉箱放下時，先遣潛水人深入水底，觀察其位置是否將各基樁均包圍在內，待其放安，灌入混凝土至 20 呎高後，乃將水抽乾，再填注其餘之混凝土。

　　全部工程由極姆司橋梁公司投資建造，計總價七百萬美金，將取償於通行捐之徵收。建造時凡十三個月，已於1928年十一月十七日舉行開通典禮云。（原文載 EugNews-Record, Vol. 102, No. 2, 倪慶積節譯）

柏林市交通之統一

　　柏林市電車，高架電車，及公共汽車等三公司之合併，定名為柏林交通公司，已於 1928 年九月間由市議會批准。此後市內交通將開一新元。該公司資本在四百兆金馬克以上，為歐洲都市交通營業之最大者。其經過情形略述如下：

　　以前柏林各市區電車公司共有數家之多，至 1920 年乃次第合併為大柏林電車公司。又最初市內高速電車僅由高架及地道電車公司單獨經營。其票價等，市當局毫無過問之權。歐戰前柏林市始自築南北線，並准 A.E.Y. 公司建築自 Gesund brunnen 至 Neukölln 一線。至公共汽車交通，則向由柏林公共汽車公司經營之。

　　柏林市既於 1926 年與高架及地道電車公司訂立合同，取得大多數股權。三公司之合併遂無阻礙，因該市對於電車，公共汽車兩公司均早經握有相當或多數股份在手也。三公司組織聯合會及統一車票為合併之先聲。此項統一車票，自 1927 年三月間起發行。票價增 20 分尼。執票者可乘某公司車輛至相當地點，改乘他一公司之車輛，或本公司之另一車輛；同時高架及地下電車座位亦改為單一制。

　　三公司之統一集中，需費約一百三十

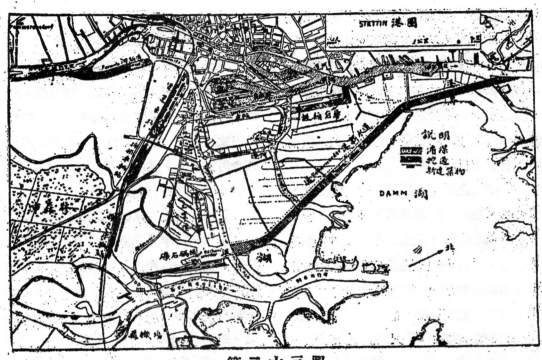

第 二 十 三 圖

萬金馬克。唯資產及遺產稅每年可減省五百萬金馬克之多；且對於經濟上，管理上，交通上，均極有利云。

Stettin 港加做工程

德國 Stettin 市自由港（Freibezirk）西埠（參觀第二十三圖）碼頭庫棧建築工程，由普魯士邦籌款 7,110,000 金馬克興築。

碼頭髓長 330 公尺，以樁架承支，矗立於 8.50 公尺深之水面上，（參觀第二十四圖）已於 1926 年完工。

庫棧劃分二部：一為暫放聯運貨物之棧棚，一為保管貨物之倉庫，原擬分別建築，各長 150 公尺。因該處堅固地層在鬆浮地層下約七公尺，全部工程須用樁架為基礎，而棧棚用是項方法建築殊不經濟，故將庫棧合併一處。此項建築共長 210 公尺，深 40.25 公尺（就地面一層論），總面積 39,500 平方公尺，連地窖共計六層（各層高度見第廿四圖）。地面一層為棧棚，地窖一層及地面上四層為倉庫。地面上第二層之前方（水邊）有平台，以便於必要時兼作棧棚之用。庫棧前（水邊）有牛門

式起重機（Halbportalkran）八架，為聯運貨物之用。庫棧上建屋頂棚三座備起卸存庫貨物之需，並於前後兩面之樓板上均備啓閉洞口，以便貨物放入庫內。棧棚後方之平台，專供陸地方面聯運貨物起卸之需。前面水邊有鐵路二條，後面有鐵路三條，兩邊各一條，分別司存庫及聯運貨物之起卸，中間一條供往來交通之用。全部工程用40公分直徑圓木樁4,800根為基礎，平均長16公尺。木樁頂伸入鋼筋混凝土板內，板上敷柏油硬紙數層，以免有水侵入地窖（因地窖比河中中水位較低）。全

部工程在縱向以伸縮接縫分作七段。樓板為菌形式（Pilzdecke）。地窖面規定載重每平方公尺2,500公斤，上層地面各1200公斤。各層間有主要樓梯四道，「太平」樓梯二道，貨物升降機四部，滑坡二處。貨物放入地窖則由啓閉洞口。作棧棚用之一層，在伸縮接縫處設防火屏，裝置救火設備。地窖及其他存貨各層則以防火牆分作多間，以免火災之蔓延，全部工程於1929年初告竣。

又為增進 Stettin 港效率起見，由 Stettin 市以14,640,000金馬克之總預算

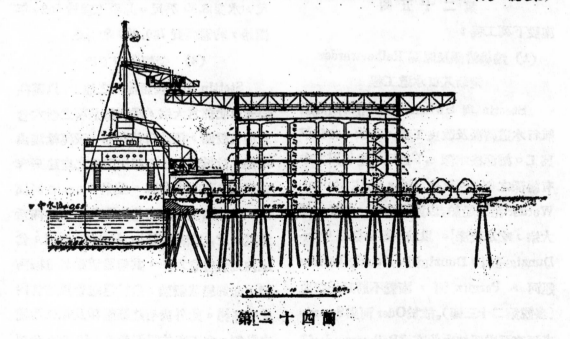

第二十四圖

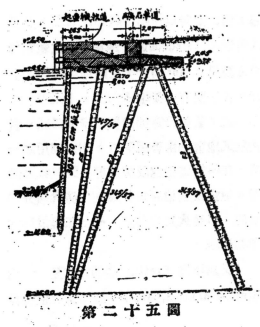

第二十五圖

施設下列工程：

(1) 港塢濬深及開闢 Reiherwerder 港新入口水道工程

Stettin 與 Swinemünde 兩市間海船航行水道濬深及改良工程，已於 1924 年興工。濬深後水深 8.7 公尺，港塢因之亦有濬深之必要。又由 Oder 河往 Reiher-Werder 港之船舶，以運送礦石，煤炭，為大宗，吃水較深。以前所經路徑係 Oder-Dunzig 運河，Dunzig河，Dunzig-Parnitz 運河， Parnitz 河，漸覺不勝巨舶交通（參觀第二十三圖）。故於Oder 河與 Swante 支河交叉處開挖由此直達Reiherwerder港之新入口運河，計長 5.75公里；水面寬度

額度100公呎，（將來並可放寬至140公呎）水深8.70公呎。此項工程於1929年初完竣。並港塢濬深工程之總預算額為 3,860,000 金馬克。

(2) Parnitz 河裁灣取直工程

Parnitz 河與 Oder 河之匯流處，約成直角，致船舶航行時殊為危險。（參觀第二十三圖）故於該處之南改開新河道，以資改良，並可加增內河船舶之停泊地位。且因此獲⅔平方公里左右之土地面積，與水道陸路聯絡，為工業區之用。新河道底寬度 66 公尺，中水位時水面寬度100 公尺，水深8.50 公尺。此項工程於1929年開始，約需經費 750,000 金馬克。

(3) 穀類倉庫工程

Stettin 市為穀類輸出之地，以運往德國西北部為大宗，唯關於是項之新式倉庫棚棧設備，前此尚付闕如，致運輸無由增進。故於第二十三圖中所示之處建築容穀類約二萬噸之倉庫，並將 Dunzig 河塡沒一段，以便建築聯絡之路軌，而另闢新水道一段，以溝通 Oder，Dunzig 兩河。倉庫內地倉窖倉均備。其前設活動起重機兩架，起卸船載穀類，置於運送帶以達倉內之升降梯。此外尚有建築篩淨及晾乾設備之計劃。本工程約需經費 6,240,000 金馬

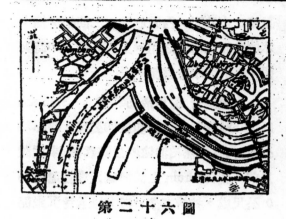

第二十六圖

(4) Dunzig 河碼頭設備

前此 Dunzig 河碼頭棚棧已屬陳舊，所用起重機係用蒸氣發動之舊式，故應加以改良。爲便利鐵路之聯絡起見，將 Dunzig 河之一段填沒，另開新河道，經由 Sohlschterwiese 而將路軌移敷（參觀第二十三圖）。現已訂購半門式電動起重機六架，將來尚擬再添六架。本工程所需經費約 2,820,000 金馬克。

(5) Reiherwerder 港礦石碼頭加長工程

Reherwerder 港礦石碼頭岸線僅長 120 公尺，只有船舶一艘可以停泊。故將碼頭牆及卸貨橋上路軌，礦石棧房等各加長 140 公尺，以應需要。此項工程約需費 970,000 金馬克。已於 1928 年興工，1929 年完工。舊碼頭牆係用木椿爲基。現今加長部分則改用鋼筋混凝土椿及板椿，以其較用木料爲廉也。（參觀第二十五圖）

Duisburg 市附近 Rhein 河底埋設溝管工程

德國 Duisburg 市（參觀第二十六圖）總溝管出 Rhein 河處，原有一公尺徑溝管一根，由河底直達中流，使汙水隨流冲去，不致沉澱泥渣於 Rhein 河本身及 Duisburg, Ruhrort 兩地之港口。此項河底溝管建於 1897 年，至今仍利用之。

自 1924 年 Ruhr 聯合會建築 12 公里長總溝管導入 Duisburg 市之汙水濾清池

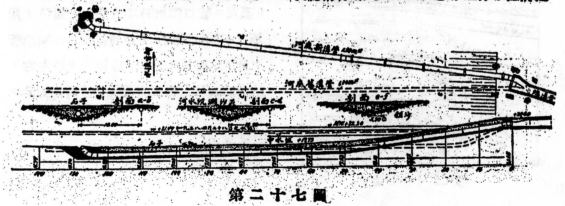

第二十七圖

15679

，供 Münlheim, Oberhausen, Duisburg 三市共同宣洩汙水之需，藉保持 Ruhr 河水之清潔，以供飲用水之來源後，濾清池旣經放大，所有 Rhein 河底舊溝管亦不足以應宣洩之需。故於 028 年夏間加敷 $1\frac{1}{2}$ 公尺直徑河底新溝管一根，（參觀第二十六圖）計長 128 公尺。在決定此項長度之先，曾於各種河面水位情形之下，用浮物與顏料實地試驗，察知汙水放出岸線 100 公尺以外，無論如何，不致折囘 Ruhr 河及港塢之內。

此項河底溝管之平面，側面圖見第二十七圖。其中心線與舊溝管中心線之距離，至少 3 公尺，以免敷設時損害舊管。敷設時所挖溝槽深 8.20 公尺，底面寬 2.50 公尺，斜坡坡度在上下流兩方面分別為 1.4 與 1.3。

河底溝管與岸上總溝管之接頭處結溝

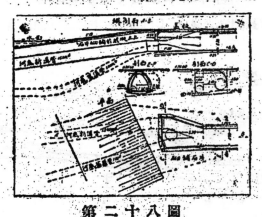

第二十八圖

見第二十八圖。內備放開板之凹槽，備中水位時冲洗溝管之用。上有孔蓋，平時緊閉，唯於大水時啓開。

此項溝管，係用最高等碳生 Siemens Martin 軟鋼製成，每節長 12 公尺，壁厚 12 公厘。內外用熱柏油塗擦以防銹蝕。未埋設以前，先在 Rhein 上流河底距埋管地位 100 公尺處，挖濬寬溝一道，以承受沉澱泥沙，然後於適當水位時挖濬埋管之溝槽，同時將各管由水上運至 Ruhr 河口左岸上適當地位，裝接停妥，聯成一條，於兩端各用板塊封固。埋放時用載重 125, 100, 50 噸之起重船三艘，將全部鋼管吊起，轉至埋放地位，將兩端板塊除去，放入水內。管之上口司空氣之放散，其下口則納水入內。因管體減少河流面積之多，放下務求迅速，故另備抽水船兩艘，打水入管。溝管入槽後，用粗砂填蓋，至距管頂 1.50 公尺之高，再加敷石子一層，厚 40 公分，寬 6 公尺。管口四周 80 平方公尺之面積，用石片砌舖於混凝土上以資保護。此項溝管，自下水至放入溝槽，僅閱六小時左右，故 Rhein 河上船舶交通所受妨碍甚微云。

附　錄

上海特別市工務局局務報告

　　茲將本局一年來經辦各項業務擇要略述如次：

（一）行政

　　（甲）組織閘北洋涇引翔等區工程管理處　　本局以市區遼闊，對於工務較繁之各區內道路橋梁等建築修養事宜，每有視察難周之虞，而遇有工程上臨時發生之緊急事項，以及業戶請求掘路接溝等情事，亦以路途遙遠諸感不便，爰經依據本局組織細則第八條之規定，擬訂各區工程管理處組織細則七條，呈奉市府核准，於是閘北，洋涇，引翔三區工程管理處均先後組織成立。

（二）設計

　　規劃道路系統　　本局對於市內道路，溝渠，除分別加以整理外，尤注意於全市幹道系統及滬南閘北二區道路系統之確立，計本年內已經規劃完成者有滬南閘北兩區道路系統，及全市幹道系統，正在進行中者，為滬南區東西南三部及新西區一帶道路系統，浦東沿浦幹道路綫，暨法華區越界築路一部分道路系統等。

（三）工程

　　（甲）道路溝渠　　本年內對於道路溝渠工程，除各路之散修整理及加澆柏油等不述外，其重要工程有二：（一）合併集水方浜兩路計劃早經完成，中間以沿路鋪戶遷讓及拆卸房屋糾為，延至本年八月底方能開始興工。（二）中山路鋪築路恶，自去年三月開工以來，兵工合作進行，尚稱順利，至本年七月，已將全路路基開築竣工。至全路之橋梁涵洞，北段亦已次第築成。南段正在施工之中。

　　（乙）橋梁　　本年內新建橋梁，其已經完竣者，為嶺南橋，曹家渡木橋，培潤橋，滬南大木橋，造幣廠橋，滬西新橋，中山路太浜橋等；正在建築中者為中山路法華港橋，蒲肇河橋，吳淞淞西橋等。重建者為沈中橋，公水橋等；修建者為蘊藻浜橋，胡家木橋等。

　　（丙）駁岸碼頭　　本年內對於駁岸一項，除修理或加高等瑣碎工程不計外，其建築之駁岸，在滬南者為毛家弄口公共駁岸，日暉港駁岸，及造幣廠前木駁，在滬北者為光復路一帶駁岸，在浦東者為陸家渡口木駁，至於新建之碼頭有大碼頭及老南碼頭兩處。

（四）其他

　　其他關於營造，取締登記等事項，如審查圖樣，核發執照，取締違章建築及危險建築，暨登記建築師工程師營造廠等事項，均照常細續辦理，有本局編印之業務報告可供查攷，因不贅述。此外更有各項代辦及修籍工程，以其過於瑣碎，姑略。

工程譯報第一卷第一期

中華民國十九年一月出版

編輯者　上海特別市工務局（上海南市毛家弄）
發行者　上海特別市工務局（上海南市毛家弄）
印刷者　希美印刷所（上海北浙江路）
分售處　上海商務印書館
　　　　上海中華書局

定　　價　　表	
每期零售	大洋　三角
預定全卷肆期	大洋　一元

外埠函購辦法：

（一）郵票十足通用

（二）寄費加一

投稿簡章

一，本報每三月出一期以每期出版前一月爲集稿期

一，投寄之稿以譯著爲限或全譯或摘要介紹而附加意見文體文言白話均可內容以關於市政工程土木建築等項及於吾國今日各種建設尤切要者最爲歡迎

一，若係自撰之稿經編輯部認爲確有價值者亦得附刊

一，投寄之稿須繕寫清楚并加標點符號能依本報格式（縱三十行橫兩欄各十五字）者尤佳如投稿人先將擬譯之原文寄閱經本報編輯認可後當將本報稿紙寄奉以便謄寫

一，本報編輯部對於投寄稿件有修改文字之權但以不變更原文內容爲限其不願修改者應先聲明

一，譯報刊載後當酌增本報其有長篇譯著經本報編輯部認爲極有價值者得酌致酬金多寡由編輯部臨時定之

一，投寄之稿不論登載與否概不寄還如需寄還者請先聲明并附寄郵票

一，稿件投函須寫明上海南市毛家弄工務局工程譯報編輯部收

15682

工程譯報

第 一 卷 第 二 期

中 華 民 國 十 九 年 四 月

要 目

上 海 特 別 市 工 務 局 發 行

中 華 郵 政 局 特 准 掛 號 認 爲 新 聞 紙 類

啓 事 一

　　本報發行伊始，諸多未週，乃荷國內工程界，各地市政機關及學校團體紛函訂購，同人慚愧之餘，自當益加奮勉，力求改良，倘蒙加以指導，以匡不逮，尤所盼禱。

啓 事 二

　　本報以介紹各國工程名著及新聞爲宗旨，對於我國目前市政建設上之疑難問題，尤竭力探討，盡量在本報披露，以賁研究。惟同人因職務關係，時間與精力俱甚有限，深望國內外同志樂予贊助。倘蒙投寄譯稿，以光篇幅，曷勝歡迎。

工 程 譯 報

第 一 卷 第 二 期
中 華 民 國 十 九 年 四 月

目 錄

編 輯 者 言

本期選譯材料，仍以關於城市工程方面者爲多。

歐美各國之都市，自數十年來，卽有土地整理之設施，良以土地整理有方，然後建築可收齊正之效，道路運河等亦易於開闢。現值吾國各地勵行市政建設之始，收用土地，取締建築，每感困難，察其原因，實由土地整理尚未施行之故。爰選譯「德國都市之土地整理」（此篇係日本東京市政調查會所發刊之單行本，係就德人 J. Classen 與 J. Stuebben 兩氏所著 "Die Umlegung Städtischer grundstuckeu die Zonen enteignung" 一書加入最近材料編譯而成者）及「東京市之復興與土地整理」兩篇，以資國內辦理市政者之借鏡。

德國柏林工科大學教授 Herrmann Jansen 氏爲近代著名都市計劃家之一。Städtebau 雜誌特於其七十初度，就其平日傑作，擇尤介紹，茲爲轉譯，以供負有都市計劃任務者之研討。

歐美各國工商交通事業發達之結果，各種市政上設施之計劃，漸將各都市之界限打破，而擴充至各都市四周或若干都市間之整個區域，期收通盤設施之效。此種情形，在我國實現似尚有待，聊舉英德兩國區域計劃之進行情形，以明世界之趨勢。

友人有游歐陸歸者，盛道巴黎市上汽車交通之迅捷無阻，偶閱 Städtebau 雜誌載有「巴黎之交通」一篇，所見相同，且對於其中原因闡述甚詳，爰譯錄之，以供參致。

卷末載「支柱等之計算新法」，可供土木及建築工程設計家實地應用或參致。又有「公共建築包工人之預先甄別」一篇，主持公共建築者可觀覽焉。

關於國外工程新聞，各國雜誌所載，汗牛充棟，不勝枚舉，茲僅就饒有趣味及可供參致者酌爲介紹耳。

15686

德國都市之土地整理

日本東京市政關查會編述

會國琛譯

第一章　土地整理之性質

（一）土地整理之必要

欲求都市發達之整齊劃一，必有待於適當之都市計劃。然都市計劃若僅限於擬定道路，運河，公園等之系統，選擇市中心，公共建築，市場等之位置，與夫規劃自來水，溝渠，交通機關等之施設，而不顧及街道叚落與地畝分割之設計，則完善之都市未易實現。故計劃都市必兼計劃地畝分割，以期建築物地位之適宜。但非無論何項地畝皆須加以整理，唯地畝之形狀或面積不宜於建築，而必須將其合併或交換，方能適於建築時，始有整理之必要。是故土地之整理，每因道路，公園，廣場等之關設或擴充而感有必要，其情形有二，即（一）因土地之形狀及面積關係，此道路及叚落無論如何計劃，終難適於經濟及衛生之建築，（二）土地之形狀面積最初雖適於建築，但因增關道路或廣場時劃去一部之土地，而致剩餘之部分不能適於建築是也。德國都市內地畝有顏錯綜雜亂者，

亦有寬度僅爲二三公尺者。此等地畝，無論計劃道路廣場時如何注意，終不適於建築。且在計劃方面，一部分地畝被路線斜穿橫斷勢所難免，他如不接近道路，或面積過小，或進深與開間不相稱之地畝，均須變更界址，改正形狀，及互相交換拼配以後，始能加以利用，故土地整理爲不可少之事。如第一及第二圖所示卽 Köln 市郊外地畝形狀之一例。

從事土地整理，以變更地畝之大小形狀使適於建築，地主實首蒙其利，故同一叚落內之地主，各具遠大眼光，合作精神，友誼感情者，可互相商洽而從事土地之交換及配湊。普通卽由市長說合行之，是爲吾人之理想辦法。

然地主備有上述之美德者實不多覯。故土地整理，若一任土地業主自動協商，而不加以何種強制，則實行殆不可能。蓋整理某地畝時，必聯帶整理其他地畝，倘有一業主從中作梗，卽足以妨礙全部整理之進行，雖土地之整理，各地產業主均與

有利益，但自私自利，為人類之弱點，假
定有地產房屋公司在土地未整理以前，獲
得某段落內地基一方，至實行土地整理時
，則故意抬高地價以為反對，若是者正復
不少。

在此種情形之下，唯有由關係者收買
反對業主之土地，而實行土地之整理，否
則各業主互相觀望，相持不下，投機份子
，趁時而起，短於資本之地主，至十年，
二十年後，旣不得利用其土地，則唯有以
相當之代價出賣於資本雄厚者；此所謂大
地主壓迫小地主也。

此類事實，在任何都市皆所難免，而
以德國西部之都市土地，錯綜雜亂，最有
舉行是項整理之必要之處為尤甚。此建築
及衛生學者之明瞭此種情形者，所以皆主
張強制施行土地整理也。

（二）不實行土地整理之弊

地主苟不能互相商洽而施行土地整理
則惟有聽其各自保持原狀。試加以分析，
當不出下列二種情形：（一）地畝接近道路
者，（二）地畝之旁並無道路，不能充建築
地盤者。在（一）種情形之下，當局者亦不
能永久禁其建築，在（二）種情形之下，地
主亦未必因欲開發其土地之故而自闢道路
，縱令自闢，亦不能盡量利用；其結果，
就地主言，則不得土地經濟的利用，就都

市言，則不獨阻礙其合理的發達，即衛生
上，美觀上，亦受莫大之影響。

又地畝跳旁近道路而作斜方形，且不
整齊，縱可營造，亦不能得合宜的建築計
劃。結果，耗費建築費甚多，而房間之配
置，形狀及光線，通風等等，必不完善，
庭園之配置難期適宜；建築物全部之外觀
亦不美好；其為不經濟自不待言（參看第三
圖）。尤甚者，如第二圖所示十二方地畝
中，殆無一堪作營造之用。

又如第四圖所示，未經整理之各地畝
，祇須面積略加擴充，未嘗不可供建築之
用，但欲求建築物之配置適宜與美觀，土
地利用之得宜，則實為困難。故欲獲得經
濟上，衛生上，美觀上良好之房屋，須在
建築前施行土地整理，否則已成之建築物
於土地整理時，又須全部拆去，不獨業主
蒙其損失，且費用旣鉅，而整理猶感困難
。故地主若只顧目前之利益，不思都市百
年之大計，而阻礙土地之整理，則都市應
以強制的權力毅然執行。

耕種之土地，若非用為建築地盤，自
毋需變更其界址，及開闢道路，但因市區
之發展，無論何人皆不願犧牲其貴重之土
地而不加利用，若市當局全然居於旁觀地
位而不之顧及，則財力薄弱之地主所有土
地，必為較有力者所收買，而再以高價出

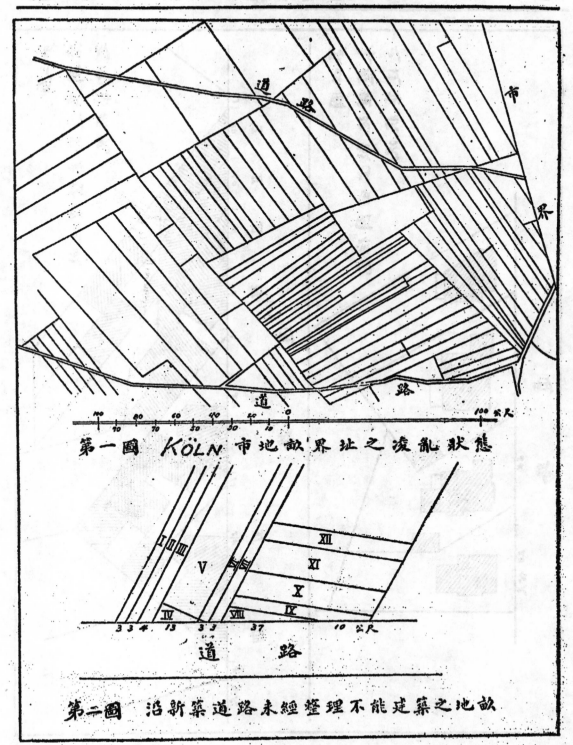

第一圖　　KÖLN 市地畝界址之凌亂狀態

第二圖　　沿新築道路未經整理不能建築之地畝

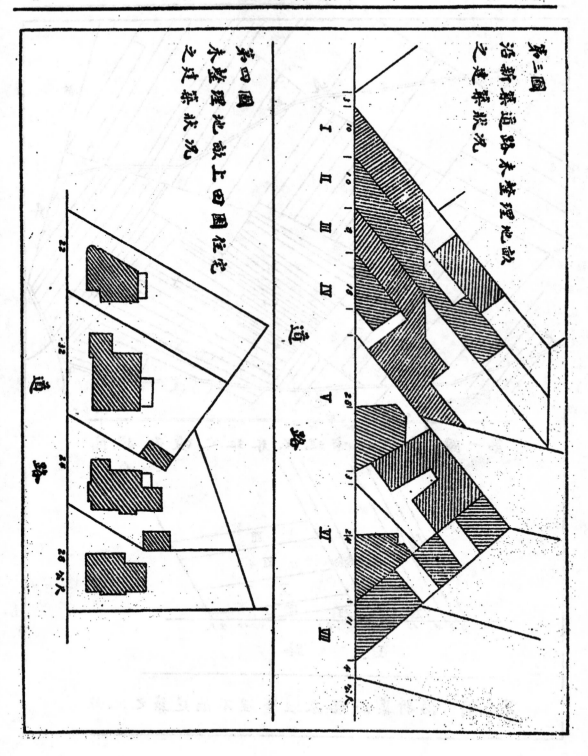

第三圖
沿新築道路未整理地段
之建築狀況

第四圖
未整理地就上四圖住宅
之建築狀況

賣；結果地主之數逐次減少，地主間之協定不難成立，道路可闢，整理亦易；但此種整理須經數十年之久始能實現，且難免發生糾紛，故須嚴厲規定土地整理法律。既有強制之法律，則土地適當之整理易於從事，且得以公正之態度出之。

都市發展之趨勢，須隨時闢築道路，使漸次繁盛之郊外與舊市街聯絡。又因地勢上之關係，爲使下水溝渠貫通起見，亦有開設新路之需要。此種新道路，若靜待地主間自行整理其土地後，然後從事建築，勢必遙遙無期。如當局無強制權力以施行土地整理，則必須斡旋於各地主間，使協議式之整理得告成立。然遇有地主反對時，仍無實現之望。如反對者窺知市當局有非新闢道路不可之情形，則將居爲奇貨，反對愈甚，其結果市當局不得不以高額代價購買土地以闢道路，顧其兩旁之地畝仍有不適於建築之用者，致煞費苦心之改良事業失其價值，公家及人民兩受損失。如第三，第四兩圖卽示此類地畝之狀態。

如當局對於整理無望之土地，避免道路之建設，則不但不能得土地之經濟的利用，且於交通上亦甚不便，衛生上亦受重大之妨礙。

土地整理若不舉行，直接則妨礙適於建築土地之增加，而使建築上發生「地荒」間按則授土地投機者以操縱之機會，以致地價騰漲，予市民以重大之損失。蓋都市之住居問題，實與土地問題互相表裏，苟能將土地加以整理，使土地市價與實價相稱，則住居問題亦易於解決矣。

（三）土地整理之利益

土地整理之利益，上文已經說明，茲再簡略言之：

(1)可防止經濟上，衛生上，公安上美觀上一切不適當的建築。

(2)可得土地之充分利用，使交通便利，衛生改良，地主亦得均霑利益。

(3)可免使將來之市民居住於不適當之房屋。

(4)可改良都市，使整齊而有組織。

(5)可增加建築用地畝，及防止土地投機，而抑制地價之騰漲。

(6)可使地價穩定。

以上各點爲解決都市住宅問題最重要而有效之方法，蓋適當住宅之缺乏，租金之高貴，以及其他關於住宅之各種困難問題，無不歸因於地價之騰貴也。

再舉強制實行土地整理之利益如下：

(1)可抑制偏於自私自利之少數地主，而舉行土地適當開闢。

(2)可保證多數地主之利益，而防止少數地主之不正及奸巧行爲。

(3)可免除土地收用費，及損害賠償費之負擔。

第二章　土地整理之法規

(一)強制整理土地法律之必要

如前所述,土地整理既不能委諸地主間之任意協定，即不可不強制施行。世界各國皆有強制整理土地之法律，然施行時不免有若干人反對與懷疑，其故有三：

(1)強制的土地整理，有侵害財產權之嫌疑。昔時普魯士下議院，曾否決此種法律，即以此故。唯多數國家對於耕地均有強制整理之法規，即合併某區域內全部耕地，施以必要之改良，再照原有地畝之多寡，重新分配於各地主；此法已行之數十年，不獨未聞有以侵害私有財產權為詬病者，且其利益已為世人所公認，而益見推行。若以強制整理施於耕地為正當，則施諸都市土地又何嘗不可，不得遽謂為侵害財產權也。又鐵道與道路之新闢或擴充時，所需土地，因與業主協議不成，而強制收用者，世界各國皆有之。收用者並非以同一價值之土地與之交換，唯償以金錢而已，因以公眾利益為目的無不認為正當。都市土地之整理，亦以公眾利益為目的，不獨無害於私人之利益，且使土地效用增大，何得視為侵害產權乎？

土地所有權本非絕無限制。按照關係都市計劃及都市房屋建築之法律，可以警察權干涉某種土地之使用，已為世人所公認。例如有大水危險及保留為道路之土地，皆不得起造房屋，又都市全部分為工業區，商業區，住宅區等，在某種區域內不獨完全禁止商業用及工業用房屋之建築，對於建築物之高度及面積，亦加以限制，而世人不以為非者，蓋以此種禁令為合理，而於公眾有益也。此種干涉實甚於土地整理之強制執行，而世人尚不以為非，而以強制整理為侵害財產權者，其不足信，更不待言。

(2)強制的土地整理易招壓迫小地主之誤解而引起反對。蓋世人每以為強制執行整理時，受益最大者為大地主，又見大地主每隨意擬定整理計劃以壓迫小地主，遂主張地主間自由協定，以保護小地主焉。然如上文所述，不行整理時，最蒙痛苦者，實為小地主，而大地主則不然。若遇大地主以財力壓迫，小地主果能堅持乎？無強制的法律，即大地主將施種種手段，以裏達其目的。故亟待法律之保護者，實為財力不足之小地主，而土地整理，有強制執行之必要者，即以此也。

(3)都市居住狀況一經改善，則人口必激增，而農村有荒廢之虞，此誠重大之社會問題也。然因欲解決此項問題之故，而

置衛生上，經濟上，及社會上之改良問題
於不顧，實爲最大之謬誤。

（二）普魯士之法規

德國土地整理法中最有名者，爲 Adi-
ckes 法。此法爲 Frankfurt-am-Main 市長
Adickes 氏所創，屢經普魯士議會反對，
至一九〇二年七月二十八日,始制定 Frank
furt-am-Main 市土地整理法，一九〇七年
復經修訂一次。最初僅適用於 Frankfurt-
am-Main 市境內，其後漸次推行於普魯
士之各都市，一九一八年三月二十八日住
宅法（第十四條之二）制定後，凡採用該
法之自治團體皆施行之，至今猶公認爲關
係土地整理之模範法律焉。茲摘其要點如
下：

（1）土地整理以造成適當之建築地畝爲
宗旨，於大部分尚無建築物之土地施行之
，不得超過整理上必要之限度。

（2）土地整理，由市之請求　或半數以
上之地主佔有該項土地面積一半以上者之
請求行之。

（3）依法律強制執行土地整理時，由土
地整理委員會辦理之。各委員由地方長官
任命，其中至少須有地方長官之代表二名
，建築家一名，法律家一名，測量技師一
名，及對於土地估價有經驗者一名。市府
職員不得兼充整理委員會之委員，但市當

局及地主亦有指派委員，或陳述意見之機
會。

（4）地畝之整理，須並道路，廣場等通
盤辦理。除以割出道路，廣場等之土地交
諸市府外，其餘地畝割成適當之建築地盤
，分配於原地主。

（5）土地轉換務須公平且須按照未整理
前所有之面積比例以從事，又須與整理前
同一位置，倘有不公平時，則以金錢貼償
之。

（6）市當局及地主，與租地人，押地人
，土地債權人及其他一切有關係者，皆得
出席於整理委員會之會議，各主張其利益
，亦得提出異議。

（7）地主之土地過小，不能換得適當大
小之建築地盤時，則以金錢代替土地清償
之。又土地適於建築與否，須徵求取締建
築之警察官廳之意見，再由土地整理委員
會決定之。

（8）土地整理，由於市當局之請求而施
行時，得無代價收用業主之土地至三成半
爲度，若由業主請求而施行，則無代價收
用之土地以四成爲度。

（9）若所領地畝之價格，比原地畝價格
減少，則業主有請求貼補現金之權。

（19）取締建築之警察官廳接到土地整
理計劃通知書後，得禁止妨礙土地整理之

一切建築。

(三)其他各聯邦之法規

直接或間接的有強制整理土地意義之法律，德國各聯邦亦經漸次採用。Hessen於一千八百九十一年公佈之建築法規，予各都市以在未經整理合式之土地上禁止建築之權，以間接強制土地之整理，然此法對於市民無論贊同土地整理與否，一律禁止建築，未免有不公平之嫌。故此項法規更進一層，規定地主間整理之協議不成立時，得請求市當局收買該段落內全部土地，並予市當局以整理該部土地後拍賣之權。此種方法，固有將土地整理之利益全部收歸市有之利，但所需經費甚多，有時且釀成投機的危險。其後Hessen對於Mainz市規定，凡佔有一段落，或不滿一段落土地面積四分之三以上之各業主，於協議成立後，以負擔土地收買費為條件，使其收用反對整理者之土地。雖所收用之土地，整理後可以出賣，但在賣價未定以前，即有擔負收買費之義務，是不免使地主深感不安。故此種土地整理辦法不易進行。

Hamburg自由市於一八九二年十二月三十日公布之法律，對於開關Elbe河右岸郊外土地，規定凡建築委員認為必要時，或有半數以上地主之請求時，當局得施行土地整理，其地主中有因此受損失者，得由裁判決定，予以賠償。該項賠償費由有關係之地主共同負擔。

Baden邦於一八九六年七月六日所頒佈之法律，為土地整理法規中最著名者之一。此項法規對於未劃入都市區域，或不在都市建築計劃範圍內之土地，亦以禁止建築之權予各都市。且規定：為造成適當建築地畝起見，雖地主反對，亦得勵行整理。其原則與手續略與Adickes法同，所異者Adickes法准各都市得按三成半或四成無代價收用土地，此則完全禁止不給價之收用，即各都市所必需之面積亦須予以全部貼償。但整理後地主應按照受益程度分擔此項費用。

Sachsen邦亦有與此同樣之法律（一九〇〇年七月一日頒布），規定各都市之建築警察，得遵照市會之決議，或依據佔有土地面積及人數各在半數以上之業主之請求，強制施行土地整理。又規定：凡為運輸交通或公共衛生起見，有拆除建築物之必要，又為防止某區域內建築物將來之受水火等災害起見認為有必要時，得令關係地主自行協議，施行土地整理，若協議不成，則呈請內務總長收用此區域內全部土地。

又一八九五年十月三十日關於普魯士邦Schmalkaden縣波慈羅特地方火災地復

與之命令，亦與此類似，即合併全部土地，由其中收用道路，廣場，水道等所需之面積，而將其餘之地按照原有地畝之價值，與其舊有地位分配於地主，有不適當時，則以金錢貼償之。

第三章　土地整理之實例

(1) Mainz 市

第五圖至第八圖示 Mainz 市當局與地主協定整理一部分郊外土地之前後情形。第五圖為整理前之狀態，雖有 K., E., 等路，但寬度甚小。F., O., L., 等路尚未開通。一部分地畝雖與舊道路成直角，及新道路築成，則皆成斜角。又地主凡十七戶，圖中各以數字表之。(3)為市有地，(4), (7), (8), 及 (9), 各地畝上建有不易拆遷之房屋，則為簡單平房 (barracks) 性質。

第六圖示土地整理後，道路尚未修築以前各地畝之形狀與位置。市有地及廢除之舊路全部移於新道路上，(4), (7), (8)及 (9)等地畝，以有建築物存在，未予更動。

第七圖示道路建築後地畝之狀態，全部土地皆經整理為適當之建築地盤。(3b)(5a) 兩號地畝若以相當方法合併，亦可充建築之用。

第八圖示土地整理後之建築狀況。

(2) Heidelberg 市

第九圖至十二圖，示 Heidelberg 市土地整理之二例，第九圖及第十一圖為整理前之狀態，第十圖及第十二圖為整理後之狀態。

第九圖之 (1), (2), (3), (30), (31), (50), 各號地畝完全劃入新路線內。舊道路之 (20), (32), (39), 等號面積，則供放寬一部分道路之用。又 (7), (10), (16), (17), (19), (22), (36), (37), (45), (47), 等號地畝上之建築物皆予以保留。

第十一圖及第十二圖示大規模的土地整理計劃，對於原有建築物盡量保存，舊道路及市有地 (5), (7), (9), (36), (40), (54), (66), (92), (107), (114), 等皆充建築新道路之用；又對於土地交換之計劃，亦徵求各地主之意見，倘有反對時，則酌予訂正。

(3) Hannover 市

第十三圖及第十四圖示土地整理對於業主之利益。

第十三圖示各業主原有地畝不但形狀不整，且零星分散，幾無一適於建築者。

第十四圖示市府建築科所製之整理計劃，曾得地主全體同意，故其利益不言可知。例如 (1) 號地畝之業主，以原有十二個分散不整之地畝十二方換得適於建築之地畝四方，又 (2) 號地畝之業主所換得之土地既與原有者同一位置，且與道路成直角而適於建築之用；(3) 號地畝亦屬同一

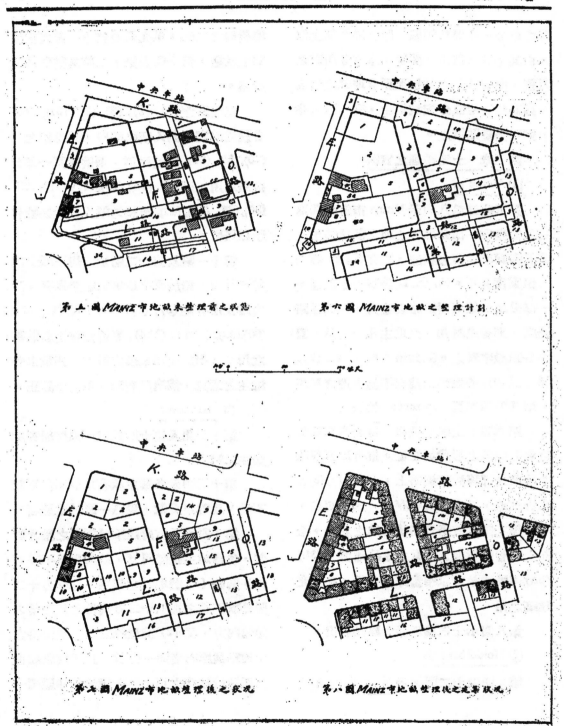

第五圖 MAINZ市地畝未整理前之狀態

第六圖 MAINZ市地畝之整理計劃

第七圖 MAINZ市地畝整理後之狀況

第八圖 MAINZ市地畝整理後之建築狀況

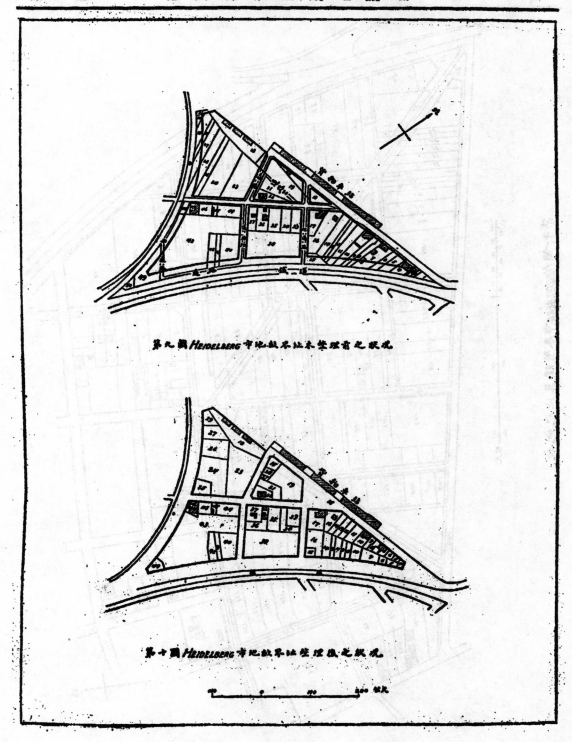

第九圖 HEIDELBERG 市地畝界址未經整理前之狀況

第十圖 HEIDELBERG 市地畝界址經整理後之狀況

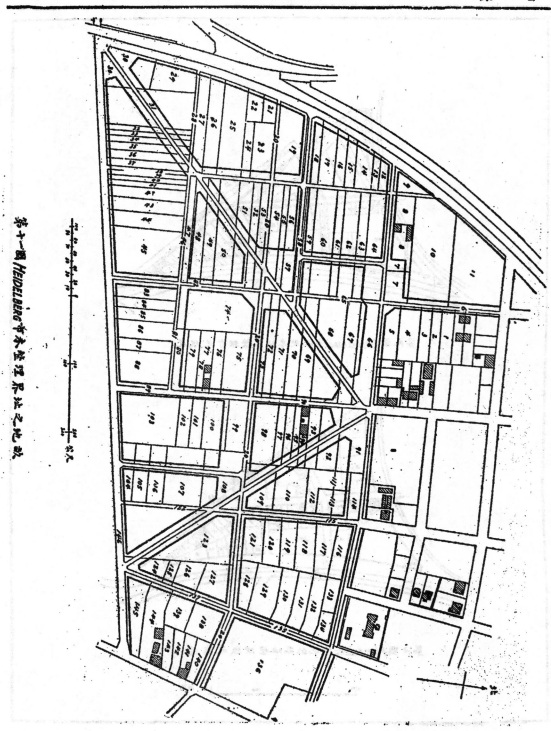

第十一圖 HEIDELBERG市本區理界址之地欵

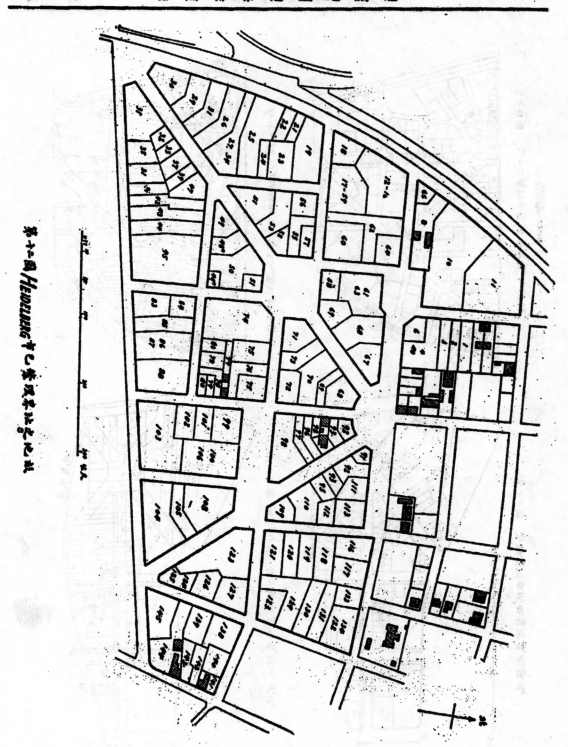

第十二圖 HEIDELBERG 市已完成整理各地之地形

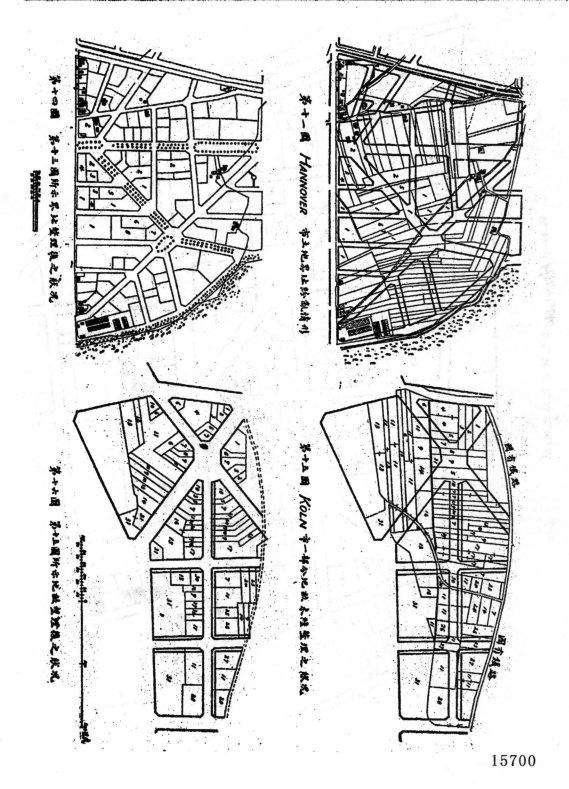

第十一圖　*Hannover* 市之地形及道路現引

第十二圖　*Köln* 市一部分之地形及房屋建設之狀況

第十三圖　第十一圖所示之比較改良之狀況

第十四圖　第十二圖所示之地形改良現之狀況

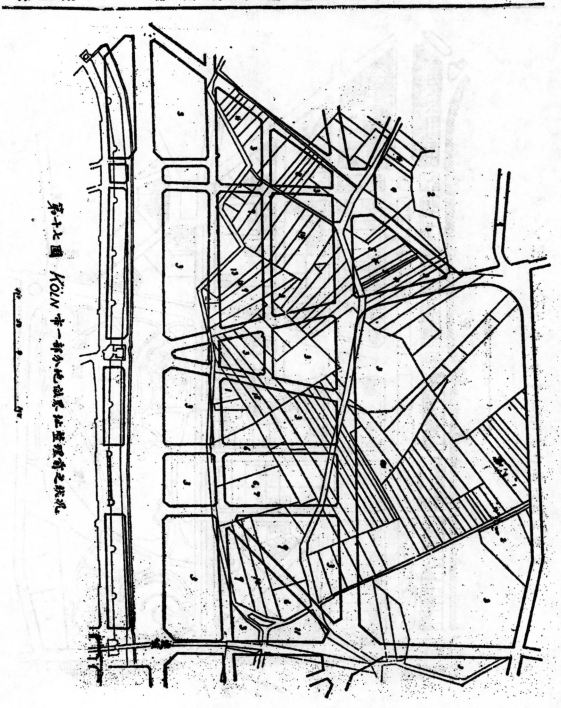

第十七圖　Köln 市一部分土地從事土地整理前之狀況

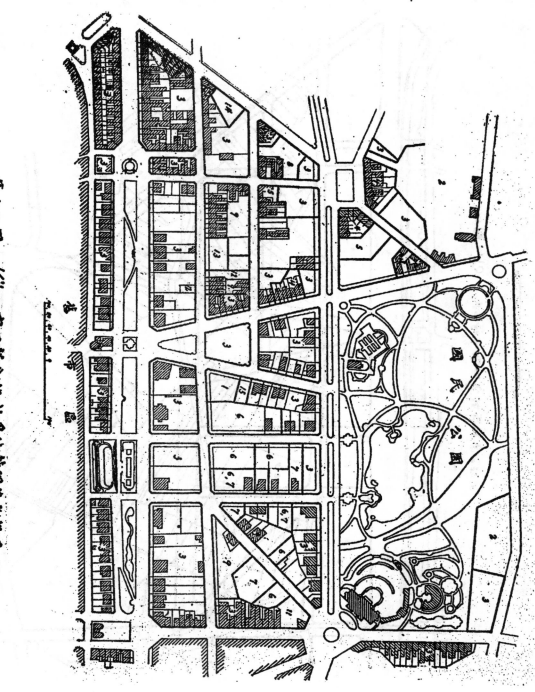

第十八圖　Köln 市一部分之地及各地整理後之狀況

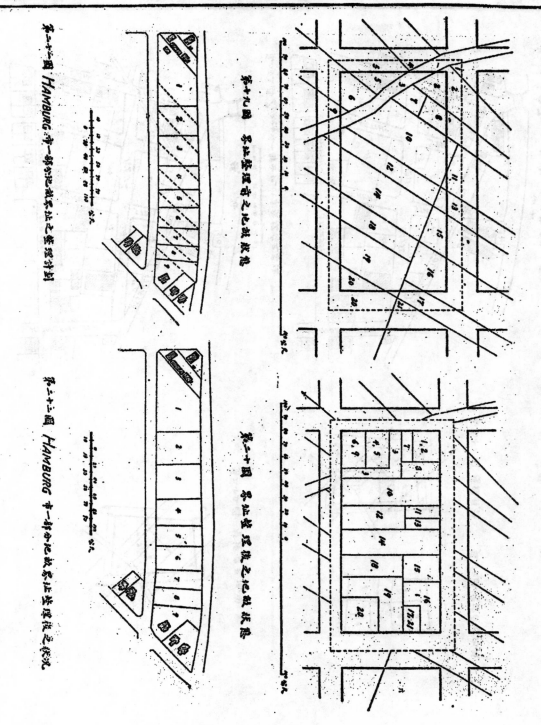

第十九圖　多數整理前之地放狀態

第二十圖　多數整理後之地放之地狀態

第二十一圖　HAMBURG 市一部分之地放多數之整理計畫

第二十二圖　HAMBURG 市一部分之地放多數整理後之狀況

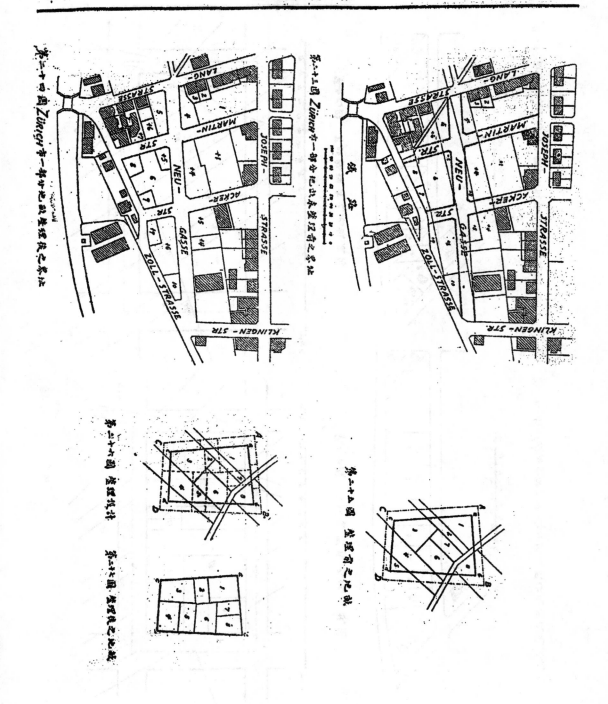

第二十四圖 ZÜRICH 市一部中心改良建築後之布置

第二十三圖 ZÜRICH 市一部中心改良建築前之布置

第二十六圖 設計計劃

第二十七圖 改良後之地畝

第二十五圖 改良前之地畝

情形，(4) 號地畝之業主，以不整齊之土地一方，換得形狀位置均佳之土地二塊，(5)，(6)，兩號地畝亦然。又 (7) 號地畝原不靠近道路，現移於路角，位置最稱優良。此外尚有其他不整齊之地畝，亦改良其形狀及位置。

(4) Köln市

第十五圖及第十六圖所示者，為Köln市一部分土地整理前之狀況及整理之設計。其要點在以總面積之二成八為道路，其餘七成二則按照原有位置加以整理，分配於各業主。按照此項計劃，各業主所受利益實屬不小，然因業主三十一人中有二人極端反對，遂致經過十二年之久，尚未能見諸實行，而全部地畝亦不適於建築。其後大部分土地逐漸為少數地主收買，始由大地主五人協議，實行整理。

反之，第十七圖及第十八圖所示之土地整理計劃，則因市府建築課努力之結果，得地主全體認可而即見諸實行。因此地主亦受益不少。

第十九圖及第二十圖所示之土地整理計劃，僅以在一段落內者為限。其總面積之計算，以各道路的中線為界，計15,048平方公尺；除以 4,548 平方公尺用作道路建築外，其餘10,500平方公尺則劃作適當的建築地盤，分配於各地主，(1)，(4)，

(9)，(21)，等號地畝，則以面積過小，與(2)，(5)，(6)，(17)，等號地畝合併。

(5) Hamburg市

第二十一圖所示之地畝，皆斜臨道路，不適於建築。按照第二十二圖所示之計劃，甚易加以整理，唯苟不強制執行，每因地主反對而不能實現。此種事實，任何都市皆所不免。若有業主逕就所有土地隨意建築，必使牽動全部整理計劃，使永遠不能見諸實行，全體地主除建築斜角房屋外，別無他法。

(6) Zürich市

第二十三圖及第二十四圖所示之土地整理計劃，其特色在盡量保留原有形狀及面積。如第二十四圖，(1) 號地畝因開築 Martin Strasse 收讓一部分，則於左邊予以相當的補足。(4) 號地畝三方，則比原來之形狀與位置較好；(5)，(6) 兩號地畝亦然。(7) 號地畝則合併 (6) 號之一部分而略成長方形。(8) 號地畝變為適當之路角地畝。(9) 號沿路角地畝二方，皆照原有位置而加以改正。

由上舉之例觀之，土地整理後可容納較多而適宜之建築物，舊有建築物亦不受影響，故理想上雖尚有其他若干要求，但整理之性質及利益已可了然矣。

第四章　土地整理之手續

（一）土地整理之決定

土地整理以都市計劃之確定爲前提，蓋道路，廣場及其他一切預定線等不先確定，則土地交換之設計無從措手也。又土地之整理，係因公衆及地主之利益而施行；所謂公衆利益者，卽促進都市交通上之便利與衛生上之施設，所謂地主之利益，卽劃成適於建築之地畝也。

無論整理由自治團體或地主請求辦理，普通皆以法律規定其要旨。由公共團體請求時，不必徵求地主之同意，但由地主請求依法律施行時，不可不藉投票決定地主全體之意見，票決方法有種種：

(1) 根據土地之面積 (Hamburg市)，

(2) 根據土地之價值，

(3) 根據地主之人數，

(4) 根據地主之人數及所有地之面積 (Zürich市及Adickes法)

(5) 根據地主之人數及土地之價值，

若各地畝之價值完全相同時，則(1)項與(2)項，(4)項與(5)項同一意義。又顧及地主之人數，雖得保護小地主之利益，但有時亦不免妨礙土地整理之進行。

按照 Adickes 法，地主土地整理之請求時，所有土地面積須在一半以上，贊成人數亦須過半。Mainz 市則規定土地面積須在四分之三以上。Baden邦法律規定土地整理之請求權，只限於自治團體，地主無請求權。地主得建議於自治團體，但自治團體並無必須採納其建議之規定，據理論，則雖出自大多數地主之願望，亦得拒絕之。故自治團體之支配權不免過大，有時並妨礙公衆利益，是以大多數地主之主張，在不違反公衆利益之範圍內，應予以自主權。Köln市與 Baden邦相反，其地主聯合會擬將整理之請求權祇給予於佔有該區總面積半數以上之地主，而不給於自治團體，然自治團體對於少數地主之請求，如決議承認，亦得有效，故自治團體仍有相當權力，卽自治團體苟得地主之一人之贊成卽可施行土地整理。

土地整理，因人民之特殊習慣與嗜好，不能全部舉行時，則先收買其土地，然後加以整理。Adickes法，與 Mainz市之法律，以收買之權予整理之請求者。如由自治團體請求時，則由自治團體以相當之價收買，若自治團體根據多數地主之議決而請求時，則得移其全部負担於地主。此種規定每使自治團體及善良之地主招致意外之負担，欲免此弊，不若使全體地主服從強制的整理。強制辦法雖似苛酷，然較諸由大地主壓迫收買，究勝一籌耳。

（二）土地整理地區之面積

關於土地整理，有主張以一段落爲單

位，不應以數段落或一段落內之某部分為單位者。若以土地交換務求與原地點接近而言，此種主張固屬正當，然整理之單位若只限於一段落，則對於幾何學的整理方法殊多窒礙，而整理之效用不免為之減少。在有建築物之段落內施行土地整理，以一段落為單位固較便利，然若在建築稀少之段落內新闢道路或廣場時，則必截斷段落內之若干地畝，使其剩餘者分列於旁，若欲與他地畝交換而拼在一處，則整理之單位絕不能以一段落為限。又如為開闢道路及廣場起見，無代價收用土地時，如整理地區過小，則各地主之負擔每不能公平。就土地交換之理想論，則整理區域之單位以小為宜；欲求負擔之公平，則以大為便要當仔細斟酌以期適宜耳。

就鐵道運河幹路等天然境界以定土地交換之設計，較諸就人工境界而從事者，便利多多，且與整理之社會的目的相符。

Adickes 法及 Baden 邦之法律規定，凡整理區域內已有建築及有特別性質或作用而不易與其他土地交換之地畝，例如公園，苗圃等，得於土地整理時除外，而此項特種地畝之業主，全體地主，自治團體之三者有要求之權。

(三)築路收地之辦法

整理田地以備建築房屋時，關築道路所需之土地，以由各地主供給為原則。該地區內如有舊道路存在，則整理時應加入他項地畝內一併計劃，以規定必要之道路。自治團體收用築路所需土地之辦法有三，可斟酌採用而以法律規定之：

(1)在土地整理之先，收用築路所需土地必要之部分，

(2)依據土地整理之手續，收用築路所需土地，

(3)整理土地時先擬定路線，待自治團體認為便利時，再實行收用土地。

第一項辦法，為 Baden 政府之提案，但被議會否決。依照此項辦法，先於未整理地區築必要之道路，可促進土地之開發，而使各業主及早感覺整理之需要，而在實行建築以前，亦毋需變更其土地之界址。然收買土地需費甚巨，自治團體之負擔未免過重；且地主中或有失去大部分之地畝，致所餘甚少而不適於建築之用者，或有不出代價而坐享築路之利益者，不公孰甚焉。

上述之弊，用第二項辦法則容易避免。凡關築道路廣場等所需之土地，由各地主公平分攤，而在地主方面亦可免去收用土地時取得代價，實行建築時被徵築路受益費之煩，故此項辦法簡單易行，唯遇不能以土地清算時，需以金錢清算耳。

第三項辦法與第二項略同，先依據整理擬定築路所需土地，而在實行築路以前，仍分配於各地主使其利用。若是，則爲將來擴充計，道路寬度儘可從寬規定，亦無不合乎經濟。唯採用此項辦法而從事，則幾何方法之土地整理稍感困難耳。

總之，如於土地整理時，卽開闢爲建築地畝，宜採用第二項辦法，否則，以採用第三項辦法爲宜。唯無論如何，如察知某地區將開闢爲建築地畝時，則宜及早施行土地整理耳。

（四）幾何方法之土地整理

第二十五圖至第二十七圖示幾何方法之整理。a, b, d c 爲整理之一段落，A B D C 爲合有廢去道路而未照新道路線收讓前之面積，故計劃土地交換時，應以 A B D C 內原有各地畝爲基礎。除面積外，對於開間及位置等亦須細加考慮。交換之地畝宜與原有位置相接近。第二十七圖示整理後各地畝之形狀與位置。

整理之地畝若平坦而性質又略相同，則易加以幾何方法之整理，倘其性質及利用上之價值各異則甚難。例如土地有高低起伏者，有傾斜者，有地質堅鬆不同者，有樹木者，若僅考慮其位置與面積，殊不適當，須訂定各地畝整理前後及應用於建築時之價值，然後加以公平的交換分配。

又地主因土地整理所受之損失，例如取銷租地契約之賠償費，收用土地之改良費，拆遷建築物之損失，以及其他特別作用對於土地之損害，皆須逐一加以考慮，如不能以土地清算時，則以金錢清算之。

照以上情形，則土地按幾何方法整理比較困難。然開闢田地時，地價激漲，則此等困難之大部分自然除去。例如就第十四圖及第十五圖而言，Hannover 之地主自由協定整理時，不以農業見解的評價及位置良否之評價爲問題，唯以不變更土地原有位置爲主旨。

又整理時預定建築道路之土地，若不卽加利用，則由 A B D C 劃出 a b d c 後剩餘之土地，不可不分配於各地畝，唯 a b d c 內地畝旣經整理，則此層決不難辦到，卽築路用地之分配於各地畝者，其長度略與其地畝開間相當，如是則各業主得公平分用尚未收用之築路土地。

（五）狹小地畝之處置

劃出道路，廣場等剩餘之地畝，若不能用於建築，則處理頗爲困難。蓋整理土地之宗旨，在造成適當建築地畝，故無論業主土地若何狹小，亦不便給予不適於建築之地畝。倘此業主另有其他地畝，尚可加以合併，而成適宜之建築地畝，否則唯有給價收用，以分配於其他各地主。此時

各地主自應按所多得之土地，擔負適當之費用但其結果恐有強迫各地主收買土地之嫌。故如有狹小地畝數方而可併為一塊時，應另籌處理方法，其法有下列種種：

Adickes 法以此類「合併」土地使原地主共有為原則。若原地主間協議不成立時，則由市收買，再賣與他地主。Köln市以此類地畝由業主聯合會競賣。Baden之市會則於地主對於分擔收買有異議時，主張歸市保有。唯普通土地整理法規對於此項問題多不加深考。

然地畝之適於建築與否，究以何種標準而斷定乎？地畝之利用，除因地勢而異外，尚隨工業區，商業區，住宅區等而分，即同一住宅區，亦有高等住宅區與工人住宅區之別。故欲斷定地畝之適於建築與否，不可不根據利用方法。決定此項問題者，為執行土地整理之行政官廳，或市府，或地主聯合會或警察官廳等，此外對於地主普通予以收買之請求權。若不由地主決定時，應設諮詢機關，以決定地畝之適於建築與否。

(六) 計劃之製定

土地整理上以公衆利益及地畝之得完全利用，即土地之利益為目的。故計劃之製定者，應與自治團體及地主協議決定之。是項計劃普通雖由土地整理之發起者提出，但亦未必盡然。就實例言，在 Zürich 市則由地主計劃，照 Adickes 法，則由地方長官所任命之土地整理委員會計劃，按 Baden, Hamburg 之法律則由自治團體計劃。以上各種辦法，均無不可，但自治團體具有關於法令及手續上之經驗，與技術上之才能，且立於公平無私之地位，故使製定整理計劃之實，較為適宜。

Zürich 市雖以地主擬製計劃為原則，倘各地主意見分歧，而有一人請求市參事會援助，或在適當時期內全體地主之協議不成立時，則市參事會得自行擬定計劃，但對於地主仍予以提出意見之機會。

又整理案之設計，應為市長之任務，切實言之，即市府技師之工作，然 Hamburg 市則使建設委員擔任計劃及設計，而徵求財政委員，建築警察官廳及地主之意見。

Baden 政府曾提議由行政官廳，自治團體，及地主組織委員會擔任設計，蓋以此等委員會能製定公平之計劃而得地主之信任故也。但土地之整理與路線及營造界線之規定，同為自治團體應行之事務，且自治團體比臨時委員經驗技能較多，擔任計劃實較臨時委員會為相宜，故 Baden 政府之提議未為議會通過。又 Köln 之房屋業主聯合會發表意見，主張擔任設計之委

員會，須以自治團體所推薦，府縣知事所任命之建築家及法律家爲主而組織者。

(七)財政上之顧慮

土地整理原爲地主之利益，故所需之費用，應由各地主負擔。苟由地主自由協定而施行時，縱使擔負全部費用亦無不可。倘以法律強制施行，是否應由業主擔負全部費用，則不可不愼重考慮。就理論上言，業主負擔之費用，當以其所享之利益，卽整理後之地畝價値減去整理前地畝價値之差數，爲限度，各按受益之程度公平分攤，倘超過此數，則不公允。故 Baden 之法律及 Adickes 法等，皆以此爲原則。

又爲促進土地整理事業起見，須積極的或消極的予以財政上之援助。一爲土地變更登記稅之免除，卽由地主自由協定而行土地整理時，亦予以此項權利，Hamburg 之法律且以明文規定之。其次則出資援助，當此任者，普通爲自治團體，縱令所需全部費用由地主分擔，而於事業着手之先，卽使支付，事實上有所不能，且分擔費用之徵收，貼償費用之發給，及地償之清算等，與事業之執行，有不可分離之關係。故由自治團體擔任會計事務，一方面立於債務者之地位而支付必要費用，他方面又立於債權者之地位而徵收分擔費及貼償費等，則地主之負擔方能公平而減輕

。Hamburg 對於分擔金，准按年利六分，分三十年繳納。Adickes 法規定由業主繳納三分五厘之利息，將徵收期展至地畝賣出或建築完成之時。Baden 則以不能收回之償權由自治團體負擔。

舉辦土地整理時，其建築道路，廣塲等所需之土地，由各地主供給，若是則先由自治團體以金錢收買此項土地，再使沿道路各地畝之業主分擔建築費用之兩次手續可以省略。如欲精確實行，則自治團體應於收用道路用地之時支出代價，而於建築道路之時，再向沿道路地畝之地主分期徵收費用。實行此項原則時，自治團體得以其所有之道路廣塲代替金錢而收用其必要之土地。若是則不僅有利於自治團體，且亦有利於地主，蓋地主可得較原有者更適於建築之土地也。此時宜注意者，卽自治團體不應於需要之外，收用過多之土地是也。土地整理之結果，市民所有的土地之面積不免減少幾許，但其價値則決不減少。否則市民必起而反對，阻撓土地整理之實行矣。

(八)禁止建築

建築物使土地整理困難，上已述及，若政府或自治團體對於未經整理之土地禁止一切建築，則於整理之施行，大有補助。此項原則，迄經相當採用，例如 Zürich

對於尚無適當地區計劃之土地，完全禁止建築 Mainz 市規定建築地畝面積之最小限制，若在此限制以下，則完全禁止建築。

此項辦法，因有強制地主，促進土地整理之利益，但同時亦有第一章所述之種種弊害。故 Baden,普魯士等邦之法律，建築物之禁止，須在土地整理之請求以後，唯對於不適當之地畝若亦許其建築，則不獨妨礙將來之土地整理，且有損害公眾利益。故對於無適當道路及排水設備等之土地，亦不可不禁止建築。

（九）權利關係

土地整理之結果，不獨土地之形狀及利用等發生變化，土地之位置亦往往完全移動。從理論上觀之，以土地為目的物之各種權利關係，例如租借權，抵押權，典質權，及其他各種關係土地之權利是否亦因此發生變化，殊屬疑問。然土地整理之目的，原在土地之完全利用，對於此等權利關係，自不宜有所影響。故土地整理法律中，規定關係舊地畝之權利義務，得移轉於交換後之地畝。

關於土地整理之法律關係，此外尚有種種問題，但此類問題得依據關於田地整理，土地收用，道路，市街建築物之規定以解決之，故從略。

東 京 市 之 復 興 與 土 地 整 理

日本東京復興局建築科 Toshiro Kasahara 著

（東京萬國工業會議論文之一）

文 永 關 譯

（一）一九二三年震災之影響

一九二三年九月一日，日本首都東京與橫濱兩地發生大地震，市民死傷近十萬人，財產損失估計約合日金 5,000,000,000 元。當時地震之猛烈，及房屋傾圮之多，在建築稠密之工商業區域內，較住宅區域內尤甚。因兩市之工商業區域皆在沙積土 (Alluvial soil) 上，而住宅區域，則位於山邊之洪積土 (diluvial soil) 上故。地震之後，繼以大火，工商業區域內之房屋幾盡付一炬。

東京市面積，約7,970公頃（譯註每公頃合10,000平方公尺）房屋 358,000 所，地板面積(floor, space)共約 22,100,000 平方公尺；被焚面積為 4,300 公頃，焚燬房屋計 219,000 所，焚燬地板面積達 17,500,000 平方公尺，但房屋實際為地震所毀者不過36.000 所而已。由是觀之，則損失之大部分，非直接由地震所致，實由地震後之大火而來。當時東京市大火延燒二晝夜之久，被災之地為最重要之市中心區域，

（政府及市政府之房屋皆在焉）以及工商業區域之大部分，其面積為一六六六年倫敦被火面積之十九倍，一八七一年芝加哥被火面積之四倍，及一九〇六年舊金山被火面積之二倍半。（參觀第一圖）

（二）東京地震前街市之概況

災區除東部及北部之一部分（即本所之東部及深川之北部外），在昔日東京名為江戶時，（一八七一年明治天皇立都於此，始稱東京）已開闢為都市，而隨當日簡單之都市生活情形以發展。明治，大正兩代對於該市之構造雖迭有變更，以期適應新式都市生活，但均係局部改革，未能就全市通盤統籌，作有系統之改良計劃，例如若干道路雖經放寬以通行電車，唯對於其他車輛不能兼容並納，尤以其中多數未築路面，且無車馬道與人行道之分割，為最大缺點。其他街道幾完全未經整理，且有狹隘較江戶時代尤為狹隘紆曲者，以房屋建築益形稠密故。除少數極狹小之兒童遊戲場外，並無公園之設備，當時所謂公園，

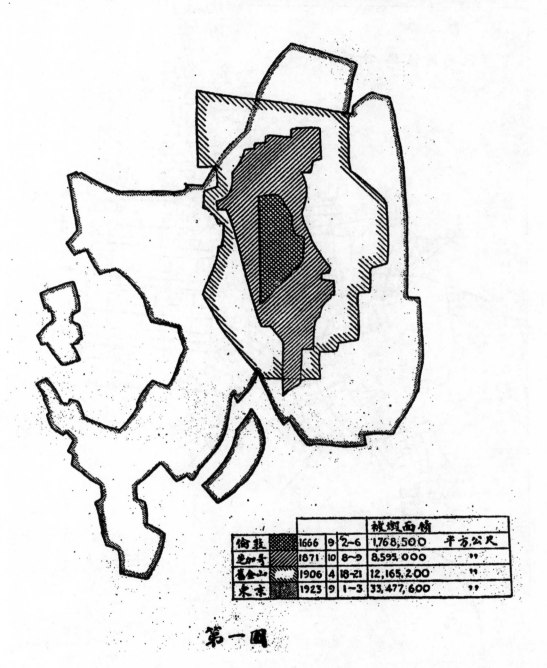

被燬面積					
倫敦		1666	9	2~6	1,768,500	平方公尺
芝加哥		1871	10	8~9	8,595,000	〃
舊金山		1906	4	18~21	12,165,200	〃
東京		1923	9	1~3	33,477,600	〃

第一圖

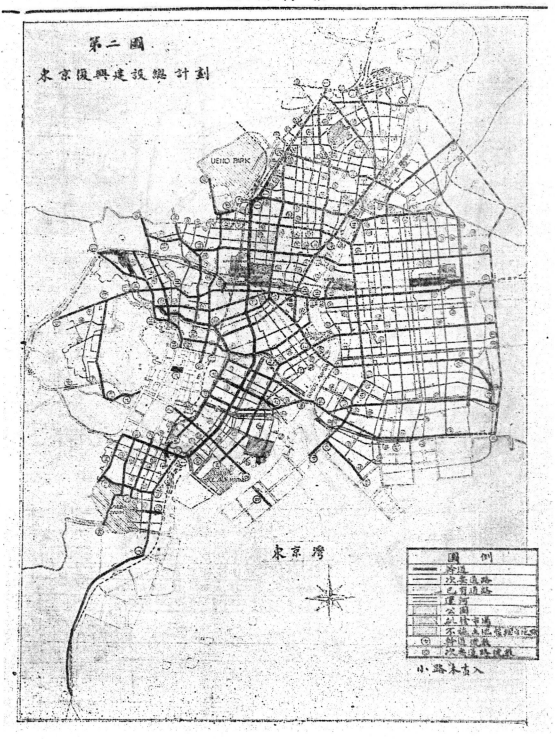

第二圖.

東京復興建設總計劃

UENO PARK

東京灣

15714

如淺草公園，深川公園等，實際上爲廟寺之地，供市民之遊覽而已，無園林與憩息之設備也。由上所述，則當時東京市被燬區域之交通設備，無以應近代汽車交通之需要，已可了然。又因除少數大街外，各道路皆狹隘紆曲，每遇火災，救火車不能直達肇事地點，而東京房屋百分之九十皆爲木質構造，故火患一層，殊屬危險已極。他如房屋建築之逐漸加高，下水排洩之不良，光線與空氣之缺乏，皆爲當時市政之缺憾。故改良整頓，實爲東京市政之急務。

（三）改造之計劃（參觀第二圖）

日本經此地震火災之重創後，舉國頓陷於紛擾不寧之狀態。一九二三年九月十二日之天皇上諭，始公佈建設之根本計劃與致力之方針。當經核定；東京仍爲帝都，（有議以西京代與者）此後計劃，非但須致力於恢復東京舊觀，並應加以改造，以適合現代潮流及需要，並以復興局及其他委員會爲主持改造工作之政府機關。建設大綱及建設經費旋經帝國議會特別會議通過。建設計劃之內容，除全災區之道路，與運河之完全改造，及園林之設置外，尚有關於教育，衛生，公益事業等項，如小學校117處，與其他各種學校，市場，醫院，垃圾處理所之設立，以及私人防火建築補助金之規定等。建設計劃之實施，預定以六年爲期（自一九二四年至一九二九年），由政府與市政府共同負責辦理。此項建設計劃，其規模之偉大，在全世界各都市中，殆無足與比擬者。

（四）土地盤理採爲建設基礎之理由

放寬道路，設立公園，常以收買需用之土地爲第一步工作，次則拆遷障礙之房屋。凡改良不合衛生之區域，以及改造新市中心區域時，對於道路，廣場，建築地位等之整頓，每感困難，且需費甚鉅，故常以極小範圍爲限。此次東京在市中心約 3,000 公頃之面積上計劃全部道路，廣場，房屋，公園，運河，橋梁以及其他公用設備之改造，初時頗有懷疑及非議，或竟以爲不可能者，僉主張縮小範圍，僅以建設少數之主要幹路與公園爲限，並用舊時收買方法取得所需土地。其反對之烈，在建設開始若干時期內猶未息止。其後政府與市政府經細密之審查與估算，卒決定將全區改造，其主要理由如下：

（1）倘僅放寬少數幹道及設立較大之公園，則其他道路之狹隘紆曲，段落及建築地盤之不整齊，將一如災前之狀況。若再建築永久性質之房屋於其上，則將來改革更爲困難，而市民將永遠生活於不安全，不衛生，不便利情形之下。而新闢或放寬之道路，徒使兩旁建築地盤減小，影響

於其價值者甚鉅，而無法調劑之。且新路
與舊路之交义處將成斷段與尖角，永爲交
通之障礙。

（2）放寬舊幹路，加闢新幹路，（寬
度在11公尺以上）以及建築公園，運河等
，約須土地400公頃，倘用往日方法收買
，並將有妨礙之房屋一律拆除，則市民之
失其住宅商店者爲數甚夥，（約三十萬人）
縱係一時現象，究非所宜。且應拆讓者，
大都爲商店，辦公處，公廠等之闊綽盛街
道，而對於工商業佔有重要地位者。若盤
批移動，妨礙經濟生活者將甚大。爲避免
上述弊端起見，唯有採用整理土地之一法
，使現有房屋各得相當之地盤，以便重建
，唯面積不免較前稍形縮小，並不免發生
若干糾紛耳。

（3）火災後所有房屋及動產雖盡成灰
燼，但地產未受影響，爲恢復以前繁榮情
形且提高地價起見，需費約日金 500,000,
000 元。此項費用，在理應由地主及租地
者負擔一部分，惟大災之後，人民財力凋
敝，現金之輸助，事實上殊難辦到，故由
都市計劃法規定：所有各建築地盤均須按
同一比例收讓，對於讓出之土地，不給予
補償費，唯以不超過一定之百分率即10％
爲限。是爲至公允之辦法，因此建設費用
省去不少，若用往日收買土地辦法，絕不

能收同樣效果也。

（五）土地整理進行之步驟

據上述理由，東京復興之初步爲整理
災區內全部公衆利益，第二步始爲建設工
作。此項初步工作，卽所謂土地整理是。

土地整理之步驟如下：

（1）土地整理之計劃

此項計劃分兩步辦理。第一步爲整個
或激進計劃，（Comprehensive or radical
plan）卽草擬幹道，電車道與運河之系統
以及大公園，中央市場，車站，與其他公
共建築之位置，並與擬定之利用區域及防
火區域同加考慮，最後乃取決於都市設計
委員會。第二步爲特別或詳細計劃（parti-
cular or detailed plan），規定支路之佈置，
段落之形狀，房屋地基之比例。分配私人
建築地盤時尤應注意於各地應有設備，如
小公園，廣場，學校，醫院，廟宇，教堂
，警察署，郵政局等之分配。

待整理之土地 3,000 公頃中，供房屋
建築之用者，計2,400公頃，地主計46,000
戶，租地者 106,000 戶。每戶皆須給以相
當之地畝，故計劃範圍之廣大，及工作之
繁瑣可以想見，而土地形狀與面積之精密
測定，地主與租地者之調查，土地整理前
後地價之公平估計，則爲先決問題。

上述詳細計劃，由政府與都市之復興局

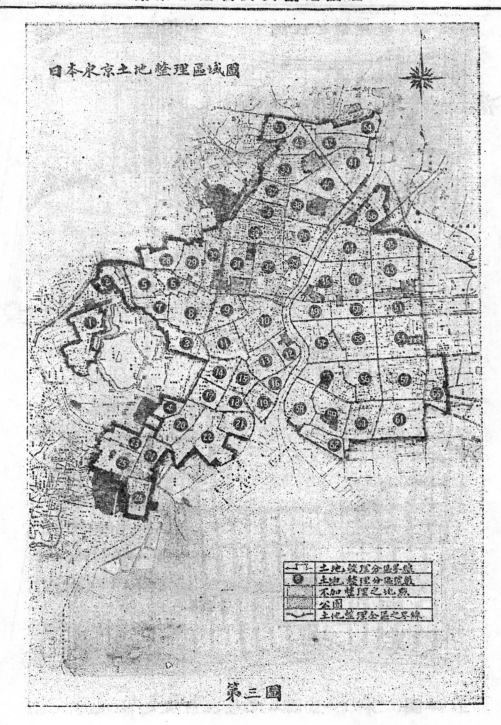

日本東京土地整理區域圖

第三圖

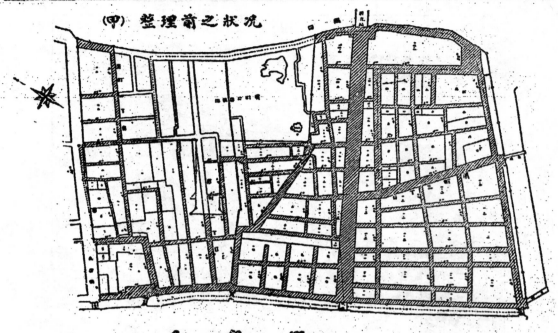

(甲) 整理前之狀況

0 50 100 公尺

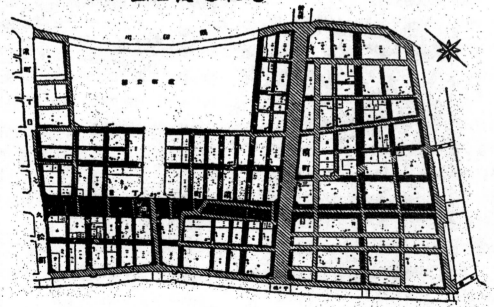

(乙) 整理後之狀況

第四圖 第十二分區土地整理前後之狀況

15718

起草，經土地整理委員會通過後施行。土地整理委員會依法由各分區（建設區域共分作六十五分區，參觀第三圖）就地主與租地人各選出相同人數組織之。

（2）土地之重新分配(Reallotment)

建設計劃之所以整理爲基礎者，良因新地必須比照舊地面積按一定比例分配故。（但地主及租地者與當局商洽，願放棄其權利而受相當之補償金，則不在此例。）土地之重新分配，對於地主及租地者實有重大之關係，因其土地之價值，與居住之地位每因而變更也。設計者有鑒於此，對於分配辦法，務求公允，詳細說明，不在本文範圍之內，玆略述其要點而已（參觀第四第五兩圖）。

（甲）新地畝須保存其固有對於街市，運河，公園，及其他地畝之位置，例如舊地畝原面幹道者，則交換之新地畝亦須面幹道，他如支路旁，運河旁，段落角之地畝，莫不皆然。

（乙）分配之地畝，其形狀務求較原有地畝尤適於建築房屋之用。倘原地畝形狀不整（如作三角形，或異常狹窄等）如不變更其位置，必須改作長方形。門面寬度之相當比例，務須盡量維持，以熱鬧街道旁之店鋪，其門面寬度對於土地之效用上尤爲重要也。

（丙）新地畝必須較舊地畝爲小，不僅指面積而言，整理前後地價之變更亦在考慮之列。如上所述，土地整理包括街道，運河之放寬及公園之建築在內，因之建築地畝不免縮減。計自 2,400 公頃減少 365 公頃，卽 15%。在六十五分區中，各分區建築面積之縮減率最少爲 5.9 %，最大爲 23 %。照常例對於同一分區內之各地畝應採用同一縮減率，然此非特實際上不可能，抑且不公，因整理後地價有特別增高者，有無甚變動者，不可一概而論也。例如某段落之兩邊原爲 6 公尺寬之道路，其一放寬爲33公尺之商業區幹路，其他放寬爲11公尺之二等道路，傍近前者之地價，可漲至以前兩倍之多，而傍近後者之地價，僅漲高以前之一成，如僅就土地面積上著想，將段落兩邊之土地按同一比例縮小，則不平執甚，若就地位上著想，將33公尺寬道路旁之土地加以較大之縮減，則殊公允。故土地之重新分配，須估定將來之地價，然後按兩者之比例，以決定新地畝之面積。如重新分配之地畝，其價格與應給予者不符，或因所在段落之形狀，或由地主之特別要求而然，則相差之數，應由該分區內各地主及租地人間以金錢清算之。

都市計劃法中未規定政府或自治團體整理土地（無論出自地主及租地人之團體

(甲) 土地整理前之房屋位置

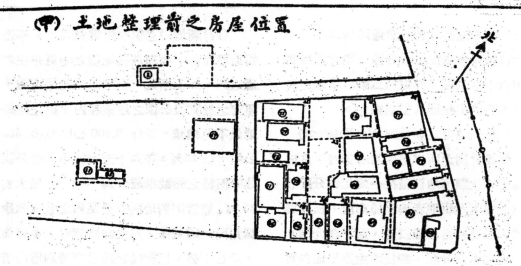

(乙) 土地整理後之地畝分割

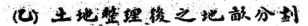

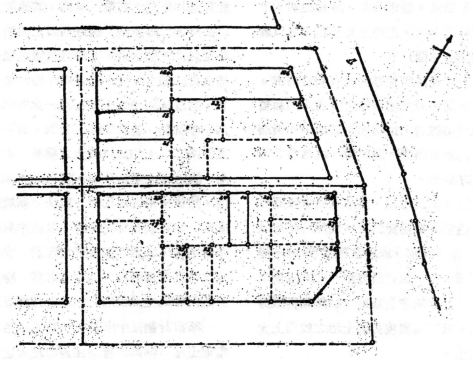

第五圖 (甲)一(乙)

(丙) 房屋遷移計劃

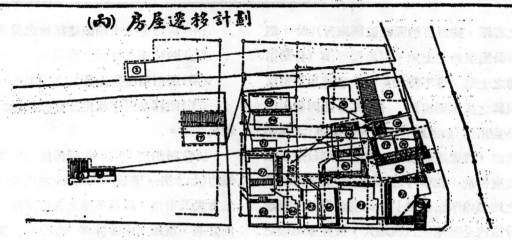

▨拆卸部分
Ⓝ房屋號數

(丁) 土地整理後之房屋地位

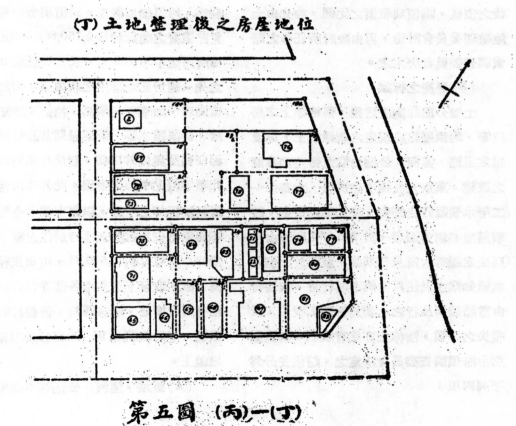

第五圖 (丙)—(丁)

之志願，抑由自治團體強制施行）時，劃
作公園道路之土地，須給價補償（自動捐
助之土地，自不待論），唯專適用於東京
復興之法律則規定：『如某分區內收用作
公益用途（如道路，運河，公園等）之建築
地畝，超過原面積之一成時，則政府或市
政府對於一成以外之面積，按土地整理前
之地價給予賠償費』。此項賠償費，就該
分區內全體地主及租地人，按照原地價之
比例分配之。

　　新地畝之位置與面積，及估定整理前
後之價值，賸價與租價之比例，均先由土
地整理委員會討論，再由政府所任命之賠
償調查委員會決定之。

　　（3）房屋之拆讓

　　土地分配計劃決定後，舊地畝上之房
屋等，均須遷建於規定之新地畝上，以便
指定道路，運河，公園地位之留空與建設
之設施。東京大災後所建房屋，大都係一
二層木質臨時建築物，按照整理計劃，該
項房屋必須拆遷者，計 203,000 所。由當
局決定遷拆次第及日期後，至遲於三個月
前通知業主及住戶，倘不遵行時，依法得
由當局強制施行之。對於拆遷之費用，及
損失之賠償，法律上亦定有限制，其實數
則由賠償調查委員會決定之，賠償費分為
下列四項：

　　（甲）拆遷房屋或類似建築物之費用，
　　（乙）搬移傢具貨物之費用，
　　（丙）遷移期內停止營業之損失，
　　（丁）遷移期內停收租金之損失及其他
雜項費用。

　　故當局對於 203,000 所房屋及附屬建
築物（如水井，圍牆，陰溝等）之尺寸，建
築方式及市價，以及房屋之拆遷方法（例
如搬運，重建，或僅拆卸一部分），搬運
傢具，貨物，原料，製造品之數目及價值
，各店鋪工廠之營業情形，收支帳目，淨
利等，均須細加調查。賠償調查委員會決
定賠償費之總數約日金150,000,000元，即
每所房屋平均 730 元。又當局於通知遷移
之先，對於備建築用之新地畝，須加以相
當處理，如劃平，填高，挖低，建築擋土
牆，排洩積水等，否則難期其適於營造，
而在舊房屋拆卸以後，新房屋未建以前，
此項手續尤須加緊辦理。此外並由當局預
備易於拆卸之平房，以便市民奉令遷移而
不能覓得安身處所者臨時居住之需。此項
臨時平房可容納 3,500 戶，由市民輪流借
寓，概不取費。又東京各佛寺自古以來，
附有廣大墳地，遷移匪易，但經打破若干
困難，卒將墳墓約 91,000 座移於指定之新
地畝上。

　　（4）道路，運河，公園等之建築

道路，運河，公園等之建築，不特須待至上述各步土地整理手續完竣以後始能着手進行，且遇有意外之困難。就道路而論，因各分區內之房屋，事實上不能同時拆讓（緣分配土地之決定各有先後，就中最初決定者與最末決定者時間相差竟有三年之多，因之房屋之拆遷亦屬同樣情形；即在同一分區內，房屋之拆遷亦有早遲之別）故建築工程僅能隨時就已收讓路線之處逐段進行，此外又須待舊電桿，電車軌，自來水管，溝管，電纜，煤氣管等遷移或佈置就緒以後，方克着手，因電車之交通，水電煤氣之供給，汙水之排洩不可間斷也。

(六)土地整理之實況

復興建設之整個計劃決定後，由日本政府於一九二四年四月二十日公佈，此項計劃須用土地整理方法於全災區內實施之。整理之面積共分為六十五分區，每分區各自為政。第六分區土地整理委員會首先議決，施行土地整理，時在一九二四年八月，最後為第九區，時在一九二七年十月，距第六區之施行時期已三年餘。首先接受遷移命令者亦為第六區，時在一九二四年十月，此後漸次及於其他各區，至一九二八年始告完成。降至一九二九年六月，所有 203,000 所之房屋亦經完全拆遷。現

今吾人在東京所見，為各處道路，運河，公園等建築工程之進行，預計一九三〇年四月可告完成，距初次公佈施行土地整理約六年。已完成之工程為闊22公尺以上之幹路 117 公里，闊11公尺以上之二等道路 130 公里，小路多條，橋梁 246 座，運河 15 公里，大公園 3 所，小花園 52 所，中央市場 3 所，小學校舍 117 所，及其他公用設備多種。

(七)復興建設未解決之問題

此次東京於震災後六年半內所完成之復興工作，總而言之，約有數端：（1）積極整理交通線路之系統及段落，（2）設立大小公園，（3）建築教育上，衛生上，公益上種種設備。但改良市內房屋之一問題，尚有待於將來之通盤解決。

土地整理後，市內移建之房屋200000所中，大多數仍為木質臨時結構，仍有七年前火災之危險。唯過去之經驗，充分證明火災不必與地震同時發生。故為預防兩變起見，固應將市內房屋改為防火結構，若因市民習慣與經濟關係不能完全辦到，則不妨先就市內最重要之商業區域內及主要幹路旁房屋改為防火建築；一因居於斯者經濟能力較大，次因生命財產之匯萃於此者至為繁多，故尤有加以保護之必要，復次，藉此可限制火災於幹路線網以內，

不使向外蔓延，並得留空幹路，使火災時救護迅便。爲此劃出防火區面積約520公頃，合全市面積之 75％，在此區域內，木質建築物完全禁止，舊有者限於十年以內改爲防火結構。政府對於該區內之建築物，除有特別情形者外，按地板面積每坪（合 3.3 平方公尺）發給補助費日金五十元，並預定 20,000,000 元爲補助費用之總數。另有建築公司專對市民貸放建築費用，及加以技術上之臂助，並由政府貸予日金60,000,000元。

大災前災區之房屋泰半爲二層樓者，地基亦稍小，普通每幢各屬於租地者一人。現代之都市生活，固需要較高大之房屋，以期土地利用與建築費用較爲經濟，唯因地價高昂，業主苟欲購買鄰近地產房屋，而營造較大建築物，每感困難，故今日吾人在放寬之道路上所見者，仍多中等大小之房屋，不但土地之利用，房屋之建築甚不經濟，且妨礙全部之觀瞻。此等缺憾，在強迫改建防火房屋之區域內，尤爲顯著，至如何避免上述弊病，至今尚爲未決之問題，政府方面曾試行獎勵方法，即租地人二戶以上在防火區內建築偉大房屋者，每戶加給補助費日金75元，唯僅用此項辦法，殊無成效可期。又擬草定一種獎勵數戶合建房屋之法律，亦未告成。此實都市計劃者未經解決之最要問題，或爲將來建設中最大障礙之源也。

附土地分配及土地估價方法　（編者）

土地分配應以土地之面積與單價即土地總價爲標準，不宜僅以面積爲標準。

舉例而言，有某地區於施行土地整理時，總面積較前減少一成，則按照以面積爲標準之土地交換辦法，只須將各舊地畝一律減少一成，即得新地畝之面積。然都市內地畝雖同在一地區內，價值可以懸殊，故不顧土地整理前後之價值，僅按面積加以分配，殊欠公允。

以總價爲標準之土地分配辦法，則先就土地整理前各戶地畝之面積與單價，計算應予分派土地之價值，再就整理後土地之單價，計算各戶應派土地之面積。設有地主n戶，整理前所有土地爲 F_1, F_2, F_3 ……F_n 畝，其單價爲 P_1, P_2, P_3 …… P_n 元，則各戶原有土地之總價爲 $(F_1 \times P_1)$, $(F_2 \times P_2)$, $(F_3 \times P_3)$ …… $(F_n \times P_n)$ 元。又設整理後各戶應派土地面積爲 F_1', F_2', F_3' …… F_n' 畝，其單價爲 P_1', P_2', P_3' …… P_n' 元，則各戶應派土地之總價爲 $(F_1' \times P_1')$,

$(F_2' \times P_2')$，$(F_3' \times P_3')$ …… $(F_n' \times P'_n)$。然各戶土地交換後價值之增減比例必須一律，始稱公允，即

$$\frac{F_1' \times P_1'}{F_1 \times P_1} = \frac{F_2' \times P_2'}{F_2 \times P_2} = \frac{F_3' \times P_3'}{F_3 \times P_3} = \cdots$$

$$\cdots \frac{F_n' \times P_n'}{F_n \times P_n} = 常數 \ C$$

按照算術中比例法得

$$\frac{\Sigma (F_1' \times P_1')}{\Sigma (F_1 \times P_1)} = \frac{整理後全地區土地之總價}{整理前全地區土地之總價}$$

$$= C$$

由此可計算 C 之值。

整理後土地之單價 P' 如經估定，則對於原有土地 F 畝單價 P 元者應分派之土地面積應爲

$$F'' = C \times \frac{P \times F}{P'} 畝$$

若因特別情由，某戶實領之地畝面積

$$F' \gtrless C \times \frac{P \times F}{P'}$$

則應交出超出土地面積 $(F''-F')$ 之總價 $(F''-F') \times P'$，或領受減少土地面積 $(F'-F'')$ 之總價 $(F'-F'') P'$。如是以羨餘補不足，各以金錢清算，則全地區內無一享不公平之待遇者。

以上所云地價 P，P' 等不必代入銀元等之實數，一律以比較之指數表之較爲便利，唯遇金錢清算時，須將指數折合銀元耳。

關於都市土地估價方法，美國 Cleve

land 市所用者如下（此僅述其原則，該市定有詳細規則表格，可供參攷）：先就道路之種類估定「路道價」，卽道路旁土地單位面積（卽寬一呎深百呎之長方形面積）之價值。若傍道路之各長方形土地，深度皆爲 100 呎，而寬度不同，則其格值以寬度乘道路價卽得。但深度超過 100 呎，或不及 100 時，則須以相當之「深度價格百分率」乘「道路價與寬度相乘之積」。深度百分率之規定，以深度 100 呎爲 100 %，深度在 100 呎以下者小於 100%，其在 100 呎以上者，大於 100 %，唯不與深度之增減成比例，例如深度 50 呎之百分率應大於 50 %，深度 200 呎之百分率小於 200 %；蓋同一地畝，其各部分因距離道路有遠近，效用上顯有差別，距道路愈近者差別愈著，愈遠則差別漸少，故各部分價值各不相同也。

若估價之地畝作直角三角形，其句股兩邊，一在路邊，其尺寸爲 a，一與路邊成直角，其尺寸爲 b，則先以 a 爲寬度，以 b 爲深度，按長方形計算其價格，然後以一定之「遞減率」乘之，卽得其眞值。其他作不規則形之土地可先化成長方形或直角三角形，然後用上述方法計算其價值。

商業區域內坐落路角之地畝，較諸在段落中間者，效用特大，故除用上述方法

就正路之「道路價」計算其價值外，須再加算側路之「道路價影響率」。

又不規則形之土地亦可用下述方法估價：將該項地畝劃分為若干段，按深度價格百分率計算各叚之地價，相加卽得。

日本東京復興計劃所用之估價法，卽仿照 Cleveland 市辦法而擬定者。其道路價之單位面積，為路邊寬6尺，深3丈之長方形土地。深度價格百分率分為數種，因商業區與住宅區之百分率固屬不同，卽同在商業區內之土地，其百分率亦應有相當差別也。此外對三角形土地之遞減率，及路角土地之影響率，亦有所規定焉。

德國 Hermann Jansen 氏對於都市計劃上之貢獻

(原文載 Städtebau 24. Jahrgang, Heft 10)

Werner Hegemann 述

胡 樹 楫 譯

在德國都市計劃學術史中，以衛生及社會問題爲都市計劃之前提者，Hermann Jansen 實爲創導者之一，而自大柏林市之計劃肇其端。觀該氏種種作品之優良，可知上項計劃之得受上賞，殊非偶然也。

該氏對於都市計劃所實施之方法，爲世人所採用者，凡有種種。即如德國 Spandau-Haselhorst 市懸獎徵求建設計劃以及柏林德國研究學會最近之工業會議，皆以居住與交通分離爲新時代都市計劃之根本條件。而 Jansen 氏於七年前着手 Nürnberg 市計劃時，已毅然決然，以視鐵路者視寬大之道路，而不令房屋營造於其近旁焉。該氏又力主幹路旁之段落應盡量展長，以減少橫路之數，且精究交通與居住問題，而求種種技術上之方法，以保護住宅區域，使不爲交通所擾。惜該氏所建議之種種，尚有未盡得世人之了解贊同者，例如「支路上人行道於通入幹路以前，橫越街心，打作一片」之說，其一端也。又對於應付柏林市日益發達之交通所建議

之種種辦法，其中有多種，經過多時，始得當局之贊同焉。

Jansen 氏自應大柏林市計劃之徵求以來，特注意於保留該市廣大園林面積之一着，有謀侵害此項面積者，彼必竭力反對之，今日市民與當局對於此項問題較前此明瞭者，Jansen 氏創導之功也。

Jansen 氏對於都市計劃，雖以經濟狀況，經濟關係，交通問題爲出發點，而絕不蹈近人偏重一方面之誤點。彼察知居住衛生問題，亦即經濟上之最高問題，而固守此原則。鑒於大都市居民腦力所受刺激之深，復主張人類對於機械之防護，而日益明白發揮其對於居住之新理想：「住宅區域以交通幹路爲界，而此項交通幹路之兩旁須留空，不得起造房屋。住宅區域之生活集中於其中心，公共建築與空地於此相鄰接焉。

氏又主張爲行人設交通廣場，亦將日常生活與交通分離之意。

Jansen 氏致力於技術，衛生，社會

，都市建設藝術等之多方面，故尤適於充任都市計劃家。而許多大小都市付以計劃將來發展之重任，誰曰不宜。除 Nürnberg, Hagen, Fürth, Wiesbaden, Kottbus, Emden 等市外，尙有許多較小都市，經 Jansen 氏爲之擬製擴充計劃，而對於各地之特殊情形，皆能顧慮周到。

Jansen 氏不特主持柏林工科大學城市工程講習科敎務，且常能就委託者之日常需要及願望發揮其理想，故引起德國以外人士之注意，毫不足奇。尤以大柏林市計劃最受外國重視，故該氏常受聘爲外國之顧問，或受任外國都市 (如 Riga, Lodz, Pressburg Bergen, Bielsko 等) 計劃之委託，卽如土耳其新京 Ankara 之建設計劃僅 Jansen 氏與德國及巴黎都市計劃家各一人被請應徵，而由 Jansen 氏得首獎焉。

Jansen 氏又爲注重實行而反對高論者之一人。觀其「與其使理想消滅於離事實過遠之空談中，毋寧試行而取得失敗之敎訓」一語，可見一斑。

Jansen 氏之思想，不盡能處處得人了解。自利者每以住宅區與交通隔離足致地價低落爲慮，而反對其計劃。其對於新時代都市計劃之根本觀念上，所有貢獻之多少，亦非盡人所知，唯氏自任大學敎授以來，將近十年，其門下弟子多能自樹立，

可以應徵得獎爲證。

以下各篇之計劃圖案說明，係 Jansen 敎授應作者之請而寫成者。

Bayern 邦之 Fürth 市　　(參觀第一圖)

Rednitz, Pegnitz, Regnity 三河流之兩岸，風景佳勝，故保留爲空地。

擴充之地域劃分爲大小適中之零星住宅區。

往遠地之道路交通，務以經過住宅區邊境爲限。住宅區以空地與公共建築或點綴之廣場爲中心。

與居住上有妨礙之工廠，原在跼促之市區內，其煤烟等，並妨及東面毗連之 Nürnberg 市區，故改指定 Burgfarrnbach 地方爲此種工業之區域，因之最頻數之西南風可吹送煤煙於住宅區域之外，將來 Donau 河與 Main 河間大運河開通後，該區可得水運上之聯絡。

在 Ludwig 運河故道底開闢快車道，則 Fürth 市北與 Erlangen 市，東與 Nürnberg 市有密切之聯絡。

Nürnberg 市　　(參觀第二圖至第六圖)

現在之市中心，以舊市區居中，四周以腰帶形之空地與新住宅區分隔。空地之一部分，充田園之利用。(參觀第二圖)

在市南 Rednitz 河邊風景美麗之地，設立工人住宅區，與擬定之工業區鄰接。

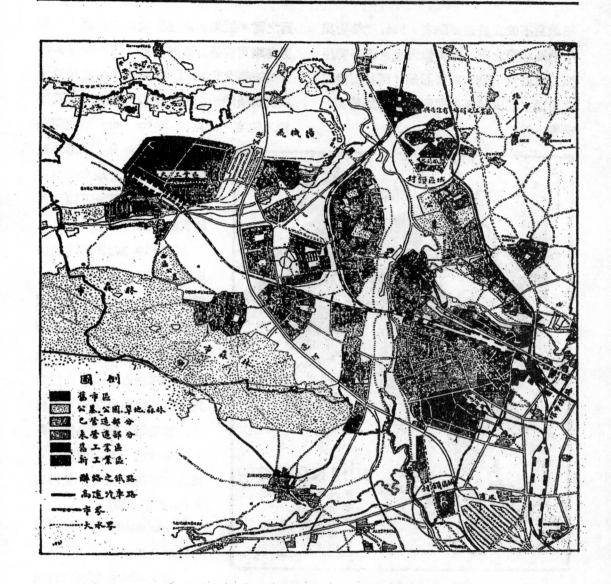

第 一 圖　　Bayern 邦 Fürth 市 總 計 劃 圖

為利用狹窄市區內 Hasenbuck 邱陵地　　　兩圖）。擬在該處最高點建築天文臺一所
起見，開闢之為營造之地（參觀第三第四　　　，並以園林與擬建之教堂一所相聯絡。此

項教堂不設立於最高點者，以該建築物與小地區相形之下，過覺偉大也。至各排房屋互成斜角，則因地勢而然。園林面積旁之房屋，其山牆成階段形，以增加景物之美觀。

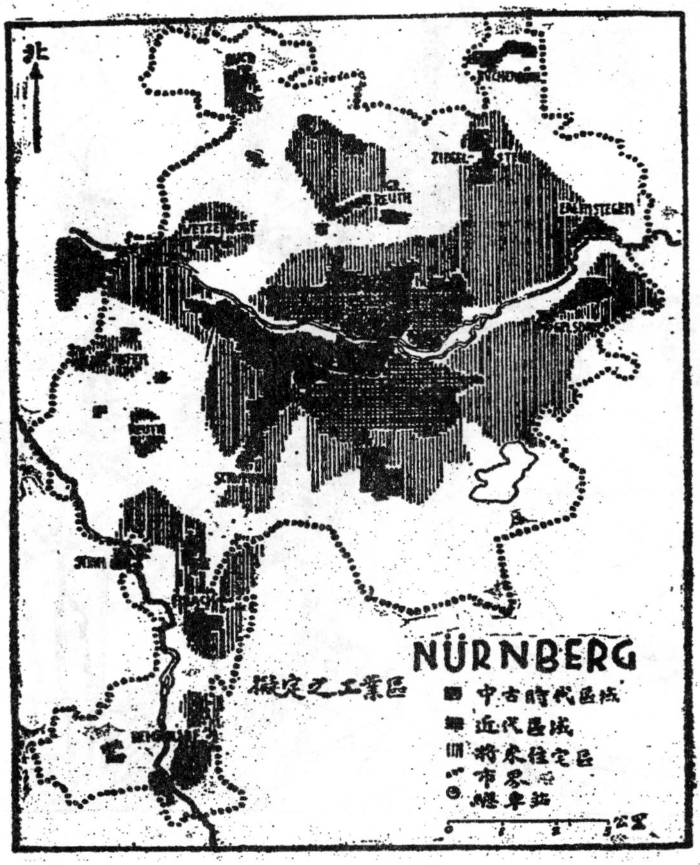

第二圖　　Nürnberg 市面積分配圖

通Rothenburg之道路（參觀第五圖中央）爲Nürnberg市向外放射道路中最重要者之一，此路特備高速車道，以應遠地交通之需。近地與高速交通旣經分開，故兩旁支路可直通入該路，而於遠地交通無礙。又西邊之Maximilian路兩旁不建房屋，以便交通而免街市之聲浪，濁氣，灰塵等侵入住宅。此路由 Rothenburg 路之下面穿過，故兩路上之車馬無互相衝撞之虞。支路大率由南而北，便沿路房屋可以兩面納收陽光焉。

「Haller宮」爲舊時貴族府第，甚有古蹟上之價值，前開闢附近街市時，特立園林以圍繞之，以免四周建築損害古蹟之觀瞻，此項園林復以樹籬與鄰接地畝之指定爲建築別墅用者分隔。現自該園林地起，開築園林小路，北與教堂，廣場相聯絡。及通往西南方與東方之兩面。（參觀第六圖）

Wiesbaden市「參觀第七，第八兩圖」

Sonnenberg（太陽山）居住地之營造計劃，務求適合於地勢（參觀第八圖）。道路之開闢，力求土方工程費之節省。一部分房屋不面道路，而與地形高低線平行，以避免擋土牆之

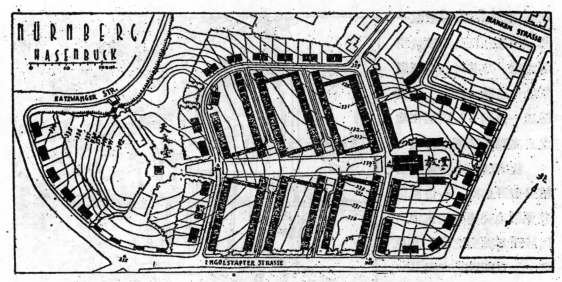

第三圖　　Nürnberg 市 Hasenbuck 區營造計劃圖之一

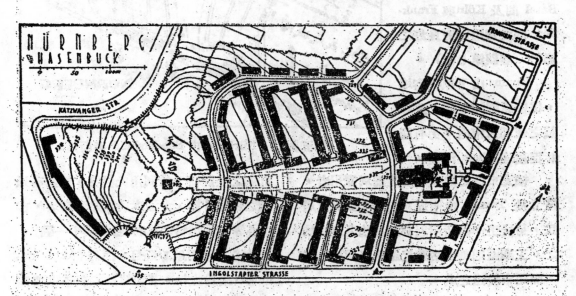

第四圖　　Nürnberg 市 Hasenbuck 區營造計劃圖之二

建築,而壯觀矣。有教堂一
所,不設於山頂,而建於稍
低之處,俾其外觀與四周
景物相適應。山頂上建築
房屋一長列,俾該居住地
之最高點得恬靜之印象。

從事該市之交通及面
積分配計劃時,一方面以
避免遠地交通穿過市內(
因該市為養病之地)為原
則,一方面求該市與 Rhe-
in, Main 兩河旁 Köln 與
Basel 間及 Köln 與 Frank-
furt 間之兩道路有良好之
聯絡(參觀第七圖)。

Taunus 山下原有空地
,保留為園林面積,並延
長之使深入市內。另有園
林面積達 Rhein 河濱。

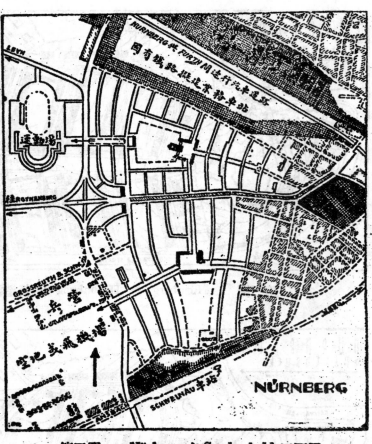

第五圖　　Nürberg 市 Suudersbuhl 平面圖

擴充市區之備養病及建築別墅用者,
散立於 Taunus 山附近。對於勞動界之居
民,另於工作場所附近設新居住區以容納
之。工業區則劃定於鄰近鐵路及 Rhein 河
,而距市較遠之處。

挪威國 Bergen 市(參觀第九至十二
圖)

著者受任擬製 Bergen 市蒸爐部分建設

計劃之委託時,僉利用此機會,擬具有系
統之交通計劃,尤注意於車站,港塢,市
中心等相互聯絡之便利(參觀第十一圖)。
市中心之佈置明瞭醒目,而以 Torvatma-
ningen 路為主軸。著者並建議在該重要商
業道路上,不設電車路,以免交通之阻礙
。(仿照柏林之 Unter den Linden 路及
Köln 之 HoheStrasse)

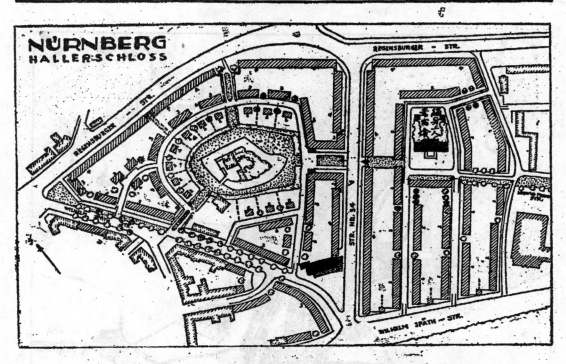

第 六 圖　　Nürnberg 市 Haller 宮四周營造計劃

自總車站外望，則建築上與園林上佈置美麗之全部市景歷歷在目，故此項市景不曾該市招引遊客之絕好名片。水池之四周建築較高大之房屋，如大商業機關，旅館之類，取其地位較宙靜也。然此項建築物之外觀，須比附近之美術工業博物院及擬建之偉大紀念建築物較遜一籌，庶兩者得充分表現其美術價值。

波蘭之 Bielsko 市

該市原名 Bielitz，屬奧匈帝國。歐戰後劃歸波蘭，改名 Bielsko 居民〔連 Biala 區在內〕約五萬。市內有 Bialko 河，不能通行船舶。

鐵路幹線在市之北部，關係軍事方面者較巨。

工廠分散於市內各處，而在 Bialka 河旁低地者較繁。此項河濱低地，在市北而未經開闢者，亦保留為發展工業之用。

住宅區在工業區外山腰上。因無法律上規定之權力，將園林引入住宅區一層，殊感困難，故所計劃之園林面積，僅以事實上能辦到者為限。

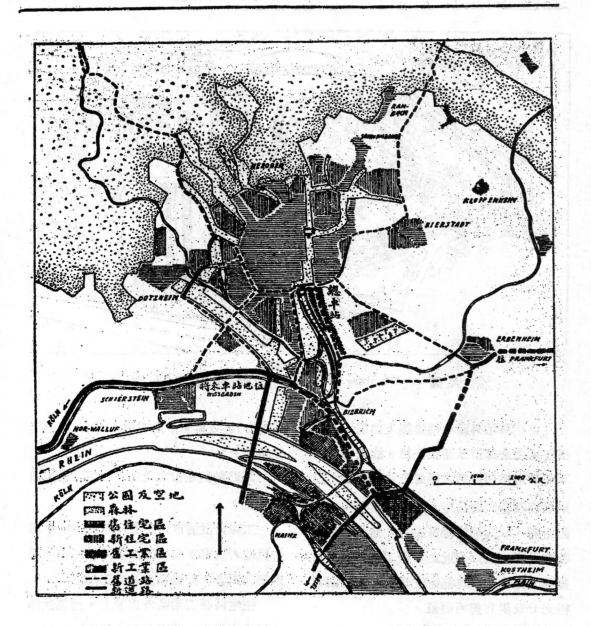

第七圖　Wiesbaden 市交通及面積分配計劃

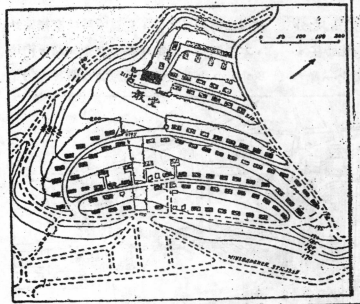

第八圖

Wiesbaden 市 Sonnenberg

營造計劃圖

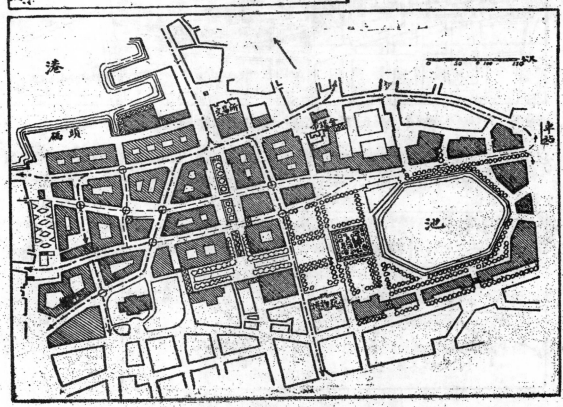

第九圖　Bergen 市營造計劃初稿

原有道路無「居住用」與「交通用」之分別，因之建築費甚昂，非該市所能勝任，故將主要交通線網選定，爲尤要之一著，

而因地勢高低不平，且已有建築毫無系統，不易辦到。有電車路線北至鐵路，南達 Beskiden 山之森林，爲原已開闢者，仍予

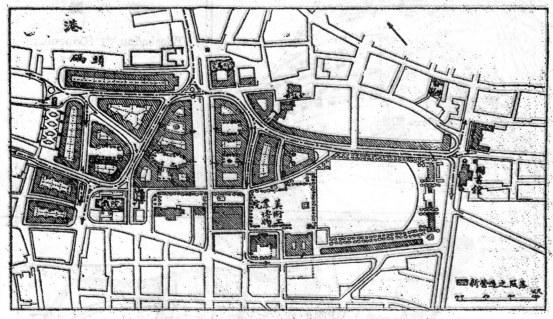

第 十 圖　　Bergen 市選定之營造計劃

以保留。自東至西有公共汽車路線。

第十三圖示 Wyzwelenia (Josephy) 廣

場以前情形及改良計劃。該處人行道邊原與房屋界平行，其餘部分皆爲車馬道，以

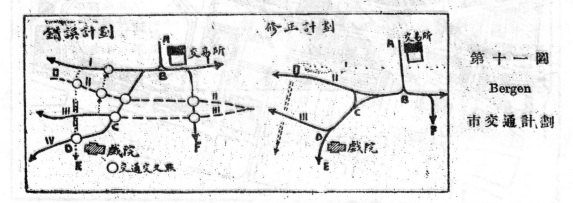

第 十 一 圖

Bergen

市交通計劃

致交通漫無準則，而多衝突之危險。改良
計劃將人行道放出，並定南北向之道路為
單線道路，因之原有之危險點七處減為二
處，實則此二處亦不可謂為危險點，以四
周往來車輛可以互相望見也。

土耳其京Ankara　（參觀第十四至
第十五圖）

Ankara (Angora) 市建設計劃圖係由
懸獎徵求而來。徵求方法為有限制者，被
邀請者為法人一與德人二。本篇所示之計
劃作成時，深得建築師 Maximilian v.
Goldbeck 氏（對於鐵路問題）Otto Blum 教
授及 Borner 氏（對於自來水及溝渠問題）之

助力焉。

　(1)　面積分配計劃（參觀第十四圖）
高出車站約110公尺之山脊及古堡，
之城堞定為全市之最緊要部分。堡之上部
將收容土國民族上與文化上之聖物，如雅
典，Pergamon 等地之 Akropolis 然。舊
市區環堡而列，唯東北部展開。舊市區與
總車站之間定為商業區。舊市區與古堡之
四周地帶劃為種種區域：南為政府區，現
有各政府建築物在焉；東南為大學區，各
大學建築物營造於山頂之上；西南為工業
區，以該地最頻數之東北風可吹送煤煙，
濁氣於住宅區之外也。西北距工業區不遠

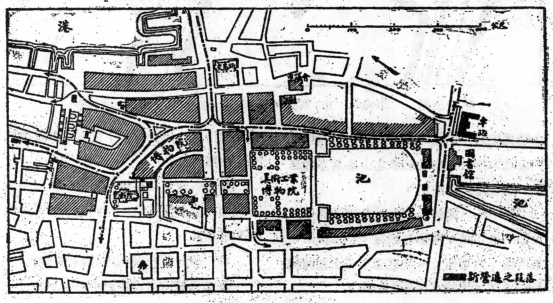

第 十 二 圖

Bergen 市理想的營造計劃（即對於已有房屋不加顧慮之營造計劃）

15737

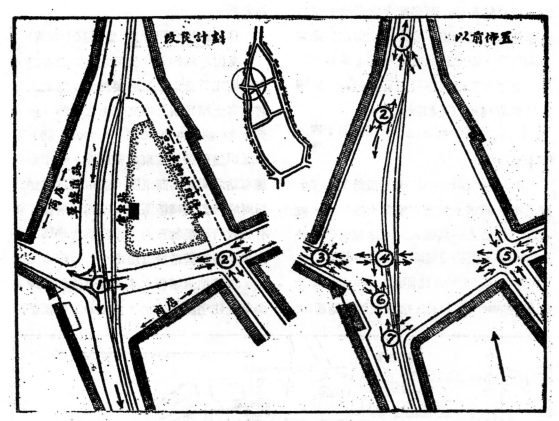

第十三圖　　Bielsko 市 Wyzwelenia 廣場以前佈置及改良計劃

之地爲工人住宅區，以空地三面包圍之，又西北方以由市中心而來之山岑爲界之地段，爲預定之住宅區。

住宅區以園林分割之。此項園林足使地勢一目了然，唯據專家言，給水問題一經解決，方可設立。現已着手在上部河流建築水閘，爲給水問題之初步。

此外留空不作建築用之地帶，尚有河流之兩旁。古堡以北及東北邊於陡峻不便

建築之山腰，以及古堡下東北兩方斜度甚大之山腰。

對於各河流擬開闢爲湖形，使與山色相映而成絕美之風景，且於天旱時可充市民野外浴所。

(2) 總建設計劃(參觀第十五圖)

古堡爲該市最重要之中心點。四周之舊市區內設廣場六處，皆可仰眺古堡，其中一部分且以級步式之道路與古堡相通。

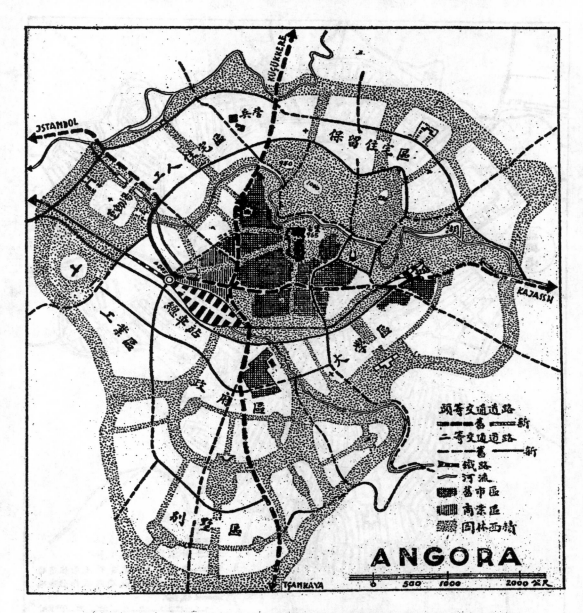

第十四圖　　Angora (Ankara) 市應徵中獎之交通及面積分配計劃

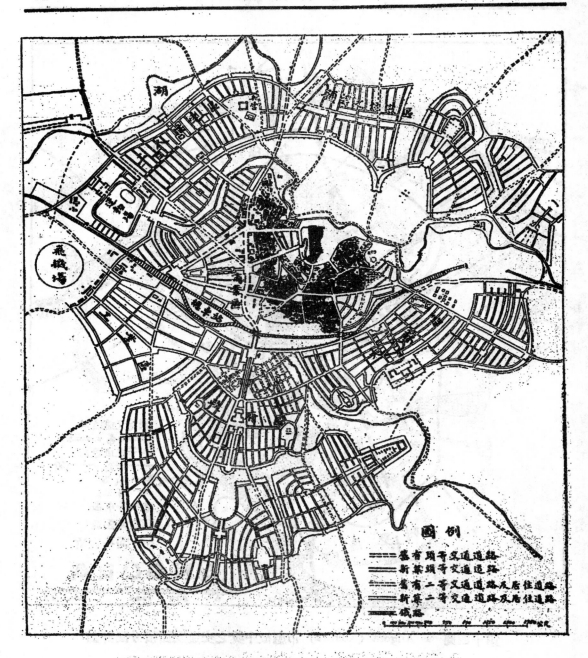

第十五圖　Angora (Ankara) 市總計劃

　　總車站之東留有空地，上設水池，以便旅客一出車站，即可望見古堡。自此經商業區達「戲院廣塲」有寬闊之「市場街」，依照東方習慣規定，只供步行者往來之用，其乘車往來者，則在市場房屋之後方。自市場街亦可眺見古堡。

　　市外各重要道路廣塲之布置，亦以表現古堡之勝蹟為原則。例如市南地勢逐漸升高，尤適於此項原則之實現，則於山頂等處營造公共建築物，而以外觀最美之部分向市中心焉。

　　為減輕實施本計劃之經費至最小限度起見，對於房屋段落大率加以延長，以聚築路，埋管等費用最為減省。其對於市中心必須取包圍式之段落，如大學區內者，則特闢步行道以橫貫之。其次，則道路務求順地面之形勢以拓展，因該地起伏不平，故對於此層有時綦費經營。

　　古堡之外觀，為東邊山腰較高房屋所損害。略加矯正之法，唯有於其前建築層次式較低之房屋耳。

英格蘭及威爾斯之區域計劃

(原文載 Städtebau 雜誌 24. Jahrgang, Heft1)

英國衛生部顧問 G. L. Pepler 著

英國於 1909 年頒佈之區域計劃法 (Housing, Town, Planning etc. Act)，以擬定建設計劃之權授予各市鄉議會(Councils of the Boroughs)。截至1914年止，若干地方議會經從事於此項計劃，而由所得之經驗，察知眞有價值之建設計劃，殆不能僅就各市鄉區界限而擬定，而按照1909年頒佈之法律，各區議會雖可將計劃範圍擴充至他區內，並未顧及多數區域之合作問題。英政府有鑒於此，爰於1919年有修正區域計劃法之頒佈，因之各市鄉區域得組織聯合區域計劃委員會，以擬具建設計劃。

自1919年以來，各聯合區域計劃委員會(Joint Town Planning Committees)之成立者約60起，由地方機關約900處組織之，包括面積在 10,000,000 英畝以上（約合 40,500 平方公里）。各聯合區中有與他區互相交錯穿插者（例如大倫敦區），故60聯合委員會實包括地方機關 750 處，所有總面積爲 9,500,000 英畝約居英格蘭與威爾斯面積四分之一，所有人口則居該兩地四分之三。

此種聯合區，界限之分割，不必盡合邏輯，例如 Doncaster 市與附近 Southyorkshire 產煤地域之聯合區固以地質關係而劃分，然尚有其他原因存乎其間。英國衛生部長 (Minister of Health) 原請全部新煤礦區域所有地方機關一致合作，唯各地方機關決定分作兩組之聯合，先成立 Doncaster聯合區，繼組織 Rotherham聯合區。其分立之原因，或不外地方觀念耳。其他新煤礦區域有 East Kent 與 Mansfield 及於1920年成立之南威爾斯聯合區。此項區域包括各煤礦地方之全部，暨附屬港灣。

其他聯合區則以地理上界限爲範圍，如 Manchester and District joint Town Planning Advisory Committee 所屬之區域，（面積爲 633,361 英畝，約合 2,565 平方公里）包括 Mersey 與 Irwell 兩河流域內全部工業區域，直至分水線爲界。又有按某大都市或若干大都市影響所及之處而劃分者，如新成立之大倫敦區（面積 1,135,000

英畝，合 4597 平方公里）及 Midland joint Town Planning Council 所轄區域（面積 854,640英畝，合3,461 平方公里，

Birmingham及其他大都市如Wolverhampton 及 Coventry等有同類工業者皆在內）與 Leeds 與Bradford 之聯合區（面積 249,

英格蘭與威爾斯一覽圖

（圖中畫陰影線及附數字者示各聯合劃區域）

15743

743 英畝，合 10,115 平方公里），東北 Lancashire 聯合區則爲按地形及大都市影響所及範圍劃分之一例，以其旣包括 Blackburn 及 Burnley 兩市及其四周之地，復統轄 Calder 與 Darwen 兩河流域也。

Tyne 與 Tees 河兩岸各聯合區，係按工業中心及通航河流之影響範圍而劃分。大倫敦區亦可勉強歸入此例。

另有若干區域係由同類市郊聯合而成者，如大倫敦聯合委員會成立前倫敦四郊組織之各聯合區，（大倫敦聯合計劃委員會之目的，在使各該區之合作及對中心點之關係更形密切）。

近年有若干聯合區之成立，或以共同保留海邊與曠地，及各避暑地四周之優點爲宗旨，（如 Brighton, Hove and District Joint Town Planning Committee, 面積 33,852 英畝，137 平方公里），或以保護名勝爲目的（如 Lake District (South) Joint Town Planning Committee, 面積 187,283 英畝，合 738.5 平方公里）。

英國各州縣議會，（County Councils）以前無市政上之權力，（各聯合計劃委員會，亦不問州縣區之範圍），唯對於區域計劃大率合作。近有區域計劃聯合委員會數起，係由州縣議會所發起者，如 Herfordshire Berkshire, Oxfordshire. Cambridgeshire 等處是。

各聯合區域計劃委員會之組織方法，各各不同。爲之倡導者爲衛生部長，唯如由各市縣自動發起，則較完善，因關係者倘不自努力，則所有工作計劃易陷於無結果也。

初由關係區內各機關代表組織談話會，由該區內最大之議會，或衛生部召集之。每次均由衛生部派一高級官吏出席，報告區域計劃之旨趣及實施方法。此種會議可規定種種施設方案，如擬組織區域之範圍，聯合委員會之宗旨，各機關代表應參加之人數及應分擔經費之最高額（大率以三年爲期）等。此項議決案分送各關係機關後，由各該機關派定代表，而聯合委員會遂告成立，唯一切辦法頗爲放任，故各機關常有被請而不到者。在此種情形之下，則僅由參加之機關開始組織，而猶豫之機關事後察知會務進行之鄭重，殆無不補行參加者。

聯合委員會成立之初，卽選舉主席，代理主席，名譽職書記各一人。通常由衛生部所派官吏一員，解釋擬製計劃圖樣，及意見書方法。各州縣議會代表常被請參加，有時地產業主聯合總會 (Central Landowners Association) 商會，城市工程學會建築師學會等團體，亦可派代表出席，但

均無表決權。繼選定各縣區等土地測量人員等若干人，組織技術性質之附屬委員會。此項附屬委員會之職責，為對於擬製計劃圖樣及意見書時作技術上之評議。通常由附屬委員會之建議任定專員一人，總理區域內全部工作。專員所負任務，為會同各主管機關之代表擬具建設計劃及報告。附屬委員會之建議既經通過，則將各項普通條例送交該專員，然後由該員着手工作，而將計劃及報告陸續呈送於附屬技術委員會及聯合委員會，普通每三月一次。

計劃圖及意見書由專員呈遞附屬委員會審查後，即轉送聯合委員會，有時並先徵重要地主之意見。此項計劃圖及說明書，大率由聯合委員會略加修正即予通過，並印刷公佈，且分送各參加機關查照，並指導實施該計劃應有之步驟。但有時先將建議計劃先送參加機關審查，然後由聯合委員會通過焉。

各意見書之內容，大率材料豐富，且有超出本範圍以外之價值者，以其對於各該區域之重要情形，發展之原由及限度有簡明之述敍也。例如 Doncaster 區之意見書中，對於礦業及礦產之報告，甚有價值，East Kent 之意見書草案亦然。Chesterfield 之意見書，對於工業狀況之說明殊有特色。Themse 流域區之報告初稿中，載

有關於工場與住宅間交通之統計圖表，甚有價值。此外例證尚多，不勝枚舉。

唯各聯合區不必皆聘任專員，使負計劃報告之責，例如 Midland 與 Southwest-Lancashire 兩區即以 Birmingham 與 Liverpool 市參事總理該項工作。此兩人皆係市區計劃學會會員，有時有經驗人員為之幫助。此項助理人員由區聯合委員會給予薪資。

在計劃公佈以前，區聯合委員會之任務，不過評議而已。至於計劃之實施，則為比較困難之事項，實施法有二：(1)由區內各主管機關分別執行，(2)由各主管機關負籌措應攤派經費（由普通賦稅帶徵暫以三年為期）之責，而以施行之全權付予聯合委員會。兩種辦法皆經採用，而第二種辦法較為優勝，例如 Manchester 區（包括地方機關96處）分作若干股，以從事計劃之施行，Rotherham, Preston 等區聯合委員會亦分為評議，執行兩部。第二種辦法所以較優勝之故，則因有大規模性質通盤施設之可能，（例如對於園林面積，或交通幹路線網等），且支出經費亦可減輕（因圖件眼數等可減少）耳。

所有各聯合區之建設計劃，現尚未發生法律效力，預料將來多數問題，將由各機關各對該本區自負法律責任，而少數問

題則共同負責也。

附 英 國 衞 生 部 區 域 計 劃 規 則

所計劃之區域，須先會同主管土地測量人員審慎研究，然後擬具關於重要市政建設問題之意見書，及繪製比例尺6吋＝1哩之平面圖。圖中應含有下列各點：

(甲)通盤之分區計劃，即劃定特別用途之區域(工業商業，住宅區域等)。計劃時須顧及各區域對於假定之用途是否格外適宜，與其相互之關係，及能否相當擴充等問題。

(乙)交通道路 (包括貨運交通道路在內) 之必須開闢或改良以便利通往交通及航空交通等，與應各利用區域之需要者。

(丙)居住密度之報告。該區域內各部每單位面積(英畝)准建房屋之幢數須大致擬定。此外對於營造界線(路線)，及建築高度等亦須作概括的建議。

(丁)對於人民身心之安慰上，修養上，及作農林業用途應備之公有空面積。

(戊)美麗風景之保存。

(己)應保存之村莊。

(庚)宜於建設政治中心及佈置公共建築之地位 (Civic centres)，及其影響地域之四址，(如至永久空地之最近界線等)。

(辛)宜於建築市房之地位。

(戌)對於所有最好由各機關合作之事項，作通盤之報告，無論對於公共溝渠，或其他等。

德國各區域計劃會之組織及旨趣

(原文載 Zentralblatt der Bauverwaltung, 49. Jahrgang, Heft: 5)

Dr. Ing. Hercher 著

德國之市政設施，初僅及於都市之內。數十年來，漸推展至市區界限以外，如工業區，住宅區域之劃定，道路與電車路之修築，自來水管及溝渠之敷設，園林之佈置，每及於都市之四周。其他遠隔都市之平坦地方，如河道附近及鐵路交匯處之避暑養病處所，煤鐵鹽礦附近，工人匯萃之區，亦皆有市政之設施。故道路，鐵路，運河，航空線分佈全國，車站，港塢，航空站亦所在皆是，以資各地之聯絡焉。

此種市政上之設施，受私人動機之影響者較多，因任何私人皆可在其他產上營造，亦可購地建屋，礦產皆由私人開採，工廠多由私人興辦故。公家方面雖亦有重大權勢，不特公共建築係由公家營造，近今住宅區多處之全部房屋亦由公家建築，此外自來水溝渠等工程之施設，郵務，開河，築路等交通要政，皆操諸官廳之手，然建設機關有國，邦，市之別；以道路言亦有邦有，省有，縣有，區有之分；以

交通事業言，則種種機關紛爭，亦有數機關聯合經營者，其結果各自為政，不相與謀，甚至互相妨礙牽制，故數十年德國市政之發展，頗呈凌亂無緒之現象。

德國國家於歐戰前，雖具有極大威權，亦未能糾正此項趨勢。幸尚有種種法規以防止過甚之惡化，例如移民法 (Ansiedlungsgesetz)，普魯士破壞景物防止法 (Das preussische Gesetz gegen Verunstaltung)，樹木保護法 (Baumschutz)等。至1875年之營造界線法 (Fluchtliniengesetz)，則有1918年之住宅法(Wohnungsgesetz) 為之補充，建築法規 (Bauordnungen) 則須以各地方法規擴充之。關於擬定市政建設總計劃之方針，則有衛生部長 (Minister für Volkswohlfahrt) 於1921年九月一日之通令。普魯士擬編訂市政工程法，將所有以前頒佈之關係法規一概編入，並加以補充。此外對於擬定面積分配計劃之初步重要工作，亦有規定，唯尚未完成云。

發展市政工程既須有計劃可循，而按

照目前情形，無論公私機關團體均無單獨
加以規定之權力。故各區域計劃會應運而
起，以督促各官廳之一致進行。已成立者
有 Düsseldorf（成立年份1921-1925），Ruhr
煤區(1920)，狹義的德國中部工業區(1924
1925)，Münsterland (1925)，Chemnitz
(1914-1925)，West-Sachsen (1925) Ost
Thüringen (1926)，Ost-Sachsen (1926)，
Oberschlesien (1928)，Köln (1928)等地方
計劃團體。將成立者有 Koblenz, Feankfurt
a. d. Oder; Schleswig, Minden, Wiesbaden,
與 Hannover, Ostpreussen, Schlesien等省內
若干區，以及 Hamburg 區內 Elbe 河下流
與該區附近各地之地方計劃團體。

　　各區域計劃會所抱之目標大致相同，
唯組織，法律地位，工作方法殊有差異。
其任務範圍大率為擬定統一之交通路線計
劃，再進一步則為擬定園林面積計劃，亦
有擬製總建設計劃者。各會無實施道路建
築，園林建設等之權。唯 Ruhr 煤區以得

1920年五月特定法律之允許，居於例外。
Düsseldorf, Köln等區計劃會，僅為註冊團
體，其他且有為非正式團體者。

　　關於區域範圍，Düsseldorf 與 Köln兩
區包括該兩州 (Regierungsbezirk) 全部在內
。Merseburg區則越出該州區域範圍以外，
而兼及鄰近之 Anhalt市與 Magdeburg 州之
一部分。Ruhr煤區則括有兩省(Provinz)三
州之各一部分。其他各區，或為一全省，
或為一省之大部分。區域計劃會之特長，
卽其疆界不必與行政區域疆界符合，而以
經濟上互相密切關係之地方為計劃區域。

　　各會以州縣長等為會長，其會員則以
各市，縣及農，工，商團體與礦務，郵政
，鐵路等機關之代表充之。各機關團體之
聯絡工作，甚收效果。

　　各會間亦有相當之聯絡，襄收合作之
效。唯最好再進一步，而有關係「都市及
區域計劃」之國家機關之組織，錄屬於某
一部，以為之統率耳。

巴黎市之交通

(原文載 Städtebau 雜誌 24. Jahrgang, Heft 1)

Jürgen Brandt 著

胡　樹　楫　譯

　　凡游巴黎者，皆知該地街道交通異常迅速而無阻。據該市1928年五月三十一日之統計，約有汽車十萬輛。分配於四百萬之居戶，平均每四十人佔有汽車一輛，市內交通不可謂不發達；尚有由外埠而來之車輛，亦屬浩繁。而各風馳電掣不相妨礙者，固由於駕車人技術之嫻熟，與夫車輛之輕巧易轉，與其制動機之靈敏可靠，乃至行人之善守秩序等原因，而其主因，乃在道路線網之施設也。

　　巴黎市循 Seine 河兩岸邱陵之地而發展，其四向伸張之道路，有就古代城垣遺址建築之環形廣道二三條以聯絡之。其湫隘之市中心區域，亦自拿破崙一世及三世以來即逐漸改良。最近 Boulevard Haus-mann 暨 Boulevard Montmartre 兩廣道間道路之放寬，於繁盛之東西向交通尤有稗益。故巴黎市道路之施設，已與交通相宜，加以公安當局取締得當，如單線道路之指定，路心分隔台(Verkehrsinsel)之佈置等，尤收相得益彰之效矣。

　　狹仄之舊道路，每由市中心延長三四公里之長以達外郊，以充單線道路，使宜洶湧集市中心之車輛，而分担各廣道之交通，此種辦法甚屬適宜。沿路除一邊或兩旁停放車輛外，尚有二車並行之餘地，故往遠地者恆樂趨之。

　　廣闊之道路(出入外郊者)，則於中央設停車場，停留車輛可魚貫羅列，故路線之界劃分明，而無沿人行道停車致妨交通之弊。

　　道路隔台雖多，而以不甚減窄路面為鵠的，故以前所設隔台之過寬大者，復經加以縮小或以柱代之。

　　據巴黎市之經驗，循幹路方向之路口亦不可過於狹小，否則於交通方面殊有妨礙，亦不可隨處強車輛在道路叉口環行(在窄狹之叉口尤甚)，否則車輛之行於支路者，須循幹路方向繞越隔臺而多費周折，且駕車人於轉灣時集注意力於駕駛，易忽於留意其他車輛；若為運貨汽車而拖有車輛之載鐵條等件者，繞行尤屬困難。

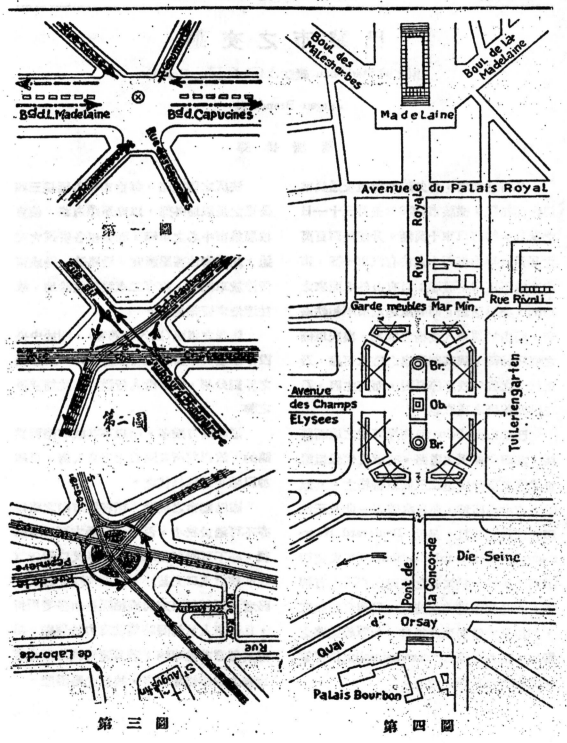

第 一 圖

第 二 圖

第 三 圖

第 四 圖

接通外郊之廣道，於相當處所設有狹仄之隔臺，並豎立牌標，以便行人之穿越。行人在隔臺以外穿越站臺，概予禁阻。又巴黎市於若干處所設有行人穿過馬路用

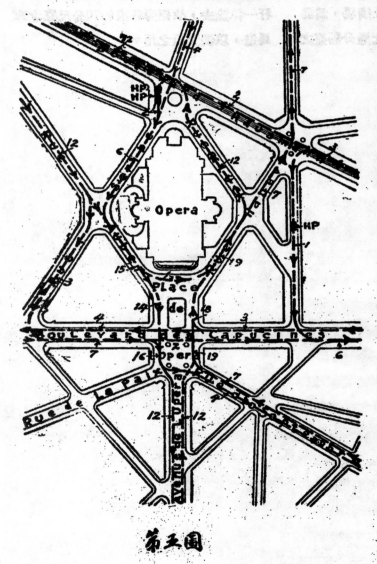

第五圖

之地道。（例如在 Saint Lazare 車站旁等），但無甚效用，以利用者甚少故耳。

交通信號·（路口之信號燈，以及危險地點之警告牌，單線道路之牌示等）原則上與他國同，所可惋惜者，全歐尚無統一之交通信號耳。巴黎交通警察對於交通，普通聽其自然，因駕車者具有耐性，且互相體諒，故雖繁盛之路口，交通暢利無阻，既無需警察之干涉，亦不必鳴喇叭，尤無尖銳之警告聲，駕車人互以手勢示意而已。交通警察之干涉，僅於必要時行之，而亦僅高舉其約半公尺長之警棍而已。至無謂之手臂擺動，則完全免去云。

第一圖示無電車軌道之道路叉口，僅以植有信號燈杆之小站臺分隔之。廣道中央停放汽車，以分別行車方向。

第二圖示各種混合交通之道路叉口，不多設分隔臺，僅備立信號燈杆之小站臺，以利交通。Rue des Mau-

beuge 及 Rue des Pelletier 兩路對於電車以
外之各種車輛為單綫道路，電車則可兩向
行駛，此為巴黎市交通缺點之一，尚待改
良。

　　第三圖示 Saint Augustin 廣場，為混
合交通繁盛之廣場之一例。交通分隔臺之

設立，僅以必要者為限，以免交通面積減
小。

　　第四圖示 Concorde 廣場，僅以石碑一
座，并兩處分隔之。以前所設之草地及欄
杆一律除去，故兩旁各有約70公尺寬之車
馬道，以供交通之用。

支柱等之計算新法

（原文載 Der Städtische Tiefbau, 20 Jahrgang, Heft 8）

Dr. Ing. Faerber 著

胡　樹　楫　譯

本篇證明一簡單公式，可應用於支柱等之計算，並舉例說明其應用之便利。

(1)有棒形物於此，兩端各以轉動關節連接之，若於其中央附近加以彎曲率 M，則其彎度 f 與 M 之關係可以下列方程式表之：

$$f = \frac{M}{K} \text{ 即 } f\,K = M \cdots\cdots(1)$$

內 K 與外力 P 之大小無甚關係，唯視其分配之情形而有差異；茲按方程式

$$f \times K = M$$

之形式及外力之各種分配情形，分別舉例如下：

(甲)外力 P 施於棒之中央時

$$\frac{P\,l^3}{48EI} \times \frac{12EI}{l^2} = \frac{Pl}{4} \text{，}$$

內 E 為材料之彈性率，I 為棒之長度，I 為橫剖面之惰性率。

(乙)外力 P 均勻分佈於全棒時

$$\frac{5\,Pl^3}{384EI} \times \frac{9.6EI}{l^2} = \frac{Pl}{8}$$

(丙)外力 P 按三角形分佈於全棒，而三角形之頂點在棒之中央時

$$\frac{P\,l^3}{60EI} \times \frac{10EI}{l^2} = \frac{Pl}{6}$$

(丁)外力 P 按三角形分佈於全棒，而三角形之頂點在棒之一端時

$$\frac{P\,l^3}{76.5EI} \times \frac{9.7EI}{l^2} = \frac{Pl}{7.8}$$

(戊)外力 P 按兩三角形分佈於全棒，而兩三角形之頂點在棒之兩端時

$$\frac{P\,l^3}{107EI} \times \frac{8.9EI}{l^2} = \frac{Pl}{12}$$

$$\cdots\cdots\cdots\cdots\cdots\cdots\cdots\cdots$$

$$\cdots\cdots\cdots\cdots\cdots\cdots\cdots\cdots$$

上列各方程式中，左邊第二因數皆為 K。由此可知在無論何種外力分佈情形之下，K 之值復與用 Euler 氏公式計算兩端可以轉動之棒形物所堪勝載壓力之壓力：

$$K = \sim \frac{10EI}{l^2} \cdots\cdots\cdots\cdots(2)$$

相近。故吾人可推斷彎曲力與壓力對於棒形物之作用，其間應有密切之關係。

(2)上項棒形物，除受彎曲率外，若再於其兩端之中心加以壓力 P，則增加之彎曲率應為

$$M' = Pf$$

而彎度之增加數則為

$$f' = \frac{M'}{K} = f\frac{P}{K}$$

因增加之彎度f',彎曲率復加大,其增加之
值為M''=P.f'因之彎度再加大,其增加之
值為 $f'' = \frac{M''}{K} = \frac{Pf'}{K} = f\left(\frac{P}{K}\right)^2$

如是類推,以至無窮,而得彎度之總值
$$\Sigma f = f + f' + f'' + \cdots = f\left[1 + \frac{P}{K} + \left(\frac{P}{K}\right)^2 + \cdots\right]$$

因$\frac{P}{K}$之值恆為小數,故上式括弧內之值可
按求幾何級數和之公式而得
$$\Sigma f = \frac{f}{1 - \frac{P}{K}} \quad 即 \quad 1 - \frac{P}{K} = \frac{f}{\Sigma f} \cdots (3)$$

由上式可知用 Euler 氏公式內K值之
意義,即最大之中心壓力P不得超過K之
值是。又可知P之值雖小於K,亦足致彎
度加大,故P之限制不可不慎;而P應小
於K之值(即K—P)與K之比,應與彎度
之比 $f : \Sigma f$ 相等。

(3)設棒形物受偏壓力,其施力之點離
中心之距離為e,核點距離(Kernpunktsab-
stand) 為 k (即剖面面積 A 除抗彎率 R
之商),如將棒體受壓力之彎曲作用暫置
不論,則棒之應壓力可按受中心壓力計算
,以 $1 + \frac{e}{k} = 1 + s$
乘之而得。若慮及棒之彎曲作用,則上項
乘數尚應加大,茲令其值為ω,則(1+s)
與ω之比可假定與f與Σf之比相當。以期
計算之簡單而穩妥。故

$$\frac{1+s}{\omega} = \frac{f}{\Sigma f} = 1 - \frac{P}{K} \cdots (4)$$

但 ωP = As
內 s 為棒之單位應壓力,A 為棒之橫剖面
面積。又
$$K = \sim \frac{10EI}{l^2}$$

因之
$$\frac{P}{K} = \frac{1}{\omega} \times \frac{s}{10E} \times \frac{l^2 A}{I} \cdots (5)$$

而$\frac{s}{10E}$之值,關於一定材料恆為常數,而
在大多數材料約等於$\frac{1}{10000}$。且按近今工
程學發展之趨勢,工程材料質料日益改良
,故規定應力不妨從大。例如去零除整,
則關於鋼料 s=2,000, E=2,000,000; 生鐵
s=1,000, E=1,000,000; 木料 s=120, E=
120,000,(皆以公斤/(公分)²計) 故$\frac{s}{10E}$各等
於$\frac{1}{10000}$。

關於混凝土者 , 目前所得之數約為
s=50, E=150,000。唯水泥質料日在改良
之中,將來強度加增與木料相彷彿,不過
時間問題耳。且為安全計,令$\frac{s}{10E}$=
$\frac{1}{10000}$亦屬適宜。況混凝土柱等大率含有
鋼筋,其平均可勝之應力遠在前列之數以
上耶。

復次,$\frac{I}{A}$可以 i² [即所謂「情性半徑」
(Trägheitsradius) 之平方]代之,故上列
方程式(5)可變為

$$\frac{P}{K}=\frac{1}{\omega}\left(\frac{1}{100\,i}\right)^2 \cdots\cdots\cdots(6)$$

又令 $\dfrac{1}{100\,i}=\dfrac{\text{長度(轉曲作用所及者)以公尺計}}{\text{惰性半徑以公分計}}$

$=\lambda$，則(6)式又可簡寫爲

$$\frac{P}{K}=\frac{\lambda^2}{\omega}$$

代入(4)式將

$$\frac{1+\varepsilon}{\omega}=1-\frac{\lambda^2}{\omega}\cdots\cdots\cdots(7)$$

故 $\omega=1+\varepsilon+\lambda^2\cdots\cdots\cdots(8)$

內 $\varepsilon=\dfrac{e}{k}$，$\lambda=\dfrac{1(\text{以公尺計})}{i(\text{以公分計})}$

核定受偏壓力棒形物之應壓力時，先將該偏壓力視爲中心壓力而以計算所得之數以 ω 除之即得。計算該棒形物所需面積時，則先以 ω 乘偏壓力 P，視爲中心壓力，而從事計算。

公式(8)係假定棒體之兩端各具有轉動關節而成立者。若棒體之一端或兩端係固定(eingespannt)，可將長度 1 按75%與55%計算。

(4)關於支柱之例：

(例一)　設有受壓力之鋼鐵棒，其 $\dfrac{1}{i}=70$ 卽 $\lambda^2=(0.7)^2=0.49$，施力點與中心之距離甚小而 $\varepsilon=0$，則得 $\omega=1.49$，與德國國有鐵路局規定之數適相吻合。

$\dfrac{1}{i}$ 較大時，則與鐵路局規定數符合之程度，視「離心係數」ε 之選擇而有差異。公式(8)之特長，卽設計者可就自己之觀察斟酌 ε 之值，以決定 ω 之大小，不必拘泥

於表格是也。

(例二)　設有德國工字形 24 號標準鋼條柱，長 3 公尺。查標準鋼條表知最小惰性半徑 $i=\sqrt{\dfrac{220}{46.1}}=2.18$公分，最小核點距離 $k=\dfrac{41.6}{46.1}=0.90$公分。卽柱之兩端各具眞正之轉動關節，爲安全計，亦應假定施力點離中心之距離 e 至少爲 1 公分，因鋼條之中線旣未必完全平直準確，而關節亦未必正中無偏，且無摩擦阻力之作用也。因此得

$$\omega=1+\frac{1.0}{0.9}+\left(\frac{3.0}{2.18}\right)^2=4.00$$

設鋼料可勝載之單位(平方公分)壓力爲1,500公斤，則該柱可勝載之壓力爲

$$P=\frac{46.1\times1500}{4.00}=17,400\text{公斤}$$

又若柱之兩端不設眞正之轉動關節，而以接板(Lasche)連接於他建築物，則施力點越出重心之距離可假定爲約居柱體邊部(Flansche)寬度之半，約 4 公分。因此

$$\omega=1+\frac{4.0}{0.9}+\left(\frac{3.0}{2.18}\right)^2=7.34$$

得而該柱可勝載之壓力爲

$$P=\frac{46.1\times1500}{7.34}=9,400\text{公斤}$$

按 Euler 氏公式及五倍安全度數計算，則得10,400公斤。

(例三)　有鋼筋混凝土柱，高 3.5 公尺，載重40公噸。按照單位應力35公斤計算，得剖面尺寸34×34公分。茲按照公式

(8)研究其載重能力如下：

　　凡在鋼筋混凝土柱，對於施力點與中心之距離 e 至少應假定爲 1 公分，又 i = 9.8公分，k = 5.6 公分；故

$$\omega = 1 + \frac{1}{5.7} + \left(\frac{3.5}{9.8}\right)^2 = 1.31$$

照此計算，本柱能勝之重量爲

$$P = \frac{34 \times 34 \times 50}{1.31} = 44,500公斤$$

　　唯在不利情形之下，如桁梁跨度特大，各柱間桁梁載重不等，以致柱身受有彎率，漲縮度及溫度變化特大等，則 e 之值往往加大。例如假定 e = 6 公分，則

$$\omega = 1 + \frac{6}{5.7} + \left(\frac{3.5}{9.8}\right)^2 = 2.18$$

而柱之堪載重力爲

$$P = \frac{34 \times 34 \times 50}{2.18} = 26,700公斤$$

　　與前比較，相差甚大。故按普通方法計算所得之剖面尺寸，有時不能勝載原定之重力。例如據Petri氏在 Beton und Eisen雜誌1928年第四號中所報告，Kassel 地方於該年一月二十三日有屋傾倒之事，變其原因，或爲屋頂支柱不勝應載之重量耳。

　　(5)關於椿之計算方法，每有不知所適從者。如椿尖直達堅固地層，則大部分之反抗力 (Widerstand) 爲椿尖所承受，而受彎曲作用之長度 l 可假定爲椿之全長，一如屋內支柱以自地板至天花板之高爲受彎曲作用之長度然。唯椿在泥土內，無論此項泥土是否堅實，其撓屈必因四周泥土之

抗阻而減少，故(8)式中λ²之值可以相當係數β乘之，以定ω之值。β之值在十分堅實之土質與0相近，在完全鬆散之爛泥與1相近，在普通泥土可假定爲兩者之平均數卽 $\frac{1}{2}$。

　　(例四)　設有鋼筋混凝土方椿，其尺寸爲 28×28 公分，內有鋼筋四條，其直徑各爲18公厘(剖面面積 2.55平方公分)。椿之長度爲 7 公尺。椿尖支於堅實之地層上。問每椿載重若干？

　　假定施力點越出中心 1 公分，則

$$\omega = 1 + \frac{1.0}{4.7} + \frac{1}{2} \times \left(\frac{7}{8}\right)^2 = 1.59$$

　　假定所用混凝土質料甚佳，規定每平方公分之載重60公斤，則

$$P = \frac{(28 \times 28 + 15 \times 4 \times 2.55) \times 60}{1.59}$$
$$= 35,000公斤$$

　　此爲著者應用於 Gleiwitz 地方 Haus Oberschlesien 大旅館之底脚工程之實例。計用椿五百根，以 2,500 公斤重錘打入。該項工程甚形牢固，可證上項計算方法之不誤。

　　(6)公式(8)亦可應用於拱體 (Bogen) 之計算。拱體軸線 (Bogenachse) 與柱體之中線相當，其各剖面施力中點之連結線 (Stützlinie) 亦與柱體之施力線相當。受彎曲作用之長度則爲兩支點間拱弧軸線之長度。(例如在三關節拱體，則以中央關節

及一端關節間之軸線長度爲受彎曲作用之長度）

（例五）有三關節拱橋，跨度約25公尺，每1公尺深拱體支點之壓力爲116公噸，施力中點連結線越出拱體中線之最大距離爲14公分。拱體一半之軸線長度爲13.6公尺。拱體最大厚度爲46公分（合跨度 $\frac{1}{55}$）其每公尺深度所有鐵筋面積爲20平方公分。故楕性半徑 $i=13.3$, 核點距離 $k=7.7$公分。試察驗拱體之最大單位應力。

按照普通習慣計算拱體時，不計及受壓力所致之彎曲作用，故

$$\omega = 1 + \frac{14}{7.7} = 2.82$$

因之拱體之單位應壓力爲

$$s = \frac{116000 \times 2.82}{46 \times 100 + 2 \times 20 \times 15} = 63公斤，$$

（以每平方公分計）

若顧及壓力對於拱體之彎曲作用，則

$$\omega = 1 + \frac{14}{7.7} + \left(\frac{13.6}{13.3}\right)^2 = 3.87$$

而

$$s = \frac{3.87}{2.82} \times 63 = 86公斤 （以每平方公分計）$$

故壓力對於薄弱拱體之彎曲作用甚大，過薄之拱體以避免爲是。

又如本拱橋僅供行人之用，則關節點之壓力約爲40公噸，而施力線越出軸線之距離約與上同。照普通方法計算，拱體厚度可減爲25公分，居跨度 $\frac{1}{100}$，鋼筋面積僅需10公分。試以本篇所述方法察拱體之單位應力，則不計及壓力之彎曲作用時：

$$\omega = 1 + \frac{14}{4 \cdot 2} = 4.32$$

$$s = \frac{40000 \times 4.32}{25 \times 100 + 2 \times 10 \times 15} = 62公斤 （以平方公分計）$$

若顧及壓力之彎曲作用時：

$$\omega = 1 + \frac{14}{4.2} + \left(\frac{13.6}{7.2}\right)^2 = 7.87$$

$$s = \frac{7.87}{4.32} \times 62 = 113公斤（以平方公分計）$$

爲拱體對於壓力彎曲作用上之安全起見，拱體厚度不得小於跨度七十分之一。

公共建築包工人之預先甄別

（原文載美國 Public Works, October 1929）

Philip A. Beatty 著

蕭　世　則　譯

此篇所謂「預先甄別」(prequalification) 之意義，即於公共建築 (public works) 開標以前，先審查各投標人對於工程能否負責之謂。緣不可靠之包工人常開甚低標價，如當局捨彼另擇標價較高而可靠者，彼必從中作梗，欲免是困難，唯實行「預先甄別」一法耳。因此，不可靠者可免枉費投標之時間及金錢損失，而可靠者多得中標之機會，當局者亦免除拒絕低標，及監察不良包工人之困難。

美國各州對於工程師，測量師，地產掮客等，多先審查其資格，然後給予執業證書，亦即「預先甄別」之意。收效頗大。

投標時需加補救之各種情形

現有多數地方，其公共建築，無論何人，皆可投標。唯近代工程較諸往日，更為艱鉅，故資本必須富厚，管理尤應得法，以前所用之人力及驢馬力，均需代以械，灰礦代以鋼鐵，一切工程進行，皆有步序。故包工人對於材料市情，器械設備，團體組織，管理方法，及經濟學識，均應充分明瞭，否則有不勝任之虞。

可靠與不可靠　凡不能完其責任者，施欺詐手段者，有投機性質者，具不道德行為者，貪客與行賂者，借此濟彼者，均稱為不可靠。

美國營造業道德委員會所用之標語為「技能」(Skill)「廉潔」(integrity)「可靠」(Reponsibilty)而其解釋為「智識」，「能力」，及「品性完美」。多經驗則智識廣；精管理，通市情，則能力足：能誠實，忠心，自重，樂觀，勇敢，及充足經濟準備則品性完美矣。該會又定包工應具條件如下：

（一）以前曾承包類似工程建築，其造價至少超過新工程之半數，

（二）應備一切工程用具及機械，

（三）以前對於承包工程上無過失，

（四）行為端正，

（五）經濟充足，至少有新工程總價百分二十之活動產。

不可靠者不能消滅之原因　不可靠之包工人，常受招標當局，保險公司，材料商

人，及可靠者間接或直接之幫助，得不消滅。彼若無保證人，不能承包工程，一旦得標及保證人，則可向材料商人賒取材料，又有法律為之保證，將來失敗後，一切損失屬諸材料商人矣。

可靠包工之勁敵　不可靠之包工，無團體之組織，無遠大之預算，無工程用具之設備，不惜將來名譽與金錢之失散，故其所開標價甚低。但可靠之包工，一切均須顧慮，故其所開標價必高，而得標希望較遜於不可靠者矣。

公家因包工人不可靠所受之損失

公家因包工人不可靠，而受修理延期等損失，勤以百萬元計。若當局恃有監察包工人之能力與包工人之保證人，遂以為可免損失，殊屬錯誤。

當局選擇包工人問題　當局對於選擇包工人固應取開價較低者，尤應審查該包工是否可靠。普通辦法，為准許任何人投標，然後察投低標之包工人是否合格。否則或（一）拒絕一切標單，重行招標，其結果為公家擔負時間及金錢損失，而下次開標時，或仍以該包工人開價最低，或（二）以不可靠者得標，（三）使開價較高而可靠者得標，惟以避免一切糾紛為上策，否則標價最低而不可靠者，藉保證店家，或銀行之助，阻止當局另擇他人，新聞界及公

眾不察，亦已為不公，而大肆攻擊，則當局將窮於應付。

監察工程　凡富有經驗財力之包工人，一切工作，均合法度，故監察甚易。反之不可靠者，欲其工作進行適宜難矣。監工最後之處置，惟停止工作一法耳。然此舉須在發現包工人過失之後，方可實行，否則反彼其要挾。

保證書　保證書保證工程能以合同內規定之價額建築完竣。唯某保險公司職員鄭重聲明云：「為包工人出具之保證書，並無保證包價適當，包工人經驗豐富，資本充足，不致失敗，及一切皆按照合同等辦理等之必要」。故保險公司之主要目的在包工人之能賠償該公司之損失。該保險公司職員又云：「包工人之缺乏經驗者，鮮能得公司之保證，除非有充分財力，足抵消其經驗上之缺點耳。」又云「無經驗之包工人每不能獲利，或竟受損失，立於不利之點者，大率為包工人自己耳」。然而此說確乎？

受損失者　若包工人之工作不佳及延捱，對於時間等之損失，並修理費，保證人不尤賠償，將其責任轉與包工，而包工無力以償。故受損失者，惟公家耳。

「預先甄別」為限制不可靠之包工之一法

「預先甄別」可使合同得較美滿之效果。其法先集合各地當局，及各建築師，工程師，營造者，公民代表，及保險公司組織一委員會，草成包工各種檢查書，如經驗，工程用具及經濟狀況等。

應用法　包工人之經驗，每年有記錄可稽，其經濟狀況，須每年檢查二次或四次。至於工程用具，每次均應呈報，因用具隨工程而異也。新進包工，當予以充分時間，使取具證明文件。

應用者　「預先甄別」法以在道路建築方面採用者為多，例如 Wisconsin 州辦理包工登記甄別以來，已二十年餘，成效頗佳。

Jowa　州規定新進之投標人至遲於開標之五日前，將其資格呈報，以便審查。

Kentuck 州要求包工人於每項工程，均須填呈用具檢查書，其經驗及經濟報告書，則須於第一次及每隔六月填呈一次，遇必要時，得增加具報次數。

Atlanta 市報告曾於價在五千美金以上之工程採用包工人「預先甄別」法。

New Jersey 州之法律，規定公共建築工程之包工人須加以「預先甄別」。

美國農業公路局局長報告該局自兩年以來，對於包工人加以「預先甄別」，成效頗著。

Philadelphia 市規定包工人須於開標期九十六小時以前填繳檢查書。

贊成者　「預先取締」法之贊成者有美國包工人代表及各省公路職員之聯合會；Philadelphia 市長召集之合同委員會與該市之各局聯合委員會以及土木工程師分會。此外尚有贊同此法之工程師，及政府官吏等甚多，不勝枚舉。

反對「預先甄別」者之口實

包工人之各項檢查書，甚為複雜，使精於簿記者為之，或無錯誤，而包工人對於簿記素少研究，故每感困難。此為反對包工人預先甄別者藉為口實之一。不知包工人本應了解精密之簿記，不但為雇主起見，亦為自己起見也。

又有人謂是法實行，則包工人個人一切底蘊將暴露無餘，而蒙受不利之影響。實則銀行之調查，亦何獨不然，而曾無反對之者。故包工人祇需防其底蘊洩漏於關係官廳以外之人足矣。

是法對於包工人之競爭亦無妨礙。因包工人常隨時代之趨勢而聯合成大團體，小包工人亦不摒諸團體之外，否則在分工上或不經濟也。

是法亦不致妨礙新進包工人之存在而使資本雄厚之老包工人壟斷一切工程。蓋新進包工能力雖較薄弱，儘可與可靠團體

合作，藉得相當訓練與經驗，然後獨立經營。甄別包工人時，可將新進者置諸較低等級，然後觀其努力之結果，加以拔擢。公正之甄別，非唯有益於公家，並使包工人得免躐等躁進而致失敗。

包工等級，由公家甄別，比諸私人所評判者，信用自較宏大。若某包工所受甄別成未允當，而有新證據提出，應再予以審查焉。

結論

私人工程，可令所信任之包工人開限投標。至於公共建築，選擇包工人則宜審慎，「預先甄別」法於此最為適用。若施行得宜，則凡建築業有關係者，皆受其利益

專　件

關於發展中國之經濟條陳（續前期）

華特爾博士(Dr. J. A. Waddel)原著

劉永年
陳昌齡　譯

（二）·中國運輸之經濟

中國之運輸，約可分爲四大類。茲按其重要次序分列如左：

　甲·水道

　乙·鐵路

　丙·公路

　丁·航空

水道較諸鐵路，或公路均爲重要，因其爲天然之運輸工具，所需維持費用不多，而可得運輸經濟之利，蓋汽船與火車相較，汽船可以等量之燃料，裝載較多之貨物也。但北方每屆冬季，所有河道湖泊海港，均不免冰凍，使水上交通發生障礙，因此在嚴寒區域內，所有運輸事業，不能全恃水道，必以鐵路或公路或二者與之相輔而行。

鐵路與水道之運輸，宜相互爲用，而不宜處於競爭地位，因於二者彙備之處，水道可裝運笨重貨物，而以旅客郵件及貨物之輕便或易於腐損應加速運輸者，由鐵路運輸之。

在河道易於冰凍之處，所有笨重貨物，如米麥等，可於收獲之後，作適當之處置，趁河道未冰凍以前，預爲運出，且於重要地點，可用鑿冰機開通河道，使交通暫不阻塞。

在美國方面，人民需要各種物品，每急不及待，故並不視水道運輸爲重要，但政府現亦覺悟水道運輸之經濟，故已着手計劃開闢寬大航路數處，反之在中國方面，水道已成爲主要之運輸工具，且有無數金錢用之於堤岸及開築運河工程。

前述鐵路與航路，不宜處於競爭地位，事實上亦未必盡然，即如兩者交义之處，無隧道之建設者，勢必不能相互爲助。證諸美國，經理水道運輸者，往往反對鐵路方面建築橋樑跨越主要河道，或覺提出關於建橋之條件，使彼方感受困難，但鐵路方面亦自以爲有正當主權，每引起劇烈之爭執。此種糾紛，大都由軍政部工程隊執行裁判，而裁判結果，輒偏袒於航路方面，或因該隊有維持航路之責也。

職是之故，鐵路公司，或抽稅橋發起人，或當地社會之需要此項橋梁者，不得不用巨額之建築費，甚至溢出公司財力之外，有時竟因此而不克舉辦，故下列之持平辦法，實為執行裁判者所不可不採用。

「凡橋梁之地位及其建築，應絕對不得妨礙航行，阻塞水流，或影響於河岸之傾卸，河槽之變遷，但經理河道運輸者之不正當要求，不僅有失公平，抑且阻礙國家之進步，亦應置之不理。」

此項鐵路與航路交叉問題，不久當發生於中國，故目前對於雙方爭執之孰是孰非，亟應加以討論。在辦理航行事業者，以隧道可不妨礙航行，故有建築隧道之要求，但鐵路方面，以所需費用較諸建築橋梁為鉅，輒加反對，而以公路方面為尤甚。按隧道工程，不僅建築修養均需費浩大，且不能得旅客之歡迎，因除限於天然形勢之外，大都不願於其行程中經過隧道也。

如辦理航行事業者，並不堅持建築隧道，而要求高出水面甚多與跨度甚長之橋梁，則亦必為是項建築之業主及使用者所反對，其所持理由約有二端，一為建築費之過鉅，二為車輛在高坡度上行駛，於時間費用均有損失。

在鐵路及公路方面，往往就可能範圍建築高度較低之橋梁，而於可以得管理機關同意之中盡量縮短其跨度。但主持航行者，每舉一「行」字之正當理由以反對之，大致謂此種建築，不僅束狹河濱，且足使船隻經過時有損壞船舶及橋梁之虞，故於航行危害殊甚。此說也，雖未嘗不言之成理，持之有故，但終不能強令鐵路或公路方面建造一高度極大之橋梁。調解之方，惟有建築一適宜之拱度，使小船可以通行無阻，其高大之桅船，則另由轉動橋拱間行駛，至跨度之長短，亦以無礙河流不損河岸為適當。

自美國北部製造裝貨汽車及公共汽車後，鐵路與平行之公路遂發生競爭情事。鐵路方面，為維護自身利益起見，每自行建築通行貨車乃汽車之道路，已於今日，此項道路，幾已公認為鐵路之支線，但仍應橫貫鐵路，而不應與鐵路平行。就中國目前情形而論，最好建築長距離鐵路線，作為交通主幹，再以橫貫之鐵路分佈其間，以達各重要區域，另於鐵路兩旁多築公路，以轉運鐵路路線經過區域內之進出貨物。須知在中國建築砂石路較諸建築鐵路費用為省，故砂石路應作為鐵路之支線，而不應作為分線。

關於經營中國鐵路事業之經濟，極應詳加說明，茲以限於篇幅，姑略舉數大端如次：

(甲)鐵路裝運貨物，大包較諸小包為經濟，管理者應將此項原理向物主說明，並規定大包運費務較小包低廉，在鐵路方面，當仍有相當利益可得。

(乙)同程貨車，務使避免拖帶空車，否則必至極不經濟。

(丙)每一列車，務須盡量拖帶往同一地點之車輛，俾免耗費接車之時間與費用，如裝運煤類或礦物，應另備專車。

(丁)高速之列車，雖增加燃煤之消耗，且使車輛易於損壞，但節省時間，仍屬經濟。每一種列車各有其最經濟之速度，管理者應善為利用之。按經濟速度關係於煤之品質，故對於各種燃煤之是否合乎經濟，應有一種試驗。

(戊)薄弱之橋梁，不完整之軌道，以及其他情形，必使列車減低速度，增加行車時間，已不經濟。列車開行之費用與其平均速度（各站停靠時間併計在內）成反比例，故減少停車次數及時間，或避免車行之遲緩，均屬經濟辦法。

(巳)修養完善之鐵路，最為經濟。因不僅可以增高行車速率，且能使車輛不易損壞也。

(庚)機頭與車輛常加修理，亦屬經濟辦法，因如有傾覆情事發生，必致延誤時刻，而耗費金錢也。

(辛)鐵路職員如有良好之團體精神而忠於所事，無形中亦可獲得經濟之利，因辦事效能增加，足以增益生產，減少耗費。

(壬)職員懶惰或空費光陰，至不經濟。其有辦事不能盡其才能者，管理方面并應引為己責。

　關於中國公路之建造，經營，以及修養之經濟，就目前情形而論，採用價值較砂石路為貴之路面，殊不經濟。混凝土與瀝青，雖屬良好之路面材料，但決非中國目前所可應用。以中國人工之低廉，土方工價當可不致過鉅。惟挖土工程，除因限於坡度無法避免者外，必須設法免除之。路基應用最重滾路機器滾壓堅實，填土每層不得厚於六吋，路面至少須有十吋厚之砂石，（能有十二吋更佳）。其建築方法，應照第一等施工規則，如余所著之橋梁工程專內第一八三七面所載者辦理。至路面之寬度，供兩列車輛通行者，應為二十呎，每增加一列，遞加十呎。排水工程為公路或鐵路建築中之最要部份，宜特加注意，關於此層，當另籌論之。

　在中國之砂石路上，貨車之載重，連本身重量在內，應限定為五噸，至多不得超過六噸。除人力車外，其他狹輪車輛不

得通行。雖在相當限度以內，運貨汽車之
裝載量愈大，則運輸愈經濟，但此項原則
，祇能適用於最堅固之路面，否則如有損
壞路面路基情事，亦必得不償失。

上項原則，亦適用於載客之公共汽車
，但如此項車輛有寬闊之車輪，則其載重
之是否超越路面限制，當可不成問題。茲
將公路上各種車輛之原動力，依其經濟次
序分別如下：

一・機械力　二・牛馬力　三・人力

此外尚有各種運載方法，依次列左：

一・馬力　二・駱駝力　三・雙馬，或
多馬力　四・人力車　五・場車　六・
小車　七・轎　八・槓　九・背

至水道方面之運輸方法，亦可按經濟
次序分列如左：

一・大汽船　二・小汽船　三・自動船
四・帆船　五・划槳船

以自動船排列第三，或不免令人懷疑
，因帆船或划槳船之運輸貨物，有時較自
動船爲經濟，但如自動船船身寬大且有深
水之河道供其行駛，則確較帆船等爲優勝
也。

關於製造與運用之經濟，至爲重要，
而不可忽視者，即製造者與運用者之取價

低廉，對於國民生計未必有益，因大多數
人民必須受僱用以維持其生活，故雖明知
其不合經濟，而亦必僱用之也。此項問題
，余將另撰「中國人工經濟」一篇，以討論
之。

凡新築之公路，其初除載重甚大之狹
輪小車外，所有馬車，牛車，人力車，轎
子，扛夫，行人等均可通行，但在相當時
期以後，必使牲畜行人（連轎夫扛夫在內）
在路邊步道上行走。至人力車及其他行駛
運緩之馬輛，或因經濟關係，或由政府之
取締，亦當代以公共汽車。此種被限制之
車輛以及其他不靈便之運輸工具，仍可應
用於鄉村小路，即幹路分路間之支線以內
。

航空運輸，在此後十年內必更需要，
以爲裝載郵件及旅客達國內較遠地點之用
。迨鐵路及公路均已滿佈國中，則航空運
輸當不致如現在之急切需要，故大多數飛
機可移置於僻遠之處，而僅留少數埃遞送
最快郵件及巡邏地方之用。

現在中國亟應計劃一良好之航空運輸
辦法，因除上述各項運輸方面之利益外，
並可使政府迅速征服叛亂，以達和平建國
之目的。　　　　　　　　　　（待續）

國 外 工 程 新 聞

混凝土路面速乾防止法

以前對於混凝土路面防止乾燥過早之法，凡有種種：如撒佈濕沙，敷蓋糞草，加澆氣化鈣等。據 La Technique des Travaux 1929, No 9 之報告，現有下述新法可用：

於尚未凝固之混凝土上澆佈一種名 Curcrete 之瀝青。此種瀝青於水分發散後結成薄皮，因之混凝土內之水分不能發散，而作輔助凝結之用。此法之功效凡三：

(1) 路面顏色深暗，不反光，以免司機人眼目受炫。(2)混凝土不易發生細微裂縫，(3) 混凝土質料較堅，不易損壞。

此種瀝青，於混凝土路面填注後，卽行澆佈。普通所用器具爲一種小車，上備氣壓機及燃燒發動機，接以軟管，瀝青由一端之噴壺射出，如細雨然。(Bautechnik 1929)

紐約改建互相平义之道路，鐵路工程

紐約中央鐵路與各道路平叉之點，其廢除計劃已由市當局核准。此項工程所需經費估計美金 175 兆元，內 110 兆、50 兆，11兆由鐵路公司，紐約市，紐約州分別擔任。按照上述計劃，鐵路之一部分應改爲高架式，一部分爲隧道式；又有一段上蓋平頂，以充駛行高速汽車之用。該計劃對於鐵路露出地面之部分特注意於美觀上之佈置云。(Eng. News Record 1929)

英國建築超等道路

英國 Liverpool 與 Manchester 間將築汽車道路一條，使以前所有者相形見拙，故以超等道路名之。超等道路(Super-highway)之名稱，來自美國，爲遠出市郊之道路而設備富麗者之通稱。是路長約40公里，寬度共 36.6公尺，中央高速車道寬12公尺，兩旁草地各寬 3 公尺，再向外爲慢車道，各寬 6 公尺，兩邊爲人行道，各寬 1 公尺。先從建築中間12公尺之車道着手。房屋之須因此拆卸者凡 130 所，須建橋梁計23 座。工程經費估計英幣 2 兆鎊，其中四分之三由政府撥助，餘由地方當局籌集云。(Eng. News Record 1929)

美國建築水下隧道工程

美國根據紐約與 New Jersey 間 Hudson 河下 Holland 汽車隧道所收分擔交通之效果，加建水下隧道數處，將次完工：

(1)接通 Oakland 與 Alameda 兩市 Oakland 港下之隧道，長 1,320 公尺，內徑 11.2 公尺（較 Holland 隧道大 2.8 公尺）。可容電車道兩條，並於每點鐘內可放汽車二千輛通過。隧道管每節用十二塊拚成，各長 61 公尺，重 5 噸，用鋼筋混凝土預先製成，然後運至工作地點埋放。空氣由隧道兩端，用 100 馬力之電機發動通風機送入管內，每秒鐘計 4.8 立方公尺。輸入新鮮空氣之管條，裝置於兩旁各寬 0.9 公尺之人行道下，濁氣則由特設之孔縫放出，此項孔縫之大小可以調節。

(2) Detroit 市已着手在 Detroit 河下建築隧道一條，自該市商業區起，至坎拿大 Ontario 州之 Windsor 地方，計長 1,600 公尺，內在水下者 900 公尺。車馬道寬 14.4 公尺，平均直徑 11.8 公尺，每小時可通過車輛一千五百部。通氣方法仿照 Holland 隧道，每 1.5 分鐘換氣一次。估計工費美金 15 兆元，1930 年可望完工。

(3) Albany 市擬於 Hudson 河下建築隧道一條，通 Renselear，長 261 公尺，需費美金 5 兆元。接通之道路作螺線形。

(Baütechnik 1929)

德國近年舖築混凝土道路情形

德國自 1925 年以來，始有採用混凝土道路之趨勢，截至 1928 年止，歷年築成此種道路平方公尺數如下：

1925 年凡	16 處	約計	40,000 平方公尺
1926 „ „	57 „	„ „	240,000 „ „ „
1927 „ „	111 „	„ „	490,000 „ „ „
1928 „ „	136 „	„ „	530,000 „ „ „
總計 320 „		„ „	1,300,000 „ „ „

平均每處各 4,000 平方公尺，假定路面寬度為 5 公尺，則每處長度僅 800 公尺。故自大體上觀之，此項工程仍為試驗性質。

德國於 1928 年所築柏油及瀝青路面，約計如下：

甚厚者	3,200,000 平方公尺
中等者	4,600,000 „ „ „
表面澆舖者	50,000,000 „ „ „

同年所築混凝土路面 530,000 平方公尺，未免相形見拙矣。

尚有一部分專家反對混凝土路面之建築，唯所持之理由，已大部分失其根據。成為問題者，僅裂縫及對於伸縮縫技術上之處置兩端耳。此兩項問題現正在研究實驗之中。關於裂縫一層，有謂與交通上並無關係，不過維持費用不免增加少許者。對於伸縮縫佈置問題，據云，按照最近試

驗之結果，不久定有滿意之解決方法出現。此外技術上較新之點如下：(1)由加入某種成分，以改良水泥之質料，(2)選擇質料良好之石子，須略成立方形，且用機器軋成者，而各種粒徑之混合，以空隙極少為度；(3)對於澆填及夯緊之辦法，有詳細之規定；(4)如用最新式之夯打機，成績可期優良。(Der Städtische Tiefbau 1929)

道路與鐵路平叉處用鋼筋混凝土板塊舖築法

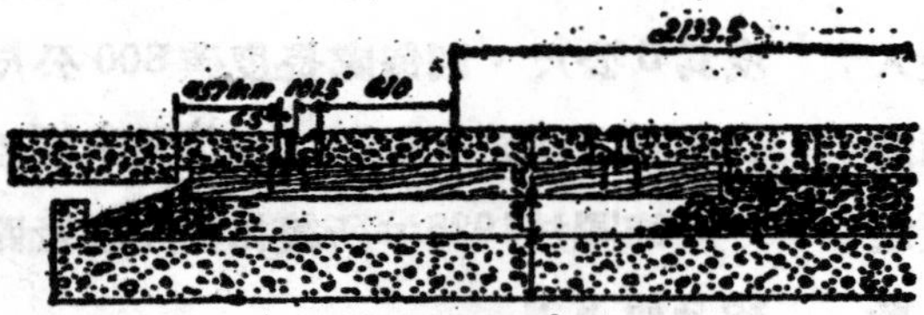

第一圖甲

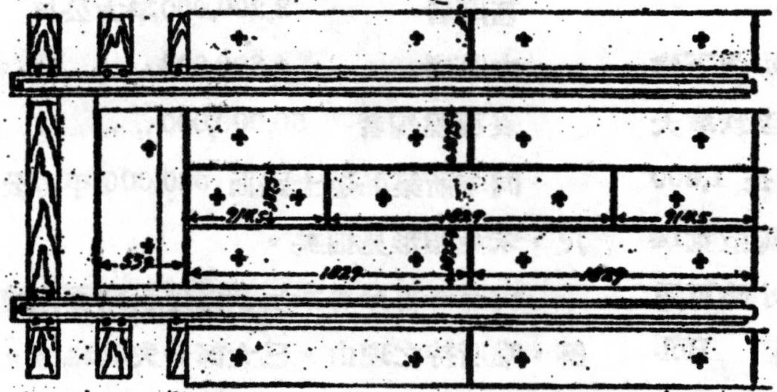

第一圖乙

第一圖丙

第一圖丁

此法通行於美國，其特色為施工簡便，路面耐久，修養費小，即鐵路之維持亦較易。

所用之鋼筋混凝土板，舖於鐵路枕木之上，下面不加墊砌材料。列車輪緣所需溝槽，可於軌旁釘「坐鐵」(參觀第一圖甲)或「擋梁」以留空之。板厚16.8公分(視鋼軌之高度而異)，寬38—60公分，長約2.50公尺。板面留有小孔，穿以鐵條，備用鉤提起之用。板之四邊用扁鐵或丁形鐵保護之。如上下皆有鋼筋，則一面損壞時，可翻轉他面而舖放之。板之寬度以重量不致過大，易於提起為度；長度則以跨軌枕三四條為度。(參觀第一圖乙)板內置縱橫鋼筋(參觀第一圖丙)。為列車下面懸垂部分便於通過起見，兩邊應用斜面板舖砌。(第一圖丁)。此種板塊自身有相當重量，不易移動，加之鐵路與道路平叉處，本避免鋼軌聯接，故列車在該處無大震動，因之板塊鮮有釘繫於軌枕上之需要。軌枕因墊料突起而移動時，需將板塊提起，以便將墊料填平，然甚易於從事。兩邊斜面板如釘繫

於軌枕之上，可免各板循鐵路中線之方向
而移動。第一圖甲示鐵路墊料舖於槽形之
混凝土底脚上，以下面土質不堅實故。此
種底脚爲價甚昂，德國國有鐵路最近應用
瀝青毬爲底脚，效宏而省費云。(Bautech
nik 1929)

德國道路學會發表路面澆舖冷瀝青方法

德國汽車道路工程研究會 (Studien-
gesellschaft für Automobilstrassenbau)之瀝
青道路股於一九二九年十月發表「路面澆
舖冷瀝青暫行方法」，摘錄其要點如下：

(甲) 方法

砂石路面　不適於應用此項建築方法
之道路如下：

(1)位於挖低之凹地或森林中之陰暗處
及地下潮濕之處，致路面難以乾燥者，

(2)路面橫坡度(翻水)較峻於4％者，

(3)路面不平正，或須大加修補者，或
路面之結合鬆散者，

(4)路面含有粘土者，

(5)路面具有斜坡，且馬車交通較佔優
勢者。

新築路面之澆舖冷瀝青者，其橫坡度
(翻水)以4—3％爲限。3％適用於路面之
有縱坡度且處於優良之地位者，4％則適
用於路面所在地位不甚良好者。

山地之道路，其坡度在6—7％以內者
，亦可澆舖冷瀝青；橫坡度較小之道路可
達7％，橫坡度較大者不得超過6％。冷
瀝青澆舖後，須蓋以粗石屑(見下文)，以
免路面過滑。

路面澆舖冷瀝青之前，先用鋼絲刷帶
及 Piassava 帶(或用壓榨氣)掃除石粒，並
用軟帶掃除灰塵。在有水之處，最好再用
水沖洗。

新輾壓之路面，須經車馬通行數星期
後，始澆舖冷柏油，俾得更形堅實。舊路
面須先加修理，所有凹窪須於澆舖冷瀝青
若干日以前加以修補輾壓，或用潔淨之碎
石，經用冷瀝青浸過者，塡塞搗固。此項
碎石不得大於凹窪深度之半。修補之處須
與未損壞之路面齊平。又除搗固之外，最
好再加輾壓。修補完竣後，再由車馬壓實
之。

冷瀝青之澆注(用噴壺，噴射車等)，
務求均勻。澆注時路面須微濕，而又不可
含水過多。冷瀝青澆注後，即用石屑敷蓋
，第一次普通用粒徑較粗者，約6—12公
釐，若係第二次之澆注，則用粒徑較細者
，約3—6公釐。上項尺寸之較小者於交通
較繁之道路用之，較大者則於坡度較大之
道路用之。

澆舖冷瀝青之路面，最好即加滾壓，

唯對於車馬交通須斷絕數小時。

初次澆注冷瀝青不宜過厚，宜於二星期後再澆注一次。未粘結之石屑，在陰天於三四日後即須掃去，否則已凝結之路面將復損壞。

冷瀝青爲一種乳狀洗質 (Emulsion) 所含水分可至50％之多，澆注後即行揮發。故澆注之量自須較熟柏油爲多。

爲耐久起見，路面澆注冷瀝青後，須於同年內，約經過兩個月後，或於次年，約在四五月間，再加澆注。唯遇損缺之處，須立加修補。每體積澆注一次，所用之石屑粒徑須依次減小。

冷瀝青於嚴寒時澆注無效。此外冷瀝青路面耐久之條件，爲徹底晾乾，故澆舖之時間，普通以四月一日至十月十五日爲限。

冷瀝青可澆於濕路面，唯雨天澆舖不甚相宜。雨後須待路面稍乾再行澆舖。大雨可將已澆之冷瀝青冲去一部或全部。無論如何，冷瀝青路面之持久性，不免爲惡劣天氣所影響。

碎石或石屑之消耗量，每平方公尺路面約 1 立方公尺，鐵渣屑或黃沙每 200 公尺路面約 1 立方公尺。

石塊路面　砌縫過狹或不透水者不選用。凹下或突起之處須於澆注冷瀝青十四日前修理之。

石塊路面之砌縫應用「壓水」冲洗，或挖去4—5公分之深，用「壓氣」或帚掃淨，再撒佈石屑，用帚掃入縫內，或全路面勻佈一公分之厚，然後用冷瀝青澆注縫內或全路面，略撒石屑或碎石，再用橡皮刷拖掃，以填平微凹之處。

此項澆舖之冷瀝青，經晾乾一二日並經交通之車馬壓緊後，再用軟帚掃淨，重澆冷瀝青，並撒佈鐵渣屑，或1—3公釐粒徑之玄武岩沙 (Basaltsand) 或不含粘土質之黃沙，約厚 $\frac{1}{2}$ 公分並用橡皮刷拖平之。末次澆舖之冷瀝青乾燥及經車馬壓實後，則將未粘合之黃沙等掃淨。此種工作應在乾燥之天氣畢行。

石塊路面加澆冷瀝青之目的，僅在填實砌縫及填平石塊面上不平之處。

(乙) 瀝青實料之攷驗

除各工程管理機關另有規定外，暫照 Vorschriften für die Prüfung und Lieferung von Asphalt und Teer enthaltenden Massen (Aufgestellt von der Zentralstelle für Asphaltlund Teerforschung, DIN 1995 und 1996, Beuth-Verlag, Berlin S. 14) 辦理。

(丙) 瀝青料應具之性質

所用之瀝青料須爲品質純粹而含地蠟 (Paraffin) 極少之煤油蒸溜剩餘品，分解後

之性質須與 'Vorschriften für die Prüfung und Lieferung von Asphalt und Teer enthaltenden Massen' 所規定者相當。

瀝青料軟化點（據 Kraemer-Sarnow 所測驗）攝氏30—40度，凝結點在—18度；延性須在30公分以上，流動時之絲長須在10公分以上，已製成之瀝青料所含灰質至多 2%，所含水分不得超過50%。

瀝青料澆舖後，雖在涼濕天氣，至遲須於三小時內分解完畢，又開桶後重封裝者，至少在三個月內須不發生變化。

德國 München 市添築總溝渠工程

München 市於 1927-1928 年添築總溝渠一道，自 Neu-Wittelsbach 區至該市「外西區」，其用意凡四種：(1)宣洩該區之汙水，(2)分擔東邊已有溝渠內汙水之排除，(3)導出西區鐵路下面道路上暴雨時之積潦，(4)爲擬建之電車站備出水之路。溝渠所經路線見第二圖甲。分四期建築，全長2,258公尺，列表如下：

溝管爲蛋圓形，用 1:3:5 混凝土填夯而成。管內下面立舖堅燒煉磚 (Klinker)—層，用 1:2 水泥漿砌結。兩邊內壁用不透水灰泥粉刷三次。頂蓋內壁用質料較佳之混凝土填堆，外壁粉刷 1:2.5 水泥漿一層。此就露天建築之部分而言，其用穿隧法建築之部分，則因頂蓋外部無法粉刷，改於全管內壁滿粉不透水之灰泥，而頂蓋內部不另加塗質料較佳之混凝土，自不待言。（參觀第二圖乙）鐵路下面之溝管，因負重較大，結構與上述者微異：底部內壁不用煉磚舖砌，而以混凝土代之，其上加粉鋼絲網混凝土一層，厚 1.5 公分，負重尤大之部分，則於頂底兩部皆加入鋼筋，頂拱並改用 1:2:4 混凝土建築。又上面填土較薄之部分，頂拱外壁亦改粉不透水之灰泥，以免水由地面滲入管內。接百腳溝處，用瓦筒（普通內徑0.20公尺）插入管壁內。

管底距地面深度，在道路下者平均約

期 數	路　　　　　線	溝管內部高度×寬度 (公尺)	長　度 (公尺)	溝底坡度
1	Nibelungen 路至 Hubertus 路	2.60×2.00	952	1:262
2	鐵　路　下	2.60×2.00	486	1:265
3	Elsenheim 路西北段	2.40×1.90	431	1:700
4	Elsenheim 路東南段	2.40×1.90	389	1:700

用挖抵溝牆法建築之溝管

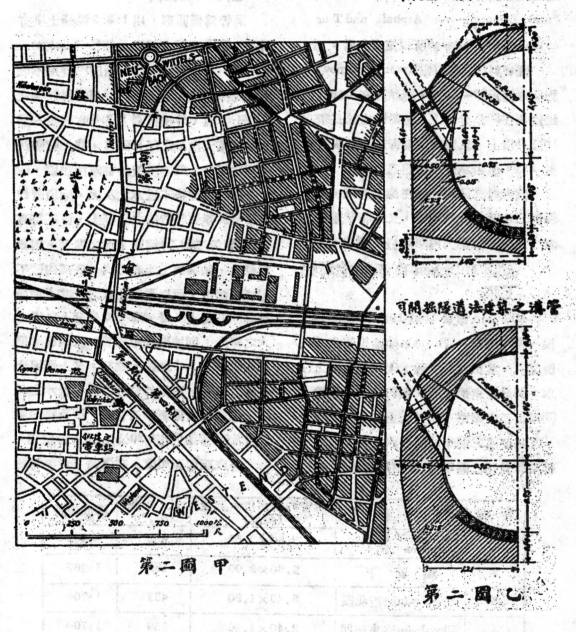

可開挖隧道法建築之溝管

第二圖甲

第二圖乙

7—9公尺，在鐵路下者約 5—10 公尺。

初期工程係用挖掘溝槽方法施工。第二期工程之一部分(94公尺)，距地面較深之處，用建築隧道方法進行，其餘部分亦用挖掘溝槽方法建築。第三，第四兩期工程，大部分用隧道法建築。因(1)溝管入土甚深，(2) Elsenheim 路上 Landsberg 與 Agnes Bernau 兩路之間通行雙軌電車，由此往南又有電車停放軌道；(3) Agnes Bernau 與 Valpichler 兩路間有多層房屋，若於附近開掘溝槽，恐礙及房屋之基礎；(4) Valpichler 路以南，道路尚未開闢，有大規模之木棧，鋸木廠在焉。唯在 Landsberg 與 Westend 兩路口與豎井接合之處，及另二處各長10公尺(兼充運出泥土之井窟)用露天方法建築。其他詳細施工情形，見Bautechnik 7. Jahrgang, Heft 44,茲以文繁不錄。

本工程之單價，除排水，修復路面等費外，所有各種工料費皆包括在內，約如下表：

第一期用挖掘溝槽法建築每公尺315馬克
第二期北段用挖掘溝槽法建築，
　　不穿過鐵路　　　每公尺450馬克
　　中段用開掘隧道法建
　　築，穿過主要鐵軌　,,,,,,830,,,,
　　南段用挖掘溝槽法
　　建築，連支撐路軌　每公尺920馬克
橋北境下一段　　　　,,,,,,690,,,,
第三期用挖掘溝槽
　　　　法建築之處　,,,,,525,,,,
　　用開掘隧道
　　　　法建築之處　,,,,,550,,,,
第四期用挖掘溝槽
　　　　法建築之處　,,,,,525,,,,
　　用開掘隧道
　　　　法建築之處　,,,,,640,,,,
(Bautechnik 1929)

鍛接鋼構架橋之第一座

美國 Massachusetts 州 Chicopee 河上建有鐵路橋梁一座，為鋼構架式，長53公尺，其各部分之連結，係用電力鍛接。初時擬用帽釘接合方式，估計需用鋼料120噸，改為鍛接方式後僅需80噸。帽釘結合法所需工費為美金一萬九千元，鍛接法則僅需一萬五千元而已。

鋼橋架桁之各部分，所用軋成形鋼，其高度相同，故尤易於鍛接。各「節點」中僅有二成須加「節板」，而因用鍛接法，所需尺寸甚小。此外鍛接法之優勝處，尚有(1)主桁各部分結合堅牢，無鬆動之可能，故無長久性之聲曲；(2)各部分表面平滑，無帽釘頭交錯其間，故易於油漆而防銹蝕。(詳見 Schweizerische Bauzeitung 1929, Bd. 93, No. 2 u. No 8)

Aare 河上之木橋

瑞士 Bern 市與 Bremgarten 村間 Aare 河上新建木橋一座，先由包工人將岸磯及

河中樁架建築完竣後，由工兵備設上部木質結橋，以9日內為完工期限。橋桁為撐架式(Sprengwerk)，凡三孔，各寬16.10公尺。岸上另有兩孔，一寬5.4,公尺一寬7.7公尺（參觀第三圖甲）。設計時假定橋梁載重每平方公尺400公斤，及10噸Camion式汽車兩輛一往一來時之施儀。橋之剖面見第三圖乙。中間各墩之木柱承於工字第三十號標準形鋼上。此項鋼料打入河底，其與上部木柱及桁架撐木之結合法見第三圖丙。各工字樁間尚有連結帶，留待低水位時釘立。岸邊兩墩之佈置與上所述者相彷彿，所異者唯木柱支於與混凝土上之橡木枕梁耳。各撐木於交叉處削去一部分，另加釘蓋板，以資堅固。又於

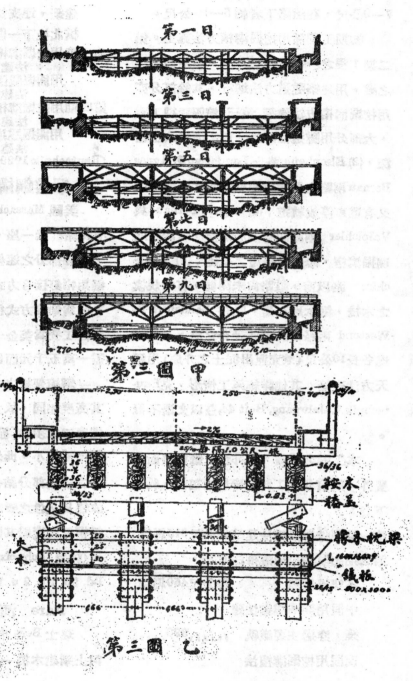

第一日

第三日

第五日

第七日

第九日

第三圖 甲

第三圖 乙

「頂梁」(Unterzug) 下係平接，而於「枕梁」上則榫接。縱桁下釘斜撐，以抗煞車力及風力。各木料均用殺菌劑 (Solignum) 塗抹

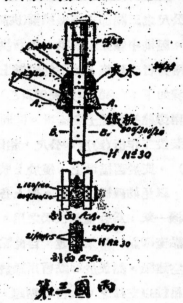

第三圖丙

，以防腐朽。第三圖甲示橋工進行情形。平均每日用工兵 169 人，各工作九小時半

云。(SchweizerischeBauzeitung 1929)

用鋼筋混凝土加固鑄鐵橋

近年法國迭將舊鑄拱橋之各部用筋鋼混凝土包裹，以加固之。最近英人有鑒於此，將 Severn 河上 Holt-Fleet 橋加以同樣處置。該橋建於1896年，橋身由 45.75 公尺闊之拱肋五條組合而成（參觀第四圖）。拱肋上肢用裁斷之鐵板連結。拱肋上段鑄鐵立柱，或垂直，或傾斜，剖面成十字形。橫梁聯繫於此。該橋抵抗側面外力之強度甚小，故有不勝新式車輛載重之慮，尤以施僔力偏出各梁桁中線為可慮；且各部分有折斷者；而用楔子連結之各部分亦不乏鬆動之處。因此種種原因，故將舊橋用鋼筋混凝土包裹，以資加固。所以不拆卸另建者，蓋為保存原有形式起見耳。

本工程之初步，係將各拱肋之下肢用鋼筋混凝土板聯絡包裹，同時於兩端加設

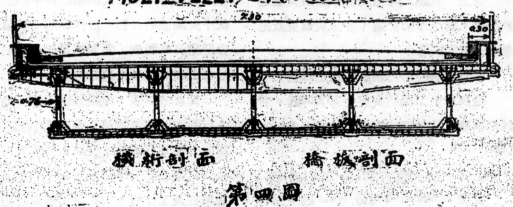

HOLT-FLEET 橋拱頂橫剖面

橫桁剖面　　　橋板剖面

第四圖

聯絡之橫梁，以裏儎重平勻分配於礅座上；此項橫梁並將鑄鐵墊板包裹在內。次將各拱肋之上肢自兩端起，加以同樣處置。礅座附近之立柱則予以加固以防彎曲，其他立柱僅用鋼筋混礙土包裹而已。

橋面除加固外，並須由 6.1 公尺放寬至 7.3 公尺。爰將橋板拆卸，加築鋼筋混礙土橫梁，挑出兩邊拱肋各75公分。各縱梁保持原狀，用鋼筋混礙土包裹之。各橫梁之外端，上築堅固之縱梁，縱梁側面以原有縱梁遮蓋之，以承原有之欄杆。

混礙土內之鋼條，用電力鍛結於舊有鑄鐵部分之旁，在接頭處亦互相鍛接，以代搭接，以期包裹之混礙土層不致過厚。

施工時之困難，爲死載應使該橋各部之應力不偏於一方面，且交通仍維持無阻。又因舊橋面爲該橋上部抵抗側面外力之惟一結橫，故拆卸時須審慎從事。工作架掛於橋上，故施工時對於橋下船舶交通毫無妨礙。橋上車輛交通，亦僅於載重及速率上略受限制耳。

此外橋墩同時用鋼筋混礙土加固。

全部加固工程約費英金 11,000 鎊。若拆卸改建，估計至少需費二倍半之多云。(Eng 1929)

Sunderland 地方 Wear 河口新橋

英國 Sunderland 地方 Wear 河上原有舊熱鐵橋一座(跨度72公尺，寬 12.5公尺)，用兩關節式拱梁以支承橋面。近因交通加繁，爰將其拆卸，改建跨度 114 公尺，寬25公尺之三關節式鋼鐵拱橋(拱高42.5公尺)。因橋中線並未改動，故新拱梁卽在舊橋兩旁着手建築，絕不妨礙橋上交通。其步驟如下：(參觀第五圖甲及乙)(1)在舊橋墩兩旁建築混礙土新橋墩。(2)同時在舊橋上裝設工作桁(跨度79公尺，相距各7.6公尺)，支於舊橋墩上，僅於上肢間橫相連結，以免妨礙橋上交通。架上各裝15噸起重機一架，爲裝置新拱梁之用。新拱梁從支點至30點，搭架釘建，自此點至28點，懸空建築，然後於28點暫用懸於工作桁上之吊柱以支撐之。次自28點起，復懸空釘築至24點，於該處用同法支撐，再將28點之支撐除去。如是繼續進行至16點，並將24之支撐除去。兩邊之16點各設有 500噸之施壓器，以便於拱梁之兩半築成後，使中央關節處合筍。自16點起，其餘部分亦懸空釘築而成，(3)所有拱梁上不妨礙交通部分之抗風結橋同時釘築。

拆卸舊橋面，建築新橋面時，車馬及人行道臨時移置辦法見第五圖(丙)至(庚)。橫梁分作三段釘築：初將西邊舊人行道拆去，釘築該部分下面之橫梁，支於新拱梁之懸柱及工作桁上，次將東邊人行道同樣

辦理後，乃釘築中間之橋
面。

　　最後將工作桁，舊拱
梁，舊橋墩次第拆去，並
完成新橋墩未竟之部分。
（詳見Engineering 1929
No. 3291）

磚石砌結物內加入鋼筋

　　美國試驗及印度實施
之結果，認磚石砌結物內
加入鋼筋，其用途頗大，
如樓板，梁桁，支柱，扶
梯等皆可用之。據稱如所
用為資料良好之磚石，則
磚石與鋼筋間之聯合作用
，與混凝土與鋼筋大致相
同。此種建築法之特色為
：(1)施工簡易，(2)防火力
強，(3)抵抗地震力強云。

　　鋼筋置於磚石之砌縫
內：縱橫鋼筋或上彎或否
，以及加箍鐵或否，皆與
鋼筋混凝土建築法同。故
挑出之牆垣，T形桁梁，
以及特種形式之扶梯皆可
用豎立殼板之模框而建

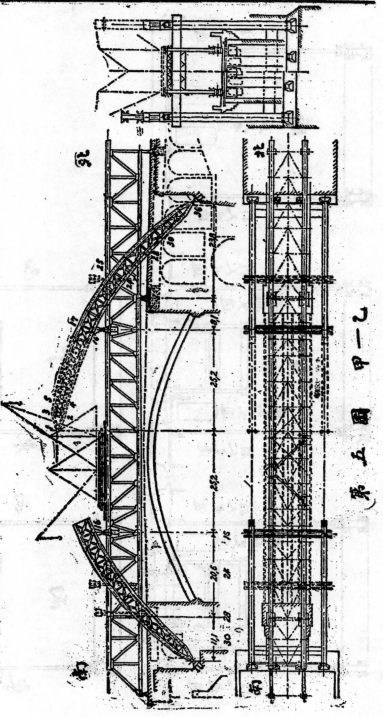

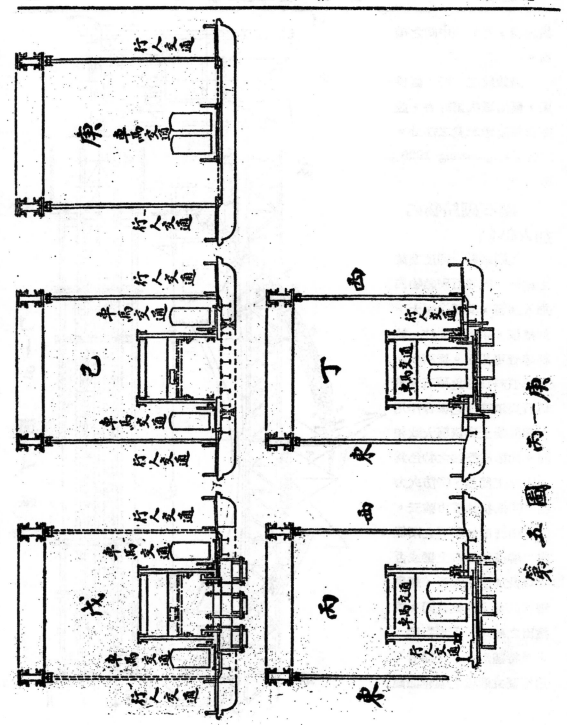

庚

乙

丙

丁

戊

第五圖　丙一庚

築之。鋼筋磚石牆用於鋼鐵建築物之包鑲尤爲適宜云。

紐約新建56層高屋

紐約於去年五間月有56層高屋一所名Chanin者營造竣工，高出路面約191公尺，用鋼鐵建築，凡三閱月有半而告成。其平面如第六圖甲（第三層樓梁桁圖）。其中第一層爲公共汽車之終站，設有候車，售票等室；入站之汽車再駛出時，在九公尺直徑之旋盤上掉頭，旋盤下部結構用一種新法製成，所佔高度甚小。第四十九及五十兩層則爲一戲院，可容觀客144人。各鋼柱之底部結構見第六圖乙。(Eng. New Reo. 1927)　　　　8

萬國橋梁及房屋工程學會成立

去年十月二十九日，各國代表應一九二八年維也納萬國工程大會之邀請，在瑞士 Zürich 工科大學開會，到有十四國代表，共約二十五人。議事日程爲討論會章，選舉主席及幹事，以及討論下次於一九三二年在巴黎舉行大會之程序。

因各國對於橋梁及房屋建築問題之合作上，有樹立堅固基礎之必要，萬國橋梁及房屋工程學會因之成立；並因瑞士有召集萬國橋梁及房屋建築會議（一九二六年在 Zürich）之功，推瑞士代表爲會長，且暫以 Zürich 爲會址。

該會之宗旨，爲維持萬國科學界，工

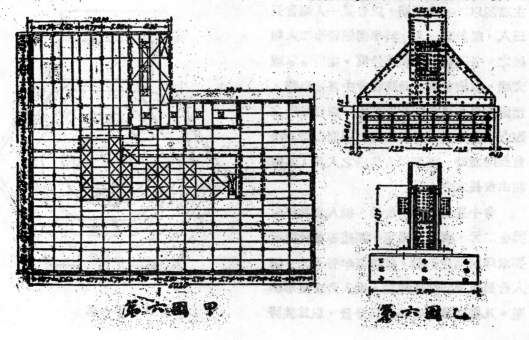

第六圖甲　　　　第六圖乙

業界，建築界代表對於橋梁及房屋建築上之合作，並藉交換意見，報告試驗結果及經驗所得，以促進學術上之進步。爲貫徹此項目的起見，每三年至五年召集大會一次。並擬舉行科學試驗，發行報告等刊物。

　　無論個人，團體，機關，廠家凡與橋梁及房屋建築有關係者，皆可入會。主持會務者爲常務委員會，由每國代表一人至二人組織之（會員不滿50之國家得推舉代表一人，會員50以上之國家，得推舉代表二人）。每年至少開會一次。其職權爲選舉主席團，準備及討論會務進行事宜，審核及決議經費之支出事項，指定下次大會舉行日期與地點及擔任籌備之主席人員。主席團以二年爲任期，以會長一人副會長三人，總幹事一人，科學問題幹事二人組織之。各職員皆屬義務性質，總幹事掌理文牘，收納會費，及經管會中普通事務，預備常務委員會開會等事宜，以會址所在國之委員充之。總幹事與科學問題幹事得會長同意時，得雇用有俸給之人員，其薪額由會長定之。

　　會中費用取給於會費，個人會員每年美金二元，機關，廠家，團體等會員視所要求印刷品之份數。每份每年各五元。個人會員會費特從低規定，庶入會者更形踴躍。凡屬會員皆有印刷品分發，以爲義務

權利之交換。

　　此次選舉職員結果如下：　會長 Dr. Rohn （瑞士），副會長 Dr. Klönne（德人）E. Pigeaud（法人），J. Mitchell Morcrieff（英人），總幹事瑞士人（Ros?），科學問題幹事 Dr. Bleich（奧人，主持鋼鐵建築），Campus（比人，主持鋼筋混凝土建築）。

　　常務委員會第一次會期爲本年四月四五兩日，地點在瑞士。

鋼筋混凝土環之房屋基礎

　　紐約房屋基礎普通直達石質地層，唯亦有支於較淺之沙質地層者，並無沉陷之徵象。最近有高40公尺，徑 97.5公尺之法院房屋一所，即建築於地下9公尺，地下水

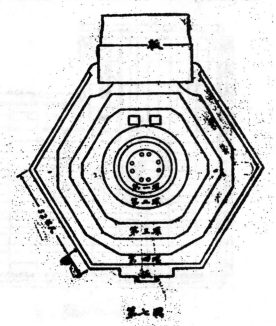

第七圖

伏水面下 4.2 公尺之流沙上，並用鋼筋混凝土環代替零星椿條（參觀第七圖）。環厚3—6公尺，高5.4—6公尺，內徑15,27.5,55,85.5 公尺不等，（在內部者圓形，在外部者六角形）上蓋 0.6 公尺厚鋼筋混凝土板，為地窖一層之地板，彙充聯繫各環之用。入口與樓梯間所在之處基礎稍放寬。

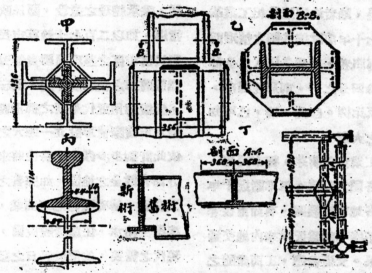

此項基礎工程需用混凝土 15,000立方公尺，鋼筋 1,100 噸，計費美金二百萬元（全部工程費美金二千萬元）。(Eng. News Record 1929)

用鍛接法加固房屋工程

美國Cleveland市有房屋一所，名Rose Building 者建於1896年，凡六層，近因加高四層，將原有鋼鐵結構用鍛接法加強，俾地膀載新添各層之重力。

第八圖（甲）示舊柱之加固法，即於原有「角鋼」四對中央留空之處加入角鋼四條，而以板塊聯結之。（乙）示新舊支柱間之結合法，即於舊柱頂加厚鋼板一塊，用接合板鍛接於四周之角鋼。工字形新柱即豎於鋼板上，用角鋼兩塊聯繫之。（丙）示舊屋頂梁之加強方法，（丁）示鋼梁之加固及新舊梁桁之聯結方法。

新升降機井之建築，係將舊構架用鍛火拆除，再將新架鍛接於舊柱之上。(Eng. News Rec. 1929)

附 錄 一

上海特別市中心區域計劃概要

上海特別市市中心區域建設委員會編

第一章 緒言

都市之發展，論者均謂近世紀工業革命之結果，以七十年前歐美各國之情形而論，其時居住鄉間者，約爲各國人口全部四分之三，其餘四分之一，則居住都市，至於今適得其反比例。卽此一端，已可知近代都市發展之大概。

吾國今日工業猶在萌芽，都市問題，自遠不如歐美各國之嚴重。但準諸近十年來之趨勢，則各地市政機關，有如雨後春筍之怒發，要不能不認爲近年來內地交通日見發達之結果。交通發達，工商業隨之以盛。人口意集中，而都市問題因之以生。

由此觀之，都市問題不獨爲歐美各國所注重，卽在吾國亦亟應從事研究。今以上海市而論，在本國則爲最大商埠，在世界亦居最大都市之一，自今以後必須運用遠大之眼光，縝密之思想，作審愼周詳之計劃，以適應將來發展之需要，詎非事理之當然！

上海特別市市政府爲本市最高行政機關，秉承總理之遺教，國民政府之監督與指導，加以二百七十餘萬市民依託之重，對於舊市區之整理固屬責無旁貸，但亦不能置將來之發展於不問，致忘百年之大計。爰擬應用近代最新之都市設計原理，根據本市實際情形設立一遠大之計劃，然後依此計劃步步做去。務使將來上海在經濟方面有健全之地位，如完善之港口，良好之交通，基礎堅固之工商業，他若道路，溝渠，給水，住屋諸般設備，亦均能適合現代之需要，並便於異日之發展，使市民居息於其中者，精神身體，均獲慰安。建設市中心區域特全部計劃中尤要之一端耳。

第二章 市中心區域之意義

都市計劃之初步，在區域之劃分，舊時城市無所謂分區，以致店舖，工廠，學校，住宅紛混並列，條理毫無，及至事實旣成，變更匪易，欲求改良，困難滋多，代近物質文明日益昌盛，事業繁賾，設備衆多，若不加以明顯之規定，劃分地域，

以類相從，則無以使之整齊劃一而臻於完善。

分區計劃云者，卽將全市面積按其使用之性質，劃爲若干區，而對於市內一切建築加以地域限制之謂也。如河流鐵道之近旁，便於貨物運輸，而又居最頻數風向之下方，使煤烟絕鮮侵入市內者，宜劃爲工業區，貿易繁盛，交通便利之地，宜劃爲商業區。若僻靜之地，空氣清新，合於衛生，則宜劃爲住宅區。此外碼頭，園林等，亦應各有適宜之位置。又以各區分佈，苟無爲之媒介樞紐者，勢必漫無統屬，脈絡旣不貫通，運用何能靈便。故任何都市皆有一精華所萃之區，行政機關，銀行，大商店等等皆在焉，卽所謂市中心是也

第三章　市中心區域之擇定

普通都市之中心區域，大率隨各該都市之自然發展而形成，其位置以利於四向發展爲前提。本市以有租界存在，市政向不統一，以前發展未能適宜，故有從新擇定市中心區域之必要，於此應注意觀察者，厥有兩端：（參觀交通計劃圖）

一・本市市政之現狀

今日之上海特別市，輻員固不在小，但考其實際，則所謂繁盛之區者，不過租界地耳，一入華界，雖與租界接壤處稍改舊觀，而較遠之區，猶不脫昔時農村社會之狀態，此種畸形之發展，實爲本市市政最大之病象；而阻礙本市市政發展之重要原因有三：

（一）租界橫亘於本市之中央，以致滬南與閘北之一切設備如水電之類，莫不劃而爲二，財力人工均不均濟，而尤感困難者，則爲南北市交通之聯絡。

（二）租界當局歷年越界築路，（計自前清同治廿七年起，至民國十五年止，滬北滬西兩處長度已達一百七十餘里，滬西圈築面積達三萬七千餘畝，實較今日之公共租界尤大）牽制本市之市政施設，使發展上發生障礙。

（三）京滬，滬杭甬兩兩路之總站旣接近租界，而船舶由吳淞入口，亦循黃浦而上，此於租界之濱，吳淞江又橫貫租界之中央，水陸交通，實有助長租界發展之趨勢。

二・將來發展之趨勢

欲謀本市之發展，自當以收回租界爲根本辦法，就現在情勢論，以收回僅爲時間問題，但收回之後，現在之租界是否可以爲將來上海全市之中心，殊屬疑問，蓋本市地處要衝，區域遼闊，擘劃經營，自宜統籌全局。按年來本市海舶之噸位日增

，原有黃浦江沿租界及其附近一帶碼頭之
地位與設備，漸不敷用，將來商務發達，
非另建大規模之港灣，不足以應需要。故

欲繼續增進上海港口之地位，則吳淞開港
勢在必行。將來此項計劃實現，則工廠及
商業之位置勢必轉移，全市繁盛地點，必

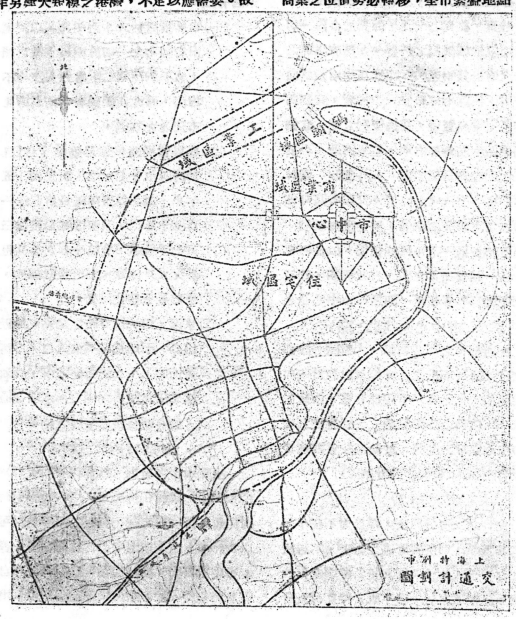

上海特別市
交通計劃圖

遷移於新港附近。

故近觀現在之情形，遠察將來之趨勢，就江灣附近建設新市中心區域，尤稱適宜，此外尚有理由數端；該處地勢適中，四周有寶山城，胡家莊，大場，眞茹，閘北，租界及浦東等地環拱，隱然有控制全市之勢，名實相符，一也。淞滬相隔僅十餘公里，將來市面由市中心起向南北兩方逐漸推展，定可使兩地合而爲一，二也。地勢平坦，村落稀少，可收平地建設之功，無改造舊市之煩，費用省而收效易，三

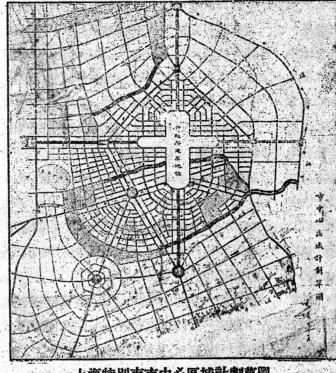

上海特別市市中心區域計劃草圖

也，地鄰黃浦，並接近已有相當發展之租界，水陸交通，均極便利　四也。本特別市政府有鑒於此，爰劃定翔殷路以北，開殷路以南，淞滬路以東，及假定線路以西的七千餘畝之地爲市中心區域。

第四章　市中心區域之規劃
（參觀交通計劃圖及市中心區域計劃圖）

一・設計範圍

現經劃定之市中心區域，其四至已如上述。唯道路等交通設備，關係全部，尤宜通盤統籌以求完善，故本計劃之範圍，並不以市中心區域爲限。而於幹道鐵路水道之聯絡，則每就全市加以研究焉。

二・水陸交通

與本市市中心區域計劃有密切之關係者，爲全市水陸交通之改良問題，蓋都市之發達，端賴運輸之靈便，而市中心區域之形成，又以接近港塢鐵路爲前提，茲將解決此項問題之方案略述如下。至詳細計劃與本文無關，故不贅入。

如第三章所述，本市現有黃浦江沿租界及其附近一帶碼頭之地位與設備，年來漸不敷用，故吳淞開港勢在必行。查吳淞引翔

一帶，江水較深，確適於建築大規模商港之用，而對岸浦東一帶，加以疏濬，亦堪資擴充之需。將來此項計劃實現，則海洋及長江輪舶紛集於此。市中心區域近在咫尺，將首先被其利益而日臻繁榮，此其一。又目前內地水道運輸大都取道吳淞江，將來市中心北移，蘊藻浜勢必起而為代，或可在相當地方開鑿運河，使與吳淞江聯絡一氣，故將來蘇浙兩省與本市間水上運輸，亦以吳淞一帶為樞紐，足以促進市中心區域之發達，此其二。

次就鐵路而論，現今京滬，滬杭兩路之總站接近租界，無裨於本市之發展，已如前文所述。其最足以妨礙全市之進步者尚有二端：一曰軌面與道路等高，橫貫市內，致道路交通輒受梗阻，至今閘北方面，市面凋落，無振興之餘地，半卽因此。二曰與水道碼頭毫無聯絡，致運輸效率無由增進。故為市中心區域及鐵路本身之發展計，現有兩鐵路均有相當改造之必要。爰擬以真茹為運輸總站，由此建築以貨運為主之高架鐵路，經大場，胡家莊以達吳淞一帶之商港區域，以與水運相銜接，另建以客運為主之高架鐵路經彭浦，而抵市中心區域，並以該站為未來之上海總站，俾旅客及輕便貨物可直接輸入市中心，其現有真茹以東之京滬線及淞滬支路將一

律拆除，或設法加高以為市內高速鐵路，至滬杭線之地位，仍可保存，唯亦須加高以免與道路交通發生抵觸，並自南站起將路線延長至董家渡，築橋渡浦，沿浦岸向北直達高橋沙，以吸收浦東方面之貨運。如上所述誠能實行，則不唯市中心區蒙其利，全市商業運輸亦將增進，此其三。

三・道路系統

美國都市之道路系統以採用棋盤式著稱，棋盤式有分段整齊，居戶易尋之長，而交通運輸，每需繞道甚多，且市枯景索，是其所短：倘為救濟交通起見，加入斜形交路，則兩旁基地將盡成尖角，足使建築時發生困難。按諸最近趨勢，有採用蜘蛛網式者，如莫斯科及澳洲都城康培拉之道路系統皆以此式為主體。本市地勢平坦，可由中心四向擴張，大體上自應採用此種道路系統，以利交通。至於幹道計劃則以市中心區域為起點，四向推展，與寶山，胡家莊，大場，真茹，閘北，租界等地聯絡，（參觀交通計劃圖及市中心區域計劃草圖內粗線）而於其間復酌闢環繞道路以相聯絡，唯東部現為黃浦所阻，尚待建築橋梁，隧道或舉辦大規模輪渡方克有濟。浦東一帶幹道之佈置，亦以互相聯絡為原則，而與市心區域成環抱之勢。

計劃市中心區域及四周詳細道路系統

時，所注意之點凡二：(一)已築成之閘殷路，軍工路，翔殷路，淞滬路，皆規模相具，自無廢置之理。除軍工路北段曲折過甚擬加以改移外，餘均加以保留。(二)道路之方向與房屋之建築，行道樹之保養，有密切之關係。本市地處北溫帶之南部，夏日日光照射酷烈，面西房屋之居戶尤以爲苦，故爲居住上之便利起見，南北向之道路雖不能完全避免，其數亦應減少至最小限度。本計劃於東西向道路段落加深，使成長方形者，職是故耳。

四·公共建築

凡都市之中心，恆爲行政總機關所在之地，爰本此意，以市中心區域之中央爲建築新市政府及附屬各局房屋地址，自東至西，有寬六十公尺之大路，一端接將來之總車站，一端止於浦濱；自南至北，亦有廣道，接通交通廣場，除辦公房屋外，更擬以花園，紀念物，池沼，拱橋等點綴其間。此外尚有市參議會，市民大會場，市立圖書館，博物院，民衆劇場，國貨陳列館等公共建築將營造於其附近焉。

五·空地及園林

爲市民之衛生及精神修養起見，凡都市皆應有充分之空地及園林設備，爲游憩散步及調劑空氣之用，其面積固求廣大，而尤貴分配佈置之適宜，始免一覽無餘之弊，而得層出不窮之妙。故本計劃對於原有之泗涇橋球場，江灣跑馬場，遠東運動場均保留爲空地。復於總鵝浦，即市中心區域與商港區域分界處，設置園林以杜煤煙等之侵入，又於袁長河，虬浜之藥涇鎮，關涇同樣園林，而以綠樹成行之道路與市政府四周之草地廣場相聯絡。此外另於相當路口，及江濱車站等處，佈置廣場以資點綴。(參觀計劃草圖查陰影部分)其市中心區域沿浦地點，並禁止船隻停泊以免霪淤。

第五章　結論

以上所述，爲本市市中心區域計劃之大略，實即大上海計劃之初步；直接關於本市市政之發展，間接影響於全國工商業之發達，顧茲事體大，擘劃之初，經緯萬端，決非一手一足之烈所能擔負，負有本市行政之責者，固屬責無旁貸，尤望我黨國同志，地方民衆，共同荷此重任，運用其智力，財力，以直接間接，輔助此計劃之實現，不勝馨香盼禱之至矣。

附 錄 二

上 海 特 別 市 工 務 局 局 務 報 告

茲將本局最近經辦各項業務擇略述如次：

(一)公布滬南區全區道路系統圖表

本市滬南區東部道路系統圖表，早經公布，現在該區西部道路系統亦已規劃完成，並經繪製滬南區全區道路系統圖表，呈奉市政府核準，於本年一月十一日公布施行。

(一)建築中山南路面橋梁並關築中山北路路基

本市中山南路自閘北交通路起至滬南龍華止，全段路基與涵洞及太浜上橋梁均已建築竣工。該路路面及跨越吳淞江，法華港，蒲彙河三處橋梁亦經分別招標興工

。茲復由本局派遣當工按照規定路線開闢中山北路之南段（即自交通路至江灣一段）路基，業於二月一日開始興工矣。

(二)建築南市米業碼頭

本市米行公會租賃南市沿浦岸線，建築南市米業碼頭，所有工程圖樣經本局審核竣事，並已招商承建。一俟該處木排及所舶船隻飭遷清楚，即可興工。

(三)擬訂取締搭蓋料房暫行辦法

本市自嚴禁搭蓋草棚以來，市民之無貲起造平房者，往往藉堆置材料為名，請照搭蓋料房用作住所。此等建築物雜處市廛中之，不特有損觀瞻，抑且易釀火警，自非從嚴取締，不足以資整頓。茲經本局參酌市政現狀，擬訂取締搭蓋料房暫行辦法十二條，呈奉市政府核準公布施行矣。

工程譯報第一卷第二期

中華民國十九年四月出版

編輯者　上海特別市工務局（上海南市毛家弄）

發行者　上海特別市工務局（上海南市毛家弄）

印刷者　科學印刷所（慕爾鳴路一二二號）

分售處　上海商務印書館

附　註	廣告價目表				定　價　表		
	普通地位	封面及底面之裏面及其對面	底面	每期價目 地位 面積	外埠函購辦法 （一）郵票十足通用 （二）寄費加一	預定全卷四期	每期零售
一·上表所開價目一律實收不折不扣 二·凡國家或地方經營事業登廣告者概照定價減收半費 三·繪圖撰文攝影製版等費另計	十六元	二十四元	三十元	全面		大洋一元	大洋三角
	九元	十三元	十六元	二分之一面			
	五元	七元	九元	四分之一面			

投稿簡章

一，本報每三月出一期以每期出版前一月爲集稿期

一，投寄之稿以譯著爲限或全譯或摘要介紹而附加意見文體文言白話均可內容以關於市政工程土木建築等項及於吾國今日各種建設尤切要者最爲歡迎

一，若係自撰之稿經編譯部認爲確有價值者亦得附刊

一，投寄之稿須繕寫清楚并加標準點符號能依本報格式（縱三十行橫兩欄各十五字）者尤佳如投稿人先將擬輯之原文寄閱經本報編輯認可後當將本報稿紙寄奉以便謄寫

一，本報編輯部對於投寄稿件有修改文字之權但以不變更原文內容爲限其不願修改者應先聲明

一，譯報刊載後當酌贈本報其有長篇譯著經本報編輯部認爲極有價值者得酌酬酬金多寡由編輯部臨時定之

一，投寄之稿件無論登載與否槪不寄還如需寄還者請先聲明并附寄郵票

一，稿件投函須寫明上海南市毛家弄工務局工程譯報編輯部收

上海蓬萊市場招設商店廣告

本市場為振興商業便利民生起見早經在滬南商業區之中心地點蓬萊路中華路口購置地產二十餘畝開築馬路闢成商場基礎原有建設五層樓最新式市場之議現在第一步計劃重在速成採用簡單辦法先擬建造適合市場房屋數百間可容商店數百家集多數人的財力與腦力來湊成功滬南的一個百貨商場同胞們其有樂於投資創設新事業者請注意下列資格先向籌備處掛號以憑連絡籌創特此公告

一　廠商欲推銷出品分設門市部者

二　著名商店擴充營業分設支店者

三　新創事業資本在三千元以上者

四　藝術家能引起羣衆正當娛樂者

籌備處滬南尚文路何家弄口壹百號

電話南市一四二三號

15790